电子信息科学与电气信息类基础课程

模拟电子技术

（第 4 版）

高吉祥　刘安芝　主编
盛义发　副主编
阳璞琼　王文虎　编著

電子工業出版社
Publishing House of Electronics Industry
北京 • BEIJING

内 容 简 介

本书是根据教育部颁布的“电子信息科学与电气信息类基础课程教学基本要求”编写。全书共8章，主要内容有：半导体器件、放大电路基础、放大电路的频率响应、集成运算放大电路、放大器中的反馈、集成运算放大器的应用、功率放大电路和直流稳压电源。

本书内容简明扼要，深入浅出，便于自学，同时注意实际应用能力的培养。可作为高等学校电气类、电子类、自动化类、计算机类和其他相近专业的基础教材，也可供从事电子技术工作的工程技术人员学习参考。

图书在版编目(CIP)数据

模拟电子技术 / 高吉祥，刘安芝主编. —4版. —北京：电子工业出版社，2016.6
ISBN 978-7-121-29112-8

Ⅰ. ①模… Ⅱ. ①高… ②刘… Ⅲ. ①模拟电路－电子技术－高等学校－教材 Ⅳ. ①TN710

中国版本图书馆CIP数据核字(2016)第137538号

策划编辑：陈晓莉
责任编辑：陈晓莉
印　　刷：北京七彩京通数码快印有限公司
装　　订：北京七彩京通数码快印有限公司
出版发行：电子工业出版社
　　　　　北京市海淀区万寿路173信箱　邮编100036
开　　本：787×1092　1/16　印张：17.00　字数：448千字
版　　次：2004年2月第1版
　　　　　2016年6月第4版
印　　次：2023年7月第8次印刷
定　　价：42.00元

凡所购买电子工业出版社图书有缺损问题，请向购买书店调换。若书店售缺，请与本社发行部联系。联系及邮购电话：(010)88254888，(010)88258888。

质量投诉请发邮件至 zlts@phei.com.cn，盗版侵权举报请发邮件至dbqq@phei.com.cn。
本书咨询联系方式：chenxl@phei.com.cn。

第4版前言

《模拟电子技术》一书自2004年出版以来，已使用了十多年了，被许多高等学校采用为主教材，深受广大读者的喜爱，并反馈了一些宝贵意见。在初版、二版、三版的基础上，再次进行修订，使本书更加符合当前电子技术基础课程教学的需要。

第4版修订工作的指导思想是，主要依据教育部电子信息科学与电气信息类基础课程教指委关于高等学校理工科电子信息类专业基础课程教学的基本要求，同时继续遵循本书前几版的编写原则："确保基础、精选内容、加强概念、推陈出新、联系实际、侧重集成、避免遗漏、防止重复、统一符号、形成系统"。经过十多年的努力，模拟电子技术系列教程已经完成，其中包括主教材、辅助教材、实验教材、拓宽教材、教师参考用书及多媒体课件。

本书是为高等学校电气类、电子类、自动化类、计算机类和其他相近专业而编著的教材。全书分为8章。第1章半导体器件，主要介绍半导体的特性、半导体二极管单向导电的机理、伏安特性和主要参数，还介绍了各类二极管、双极型三极管和场效应管的结构、工作原理、伏安特性和主要参数。第2章放大电路的基础，主要介绍了晶体三极管（或场效应管）共射极（或共源极）电路的组成、工作原理和基本分析方法，并对工作点的稳定问题进行讨论。然后介绍了单管共集电极（或场效应管共漏极）放大电路以及晶体三极管共基极放大电路的组成、工作原理和分析方法。最后对多级放大电路进行简单介绍。第3章放大电路的频率响应，主要介绍了频率响应的一般概念、三极管的频率参数和单管共射放大电路的频率响应。而后对多级放大电路的频率响应进行了介绍。第4章集成运算放大电路，主要介绍了集成电路的特点及基本电路结构，电流源电路、差动放大电路、直流电平移动电路、复合管结构电路以及输出电路，并对F007和C14573集成运放电路进行了具体分析。最后介绍了集成运放的主要参数和电路模型。第5章放大器中的反馈，主要介绍了反馈的概念和一般表达式，负反馈放大电路的4种组态，深度负反馈放大电路的计算以及负反馈对放大电路性能的影响。而后介绍了负反馈放大电路产生自激的原因及消除方法。第6章集成运算放大器的应用，主要介绍了运算电路，信号处理中的放大电路，有源滤波电路，电压比较器，模拟乘法器，正弦波发生器，非正弦波发生器以及波形变换电路。第7章功率放大电路，主要介绍了互补对称式功率放大电路和集成功率放大电路。第8章直流稳压电源，主要介绍了直流电源的组成，小功率整流滤波电路，硅稳压管稳压电路，串联型直流稳压电路，集成稳压器以及开关型稳压电路。

根据实际需要，本书第4次修订增加如下内容：

1. 第1章，1.2.6光敏二极管；1.2.7发光二极管；1.3.6特殊三极管（光敏三极管和光耦合器）。

2. 附录，习题参考答案。

为了使教师能教好和学生能学好模拟电子技术,与本教材相配套的教材有:

1. 实验教材:《电子技术基础实验与课程设计》(第三版),高吉祥、库锡树主编,北京:电子工业出版社,2011年2月出版。

2. 辅助教材:《模拟电子技术学习辅导及习题详解》,高吉祥主编,电子工业出版社,2000年6月出版。

3. 拓宽教材:《全国大学生电子设计竞赛培训系列教程——模拟电子线路设计》,高吉祥主编,电子工业出版社,2007年5月出版。

4. 拓宽教材:《全国大学生电子设计竞赛系列教材》第2分册模拟电子线路设计,高吉祥主编,高等教育出版社,2013年7月出版。

5. 教师参考用书:主教材与辅助教材习题详细解答。

6. 多媒体课件:模拟电子技术讲课光盘。

其中实验教材、辅助教材、拓宽教材可直接与电子工业出版社联系订购。教师参考用书、多媒体课件(光盘)若有该学校教务处出具的用书证明,可与电子工业出版社或主编高吉祥联系免费赠送。

本书第一版由国防科技大学、南华大学联合编著,高吉祥主编,高天万副主编,陈和、朱卫华等编著。第1、2、3章由高吉祥、刘安芝执笔,第4、5、6由高吉祥、盛义发执笔,第7章由陈和执笔,第8章由朱卫华执笔,在编著过程中得到南华大学凌球校长和国防科技大学电子科学与工程学院唐朝京院长的大力支持和具体指导。本书由唐朝京主审,唐东、陆珉及北京理工大学张晋民教授等人为本教材的编写做了大量的工作,一并表示感谢!

本书第四版的修订由高吉祥、刘安芝、盛义发、阳璞琼、王文虎完成。由于编者的水平有限,仍有不少错误和缺点,敬请广大读者给予批评指正,帮助我们不断加以改进。

高吉祥　刘安芝
2015年9月

“电子技术基础”系列教材
成果鉴定意见

2009年3月29日，国防科技大学在长沙主持召开“以人才培养为目标，以教学改革为契机，建设高水平电子技术基础系列教材”成果鉴定会，鉴定委员会听取了系列教材建设的成果汇报，审查了系列教材总结报告和相关材料，经讨论，一致认为该成果具有以下主要特色及创新点：

1. 总体结构设计思想清晰，注重系统配套

该系列教材横向包括5个子系列，即电路分析基础系列、模拟电子技术基础系列、数字电子技术基础系列、高频电子线路系列和全国大学生电子设计竞赛培训系列；每个子系列纵向又分为6个部分，即主干教材、学习辅导及习题详解、实验教材、教师参考用书及配套多媒体课件光盘。整套教材总体结构全面系统，配套性好。

2. 重基础和基本技能训练

该系列教材既保留了对经典基础知识论述精辟、配套习题丰富的特点，又特别注重对学生基本实践技能的培养，为每门课的重点内容均编写了相应的实验指导内容，强化了学生基本实验技能的训练。

3. 注重学生创新能力的培养，拓宽学生的知识面

系列教材在四门主干教材的基础上，增加了电子设计竞赛培训教程等拓宽教材，编写了大量综合设计实验及课程设计，引进了许多新技术、新方法、新器件及新设计思路的讲解。实践证明：该系列教材极大地拓宽了学生知识面，促进了学生创新能力的培养。

4. 教学、科研和设计相结合，构建特色鲜明的教材体系

系列教材在编写过程中立足于电子信息科技发展前沿，依托高水平科研成果，将科研成果有机融合到教材编写中，形成了教材建设、教学实践和科学研究相互促进的良性互动机制。

鉴定委员会一致认为：该系列教材系统性强、配套性好，具有很高的实用和推广价值。其中《高频电子线路》属“十一五”国家级规划教材，在国内同类教材中具有一流水平，《全国大学生电子设计竞赛培训系列教程》(共5册)填补了此类教材编写的空白。该系列教材现已正式出版16种，发行17万余册，对推进教学改革，促进人才培养起到了重要作用。

鉴定委员会主任：

委员：

目　　录

第1章　半导体器件

内容提要：半导体器件是组成各种电子电路的基础。本章首先介绍半导体的特性，半导体中载流子的运动，阐明PN结的单向导电性；然后介绍半导体二极管、稳压管、变容二极管、光敏二极管、光电管、双极型三极管，以及场效应三极管的结构、工作原理、特性曲线和主要参数。

1.1　半导体的特性

自然界的各种物质，根据其导电能力的差别，可以分为导体、绝缘体和半导体三大类。通常将电阻率小于$10^{-4}\Omega \cdot cm$的物质称为导体，如银、铜和铝等金属材料都是良好的导体。电阻率大于$10^{9}\Omega \cdot cm$的物质一般称为绝缘体，如橡胶、塑料等。导电性能介于导体和绝缘体之间的一大类物质统称为半导体。大多数半导体器件所用的主要材料是硅(Si)和锗(Ge)。

半导体的导电性能是由其原子结构决定的。以硅为例，它的原子序数是14，在硅原子中共有14个电子围绕原子核旋转，最外层轨道上有4个电子，如图1.1.1(a)所示。原子外层轨道上的电子通常称为**价电子**。锗的原子序数是32，但它与硅有一个共同点，即原子最外层轨道上也有4个价电子，所以硅和锗都是4价元素。为了方便起见，常常用带+4电荷的正离子和周围的4个价电子来表示一个4价元素的原子，如图1.1.1(b)所示。

在硅(或锗)的晶体中，原子在空间排列成规则的晶格。其中每个原子最外层的价电子，不仅受到自身原子核的束缚，同时还受到相邻原子核的吸引。因此，价电子不仅围绕自身的原子核运动，同时也出现在围绕相邻原子核的轨道上。于是，两个相邻的原子共有一对价电子，这一对价电子组成所谓的**共价键**，如图1.1.2所示。在硅晶体中，每个原子都和周围的4个原子用共价键的形式互相紧密地联系在一起。

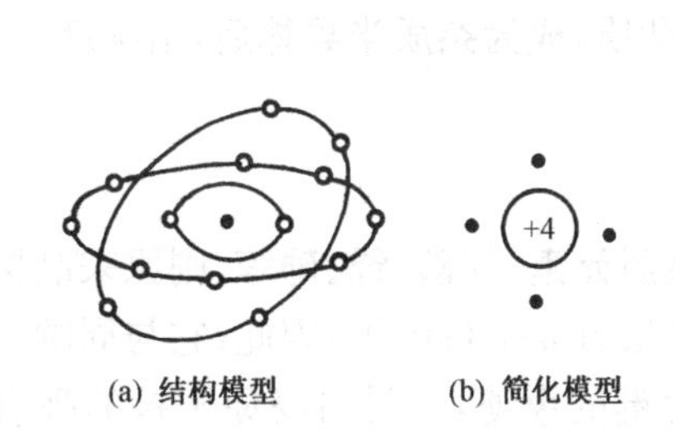

图1.1.1　硅原子的结构模型和简化模型

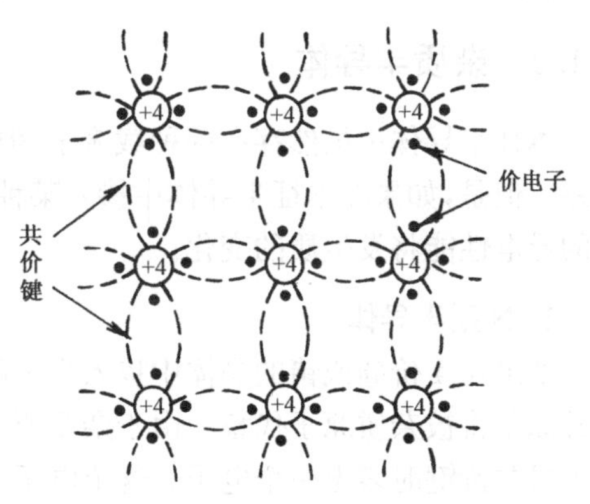

图1.1.2　晶体中的共价键结构

1.1.1　本征半导体

纯净的、不含其他杂质的半导体称为**本征半导体**。对于本征半导体来说，由于晶体中共价键的结合力很强，在热力学温度零度(即$T=0K$，相当于$-273℃$)时，价电子的能量不足以挣脱共价键的束缚,因此,晶体中没有自由电子。所以,在 $T=0$K 时,半导体不能导电,如同绝缘体一样。

如果温度逐渐升高,例如在室温条件下,将有少数价电子获得足够的能量,以克服共价键的束缚而成为**自由电子**。此时,本征半导体具有一定的导电能力,但因自由电子的数量很少,因此它的导电能力比较微弱。

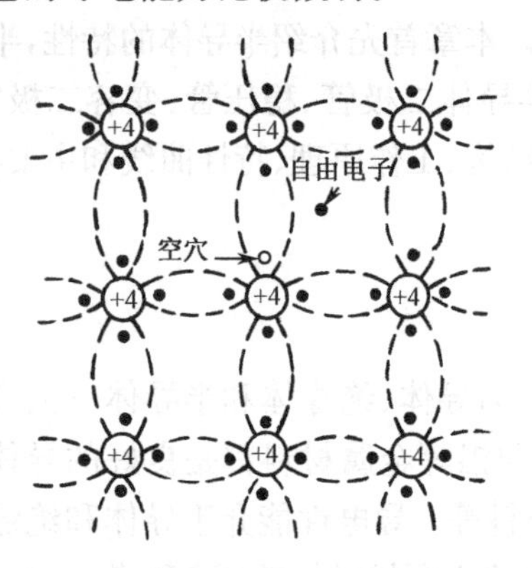

图 1.1.3　本征半导体中的自由电子和空穴

当一部分价电子挣脱共价键的束缚成为自由电子时,在原来的共价键中留下一个空位,这种空位称之为**空穴**,如图 1.1.3 所示。由于存在这样的空位,附近共价键中的电子就比较容易进来填补,而在附近的共价键中留下一个新的空位,其他地方的电子又有可能来填补后一个空位。从效果上看,这种具有电子的填补运动,相当于带正电荷的空穴在运动一样。为了与自由电子的运动区别开来,称之为空穴运动,并将空穴看成为带正电的载流子。

由此可见,半导体中存在着两种载流子:带负电的自由电子和带正电的空穴。在本征半导体中,自由电子和空穴总是成对地出现,成为**电子—空穴对**,因此,两种载流子浓度是相等的。分别用 n 和 p 表示电子和空穴的浓度,并用 n_i 和 p_i 分别表示本征半导体中电子和空穴的浓度,可得到 $n_i=p_i$。

由于物质的运动,半导体中的电子—空穴对不断地产生,同时,当电子与空穴相遇时又因为复合而使电子—空穴对消失。在一定温度下,上述产生和复合两种运动达到了平衡,使电子—空穴对的浓度一定。可以证明,本征半导体中载流子的浓度,除与半导体材料本身的性质有关以外,还与温度密切相关,而且随着温度的升高,基本上按指数规律增加。因此,本征载流子的浓度对温度十分敏感。例如,硅材料,大约温度每升高 8℃,本征载流子的浓度 n_i 增加一倍;对于锗材料,大约温度每升高 12℃,n_i 增加一倍。

1.1.2　杂质半导体

本征半导体中虽然存在两种载流子,但因本征载流子的浓度很低,所以总的来说导电能力很差。但是,如果在本征半导体中掺入某种特定的杂质,成为**杂质半导体**后,情况就会改观,它们的导电性能将发生质的变化。

1. N 型半导体

如果在 4 价硅或锗的晶体中掺入少量的**5 价杂质元素**,如**磷、锑、砷**等,则原来晶格中的某些硅原子将被杂质原子代替。由于杂质原子的最外层有 5 个价电子,因此,它与周围 4 个硅原子组成共价键时多出一个电子。这个电子不受共价键的束缚,只受自身原子核的吸引。而原子核的这种束缚力比较微弱,在室温下即可成为自由电子,如图 1.1.4 所示。在这种杂质半导体中,电子的浓度将大大高于空穴的浓度,即 $n \gg p$,因而主要依靠电子导电,故称为**电子型半导体或 N 型半导体**。其中的 5 价杂质原子可以提供电子,所以称为**施主原子**。N 型半导体中的电子称为**多数载流子**(简称多子),而其中的空穴称为**少数载流子**(简称少子)。

2. **P型半导体**

如果在硅(或锗)的晶体中掺入少量的3价杂质元素,如硼、镓、铟等,此时杂质原子的最外层只有3个价电子,当它和周围的硅原子组成共价键时,由于缺少一个电子而形成空穴,如图1.1.5所示。因此,在这种杂质半导体中,空穴的浓度将比电子的浓度高得多,即$p \gg n$,因而主要依靠空穴导电,所以称为**空穴型半导体**或**P型半导体**。这种3价的杂质原子能够产生多余的空穴,起着接受电子的作用,所以称为**受主原子**。在P型半导体中,多数载流子是空穴,而少数载流子是电子。

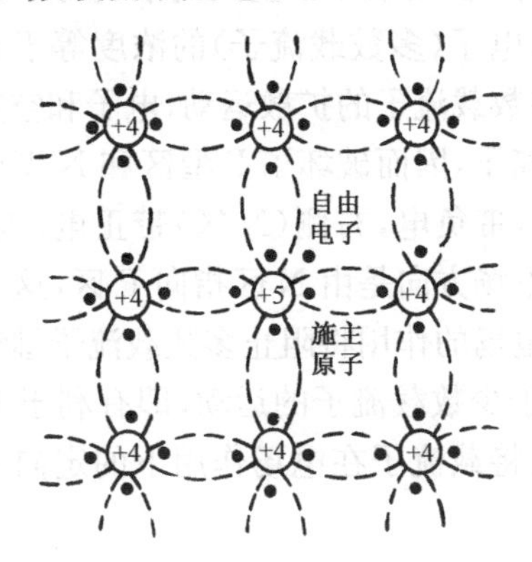

图1.1.4 N型半导体的晶体结构

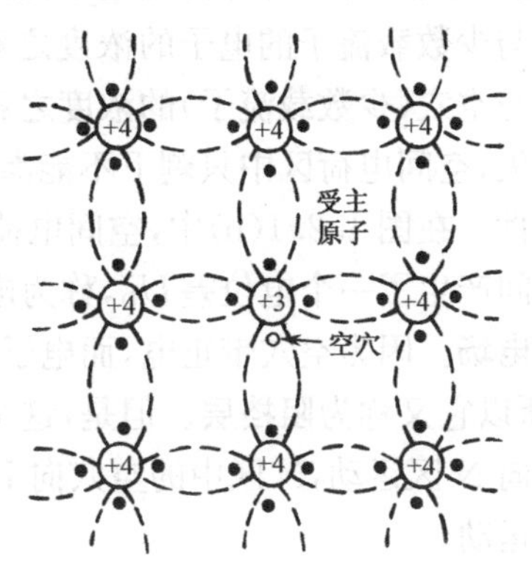

图1.1.5 P型半导体的晶体结构

在杂质半导体中,多数载流子的浓度主要取决于掺入的杂质浓度;而少数载流子的浓度主要取决于温度。

对于杂质半导体来说,无论是N型或P型半导体,从总体上看,仍然保持着电中性。以后,为简单起见,通常只画出其中的正离子和等量的自由电子来表示N型半导体;同样的,只画出负离子和等量的空穴来表示P型半导体,分别如图1.1.6(a)和(b)所示。

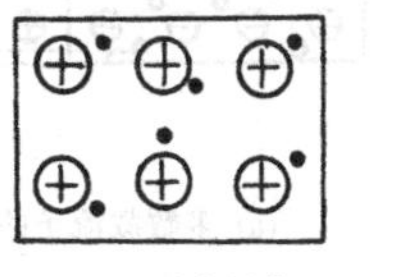

(a) N型半导体

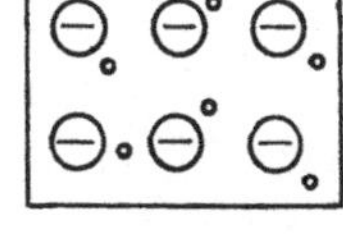

(b) P型半导体

图1.1.6 杂质半导体的简化表示法

总之,在纯净的半导体中掺入杂质以后,导电性能将大大改善。例如,**在4价的硅中掺入百万分之一的3价杂质硼后,在室温时的电阻率与本征半导体相比,将下降到五十万分之一**,可见导电能力大大提高了。当然,仅仅提高导电能力不是最终目的,因为导体的导电能力更强。杂质半导体的奇妙之处在于:本征半导体掺入不同性质、不同浓度的杂质后,并对P型半导体和N型半导体采用不同的方式组合,**可以制造出形形色色、品种繁多、用途各异的半导体器件。**

1.2 半导体二极管

半导体二极管正是利用这样的杂质半导体做成的。首先来研究一下,当P型半导体和N型半导体结合在一起时,将会发生什么情况。

1.2.1 PN结及其单向导电性

如果将一块半导体的一侧掺杂成为P型半导体,而另一侧掺杂成为N型半导体,则在二者的交界处将形成一个PN结。

1. PN结中载流子的运动

在P型和N型半导体的交界面两侧,由于电子和空穴的浓度相差悬殊,所以N型区中的多数载流子(电子)要向P型区扩散;同时,P型区中的多数载流子(空穴)也要向N型区扩散,如图1.2.1(a)所示。当电子和空穴相遇时,将发生复合而消失。于是,在交界面两侧形成一个由不能移动的正、负离子组成的**空间电荷区**,也就是PN结,如图1.2.1(b)所示。由于空间电荷区内缺少可以自由运动的载流子,所以又称为**耗尽层**。在扩散之前,无论P型区还是N型区,从整体来说,各自都保持着电中性。因为在P型区中,多数载流子空穴的浓度等于负离子的浓度与少数载流子的电子的浓度之和;而在N区中,电子(多数载流子)的浓度等于正离子的浓度与空穴(少数载流子)的浓度之和。但是,由于多数载流子的扩散运动,电子和空穴因复合而消失,空间电荷区中只剩下不能参加导电的正、负离子,因而破坏了P型区和N型区原来的电中性。在图1.2.1(b)中,空间电荷区的左侧(P区)带负电,右侧(N区)带正电,因此,在二者之间产生了一个电位差U_D,称为**电位壁垒**。它的电场方向是由N区指向P区,这个电场称为**内电场**。因为空穴带正电,而电子带负电,所以内电场的作用将阻止多数载流子继续进行扩散,所以它又称为**阻挡层**。但是,这个内电场却有利于少数载流子的运动,即有利于P区中的电子向N区运动,N区中的空穴向P区运动。通常,将载流子在电场作用下的定向运动称为漂移运动。

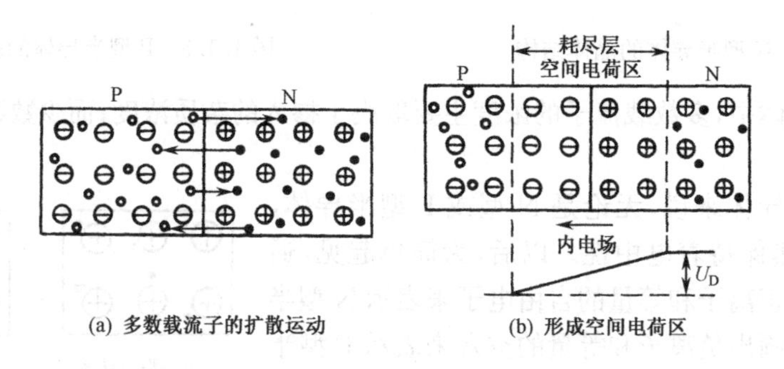

(a) 多数载流子的扩散运动　　(b) 形成空间电荷区

图1.2.1　PN结的形成

综上所述,在PN结中进行着两种载流子的运动:多数载流子的**扩散运动**和少数载流子的**漂移运动**。扩散运动产生的电流称为扩散电流,漂移运动产生的电流称为漂移电流。随着扩散运动的进行,空间电荷区的宽度将逐渐增大;而随着漂移运动的进行,空间电荷区的宽度将逐渐减小。到达平衡时,无论电子或空穴,它们各自产生的扩散电流和漂移电流都达到相等,则PN结中总的电流等于零,空间电荷区的宽度也达到稳定。一般,空间电荷区很薄,其宽度约为几微米到几十微米。电位壁垒U_D的大小,硅材料约为(0.6～0.8)V,锗材料约为(0.2～0.3)V。

2. PN结的单向导电性

首先,假设在PN结上外加一个正向电压,即电源的正极接P区,电源的负极接N区,如图1.2.2所示。PN结的这种接法称为**正向接法**或**正向偏置**(简称**正偏**)。

正向接法时,外电场的方向与PN结中内电场的方向相反,因而削弱了内电场。此时,在外电场的作用下,P区中的空穴向右移动,与空间电荷区内的一部分负离子中和;N区中的电子向左移动,与空间电荷区内的一部分正离子中和。结果,由于多子移向了耗尽层,使空间电荷区的宽度变窄,于是电位壁垒也随之降低,这将有利于多数载流子的扩散运动,而不利于少数载流子的漂移运动。因此,回路中的扩散电流将大大超过漂移电流,最后形成一个较大的正

向电流 I，其方向在PN结中是从P区流向N区，如图1.2.2所示。

正向偏置时，只要在PN结两端加上一个很小的正向电压，即可得到较大的正向电流。为了防止回路中电流过大，一般可接入一个电阻 R。

另外，假设在PN结上加上一个反向电压，即电源的正极接N区，而电源的负极接P区，如图1.2.3所示，这种接法称为**反向接法**或**反向偏置**（简称**反偏**）。

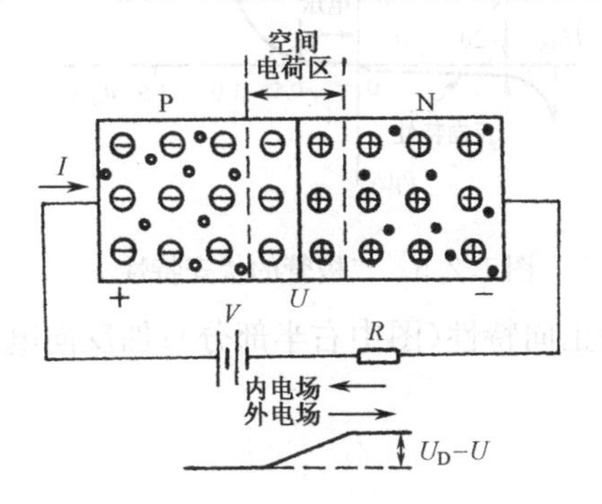

图1.2.2　正向偏置的PN结

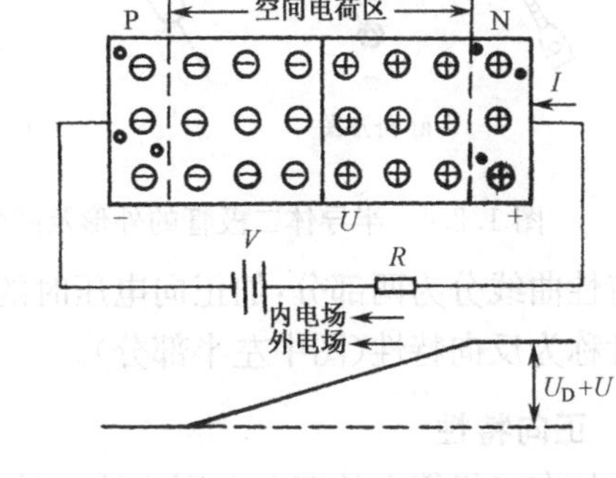

图1.2.3　反向偏置的PN结

反向接法时，外电场与内电场的方向一致，因而增强了内电场的作用。此时，外电场使P区中的空穴和N区中的电子各自向着远离耗尽层的方向移动，从而使空间电荷区变宽，同时电位壁垒也随之增高，其结果将不利于多子的扩散运动，而有利于少子的漂移运动。因此，漂移电流将超过扩散电流，于是在回路中形成一个基本上由少数载流子运动产生的反向电流 I，方向见图1.2.3。因为少子的浓度很低，所以反向电流的数值非常小。在一定温度下，当外加反向电压超过某个值（大约零点几伏）后，反向电流将不再随着外加反向电压的增加而增大，所以又称为**反向饱和电流**，通常用符号 I_S 表示。正因为反向饱和电流是由少子产生的，所以对温度十分敏感。随着温度的升高，I_S 将急剧增大。

综上所述，当PN结正向偏置时，回路中将产生一个较大的正向电流，PN结处于**导通**状态；当PN结反向偏置时，回路中的反向电流非常小，几乎等于零，PN结处于**截止**状态。可见，PN结具有**单向导电性**。

1.2.2　二极管的伏安特性

在PN结的外面装上管壳，再引出两个电极，就可以做成半导体二极管。图1.2.4(a)示出了一些常见的二极管的外形图。图1.2.4(b)是二极管的图形符号，其中阳极从P区引出，阴极从N区引出。

二极管的类型很多，从制造二极管的材料来分，有硅二极管和锗二极管。从二极管的结构来分，主要有点接触型和面结型。点接触型二极管的特点是PN结的面积小，因而，管子中不允许通过较大的电流，但是因为它们的结电容也小，可以在高频下工作，适用于检波和小功率的整流电路。面结型二极管则相反，由于PN结的面积大，故允许流过较大的电流，但只能在较低频率下工作，可用于整流电路。此外还有一种开关型二极管，适用于在脉冲数字电路中用做开关管。

二极管的性能可用其伏安特性来描述。为了测得二极管的伏安特性，可在二极管的两端加上一个电压 u_D，然后测出流过二极管的电流 i_D，电流与电压之间的关系曲线 $i_D=f(u_D)$ 即是二极管的伏安特性。

一个典型的二极管的伏安特性如图 1.2.5 所示。

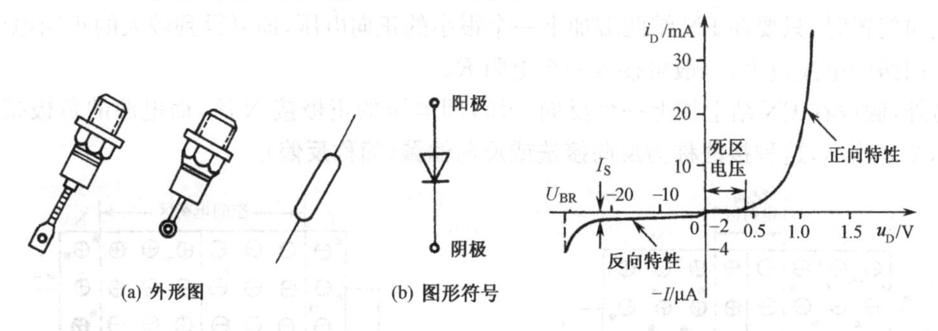

图 1.2.4　半导体二极管的外形及图形符号　　　图 1.2.5　二极管的伏安特性

特性曲线分为两部分:加正向电压时的特性称为正向特性(图中右半部分);加反向电压时的特性称为反向特性(图中左半部分)。

1. 正向特性

当加在二极管上的正向电压比较小时,正向电流很小,几乎等于零。只有当在二极管两端的正向电压超过某一数值时,正向电流才明显地增大。正向特性上的这一数值通常称为"死区电压",如图 1.2.5 所示。死区电压的大小与二极管的材料以及温度等因素有关。一般,硅二极管的死区电压为 0.5V 左右,锗二极管为 0.1V 左右。

当正向电压超过死区电压以后,随着电压的升高,正向电流将迅速增大。电流与电压的关系基本上是一条指数曲线。

2. 反向特性

由图 1.2.5 可见,当在二极管上加上反向电压时,反向电流的值很小。而且当反向电压超过零点几伏以后,反向电流不再随着反向电压而增大,即达到了饱和,这个电流称为**反向饱和电流**,用符号 I_S 表示。

如果使反向电压继续升高,当超过 U_{BR} 以后,反向电流将急剧增大,这种现象称为击穿,U_{BR} 称为**反向击穿电压**。二极管击穿以后,不再具有单向导电性。

必须说明一点,发生击穿并不意味着二极管被损坏。实际上,当反向击穿时,只要注意控制反向电流的数值,不使其过大,以免因过热而烧坏二极管;而当反向电压降低后,二极管的性能仍可能恢复正常。

根据半导体物理的原理,也可从理论上分析得到如下 PN 结伏安特性的表达式,此式通常称为二极管方程,即

$$i_D = I_S(e^{u_D/U_T} - 1) \tag{1.2.1}$$

式中,I_S 为反向饱和电流;U_T 是温度的电压当量,在常温(300K)下,$U_T \approx 26$mV。

由二极管方程可见,如果给二极管加上一个反向电压,即 $u_D < 0$,而且 $|u_D| \gg U_T$,则 $i_D \approx -I_S$。若给二极管加上一个正向电压,即 $u_D > 0$,而且 $u_D \gg U_T$,则上式中的 $e^{u_D/U_T} \gg 1$,可得 $i_D \approx I_S e^{u_D/U_T}$,说明电流 i_D 与 u_D 基本上成指数关系。

图 1.2.6 示出了两个实际二极管的伏安特性,图(a)中的 2AP26 是点接触型锗二极管;图(b)中的 2CP31 是面结型硅二极管。

1.2.3　二极管的主要参数

电子器件的参数是其特性的定量描述,也是实际工作中根据要求选用器件的主要依据。

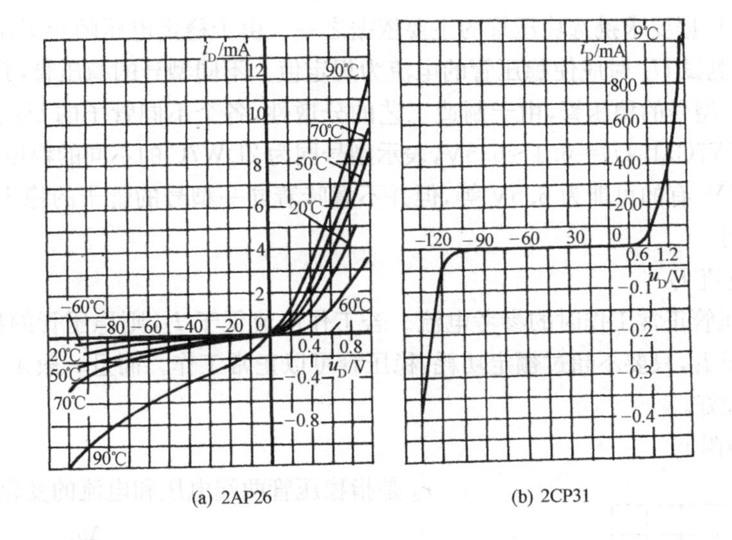

图 1.2.6　实际二极管的伏安特性

各种器件的参数可由手册查得。半导体二极管的主要参数有以下几个。

(1) 最大整流电流 I_F

I_F 是指二极管长期运行时，允许通过管子的最大正向平均电流。I_F 的数值是由二极管允许的温升所限定。使用时，管子的平均电流不得超过此值，否则可能使二极管过热而损坏。

(2) 最高反向工作电压 U_R

工作时加在二极管两端的反向电压不得超过此值，否则二极管可能被击穿。为了留有余地，通常将击穿电压 U_{BR} 的一半定为 U_R。

(3) 反向电流 I_R

I_R 是指在室温条件下，在二极管两端加上规定的反向电压时，流过管子的反向电流。通常希望 I_R 值越小越好。反向电流越小，说明二极管的单向导电性越好。此外，由于反向电流是由少数载流子形成的，所以 I_R 受温度的影响很大。

(4) 最高工作频率 f_M

f_M 值主要决定于 PN 结结电容的大小。结电容越大，则二极管允许的最高工作频率越低。

1.2.4　稳压管

由二极管的特性曲线可知，如果工作在反向击穿区，则当反向电流的变化量 Δi_D 较大时，二极管两端相应的电压变化量 Δu_D 却很小，说明其具有“稳压”特性。利用这种特性可以做成稳压管。所以，稳压管实质上就是一个二极管，但它通常工作在反向击穿区。

稳压管的伏安特性及符号分别如图 1.2.7(a)和(b)所示。

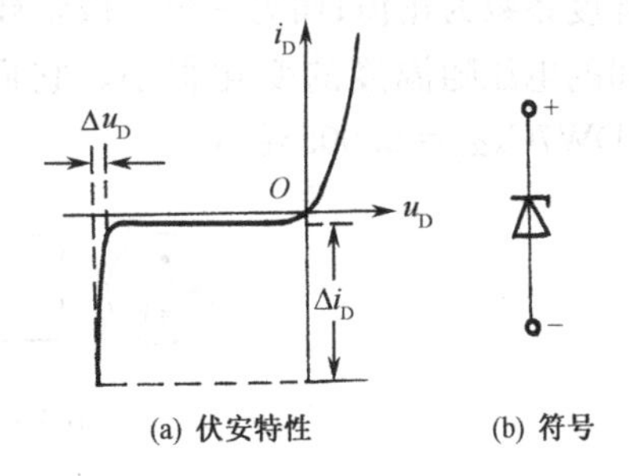

图 1.2.7　稳压管的伏安特性和符号

稳压管的参数主要有以下几项。

(1) 稳定电压 U_Z

U_Z 是稳压管工作在反向击穿区时的稳定工作电压。

稳定电压U_Z是根据要求挑选稳压管的主要依据之一。由于稳定电压随着工作电流的不同而略有变化,所以测试U_Z时应使稳压管的电流为规定值。不同型号的稳压管,其稳定电压的值不同。对于同一型号的稳压管,由于制造工艺的分散性,各个不同管子的U_Z值也有些差别。例如稳压管2DW7C,其$U_Z=6.1\sim6.5V$,表示型号同为2DW7C的不同的稳压管,其稳定电压有的可能为6.1V,有的可能为6.5V等,但并不意味着同一型号的管子的稳定电压会有如此之大的变化范围。

(2) 稳定电流I_Z

I_Z是使稳压管正常工作时的参考电流。若工作电流低于I_Z,则稳压管的稳压性能变差;若工作电流高于I_Z,只要不超过额定功耗,稳压管可以正常工作。而且一般来说,工作电流较大时稳压性能较好。

(3) 动态内阻r_Z

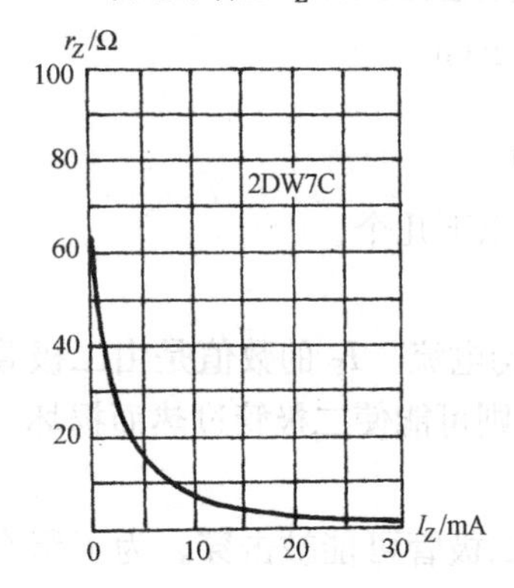

图1.2.8 2DW7C的r_Z与I_Z的关系

r_Z是指稳压管两端电压和电流的变化量之比,即

$$r_Z=\frac{\Delta u_D}{\Delta i_D} \tag{1.2.2}$$

稳压管的r_Z值越小越好。对于同一个稳压管,一般工作电流越大时,r_Z越小。例如,稳压管2DW7C的动态内阻r_Z与工作电流I_Z之间的关系曲线如图1.2.8所示。由图可见,当I_Z等于5mA时,r_Z约为16Ω;当I_Z升至20mA时,r_Z降到3Ω左右。一般手册上给出的r_Z值是在规定的稳定电流之下得到的。

(4) 电压的温度系数α_U

α_U表示当稳压管的电流保持不变时,环境温度每变化1℃所引起的稳定电压变化的百分比。一般来说,稳定电压大于7V的稳压管,其α_U为正值。稳定电压小于4V的稳压管,其α_U为负值。而稳定电压在4～7V之间的稳压管,α_U的值比较小,说明其稳定电压受温度的影响较小,性能比较稳定。例如2CW17,$U_Z=9\sim10.5V$,$\alpha_U=0.09\%/℃$,说明当温度升高1℃时,稳定电压增大0.09%,又如2CW11,$U_Z=3.2\sim4.5V$,$\alpha_U=-(0.05\sim0.03)\%/℃$,若$\alpha_U=-0.05\%/℃$,表明当温度升高1℃时,稳定电压减小0.05%。

还有一类特殊的2DW7系列稳压管,这是一种具有温度补偿的稳压管,用于电子设备的精密稳压源中。2DW7稳压管的外形如图1.2.9(a)所示,稳压管内部实际上是两个温度系数相反的二极管对接在一起,如图1.2.9(b)所示。当温度变化时,由于一个二极管被反向偏置,温度系数为正值;而另一个二极管被正向偏置,温度系数为负值,二者互相补偿,使1、2两端之间的电压随温度的变化很小。它们的温度系数比其他一般稳压管约小一个数量级,例如2DW7C,$\alpha_U=0.005\%/℃$。

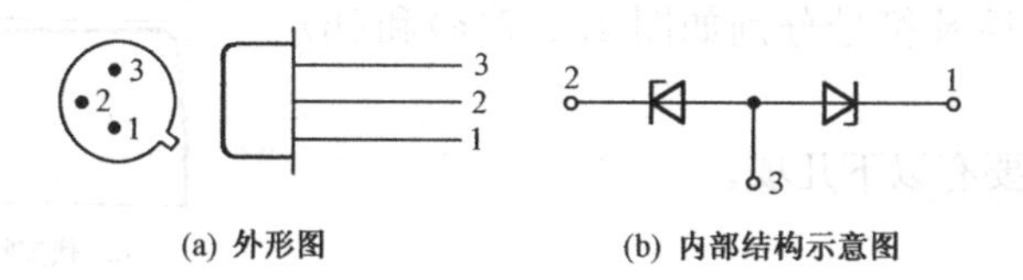

图1.2.9 2DW7稳压管

(5) 额定功耗 P_Z

由于稳压管两端加有电压 U_Z，而管子中又流过一定的电流，因此要消耗一定功率。这部分功耗转化为热能，使稳压管发热。额定功耗 P_Z 决定于稳压管允许的温升。在有些手册上给出最大稳定电流 I_{ZM}。稳压管的最大稳定电流 I_{ZM} 与耗散功率 P_Z 之间存在以下关系 $I_{ZM}=P_Z/U_Z$。如果手册上只给出 P_Z，可由上式自行计算出 I_{ZM}。

以上是稳压管的主要参数。

使用稳压管组成稳压电路时，需要注意几个问题。首先，应使外加电源的正极接管子的N区，电源的负极接P区，以保证稳压管工作在反向击穿区，如图1.2.10所示。其次，稳压管应与负载电阻 R_L 并联，由于稳压管两端电压的变化量很小，因而使输出电压比较稳定。第三，必须限制流过稳压管的电流 I_Z，使其不超过规定值，以免因过热而烧毁管子。下面举一个实际应用的例子。

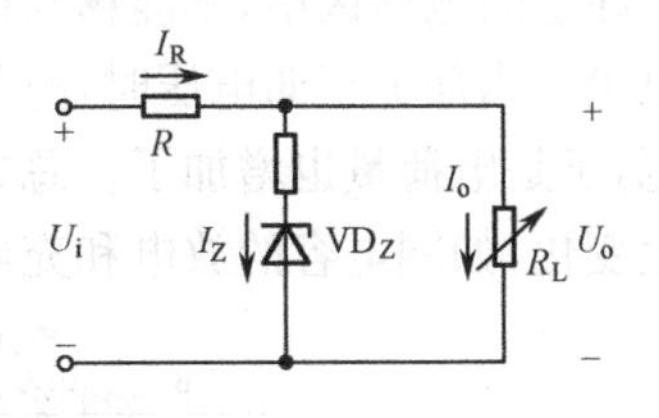

图1.2.10　稳压管电路

【例1.2.1】 图1.2.11所示为稳压电路，已知稳压管的 $I_{ZM}=20mA$，$I_{Zmin}=5mA$，$r_Z=10\Omega$，$U_Z=6V$，负载电阻的最大值 $R_{Lmax}=10k\Omega$。

① 确定 R；

② 确定最小允许的 R_L 值；

③ 若 $R_L=1k\Omega$，当 U_i 增加1V时，求 ΔU_o 值。

解：运用稳压管反向击穿特性，若负载电阻增大，则 U_o 增大，通过调整 I_Z 大小，使 U_o 稳定在一定的范围内。等效电路如图1.2.12所示。

① 当 $R_L=R_{Lmax}$ 时，$I_Z=I_{Zmax}$，根据电路基本定理，有

$$6+I_{Zmax}r_Z+\left(I_{Zmax}+\frac{6+I_{Zmax}r_Z}{R_{Lmax}}\right)R=10$$

解此方程得 $R=181\Omega$。

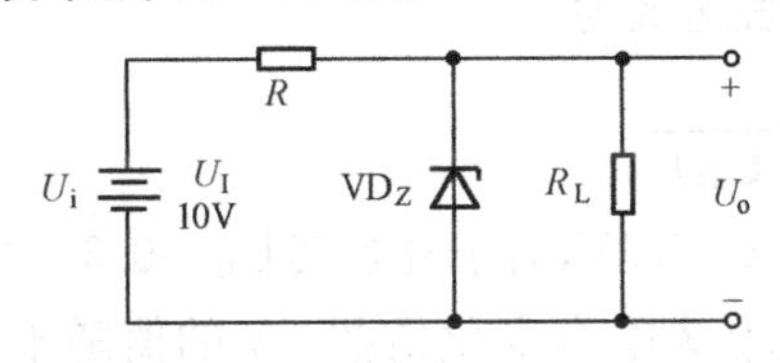

图1.2.11　例1.2.1电路图

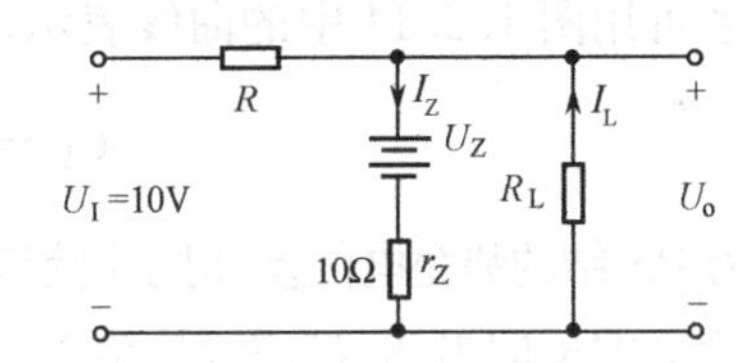

图1.2.12　例1.2.1的等效电路

② 当 R_L 最小时，$I_Z=I_{Zmin}$，则

$$U_o=6+10I_{Zmin},\qquad I_o=I_L=\frac{10-(6+10I_{Zmin})}{R}-I_{Zmin}$$

将 $R=181\Omega$，$I_{Zmin}=5mA$ 代入，可解得 $I_o=17mA$。

所以最小允许的 R_L 值为 $R_L=\frac{U_o}{I_o}=353\Omega$。

③ 当 $R_L=1k\Omega$ 时

$$\Delta U_o=\frac{r_Z/\!/R_L}{R+r_Z/\!/R_L}\Delta U_i=0.05(V)$$

1.2.5　变容二极管

普通二极管(整流二极管、检波管)是利用二极管的单向导电特性，稳压管是利用二极管的

击穿特性,而变容二极管是利用二极管的电容效应。下面首先介绍 PN 结的电容效应。

1. PN 结的电容效应

PN 结的电容效应也就是二极管的电容效应。它包括势垒电容和扩散电容两部分。

(1) 势垒电容 C_b

势垒电容是由 PN 结的空间电荷区(或耗尽层)形成的。

在空间电荷区中,不能移动的正、负离子具有一定的电荷量,所以在 PN 结中存储了一定的电量。当加上正向电压时,空间电荷区变窄,则电荷量减少;当加上反向电压时,空间电荷区变宽,于是电荷量也增加了。总之,当加在 PN 结上的电压 U 改变时,其中的电荷量 Q 也随之发生变化,如同电容的放电和充电过程一样,如图 1.2.13 所示。

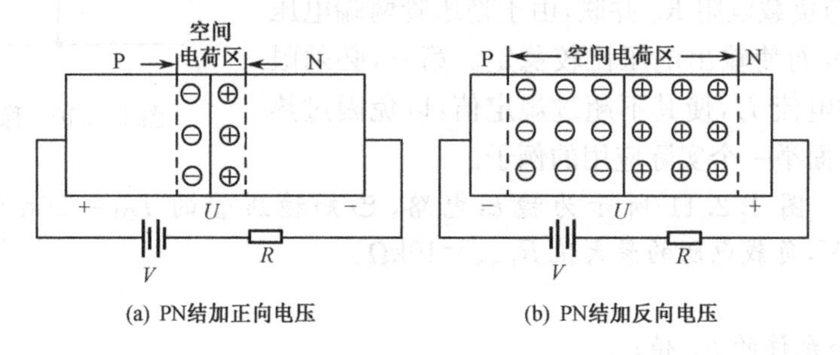

图 1.2.13 PN 结的势垒电容

势垒电容的大小可用下式表示

$$C_b = \frac{dQ}{dU} = \varepsilon \frac{S}{l} \tag{1.2.3}$$

式中,ε 为半导体材料的介电系数;S 为结面积;l 为耗尽层宽度。但要注意,对于同一个 PN 结,由于 l 随外加电压 U 而变化,不是一个常数,因此势垒电容也不是常数。C_b 与外加电压 U 之间的关系可用图 1.2.14 中的曲线表示。其数学表达式为

$$C_b = \frac{C_{j0}}{(1+U/U_D)^{\gamma}} \tag{1.2.4}$$

式中,U_D 为 PN 结的势垒电位差,对于锗管其 U_D=0.2~0.3V,对于硅管其 U_D=0.6~0.7V;U 为加到二极管上的反向电压;C_{j0} 为 U=0 时的结电容;γ 为电容变化指数。γ 的值随半导体掺杂浓度和 PN 结的结构不同而异,对于缓变结 $\gamma=\frac{1}{3}$,对于突变结 $\gamma=\frac{1}{2}$;对于超突变结 γ=1~4。

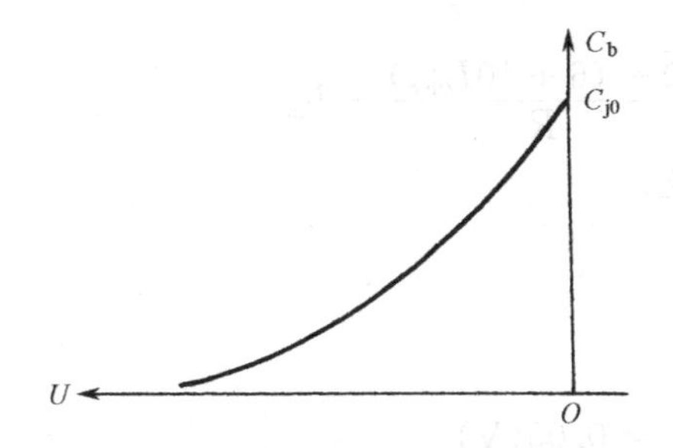

图 1.2.14 势垒电容 C_b 与外加电压 U 的关系

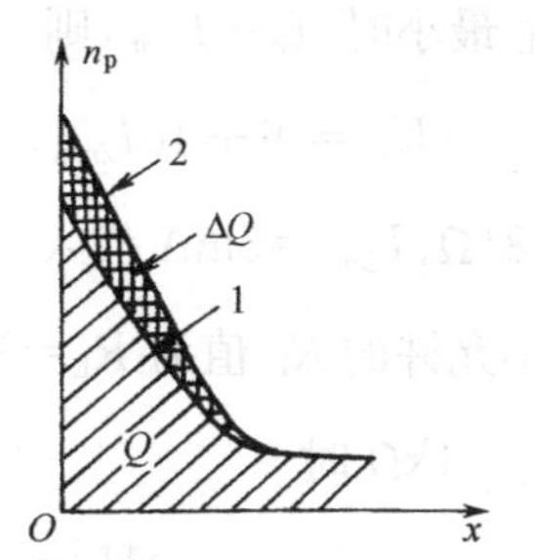

图 1.2.15 P 区中电子浓度的分布曲线及电荷的积累

(2) 扩散电容 C_d

扩散电容是由多数载流子在扩散过程中的积累而引起的。

当在二极管上加上正向电压时，N区中的多子电子向P区扩散，同时P区中的多子空穴也向N区扩散。在某个正向电压下，P区中电子浓度 n_p 的分布曲线如图1.2.15中下面的一条曲线1所示(同样也可画出类似的N区中空穴浓度 p_n 的分布曲线)。图中 $x=0$ 处表示P区与N区的交界处。由图可见，在 $x=0$ 处，电子的浓度最高。随着 x 的增大，由于扩散运动的进行，电子的浓度逐渐降低。这种扩散过程中的电子在P区积累了一定数量的电荷，总的电荷量 Q 可用曲线以下斜线部分的面积表示。

假设将二极管两端的正向电压加大，则扩散运动加强，流过二极管的正向电流增多，扩散到P区的电子浓度也升高。设此时 n_p 的分布曲线如图中上面的一条曲线2所示，则P区中积累的电荷量也增多了。图中两条曲线之间斜格部分的面积相当于所增加的电荷量 ΔQ。反之，若正向电压减少，则积累的电荷量也随之减少。总之，当正向电压变化时，扩散过程中的载流子积累的电荷量也随之发生变化，相当于电容的充电和放电的过程，这就是扩散电容的效应。当PN结反向偏置时，扩散运动被削弱，扩散电容的作用可以忽略。

综上所述，PN结结电容 C_j 包括势垒电容 C_b 和扩散电容 C_d 两部分。一般来说，当二极管正向偏置时，扩散电容起主要作用，即可以认为 $C_j \approx C_d$；当反向偏置时，势垒电容起主要作用，可以认为 $C_j \approx C_b$。

C_b 和 C_d 的值都很小，通常为几个皮法到几十皮法，有些结面积大的二极管可达几百皮法。

2. 变容二极管

PN结的结电容对于普通二极管而言，特别是作为检波二极管而言是有害的。因为它影响检波电路的频响，也就是说由于PN结的结电容存在而影响高频响应(这部分内容第3章会详细介绍)。而在许多应用场合，例如，调频调制器、锁相环、自动频率调节等，需要一种受电压调节的可变电容器。变容二极管就是利用PN结的势垒电容效应而构成的另一种特殊二极管。其电容量与外加电压 U(反向偏置)的关系曲线如图1.2.14所示。其数学表达式见式(1.2.4)。

对于不同的应用场合，电容变化指数 γ 可以取不同的值，一般 $\gamma=1$ 和 $\gamma=2$ 应用较多。根据特殊要求，目前可以做到 $\gamma=7$ 的变容二极管。关于它的实际应用将在《高频电子线路》一书中进行详细介绍。

1.2.6　光敏二极管

光敏二极管又称光电二极管，特点是PN结的面积大，管壳上有透光的窗口便于接收光的照射，光敏二极管的外形如图1.2.16所示。

1. 光敏二极管的特性曲线

光敏二极管的符号如图1.2.17(a)所示，光敏二极管工作时，在电路中处于反向偏置。当无光照时，它的伏安特性和普通二极管一样，其反向电流很小，称为暗电流。当有光照时，半导体中的价电子获得了能量挣脱共价键的束缚，产生的电子—空穴对增多，使流过PN结的电流随着光照的强度的增加而剧增，此时的反向电流成为光电流。在一定的反向电压范围内，反向电流与光照度 E 成正比关系，光敏二极管的特性曲线如图1.2.17(b)所示。

2. 光敏二极管的主要参数

(1) 最高反向工作电压 U_{RM}

最高反向工作电压是指光敏二极管在无光照的条件下，反向漏电流不大于 $0.1\mu A$ 时所能承受的最高反向电压。

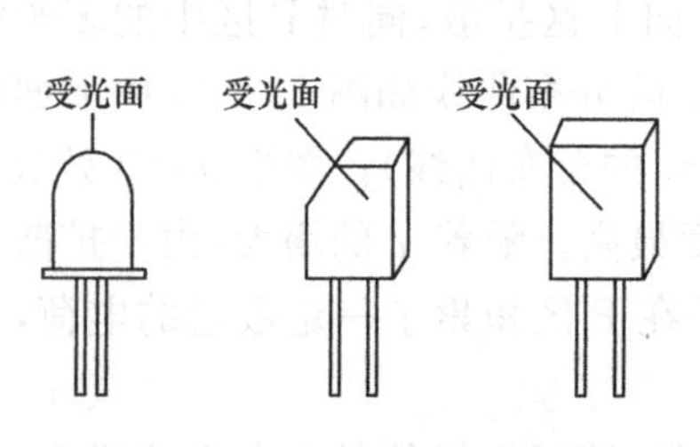

图 1.2.16 光敏二极管的外形

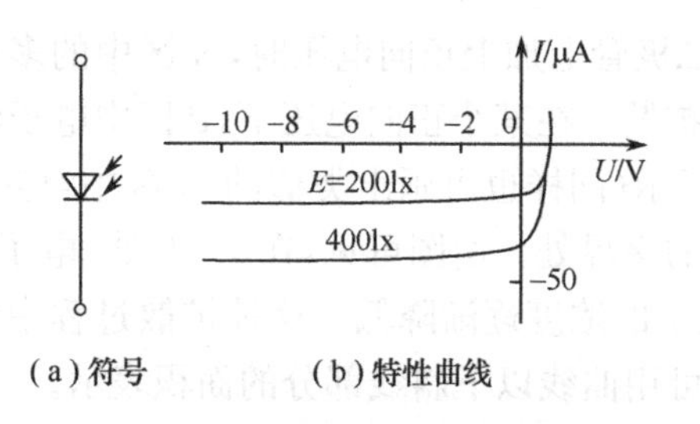

(a)符号 (b)特性曲线

图 1.2.17 光敏二极管的符号特性曲线

(2) 暗电流 I_0

暗电流是指光敏二极管在无光照及最高反向工作电压条件下的漏电流。暗电流越小,光敏二极管的性能越稳定,检测弱光的能力越强。

(3) 光电流 I_L

光电流是指光敏二极管在受到一定光照时,在最高反向工作电压下产生的电流。

(4) 光电灵敏度 S_n

光电灵敏度是反映光敏二极管对光敏感程度的一个参数,用在每微瓦的入射光能量下所产生的光电流来表示,单位为 μA/μW。

(5) 响应时间 T_s

响应时间是光敏二极管将光信号转化为电信号所需要的时间。响应时间越短,说明光敏二极管的工作频率越高。

(6) 正向压降 U_F

正向压降是指光敏二极管中通过一定的正向电流时,它两端产生的压降。

利用光敏管做成的光电传感器,可以用作光的测量。当 PN 结的面积较大时,可以做成光电池。

1.2.7 发光二极管

发光二极管简称为 LED,是一种将电能转换为光能的半导体器件,发光二极管包含可见光、不可见光、激光等类型。按功能,发光二极管可分为普通发光二极管、高亮度发光二极管、超高亮度发光二极管、闪烁发光二极管、变色发光二极管、压控发光二极管、红外发光二极管和负阻发光二极管等。发光二极管的结构与普通二极管一样,是由 PN 结组成,伏安特性曲线也类似,同样具有单向导电性。但正向导通电压比普通二极管高,红色的导通电压在 1.6~1.8V 范围内,绿色的为 2V 左右。当发光二极管加上正向电压后,注入到 N 区和 P 区的载流子被复合而释放能量,当电流加大到一定值时开始发光,发光的亮度与正向电流成正比。电流越大,发光的亮度越强。但使用时应注意,不要超过其最大功耗以及最大正向电流和反向最大工作电压,以免为了追求发光二极管的亮度而忽略了安全性。

发光二极管由于体积小、工作电压低、工作电流小、发光均匀稳定、响应速度快、寿命长等优点,被广泛应用于各种电子电路、家电、仪器设备,作为电源指示、报警指示、输入/输出指示等。发光二极管可以制成各种形状,如长方形,圆形、方形、三角形等,外型如图 1.2.18(a)所示。发光二极管除单独使用外,还可用多个 PN 结按分段式制成数码管或阵列显示器。发光二极管的符号如图 1.2.18(b)所示。

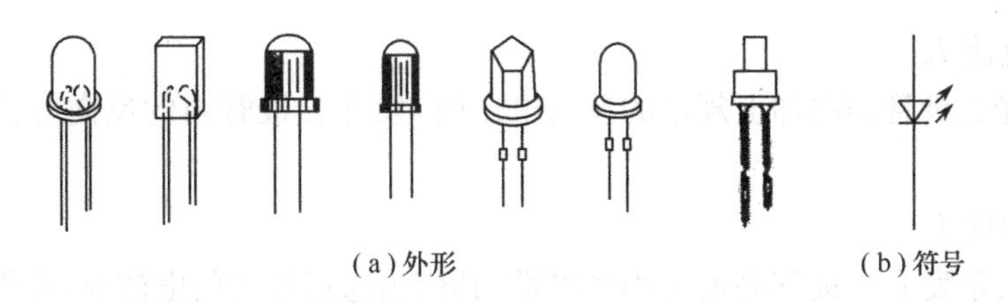

(a) 外形　　(b) 符号

图 1.2.18　发光二极管的符号

1. 发光二极管的分类

(1) 普通单色发光二极管

普通单色发光二极管具有体积小、工作电压低、工作电流小、发光均匀稳定、响应速度快、寿命长等优点，可用各种直流、交流、脉冲等电源驱动点亮，它属于电流控制型半导体器件，使用时需串接合适的限流电阻。

(2) 高亮度单色发光二极管和超高亮度单色发光二极管

高亮度单色发光二极管和超高亮度单色发光二极管使用的半导体材料与普通单色发光二极管不同，所以发光的强度也不同。通常，高亮度单色发光二极管使用砷铝化镓等材料，超高亮度单色发光二极管使用磷铟砷化镓等材料，而普通单色发光二极管使用磷化镓或磷砷化镓等材料。

(3) 变色发光二极管

变色发光二极管是能变换发光颜色的发光二极管，变色发光二极管发光颜色种类可分为双色发光二极管、三色发光二极管和多色(有红、蓝、绿、白四种颜色)发光二极管。

(4) 闪烁发光二极管

闪烁发光二极管(BTS)是一种由 CMOS 集成电路和发光二极管组成的特殊发光器件，可用于报警指示及欠压、超压指示。闪烁发光二极管在使用时，无须外接其他元件，只要在其引脚两端加上适当的直流工作电压(5V)即可闪烁发光。

(5) 电压控制型发光二极管

普通发光二极管属于电流控制型器件，在使用时需串接合适的限流电阻，电压控制型发光二极管(BTV)是将发光二极管和限流电阻集成制作为一体，使用时可直接并接在电源两端。电压控制型发光二极管的发光颜色有红、黄、绿等，工作电压有 5V、9V、12V、18V、19V、24V 共 6 种规格。

(6) 红外发光二极管

红外发光二极管也称红外线发射二极管，它是可以将电能直接转换成红外光(不可见光)并能辐射出去的发光器件，主要应用于各种光控及遥控发射电路中。红外发光二极管的结构、原理与普通发光二极管相近，只是使用的半导体材料不同，红外发光二极管通常使用砷化镓、砷铝化镓等材料，采用全透明或浅蓝色、黑色的树脂封装。

3. 发光二极管的主要参数

(1) 最大工作电流 I_{CM}

它是指发光二极管长期工作时，所允许通过的最大电流。

(2) 正向电压降 U_F

它是指通过额定的正向电流时，发光二极管两端产生的正向电压。

(3) 正常工作电流 I_F

它是指发光二极管两端加上规定的正向电压时，发光二极管内的正向电流。

(4) 反向电流 I_R

它是指发光二极管两端加上规定的反向电压时,发光二极管内的反向电流。该电流又称为反向漏电流。

(5) 发光强度 I_V

它是一个表示发光二极管亮度大小的参数,其值为通过规定的电流时,在管心垂直方向上单位面积所通过的光通量。

(6) 发光波长 λ

它是指发光二极管在一定工作条件下,光的峰值(为发光强度最大的一点)对应的波长,又称为峰值波长。由发光波长便可知发光二极管的发光颜色。

1.3 双极型晶体管

双极型晶体管又称为半导体三极管,或简称为三极管。它们常常是组成各种电子电路的核心器件。三极管有三个电极,它们的外形如图 1.3.1 所示。三极管可以利用半导体材料硅或锗制成。无论采用何种材料,从三极管的结构来看,都有 NPN 和 PNP 两种类型,它们的工作原理是类似的。下面主要以 NPN 型为例进行讨论。

1.3.1 三极管的结构

我国生产的半导体三极管,目前最常见的结构有硅平面管和锗合金管两种类型。硅平面管的结构如图 1.3.2(a)所示。首先在 N 型硅片(硅基片,或称衬底)上生长一层氧化膜,利用光刻的工艺在氧化膜上刻出一个窗口,进行硼杂质扩散,形成 P 型的基区,然后再在这个 P 型区上光刻一个窗口,进行磷杂质扩散,形成 N 型发射区,并引出三个电极:发射极(e)、基极(b)和集电极(c)。

锗合金管的基区是很薄的 N 型锗片(几微米到几十微米),在其两边各置一个小铟球。当加热到高于铟熔点而低于锗的熔点的高温时,铟被熔化并与 N 型锗接触,冷却后在 N 型锗片的两侧各形成一个 P 型区,其中集电区与基区的接触面积较大,而发射区则掺杂浓度比较高,其结构如图 1.3.2(b)所示。

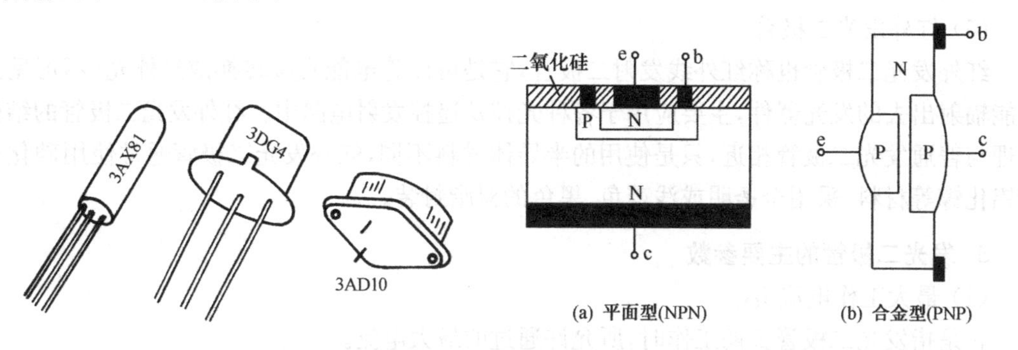

图 1.3.1 双极型三极管的外形　　图 1.3.2 三极管的结构

无论是 NPN 型或 PNP 型的三极管,内部均包含三个区:**发射区**、**基区**和**集电区**,并相应地引出三个电极:**发射极**、**基极**和**集电极**,同时,在三个区的两两交界处,形成两个 PN 结,分别称为**发射结**和**集电结**。

NPN 型和 PNP 型三极管的结构示意图和符号分别示于图 1.3.3(a)和(b)中。

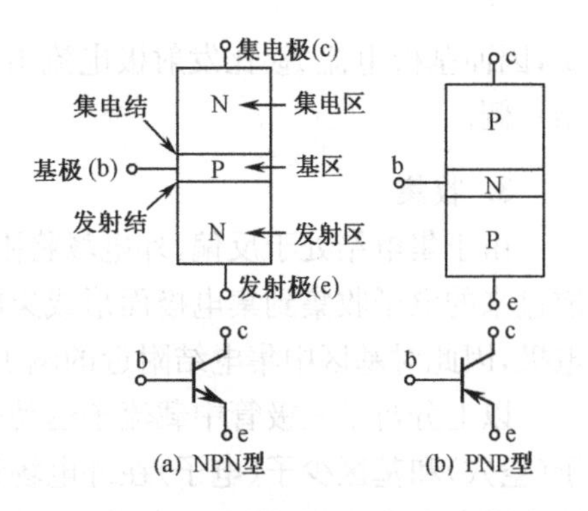

图 1.3.3　三极管的结构示意图和符号

1.3.2　三极管的放大作用和载流子的运动

下面以 NPN 型三极管为例，来讨论三极管的放大作用。

图 1.3.3(a)所示的 NPN 型三极管的结构，由于内部存在两个 PN 结，表面看来，似乎相当于两个二极管背靠背地串联在一起，如图 1.3.4 所示。但是，假设将两个单独的二极管按如图 1.3.4 所示连接起来，将会发现它们并不具有放大作用。为了使三极管实现放大，还必须由三极管的内部结构和外部所加电源的极性两方面的条件来保证。

从三极管的内部结构来看，主要有两个特点。第一，发射区进行高掺杂，因而其中的多数载流子浓度很高。NPN 型三极管的发射区为 N 型，其中的多子是电子，所以电子的浓度很高。第二，基区做得很薄，通常只有几微米到几十微米，而且掺杂比较少，则基区中多子的浓度很低。NPN 型三极管的基区为 P 型，故其中的多子空穴的浓度很低。另外，集电结结面积比较大，且集电区多子浓度远没有发射区多子浓度高。

从外部条件来看，外加电源的极性应使发射结处于正向偏置状态，而集电结处于反向偏置状态。

在满足上述内部和外部条件的情况下，三极管内部载流子的运动有以下三个过程。

1. 发射

由于发射结正向偏置，因而外加电场有利于多数载流子的扩散运动。又因为发射区的多子电子的浓度很高，于是发射区发射出大量的电子。这些电子越过发射结到达基区，形成电子电流 I_{EN}。因为电子带负电，所以电子电流的方向与电子流动的方向相反，如图 1.3.5所示。与此同时，基区中的多子空穴也向发射区扩散而形成空穴电流 I_{EP}，上述电子电流和空穴电流的总和就是发射极电流 I_E。由于基区中空穴的浓度比发射区中电子的浓度低得多，因此与电子电流相比，空穴电流可以忽略，可以认为，I_E 主要由发射区发射的电子电流所产生。

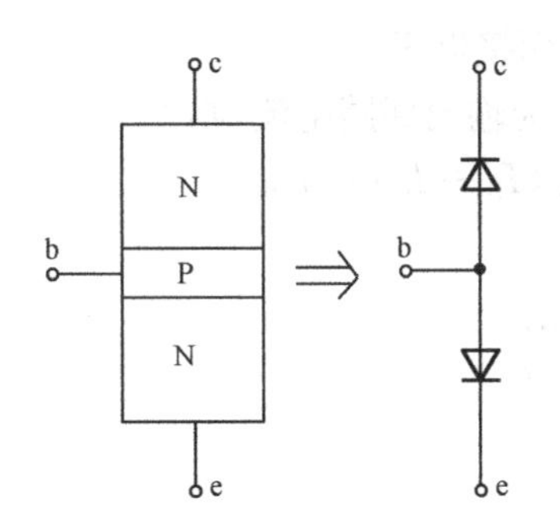

图 1.3.4　三极管中的两个 PN 结

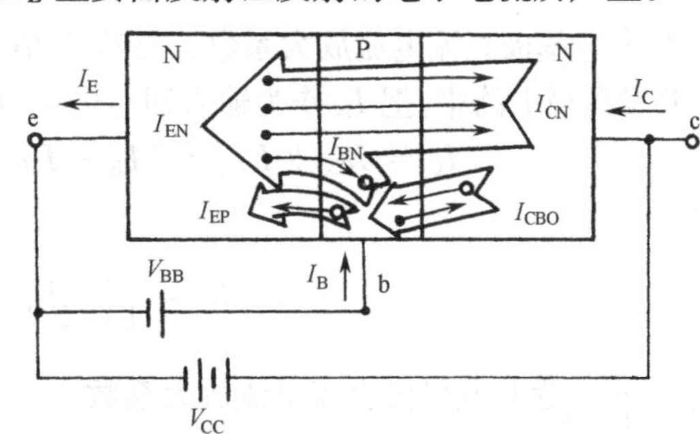

图 1.3.5　三极管内部载流子的运动和各极电流

2. 复合和扩散

电子到达基区后，因为基区为 P 型，其中的多子是空穴，所以从发射区扩散过来的电子与空穴产生复合运动而形成基极电流 I_{BN}，基区被复合掉的空穴由外电源 V_{BB}不断进行补充。但是，因为基区空穴的浓度比较低，而且基区很薄，所以，到达基区的电子与空穴的复合的机会很少,因而基极电流 I_{BN} 比发射极电流 I_E 小得多。大多数电子在基区中继续扩散,到达靠近集电结一侧。

3. 收集

由于集电结处于反偏,外电场将阻止集电区多子(电子)向基区运动,但有利于将基区中扩散过来的电子收集到集电极而形成集电极电流 I_{CN}。由图 1.3.5 可知,外电源 V_{CC} 的正端接集电极,因此对基区中集电结附近的电子有吸引作用。

以上分析了三极管中载流子运动是主要过程。此外,因为集电结反向偏置,所以集电区少子(空穴)和基区少子(电子)在外电场作用下还将进行漂移运动,从而形成反向电流,这个电流称为反向饱和电流,用 I_{CBO} 表示。

综上所述,可将管内载流子的运动及各电极电流示于图 1.3.5 中。三个电极上的电流可分别表示为

$$I_E = I_{EN} + I_{EP} = I_{CN} + I_{BN} + I_{EP} \tag{1.3.1}$$

$$I_C = I_{CN} + I_{CBO} \tag{1.3.2}$$

$$I_B = I_{BN} + I_{EP} - I_{CBO} \tag{1.3.3}$$

将式(1.3.2)与式(1.3.3)相加得

$$I_E = I_B + I_C \tag{1.3.4}$$

当忽略 I_{EP} 之后,式(1.3.1)可变为

$$I_E \approx I_{CN} + I_{BN} \tag{1.3.5}$$

且满足二极管方程,即

$$I_E = I_S(e^{U/U_T} - 1)$$

从以上分析可知,流过发射极电流 I_E 的大小只取决于三极管的内部结构和外加电源电压 V_{BB},而 I_E 在基极和集电极之间的分配比例却主要取决于基区的宽度、基区多子(空穴)的浓度和外加电源 V_{CC} 的极性及大小。只有 I_{CBO} 不受两结电场控制外,其余各量均受发射结正向电压的控制。

现定义

$$\bar{\alpha} = I_{CN}/I_E \tag{1.3.6}$$

式中,$\bar{\alpha}$ 称为共基极直流电流放大系数。显然,$\bar{\alpha}$ 小于 1 而接近于 1。

在共发射极电路中,把 I_B 作为输入回路电流,I_C 作为输出回路电流,则

$$I_C = I_{CN} + I_{CBO} = \bar{\alpha} I_E + I_{CBO} = \bar{\alpha}(I_B + I_C) + I_{CBO}$$

整理得

$$I_C = \frac{\bar{\alpha}}{1-\bar{\alpha}} I_B + \frac{I_{CBO}}{1-\bar{\alpha}}$$

定义:$\bar{\beta} = \frac{\bar{\alpha}}{1-\bar{\alpha}}$ 为共发射极直流电流放大系数。

所以

$$I_C = \bar{\beta} I_B + (1+\bar{\beta}) I_{CBO} = \bar{\beta} I_B + I_{CEO} \approx \bar{\beta} I_B$$

其中穿透电流 I_{CEO} 为

$$I_{CEO} = (1+\bar{\beta}) I_{CBO} \tag{1.3.7}$$

故

$$\bar{\beta} \approx \frac{I_C}{I_B} \tag{1.3.8}$$

一般而言，$\bar{\alpha}$ 为0.98～0.99；$\bar{\beta}$为几十到几百。说明三极管在共射电路中具有电流放大作用，其放大倍数近似等于$\bar{\beta}$。

下面再以共射放大电路为例说明晶体三极管具有电压放大作用的机理。

如图1.3.6所示，V_{BB}使发射结正偏，V_{CC}使集电结反偏。

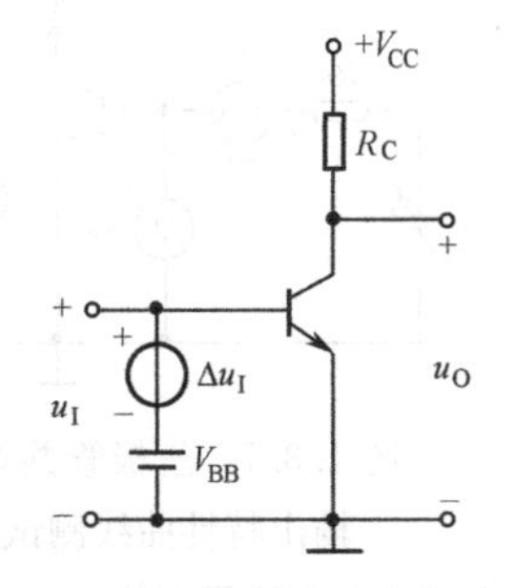

图1.3.6　共射放大电路

由于输入加入一个变化量 Δu_I，则各电极电流将产生一个变化量。设其变化量分别为 Δi_E，Δi_C 及 Δi_B。Δi_C 和 Δi_B 的比值称为共射交流电流放大系数，用 β 表示。

即

$$\beta = \frac{\Delta i_C}{\Delta i_B} \tag{1.3.9}$$

在输入电压 u_I 作用下，i_B 和 i_C 分别为

$$\begin{cases} i_B = I_B + \Delta i_B \\ i_C = I_C + \Delta i_C \end{cases} \tag{1.3.10}$$

式中，i_B 和 i_C 分别为流过基极总电流和流过集电极总电流，用小写字母加大写下标表示。I_B、I_C 分别表示基极和集电极直流电流，用大写字母加大写下标表示。

对式(1.3.8)两边取增量得

$$\Delta i_C = \bar{\beta}\ \Delta i_B$$

于是

$$\beta = \frac{\Delta i_C}{\Delta i_B} \approx \bar{\beta} \tag{1.3.11}$$

因为

$$u_O = V_{CC} - i_C R_C = V_{CC} - (I_C + \Delta i_C) R_C$$

所以

$$\Delta u_O = - \Delta i_C R_C$$

又因为

$$u_I = V_{BB} + \Delta u_I = i_B r_{be} = (I_B + \Delta i_B) r_{be}$$

式中，r_{be}为晶体三极管的输入电阻。于是

$$\Delta u_I = + \Delta i_B r_{be} = \Delta i_B r_{be}$$

现定义电路的电压放大倍数 A_u 为

$$A_u = \frac{\Delta u_O}{\Delta u_I}$$

则

$$A_u = \frac{-\Delta i_C R_C}{\Delta i_B r_{be}} = -\beta \frac{R_C}{r_{be}} \tag{1.3.12}$$

因 $\beta \gg 1$，如果 R_C 与 r_{be}为同一个数量级，则$|A_u| \gg 1$。

由上述分析可以得出，晶体管在放大工作状态下，流过反偏的集电结电流受正偏发射结电压控制，而几乎不受反偏集电结电压影响，这称为三极管的输入结电压对输出结电流的这一正向控制作用，可以实现对信号放大。对于共射放大电路，若负载电阻 R_C 的值取得合理时，不仅有电流放大作用，而且有电压放大作用。

1.3.3　三极管的特性曲线

现在用三极管的输入、输出特性曲线，来全面地描述三极管的各极电流和电压之间的关

系。本节主要介绍NPN型三极管的共射特性曲线。

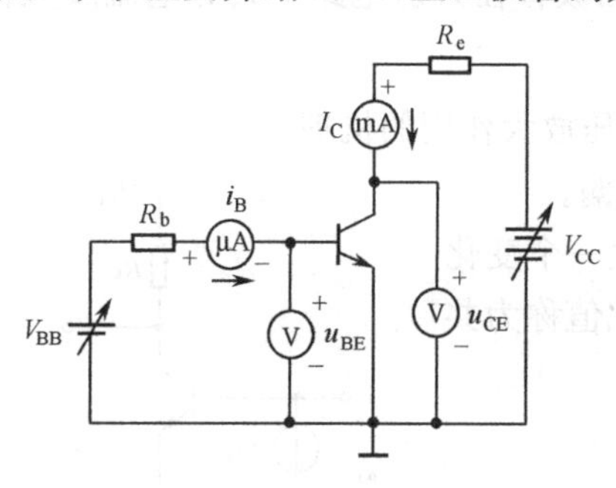

图 1.3.7　三极管共射输入、输出特性曲线测试电路

逐点测试三极管共射输入、输出特性曲线的电路如图 1.3.7 所示。

1. 输入特性

当U_{CE}不变时,输入回路中的电流I_B与电压U_{BE}之间的关系曲线称为输入特性曲线,可用以下表达式来表示

$$i_B = f(u_{BE})\Big|_{u_{CE}=\text{常数}} \tag{1.3.13}$$

先来研究$u_{CE}=0$时的输入特性曲线。由图 1.3.8(a)可见,当$u_{CE}=0$时,从三极管的输入回路看,基极和发射极之间相当于两个PN结(发射结和集电结)并联,如图 1.3.8(b)所示。所以,当b、e之间加上正向电压时,三极管的输入特性应为两个二极管并联后的正向伏安特性曲线,见图 1.3.9 中左边一条特性曲线。此曲线应满足二极管方程。

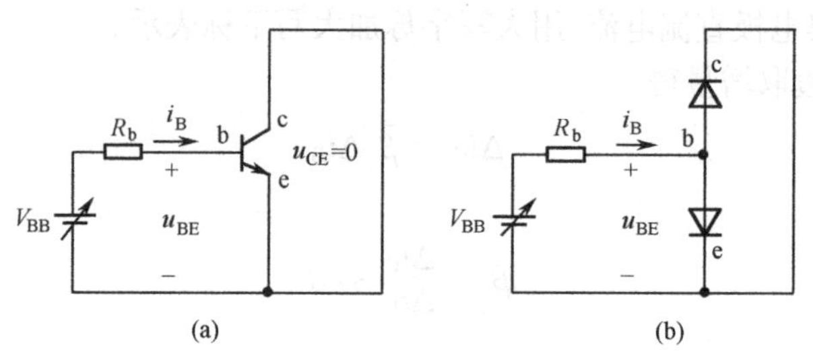

图 1.3.8　$u_{CE}=0$时三极管的输入回路

当$u_{CE}>0$时,这个电压的极性将有利于将发射区扩散到基区的电子收集到集电极。如果$u_{CE}>u_{BE}$,则三极管的发射结正向偏置,集电结反向偏置,三极管处于放大状态。此时发射区发射的电子只有一小部分在基区与空穴复合,成为i_B,大部分将被集电极收集,成为i_C。所以,与$u_{CE}=0$时相比,在同样的u_{BE}之下,基极电流i_B将大大减小,结果输入特性将右移,见图 1.3.9 中右边一条特性曲线。

当u_{CE}继续增大时,严格地说,输入特性曲线应继续右移。但是,当u_{CE}大于某一数值(例如1V)以后,在一定的u_{BE}之下,集电结的反向偏置电压已足以将注入基区的电子基本上都收集到集电极,即使u_{CE}再增大,i_B也不会减小很多。因此,u_{CE}大于某一数值以后,不同u_{CE}的各条输入特性曲线十分密集,几乎重叠在一起,所以,常常用u_{CE}大于1V时的一条输入特性曲线(例如$u_{CE}=2\text{V}$)来代表u_{CE}更高的情况。在实际的放大电路中,三极管的u_{CE}一般都大于零,因而u_{CE}大于1V时的输入特性更有实用意义。

2. 输出特性

当i_B不变时,输出回路中的电流I_C与电压U_{CE}之间的关系曲线称为输出特性曲线,其表达式为

$$i_C = f(u_{CE})\Big|_{i_B=\text{常数}} \tag{1.3.14}$$

NPN型三极管的输出特性曲线如图 1.3.10 所示。在输出特性曲线上可以划分为三个区

域:截止区、放大区和饱和区。下面分别进行介绍。

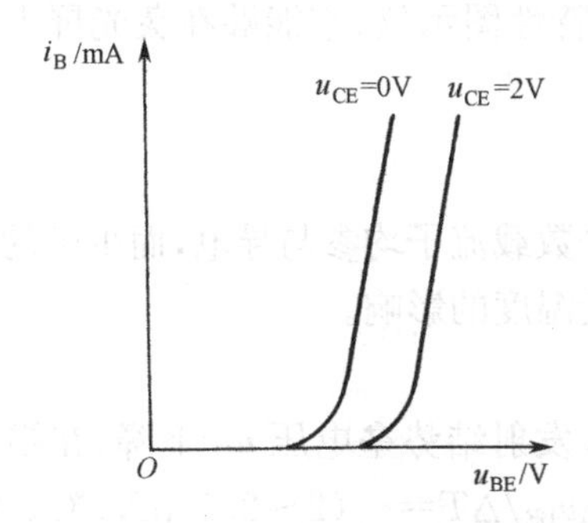

图 1.3.9　三极管的输入特性曲线

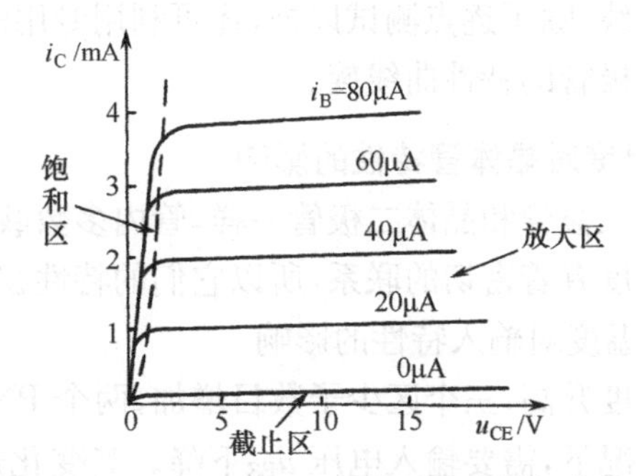

图 1.3.10　NPN 型三极管的输出特性曲线

(1) 截止区

一般将 $i_B \leqslant 0$ 的区域称为截止区,在图 1.3.10 中,$i_B=0$ 的一条曲线以下的部分,此时 i_C 也近似为零。由于管子的各极电流都基本上等于零,所以三极管处于截止状态,没有放大作用。

其实当 $i_B=0$ 时,集电极回路的电流并不真正为零,而是有一个较小的穿透电流 I_{CEO}。一般硅三极管的穿透电流较小,通常小于 1μA,所以在输出特性曲线上无法表示出来。锗三极管的穿透电流较大,约为几十微安到几百微安。可以认为当发射结反向偏置时,发射区不再向基区注入电子,则三极管处于截止状态。所以,在截止区,三极管的发射结和集电结都处于反向偏置状态。对于 NPN 型三极管来说,此时 $u_{BE}<0$,$u_{BC}<0$。

(2) 放大区

在放大区内,各条输出特性曲线比较平坦,近似为水平的直线,表示当 i_B 一定时,i_C 的值基本上不随 u_{CE} 而变化。同时也说明,在放大区 i_C 的值基本上与集电极电压无关。而当基极电流有一个微小的变化量 Δi_B 时,相应地集电极电流将产生较大的变化量 Δi_C,比 Δi_B 放大 β 倍,即

$$\Delta i_C = \beta \Delta i_B$$

这个表达式体现了三极管的电流放大作用。

在放大区,三极管的发射结正向偏置,集电结反向偏置。对于 NPN 型三极管来说,$u_{BE}>0$,而 $u_{BC}<0$。

(3) 饱和区

图 1.3.10 中靠近纵坐标的附近,各条输出特性曲线的上升部分属于三极管的饱和区,见图中纵坐标附近虚线以左的部分。在这个区域,不同 i_B 值的各条特性曲线几乎重叠在一起,十分密集。也就是说,当 u_{CE} 较小时,管子的集电极电流 i_C 基本上不随基极电流 i_B 而变化,这种现象称为饱和。在饱和区,三极管失去了放大作用,此时不能用放大区中的 β 来描述 i_C 和 i_B 的关系。

一般认为,当 $u_{CE}=u_{BE}$,即 $u_{CB}=0$ 时,三极管达到临界饱和状态。当 $u_{CE}<u_{BE}$ 时,称为过饱和。三极管饱和时的 C、E 极间压降用 u_{CES} 表示,一般小功率硅三极管的饱和管压降 $u_{CES}<0.4$V。

三极管工作在饱和区时,发射结和集电结都处于正向偏置状态。对于 NPN 型三极管来说,$u_{CE}>0$,$u_{BC}>0$。

以上介绍了三极管的输入特性和输出特性。管子的特性曲线和参数是根据需要选用三极管的主要依据。各种型号三极管的特性曲线可从半导体器件手册查得。如欲测试某个三极管的特性曲线,除了逐点测试以外,还可利用专用的晶体管特性图示仪,它能够在荧光屏上完整地显示三极管的特性曲线族。

3. 温度对晶体管特性的影响

晶体三极管和晶体二极管一样,管内多数载流子和少数载流子均参与导电,而少子的浓度与工作温度有着密切的联系,所以它们的特性在多方面受温度的影响。

(1) 温度对输入特性的影响

若温度升高,三个区少子数目增加,两个PN结变薄,发射结势垒电压 u_D 下降,在维持 i_B 不变的情况下,需要输入电压 u_{BE} 下降。其变化规律为:$\Delta u_{BE}/\Delta T=-(2\sim2.5)\text{mV/℃}$。**输入特性曲线随温度升高向左移。**

(2) 温度对 β 的影响

若温度升高,基区少子(电子)数目增加,而多子(空穴)数目基本不变。由于复合作用,基区多子的浓度会下降,导致 β 提高,其变化规律是温度每升高1℃,β 值增加0.5%~1%,即有 $\dfrac{\Delta\beta}{\beta\Delta T}\approx(0.5\sim1)\%/℃$。

(3) 温度对 I_{CBO}、I_{CEO} 的影响

I_{CBO} 是集电结反向饱和电流,是集电结在反偏作用下,由少子的漂移形成的电流。它随温度的提高呈指数规律增加,在室温下,温度每上升10℃,I_{CBO} 大约增加一倍,其变化规律可表示为

$$I_{CBO}(T)=I_{CBO}(25℃)\times2^{\frac{T-25}{10}}$$

因 $I_{CEO}=(1+\overline{\beta})I_{CBO}$,故温度升高,$I_{CEO}$ 也提高。

(4) 温度对输出特性的影响

由于温度升高,使 I_{CBO}、I_{CEO} 和 β 增加,从而使输出特性曲线向上移,且间距拉大。

4. 例题

【例1.3.1】 三极管工作状态的判定。NPN型三极管VT组成的共射电路图如图1.3.11所示。设VT的 $U_{BE}=0.7V$,饱和压降为 U_{CES}。试判定三极管处于何种工作状态(放大、饱和、截止)。

解: 通常判定三极管处于何种工作状态可用下述三种方法。

① 三极管结偏置的判定法

三极管发射结、集电结的偏置与三极管工作状态的关系见表1.3.1。

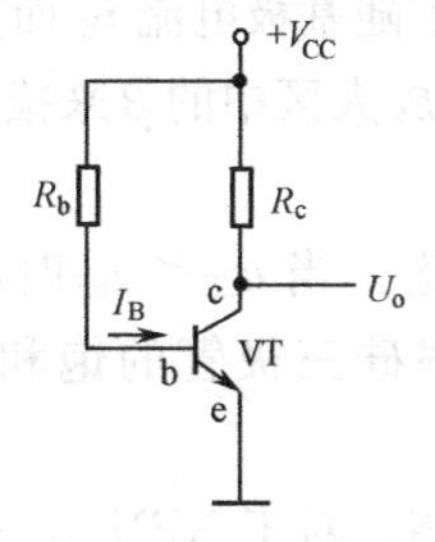

图1.3.11 共射电路图

表1.3.1 三极管发射结、集电结的偏置与工作状态的关系

结 / 偏置 / 工作状态	发射结	集电结
截止	反偏或零偏	反偏
放大	正偏	反偏
饱和	正偏	正偏或零偏

② 三极管电流关系判定法

三极管中的电流和工作状态的关系如表1.3.2所示。表中的参量I_{BS}称为三极管临界饱和时基极应注入的电流，I_{BS}大小为

$$I_{BS}=\frac{V_{CC}-U_{CES}}{\beta R_c}$$

通常对硅管而言，临界饱和时三极管集电极、发射极间的饱和压降$U_{CES}=0.7V$，深饱和时的$U_{CES}\approx0.1\sim0.3V$。

当基极偏置电流$I_B\geqslant I_{BS}$时，VT饱和；而当$0<I_B<I_{BS}$时，VT处在放大状态。

③ 三极管电位判定法

共射电路三极管基极电位U_B、集电极电位U_C和三极管工作状态的关系，如表1.3.3所示。

在三种判定方法中，第三种常用于实验测定，而第二种则常用于解题过程中。

表1.3.2 三极管中电流与工作状态的关系

电流关系 \ 电流 / 工作状态	I_B	I_C	I_E
截止	0	0	0
放大	>0	βI_B	$I_B+I_C=(1+\beta)I_B$
饱和	$I_B\geqslant I_{BS}$	$<\beta I_B$	$<(1+\beta)I_B$

表1.3.3 三极管电位U_B、U_C与工作状态的关系

电位值(V) \ 电位 / 工作状态	U_B	U_C
截止	≤0	V_{CC}
放大	0.7	$U_{CES}<U_C<V_{CC}$
饱和	0.7	U_{CES}

【例1.3.2】 三极管工作状态的分析计算。NPN型三极管接成图1.3.12所示的三种电路。试分析电路中三极管VT处于何种工作状态。设VT的$U_{BE}=0.7V$。

解：根据例1.3.1介绍的判定三极管工作状态的第二种方法，通过比较基极电流I_B和I_{BS}的大小来判定图1.3.12中三极管VT的状态。

对于图1.3.12(a)所示的电路，基极偏置电流I_B为

$$I_B=\frac{V_{CC}-U_{BE}}{R_b}=\frac{5-0.7}{100}=0.043(\text{mA})=43(\mu\text{A})$$

临界饱和时的基极偏置电流I_{BS}为

$$I_{BS}=\frac{V_{CC}-U_{CES}}{\beta R_c}=\frac{5-0.7}{40\times2}=0.054(\text{mA})=54(\mu\text{A})$$

由于$I_B<I_{BS}$，故三极管VT处在放大状态。

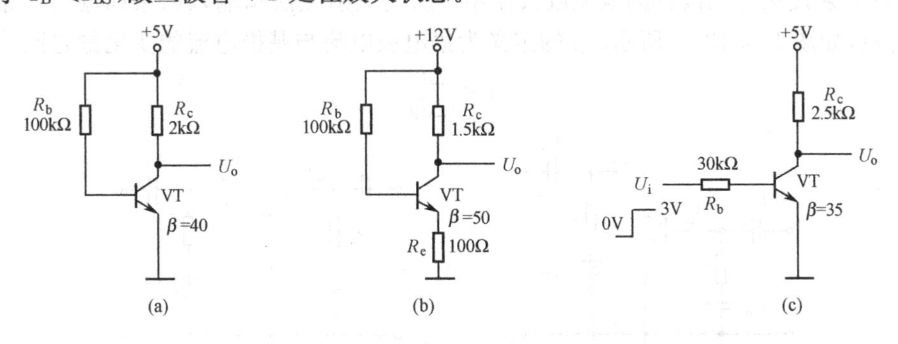

图1.3.12 NPN型三极管接成三种电路

判断图1.3.12(a)电路三极管的工作状态是放大还是饱和，也可通过直接比较电阻R_b和βR_c的大小来确定，即

$R_b > \beta R_c$ 时,VT 为放大状态;

$R_b < \beta R_c$ 时,VT 为饱和状态。

这种方法更为简捷明了。

图 1.3.11(b)电路中考虑到三极管发射极有电阻 R_e,故基极偏置电流 I_B 的表达式应为

$$I_B = \frac{V_{CC} - U_{BE}}{R_b + (1+\beta)R_e} = \frac{12 - 0.7}{100 + 51 \times 0.1} = 0.11(\text{mA})$$

而 I_{BS}计算式为

$$I_{BS} \approx \frac{V_{CC} - U_{CES}}{\beta(R_c + R_e)} = \frac{12 - 0.7}{50 \times (1.5 + 0.1)} = 0.14(\text{mA})$$

由于 $I_B < I_{BS}$,故图 1.3.12(b)电路中三极管 VT 也处在放大状态。

对图 1.3.12(c)电路的讨论,应分为 $U_i = 0\text{V}$ 和 $U_i = 3\text{V}$ 两种情况。

在 $U_i = 0\text{V}$ 时,三极管的发射结无正向偏置,故三极管 VT 处于截止状态。

当 $U_i = 3\text{V}$ 时,可直接求得 I_B,即

$$I_B = \frac{U_i - U_{BE}}{R_b} = \frac{3 - 0.7}{30} = 0.077(\text{mA})$$

临界饱和基极偏置电流 I_{BS}为

$$I_{BS} = \frac{V_{CC} - U_{CES}}{\beta R_c} = \frac{5 - 0.7}{35 \times 2.5} = 0.049(\text{mA})$$

因 $I_B > I_{BS}$,故图 1.3.12(c)电路中的三极管 VT 处在饱和状态。

三极管处于放大状态的电路通常为放大电路,而三极管处于截止和饱和状态的电路常称为开关电路。前者主要应用于模拟电子电路中,而后者主要应用于数字电子电路中。

1.3.4 三极管的主要参数

1. 电流放大系数

三极管的电流放大系数是表征管子放大作用大小的参数。综合前面的讨论,有以下几个参数。

(1) 共射电流放大系数 β

β 体现共射接法时三极管的电流放大作用。所谓共射接法指输入回路和输出回路的公共端是发射极,如图 1.3.13(a)所示。β 的定义为集电极电流与基极电流的变化量之比,即

$$\beta = \frac{\Delta i_C}{\Delta i_B}$$

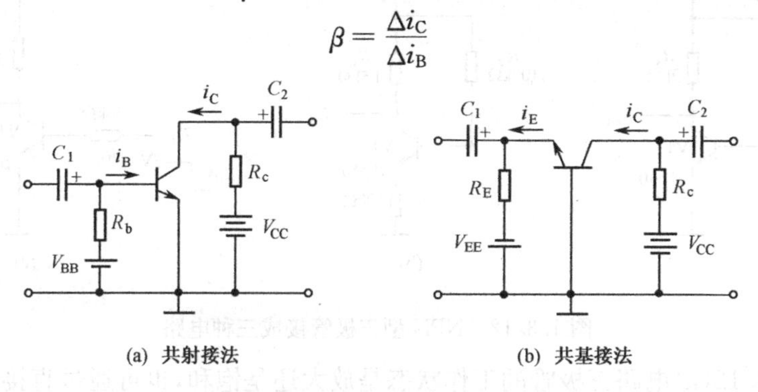

图 1.3.13 三极管的电流放大关系

(2) 共射直流电流放大系数 $\overline{\beta}$

当忽略穿透电流 I_{CEO}时，$\overline{\beta}$近似等于集电极电流与基极电流的直流量之比，即

$$\overline{\beta} \approx \frac{I_C}{I_B}$$

(3) 共基电流放大系数 α

α 体现共基接法时三极管的电流放大作用。共基接法指输入回路和输出回路的公共端为基极，如图 1.3.13(b)所示。α 的定义是集电极电流与发射极电流的变化量之比，即

$$\alpha = \frac{\Delta i_C}{\Delta i_E}$$

(4) 共基直流电流放大系数 $\overline{\alpha}$

当忽略反向饱和电流 I_{CBO}时，$\overline{\alpha}$ 近似等于集电极电流与发射极电流的直流量之比，即

$$\overline{\alpha} \approx \frac{I_C}{I_E}$$

通过前面的分析已经知道，β 和 α 这两个参数不是独立的，而是互有联系，二者之间存在以下关系

$$\alpha = \frac{\beta}{1+\beta} \quad 或 \quad \beta = \frac{\alpha}{1-\alpha}$$

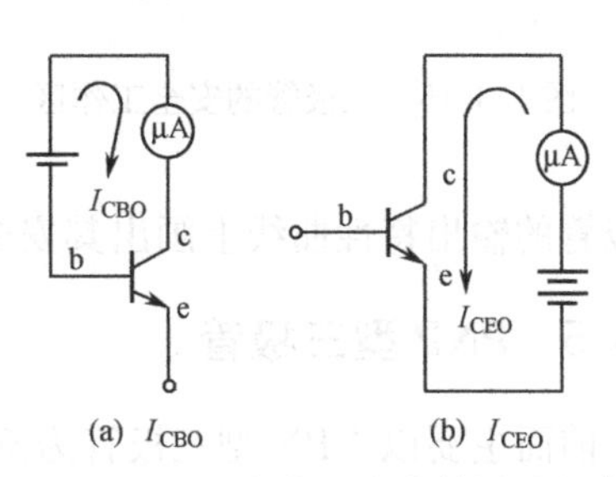

图 1.3.14　反向饱和电流的测量电路

2. 反向饱和电流

(1) 集电极和基极之间的反向饱和电流 I_{CBO}

I_{CBO}表示当发射极 e 开路时，集电极 c 和基极 b 之间的反向电流。测量 I_{CBO} 电路如图 1.3.14(a)所示。一般小功率锗三极管的 I_{CBO}约为几微安至几十微安，硅三极管的 I_{CBO}要小得多，有的可以达到纳安数量级。

(2) 集电极和发射极之间的穿透电流 I_{CEO}

穿透电流 I_{CEO}表示当基极 b 开路时，集电极 c 和发射极 e 之间的电流。测量 I_{CEO}电路如图 1.3.14(b)所示。

由式(1.3.7)可知，上述两个反向电流之间存在以下关系

$$I_{CEO} = (1+\overline{\beta})I_{CBO}$$

因此，如果三极管的$\overline{\beta}$值越大，则该管的 I_{CEO}也越大。

因为 I_{CBO}和 I_{CEO}都是由少数载流子的运动形成的，所以对温度非常敏感。当温度升高时，I_{CBO}和 I_{CEO}都将急剧地增大。实际工作中选用三极管时，要求三极管的反向饱和电流 I_{CBO}和穿透电流 I_{CEO}尽可能小一些，这两个反向电流的值越小，表明三极管的质量越高。

3. 极限参数

三极管的极限参数是指使用时不得超过的限度，以保证三极管的安全或保证三极管参数的变化不超过规定的允许值。主要有以下几项。

(1) 集电极最大允许电流 I_{CM}

当集电极电流过大时，三极管的 β 值就要减小。当 $i_C = I_{CM}$时，管子的 β 值下降到额定值的三分之二，工程上应使 I_{CM}大于实际最大工作电流 i_{cmax}的 2 倍以上。

(2) 集电极最大允许耗散功率 P_{CM}

当三极管工作时，管子两端的压降为 u_{CE}，集电极流过的电流为 i_C，因此损耗的瞬时功率为 $p_C = i_C u_{CE}$。集电极消耗的电能将转化为热能使管子的温度升高。如果温度过高，将使

三极管的性能恶化甚至被损坏,所以集电极损耗有一定的限制。在三极管的输出特性曲线上,将 i_C 与 u_{CE} 的乘积等于规定的 P_{CM} 值的各点连接起来,可以得到一条曲线,如图 1.3.15 中的虚线所示。曲线左下方的区域中,满足 $i_C u_{CE} < P_{CM}$ 的关系,是安全的。而在曲线的右上方,$i_C u_{CE} > P_{CM}$,即三极管的功率损耗超过了允许的最大值,属于过损耗区。

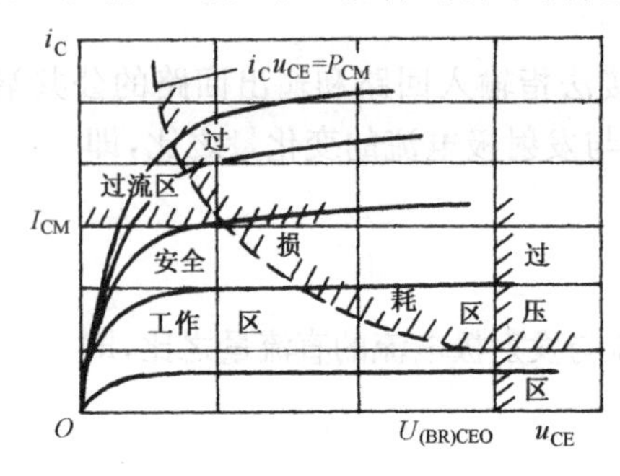

图 1.3.15 三极管的安全工作区

(3) 极间反向击穿电压

表示外加在三极管各电极之间的最大允许反向电压,如果超过这个限度,则三极管的反向电流急剧增大,甚至三极管可能被击穿而损坏。极间反向击穿电压主要有以下几项:

$U_{(BR)CEO}$——基极开路时,集电极和发射极之间的反向击穿电压。

$U_{(BR)CBO}$——发射极开路时,集电极和基极之间的反向击穿电压。

根据给定的极限参数 P_{CM}、I_{CM} 和 $U_{(BR)CEO}$,可以在三极管的输出特性曲线上画出其安全工作区,如图 1.3.15 所示。

1.3.5 PNP 型三极管

前面主要以 NPN 型三极管为例,介绍它们的放大作用、特性曲线和主要参数。至于 PNP 型三极管,放大原理与 NPN 型基本相同。但是,由于 PNP 型三极管的发射区和集电区是 P 型半导体,而基区是 N 型半导体,所以,在由 PNP 型三极管组成的放大电路中,为了保证发射结正向偏置,集电结反向偏置,以便使三极管工作在放大区,外加电源电压的极性应使 $U_{BE} < 0$,而 $U_{BC} > 0$,正好与 NPN 型三极管相反,如图 1.3.16 所示。

在上述外加电源的极性之下,PNP 型三极管中各极电流和电压的实际方向如图 1.3.17(a)所示,此时 $U_{BE} < 0$,$U_{CE} < 0$。但是,根据习惯,PNP 型三极管中电流和电压的规定正方向如图 1.3.17(b)所示。

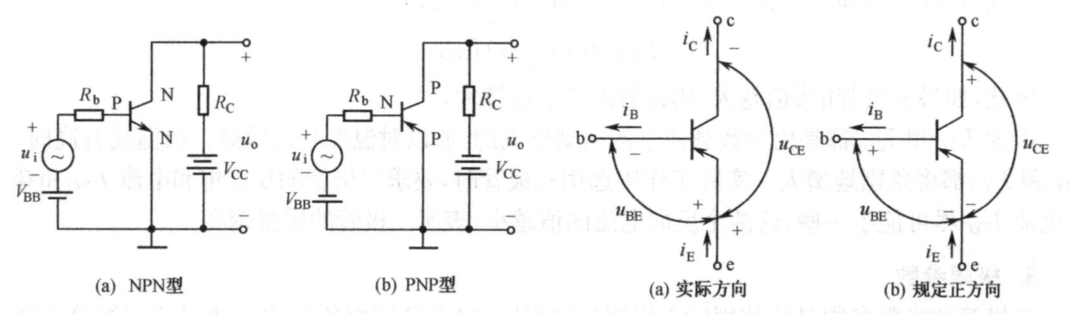

图 1.3.16 三极管外加电源的极性

图 1.3.17 PNP 型三极管中各极电流和电压的方向

将图 1.3.17(a)和(b)进行对比,可以看出,PNP 型三极管中各极电流 i_B、i_C 和 i_E 的实际方向与规定正方向一致。但是,对于电压 u_{BE} 和 u_{CE} 来说,它们的实际方向与规定的正方向恰好相反。因此,在今后的定量计算中,将得出 PNP 型三极管的 U_{BE} 和 U_{CE} 为负值。由于同样的原因,在 PNP 型三极管的输入和输出特性曲线中,表示发射极和集电极电压的坐标轴上,将分别标注"$-u_{BE}$"和"$-u_{CE}$",如图 1.3.18 所示。

PNP 型三极管的各种参数,其含义与 NPN 型三极管相同,此处不再赘述。

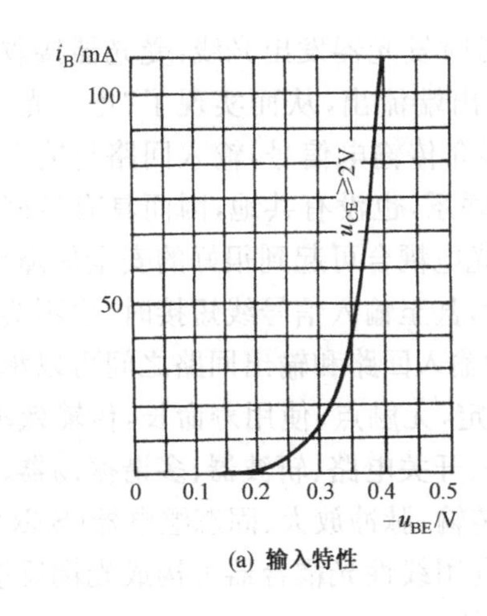

(a) 输入特性

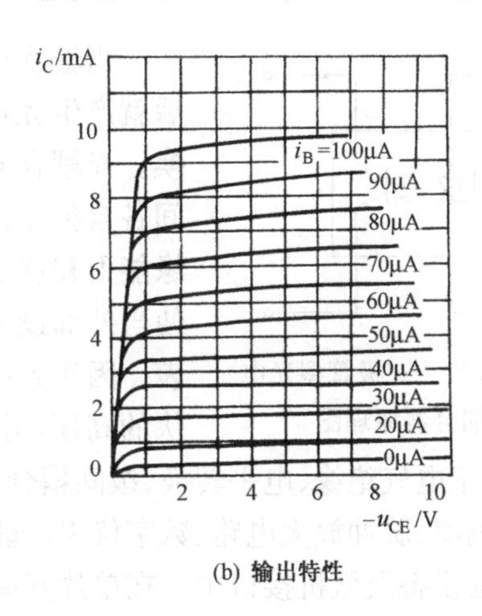

(b) 输出特性

图 1.3.18 PNP 型三极管的特性曲线

1.3.6 特殊三极管

1. 光敏三极管

光敏三极管又叫光电三极管，它是在光敏二极管的基础上发展起来的光电器件，光敏三极管最常用的材料是硅，它是靠光的照射强度来控制电流的器件。它可等效看作一个光电二极管与一个三极管的结合，所以它具有放大作用。等效电路和符号如图 1.3.19 所示，一般仅引出集电极和发射极，其外形与发光二极管一样，也有引出基极的光电三极管，它常作为温度补偿用。

光敏三极管输出特性与一般晶体三极管相似，差别仅在于参变量不同，三极管的参变量为基极电流，而光电三极管的参变量是入射的光照度 E，如图 1.3.20 所示。

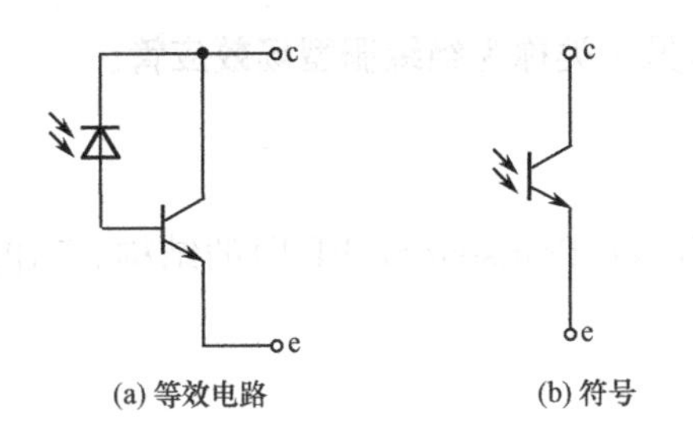

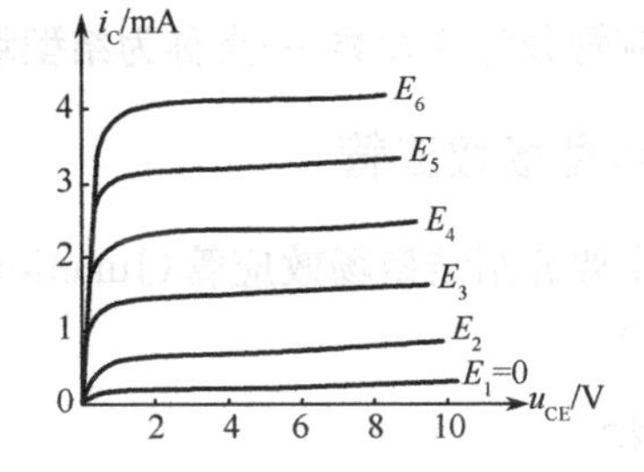

图 1.3.19 光敏三极管等效电路和符号　　图 1.3.20 光敏三极管输出特性

当无光照射时，流过光敏三极管的电流就是正常情况下光敏三极管集电极与发射极之间的穿透电流 I_{CEO}，称为光敏三极管的暗电流，它受温度的影响很大，温度每升高 25℃，I_{CEO} 约上升 10 倍。当有光照时，集电极电流称为光电流，当管压降 u_{CE} 足够大时，i_C 仅仅决定于入射的光照度 E。

光敏三极管的主要参数有暗电流、光电流、集电极—发射极击穿电压、最高工作电压、最大集电极功耗、峰值波长、光电灵敏度等。

2. 光耦合器

光耦合器(Optical Coupler，英文缩写为 OC)亦称光电隔离器，简称光耦。它是以光为媒介来传输电信号的器件，通常把发光器(如发光二极管)与受光器(如光敏三极管、光敏二极管等)封装在同一个管壳内，常用的三极管光电耦合器原理图如图 1.3.21 所示。

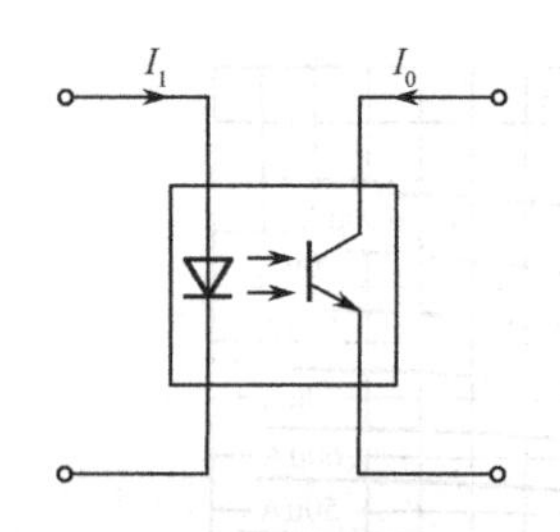

图 1.3.21　三极管型光电耦合器原理图

当输入端加电信号时发光器发出光线,受光器接收光线之后就产生光电流,从输出端流出,从而实现了"电—光—电"转换。光耦合器以光为媒介传输电信号,输入回路与输出回路之间各自独立,没有电气联系,也没有共地,因而具有良好的电绝缘能力和抗干扰能力,光电耦合可起到很好的安全保障作用,即使当外部设备出现故障,甚至输入信号线短接时,也不会损坏仪表。因为光耦合器件的输入回路和输出回路之间可以承受几千伏的高压,并且工作稳定,无触点,使用寿命长,传输效率高,现已广泛用于电气绝缘、电平转换、级间耦合、驱动电路、开关电路、斩波器、多谐振荡器、信号隔离、级间隔离、脉冲放大电路、数字仪表、远距离信号传输、脉冲放大、固态继电器(SSR)、仪器仪表、通信设备及微机接口中。在单片开关电源中,利用线性光耦合器可构成光耦反馈电路,通过调节控制端电流来改变占空比,达到精密稳压目的。

光耦合器的技术参数主要有发光二极管正向压降U_F、正向电流I_F、电流传输比CTR、输入级与输出级之间的绝缘电阻、集电极—发射极反向击穿电压$U_{(BR)CEO}$、集电极—发射极饱和压降。

1.4　场效应晶体管

前面介绍的半导体三极管称为**双极型晶体管**(英文缩写为BJT),这是因为在这一类晶体管中,参与导电的有两种极性的载流子:既有多数载流子又有少数载流子。现在将要讨论另一种类型的晶体管,它们依靠一种极性的载流子(多数载流子)参与导电,所以称为**单极型晶体管**。又因为这种管子是利用电场效应来控制电流的,所以也称为**场效应管**(Field Effect Transistor,FET)。

场效应管分为两大类:一类称为**结型场效应管**,另一类称为**绝缘栅型场效应管**。

1.4.1　结型场效应管

本节主要介绍结型场效应管(Junction Field Effect Transistor,JFET)的结构、工作原理和特性曲线。

1. 结构

图1.4.1示出了N沟道结型场效应管的结构示意图以及它在电路中的符号。

在一块N型硅棒的两侧,利用合金法、扩散法或其他工艺做成掺杂浓度比较高的P型区(用符号P^+表示),则在P^+型区和N型区的交界处将形成一个PN结,或称耗尽层。将两侧的P^+型区连接在一起,引出一个电极,称为栅极(G),再在N型硅棒的一端引出源极(S),另一端引出漏极(D),如图1.4.1(a)所示。如果在漏极和源极之间加上一个正向电压,即漏极接电源正端,源极接电源负端,则N型半导体中存在多数载流子电子,因而可以导电。因为场效应管的导电沟道是N型的,所以称为**N沟道结型场效应管**,其电路符号如图1.4.1(b)所示。注意电路符号中,栅极上的箭头指向内部,即表示电场方向由P^+区指向N区。

另一种结型场效应管的导电沟道是P型的,即在P型硅棒的两侧做成高掺杂的N型区(用符号N^+表示),并连在一起引出栅极,然后从P型硅棒的两端分别引出源极和漏极,如图1.4.2(a)所示。这就是**P沟道结型场效应管**,其电路符号如图1.4.2(b)所示。此处栅极上的箭头指向外侧,即表示电场方向由P区指向N^+区,即表示PN结正偏的方向。

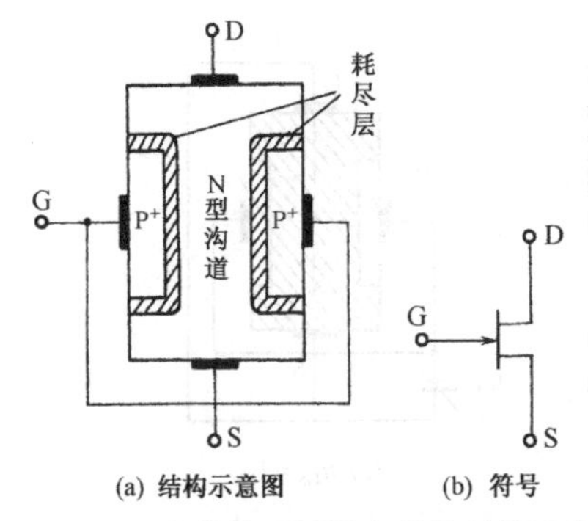

(a) 结构示意图　　(b) 符号

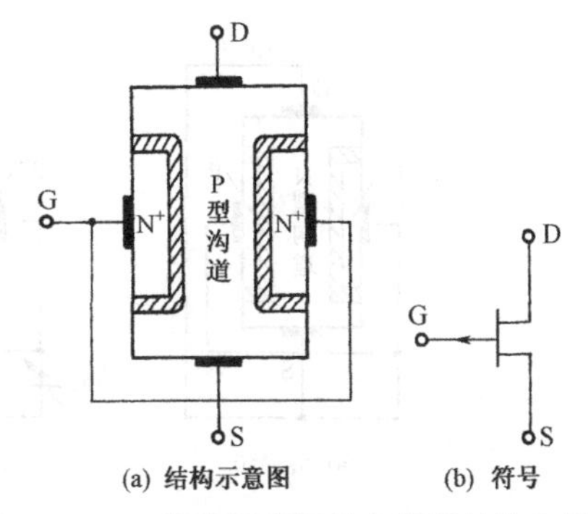

(a) 结构示意图　　(b) 符号

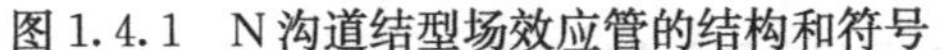

图 1.4.1　N 沟道结型场效应管的结构和符号　　图 1.4.2　P 沟道结型场效应管的结构和符号

上述两种场效应管的工作原理是类似的，下面以 N 沟道结型场效应管为例，介绍它们的工作原理和特性曲线。

2. 工作原理

从结型场效应管的结构已经看出，在栅极和导电沟道之间存在一个 PN 结，假设在栅极和源极之间加上反向电压 u_{GS}，使 PN 结反向偏置，则可以通过改变 u_{GS} 的大小来改变耗尽层的宽度。例如，当反向电压的值 $|u_{GS}|$ 变大时，耗尽层将变宽，于是导电沟道的宽度相应地减小，使沟道本身的电阻值增大，于是，漏极电流 i_D 将减小。所以，通过改变 u_{GS} 的大小，即可控制漏极电流 i_D 的值。

由于导电沟道的半导体材料（例如 N 区）掺杂程度相对比较低，而栅极一边（例如 P^+ 区）的掺杂程度很高，因此当反向偏置电压值升高时，耗尽层总的宽度将随之增大。但交界面两侧耗尽层的宽度并不相等，而是 N 区一侧正离子的数目与 P^+ 区一侧负离子的数目相等。因此，掺杂程度低的 N 型导电沟道中耗尽层的宽度比高掺杂的 P^+ 区栅极一侧耗尽层的宽度大得多。可以认为，当反向偏置电压增大时，耗尽层主要向着导电沟道一侧展宽。

下面讨论当结型场效应管的栅极和源极之间的电压 u_{GS} 变化时，对耗尽层和导电沟道的宽度以及漏极电流 i_D 的大小将产生什么影响。

① 首先假设 $u_{DS}=0$，即将漏极和源极短接，同时在栅极和源极之间加上负电源 V_{GG}，然后改变 V_{GG} 的大小，观察耗尽层的变化情况。

由图 1.4.3 可见，当栅极和源极之间的反向偏置电压 $u_{GS}=0$ 时，耗尽层比较窄，导电沟道比较宽。当 $|u_{GS}|$ 由零逐渐增大时，耗尽层逐渐加宽，导电沟道相应地变窄。$u_{GS}=U_P$ 时，两侧的耗尽层合拢在一起，导电沟道被夹断，所以将 U_P 称为**夹断电压**。N 沟道结型场效应管的夹断电压 U_P 是一个负值。

在图 1.4.3 所示情况下，因为漏极和源极之间没有外加电源电压，即 $u_{DS}=0$，所以当 u_{GS} 变化时虽然导电沟道随之发生变化，但漏极电流 i_D 总是等于零。

② 假设在漏极和源极之间加上一个正的电源电压 V_{DD}，使 $u_{DS}>0$，然后仍在栅极和源极之间加上负电源 V_{GG}，现在再来观察 u_{GS} 变化时对耗尽层和漏极电流 i_D 的影响。

由图 1.4.4(a)可见，若 $u_{GS}=0$，则耗尽层较窄，而导电沟道较宽，因此沟道的电阻较小，当加上正电压 u_{DS} 时，漏极和源极之间将有一个较大的电流 i_D。

但要注意一点，当 $u_{DS}>0$ 时，沿着导电沟道各处耗尽层的宽度并不相等。在靠近漏极耗尽层处最宽，而靠近源极处最窄，呈现出楔形。这是由于当 I_D 流过沟道时，沿着沟道的方向产生一个电压降落，因此沟道上各点的电位不同，因而各点与栅极之间的电位差也不相等。沟道

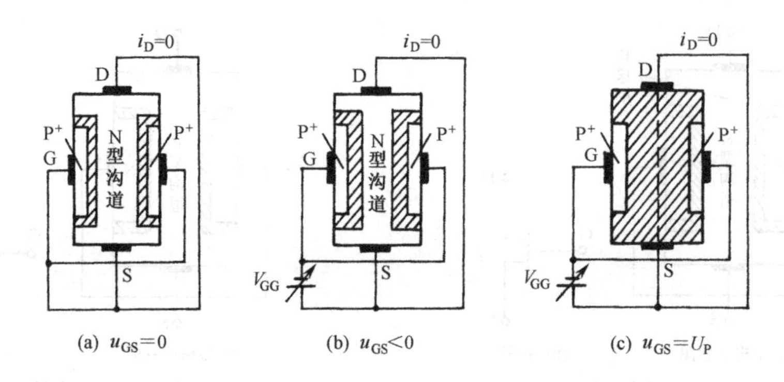

图 1.4.3　当 $U_{DS}=0$ 时,U_{GS} 对耗尽层和导电沟道的影响

上的靠近漏极的地方电位最高,该处 $u_{GD}=-V_{DD}$,则 PN 结上的反向偏置电压也最大,因而耗尽层最宽,而沟道靠近源极处电位最低,PN 结上的反向偏置电压也最小,所以耗尽层宽度也最窄,如图 1.4.4(a)所示。

如果在栅极和源极之间外加一个负电源 V_{GG},使 $u_{GS}<0$,由于耗尽层宽度增大,导电沟道变窄,沟道电阻增大,因而漏极电流 i_D 将减小,如图 1.4.4(b)所示。

若外加负电源 V_{GG} 的值增大,则耗尽层继续展宽,导电沟道相应地变窄,因而 i_D 将随之继续减小。当 V_{GG} 增大到 $u_{DG}=|U_P|$ 时,栅极与漏极之间的耗尽层开始碰在一起,这种情况称为**预夹断**,如图 1.4.4(c)所示。

当场效应管预夹断以后,如果继续增大 V_{GG},则两边耗尽层的接触部分逐渐增大,当 $u_{GS}\leqslant U_P$(U_P 为负值)时,耗尽层全部合拢,导电沟道完全夹断,场效应管的 I_D 基本上等于零,这种情况称为**夹断**,如图 1.4.4(d)所示。

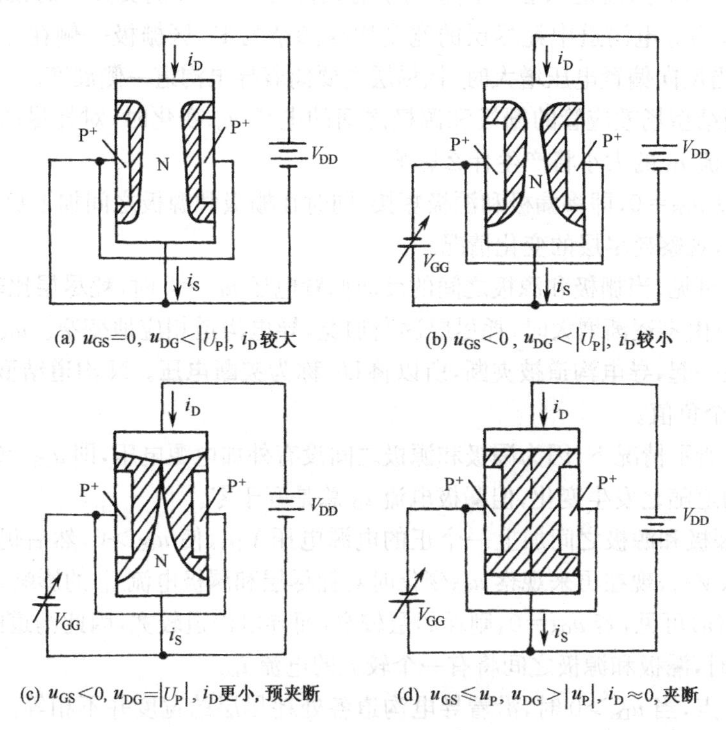

图 1.4.4　当 $U_{DS}>0$ 时,U_{GS} 对耗尽层和 I_D 的影响

根据以上分析可知，改变栅极和源极之间的电压 U_{GS}，即可控制漏极电流 I_D。这种器件利用栅极和源极之间的电压 U_{GS} 来改变 PN 结中的电场，然后控制漏极电流 I_D，故称为场效应管。对于结型场效应管来说，总是在栅极和源极之间加一个反向偏置电压，使 PN 结反向偏置，此时可以认为栅极基本上不取电流，因此，场效应管的输入电阻很高。

3. 特性曲线

通常用以下两种特性曲线来描述场效应管的电流和电压之间的关系：转移特性和漏极特性。测试场效应管特性曲线的电路如图 1.4.5 所示。

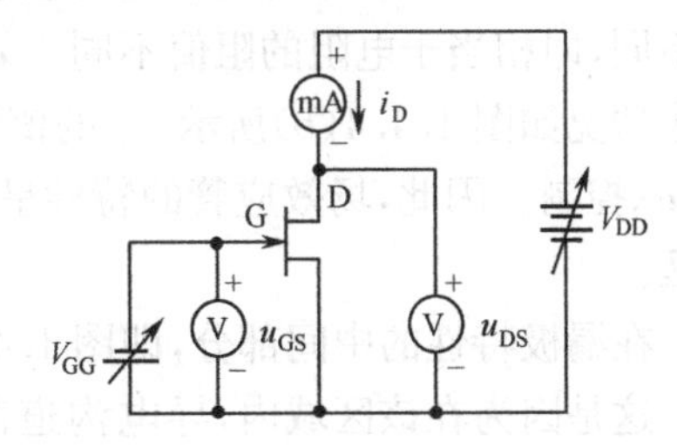

图 1.4.5 场效应管特性曲线测试电路

(1) 转移特性

当场效应管的漏极和源极之间的电压 U_{DS} 保持不变时，漏极电流 I_D 与栅源之间电压 U_{GS} 的关系称为转移特性，其表达式如下

$$i_D = f(u_{GS})\Big|_{u_{DS}=\text{常数}} \tag{1.4.1}$$

转移特性描述栅极和源极之间的电压 u_{GS} 对漏极电流 i_D 的控制作用。N 沟道结型场效应管的转移特性曲线如图 1.4.6(a)所示。由图可见，当 $u_{GS}=0$ 时，i_D 达到最大；u_{GS} 值越负，则 i_D 越小。当 u_{GS} 等于夹断电压 U_P 时，$i_D \approx 0$。

从转移特性上还可以得到场效应管的两个重要参数。转移特性与横坐标轴交点处的电压，表示 $i_D=0$ 时的 u_{GS}，称之为夹断电压 U_P。此外，转移特性与纵坐标轴交点处的电流，表示 $u_{GS}=0$ 时的漏极电流，称为饱和漏极电流，用符号 I_{DSS} 表示。

图 1.4.6(a)中结型场效应管的转移特性曲线可近似用以下公式表示

$$i_D = I_{DSS}\left(1-\frac{u_{GS}}{U_P}\right)^2 \quad (\text{当} U_P \leqslant u_{GS} \leqslant 0 \text{时}) \tag{1.4.2}$$

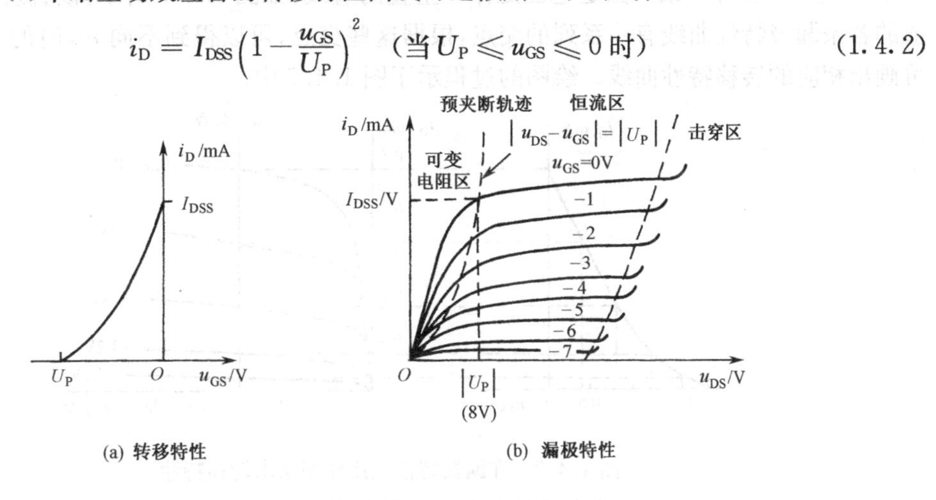

图 1.4.6 N 沟道结型场效应管的特性曲线

(2) 漏极特性

场效应管的漏极特性表示当栅极和源极之间的电压不变时，漏极电流 i_D 与漏极和源极之间电压 u_{DS} 的关系，即

$$i_D = f(u_{DS})\Big|_{u_{GS}=\text{常数}} \tag{1.4.3}$$

N 沟道结型场效应管的漏极特性曲线如图 1.4.6(b)所示。可以看出，它们与双极型三极管的共射输出特性曲线很相似。但二者之间有一个重要区别，即场效应管的漏极特性以栅极

和源极之间的电压u_{GS}作为参变量,而双极型三极管输出特性曲线的参变量是基极电流i_B。

图1.4.6(b)中场效应管的漏极特性可以划分为三个区:可变电阻区、恒流区和击穿区。

漏极特性中最左侧的部分,表示当u_{DS}比较小时,i_D随着u_{DS}的增加而直线上升,二者之间基本上是线性关系,此时场效应管似乎成为一个线性电阻。不过当u_{GS}的值不同时,直线的斜率不同,即相当于电阻的阻值不同。u_{GS}值越负,则相应的电阻值越大。因此,在该区场效应管工作情况如图1.4.4(b)所示,i_D的值取决于N沟道的宽度,而N沟道的宽度既受u_{GS}控制,又受u_{DS}控制。因此,场效应管的特性呈现为一个由u_{GS}和u_{DS}控制的可变电阻,所以称为**可变电阻区**。

在漏极特性的中间部分,即图1.4.6(b)左右两条虚线之间的区域,i_D基本上不随u_{DS}而变化。这是因为在该区域内,导电沟道部分被夹断,S区的电子在电场作用下做漂移运动。当u_{GS}不变时,u_{DS}增加,D极与S极之间的电场加强,D极与S极之间的耗尽层加厚,其综合作用是使i_D基本恒定。i_D的值主要决定于u_{GS}。各条漏极特性曲线近似为水平的直线,故称为**恒流区**,也称为**饱和区**。需要注意的是,场效应管漏极特性中的恒流区或饱和区,相当于双极型三极管输出特性中的放大区,而不是双极型三极管的饱和区,二者不可混淆。当组成场效应管放大电路时,为了防止出现非线性失真,应将工作点设置在此区域内。

漏极特性中最右侧的部分,表示当u_{DS}升高到一定程度时,反向偏置的PN结被击穿,i_D突然增大。这个区域称为**击穿区**。如果电流过大,将使管子被损坏。为了保证器件的安全,场效应管的工作点不应进入到击穿区内。

场效应管的上述两组特性曲线之间互相是有联系的,可以根据漏极特性,利用作图的方法得到相应的转移特性,因为转移特性表示u_{DS}不变时,i_D和u_{GS}之间的关系,所以只要在漏极特性上,对应于u_{DS}等于某一固定电压处作一垂直的直线,如图1.4.7所示,该直线与u_{GS}为不同值的各条漏极特性曲线有一系列的交点,根据这些交点,可以得到不同u_{GS}时的i_D值,由此即可画出相应的转移特性曲线。绘图的过程示于图1.4.7中。

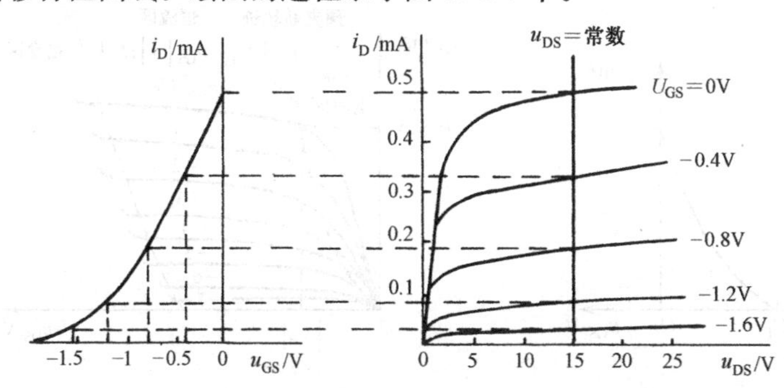

图1.4.7 在漏极特性上用作图法求转移特性

在结型场效应管中,由于栅极与导电沟道之间的PN结被反向偏置,所以栅极基本上没有电流,其输入电阻很高,可达$10^7\Omega$以上。但是,在某些情况下希望得到更高的输入电阻,此时可以考虑采用绝缘栅型场效应管。

1.4.2 绝缘栅型场效应管

绝缘栅型场效应管(Insulated Gate Field Effect Transistor,IGFET)由金属、氧化物和半导体制成,所以称为**金属氧化物—半导体场效应管**,或简称**MOS场效应管**。MOS场效应管的

英文缩写是 **MOSFET**(Metal-Oxide-Semiconductor Field Effect Transistor)。由于这种场效应管的栅极被绝缘层(如 SiO_2)隔离,因此其输入电阻更高,可达 $10^9\Omega$ 以上。从导电沟道来分,绝缘栅型场效应管也有N沟道和P沟道两种类型。无论N沟道或P沟道,又都可以分为增强型和耗尽型两种。本节将以N沟道增强型MOS场效应管为主,介绍它们的结构、工作原理和特性曲线。

1. N沟道增强型MOS场效应管

(1) 结构

N沟道增强型MOS场效应管的结构示意图如图1.4.8所示。用一块掺杂浓度较低的P型硅片作为衬底,在其表面上覆盖一层二氧化硅(SiO_2)的绝缘层,再在二氧化硅层上刻出两个窗口,通过扩散形成两个高掺杂的N区(用 N^+ 表示),分别引出源极S和漏极D,然后在源极和漏极之间的二氧化硅上面引出栅极G,栅极与其他电极之间是绝缘的。衬底也引出一根引线,用B表示,通常情况下将它与源极在管子内部连接在一起。

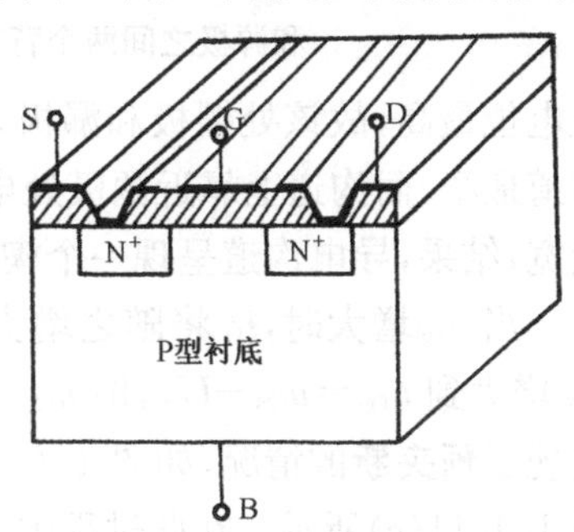

图1.4.8 N沟道增强型MOS场效应管的结构示意图

由图可见,这种场效应管由金属、氧化物和半导体组成。

(2) 工作原理

绝缘栅型场效应管的工作原理与结型有所不同。结型场效应管是利用 u_{GS} 来控制PN结耗尽层的宽窄,从而改变导电沟道的宽度,以控制漏极电流 i_D。而绝缘栅型场效应管则是利用 u_{GS} 来控制"感应电荷"的多少,以改变由这些"感应电荷"形成的导电沟道的状况,然后达到控制漏极电流的目的。**若 $u_{GS}=0$ 时漏极和源极之间已经存在导电沟道,称为耗尽型场效应管。如果当 $u_{GS}=0$ 时不存在导电沟道,则称之为增强型场效应管。**

对于N沟道增强型MOS场效应管来说,当 $u_{GS}=0$ 时,在漏极和源极的两个 N^+ 区之间是P型衬底,因此漏极和源极之间相当于两个背靠背的PN结,如图1.4.9所示。所以,无论漏极和源极之间加上何种极性的电压,总是不能导电。

假设场效应管的 $u_{DS}=0$,同时 $u_{GS}>0$,如图1.4.10所示。此时栅极的金属极板(铝)与P型衬底之间构成一个平板电容,中间为二氧化硅绝缘层作为介质。由于栅极的电压为正,它所产生的电场对P衬底中的空穴(多子)起排斥作用,也就是说,把P型半导体中的电子(少子)吸引到衬底靠近二氧化硅的一侧,与空穴复合,于是产生了由负离子组成的耗尽层。若增大 u_{GS},则耗尽层变宽。当 u_{GS} 增大到一定值时,由于吸引了足够多的电子,便在耗尽层与二氧化硅之间形成可移动的表面电荷层,如图1.4.10所示(图中耗尽层未画出)。因为是在P型半导体中感应产生出N型电荷层,所以称之为**反型层**。于是,在漏极和源极之间有了N型的导电沟道。由于P型衬底中电子的浓度很低,因此这种表面负电荷主要从源极和漏极的 N^+ 区得到。开始形成反型层所需的 u_{GS} 称为**开启电压**,用符号 U_T 表示。以后,随着 u_{GS} 的升高,感应电荷增多,导电沟道变宽,导电性能增强,故此称为增强型MOS场效应管。但因 $u_{DS}=0$,故 i_D 总是为零。

假设使 u_{GS} 为某一个大于 U_T 的固定值,并在漏极和源极之间加上正电压 u_{DS},且 $u_{DS}<u_{GS}-U_T$,即 $u_{GD}=u_{GS}-u_{DS}>U_T$。此时由于漏极和源极之间存在导电沟道,所以将产生一个电流 i_D。但是,因为 i_D 流过导电沟道时产生电压降落,使沟道上各点电位不同。沟道上靠近漏极

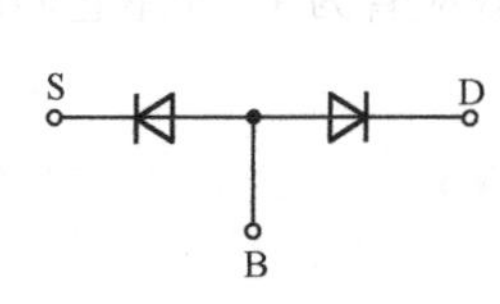

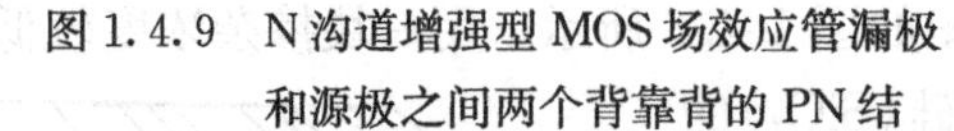

图 1.4.9　N 沟道增强型 MOS 场效应管漏极和源极之间两个背靠背的 PN 结

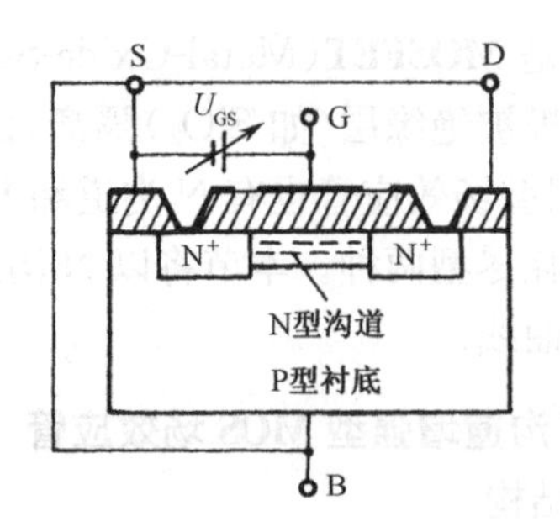

图 1.4.10　$U_{GS}>U_T$ 时形成导电沟道

处电位最高,故该处栅极和漏极之间的电位差 $u_{GD}=u_{GS}-u_{DS}$ 最小,因而感应电荷产生的导电沟道最窄;而沟道上靠近源极处电位最低,栅极和源极之间的电位差 u_{GS} 最大,所以导电沟道最宽,结果,导电沟道呈现一个楔形,如图 1.4.11(a)所示。

当 u_{DS} 增大时,i_D 将随之增大。但与此同时,导电沟道宽度的不均匀性也愈益加剧。当 u_{DS} 增大到 $u_{DS}=u_{GS}-U_T$,即 $u_{GD}=u_{GS}-u_{DS}=U_T$ 时,靠近漏极处的沟道达到临界开启的程度,出现了**预夹断**的情况,如图 1.4.11(b)所示。如果继续增大 u_{DS},则沟道的夹断逐渐延长,如图 1.4.11(c)所示。在此过程中,由于夹断区的沟道电阻很大,所以当 u_{DS} 逐渐增大时,增加的 u_{DS} 几乎都降落在夹断区上,而导电沟道两端的电压几乎没有增大,即基本保持不变,因而漏极电流 i_D 也基本不变。

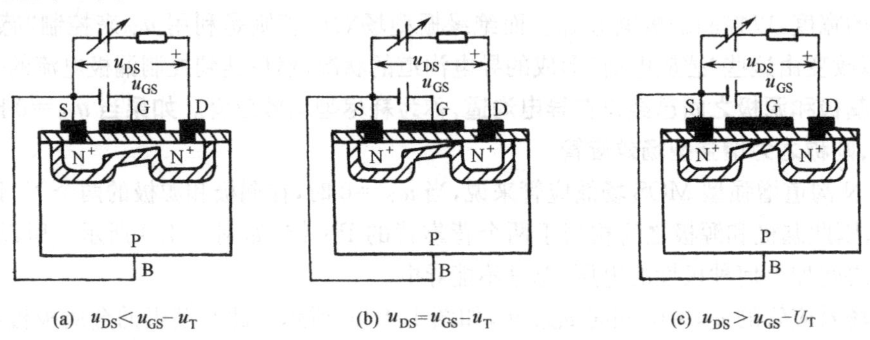

图 1.4.11　U_{DS} 对导电沟道的影响

(3) 特性曲线

N 沟道增强型 MOS 场效应管的转移特性和漏极特性分别如图 1.4.12(a)和(b)所示。

由图 1.4.12(a)的转移特性可见,当 $u_{GS}<U_T$ 时,由于尚未形成导电沟道,因此 i_D 基本为零,当 $u_{GS}\geqslant U_T$ 时,形成了导电沟道,而且随着 u_{GS} 的增大,导电沟道变宽,沟道电阻减小,于是 i_D 也随之增大。

图 1.4.12(a)所示的转移特性可用以下近似公式表示

$$i_D=I_{DO}\left(\frac{u_{GS}}{U_T}-1\right)^2\quad(当\ u_{GS}>U_T\ 时)\tag{1.4.4}$$

式中,I_{DO} 为当 $u_{GS}=2U_T$ 时的 i_D 值,如图 1.4.12(a)所示。

N 沟道增强型 MOS 场效应管的漏极特性同样可以分为三个区域:可变电阻区、恒流区(或饱和区)及击穿区,如图 1.4.12(b)所示。

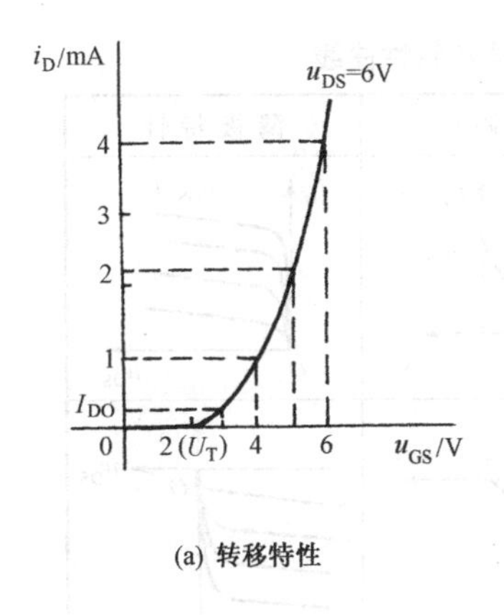

(a) 转移特性

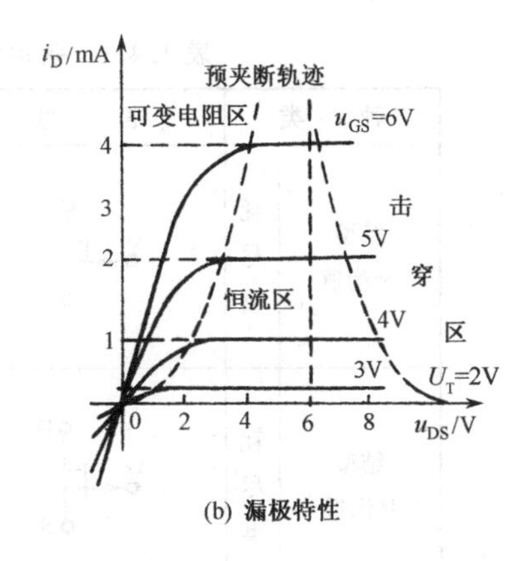

(b) 漏极特性

图 1.4.12　N沟道增强型MOS场效应管特性曲线

2. N沟道耗尽型MOS场效应管

根据前面的分析可知，对于N沟道增强型MOS场效应管，只有当$u_{GS}>U_T$时，漏极和源极之间才存在导电沟道。耗尽型的MOS场效应管则不然，由于在制造过程中预先在二氧化硅的绝缘层中掺入了大量的正离子，因此，即使$u_{GS}=0$，这些正离子产生的电场也能在P型衬底中"感应"出足够多的负电荷，形成"反型层"，从而产生N型的导电沟道，如图1.4.13所示。所以当$u_{DS}>0$时，将有一个较大的漏极电流I_D。

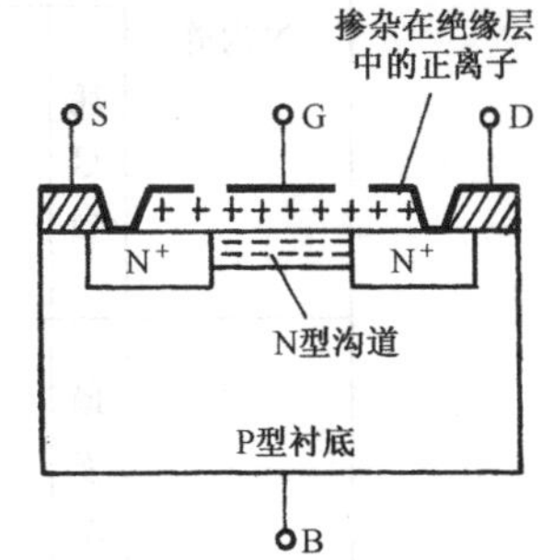

图 1.4.13　N沟道耗尽型MOS场效应管的结构示意图

如果使这种场效应管的$u_{GS}<0$，则由于栅极接电源的负端，其电场将削弱原来二氧化硅绝缘层中正离子产生的电场，使感应负电荷减少，于是N型的沟道变窄，从而使i_D减小。当u_{GS}更负，达到某一值时，感应电荷被"耗尽"，导电沟道消失，于是$i_D\approx0$。因此，这种管子称为耗尽型MOS场效应管。使$i_D\approx0$时的u_{GS}称为**夹断电压**，用符号U_P表示，与结型场效应管类似。

与N沟道结型场效应管不同之处在于，耗尽型MOS场效应管还允许在$u_{GS}>0$的情况下工作。此时，导电沟道比$u_{GS}=0$时更宽，因而i_D更大。由图1.4.14(a)和(b)所示的N沟道耗尽型MOS场效应管的转移特性和漏极特性可见，当$u_{GS}>0$时，i_D增大；当$u_{GS}<0$时，i_D减小。

N沟道MOS场效应管的符号如图1.4.15(a)和(b)所示。图1.4.15(a)表示增强型，图1.4.15(b)表示耗尽型。

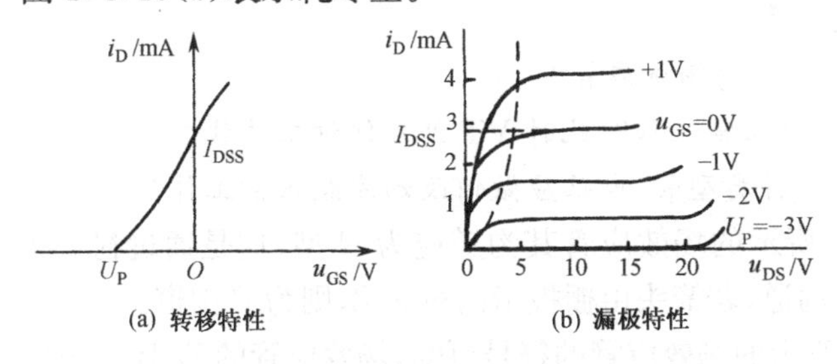

图 1.4.14　N沟道耗尽型MOS场效应管的特性曲线

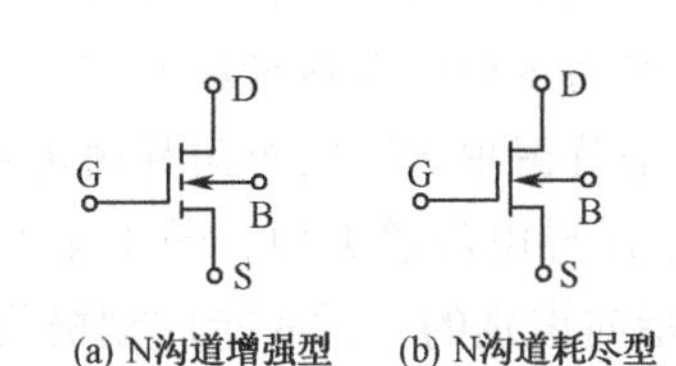

图 1.4.15　MOS场效应管的符号

P沟道MOS场效应管的工作原理与N沟道的类似，此处不再赘述，它们的符号也与N沟道MOS场效应管相似，但衬底B上箭头的方向相反。为了便于比较，现将各种场效应管的符号和特性曲线列于表1.4.1中。

表 1.4.1　各种场效应管的符号和特性曲线

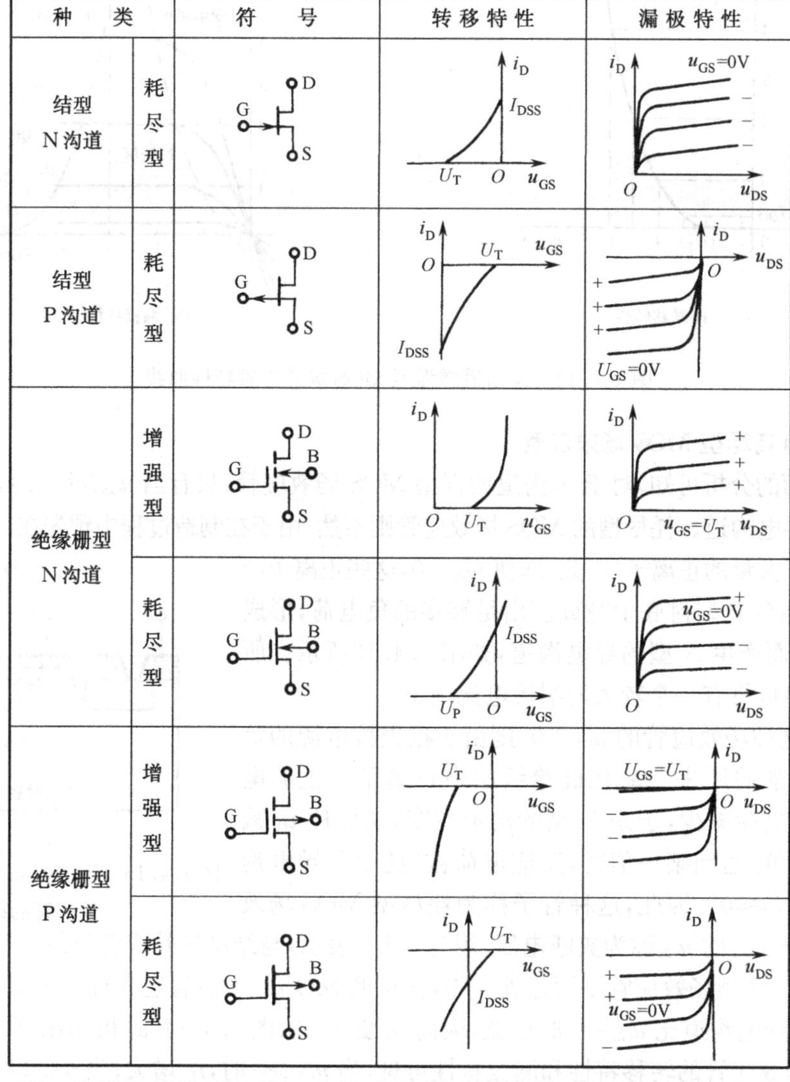

种类		符号	转移特性	漏极特性
结型N沟道	耗尽型			
结型P沟道	耗尽型			
绝缘栅型N沟道	增强型			
	耗尽型			
绝缘栅型P沟道	增强型			
	耗尽型			

【例 1.4.1】 绝缘栅型场效应管工作状态分析。绝缘栅型场效应管组成如图 1.4.16(a)所示电路,图 1.4.16(b)为其输出特性曲线。试问:

① 图中 VT 为哪种导电沟道的场效应管?

② 要使电路正常工作,VT 应为何种类型的场效应管?

③ 在图示曲线和参数条件下,电路能否正常工作? 此时 VT 处在何种工作状态?

④ 若将图中 VT 改为同样沟道的另一种类型管,电路应做何改动才能正常工作?

解:① 导电沟道类型。图 1.4.16(a)所示的场效应管其沟道应为 N 型,这是通过衬底 B 箭头的指向识别的。衬底指向栅极为 N 沟道,若箭头由栅极指向衬底 B,则为 P 沟道。

② 场效应管类型。由图 1.4.16(a)所示的场效应管的符号可知,场效应管的 D、B、S 极已连通,又根据自给栅偏压电路,三极管 VT 要正常工作,必有电流 I_D、I_S,这样 U_{GS}始终为负。由场效应管的转移特性曲线可知电路中的 VT 管必须选用 N 沟道耗尽型的结构。

③ VT 工作状态的判定。要判定 VT 工作状态,必须求出静态工作点 Q,观察 Q 点落在特性曲线的哪个区。

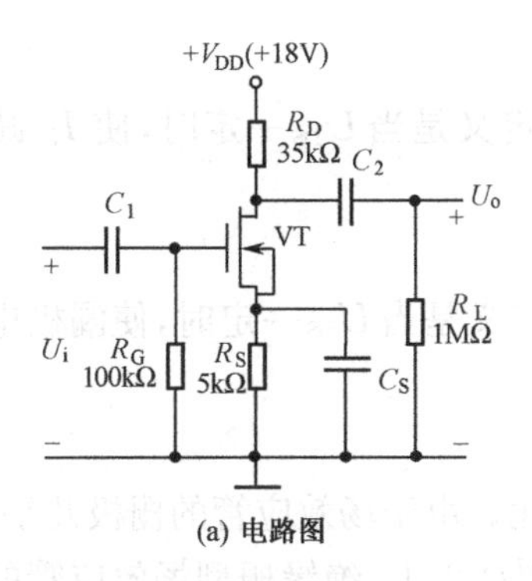

(a) 电路图

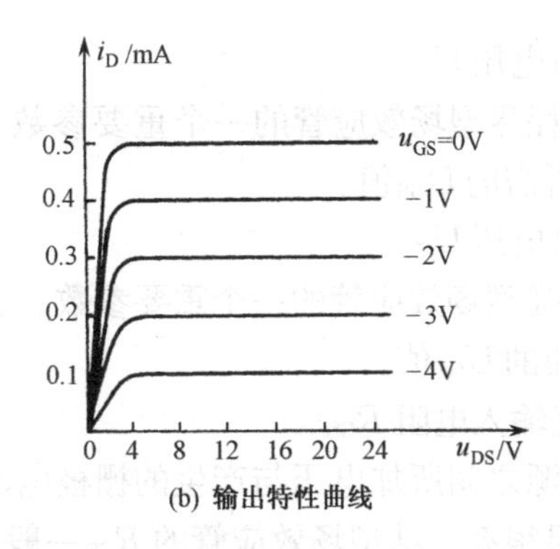

(b) 输出特性曲线

图 1.4.16　电路图及输出特性曲线

根据 VT 的输出特性曲线，在输出特性曲线上绘出输出直线负载线

$$U_{DS}=V_{DD}-(R_D+R_S)I_D=18-40I_D$$

再绘出转移特性曲线，如图 1.4.17 所示。然后根据图 1.4.16(a)电路输入直流通路，得出栅极偏置电压 U_{GS}和电流 I_S 的关系

$$U_{GS}=-R_SI_S$$

直线与转移特性曲线的交点 Q 就是在转移特性曲线上的静态工作点。即

$$U_{GSQ}=-1.6\text{V}, I_{SQ}=I_{DQ}=0.32\text{mA}$$

直流负载线与直线 $I_D=I_{DQ}=0.32$(mA)交于 Q 点。此 Q 点就是在输出特性曲线上的静态工作点，其对应的 U_{DSQ}和 I_{DQ}的值分别为

$$U_{DSQ}=5.2\text{V}, I_{DQ}=0.32\text{mA}$$

由图 1.4.17 可见，Q 点落在输出特性的恒流区，说明电路能正常工作。

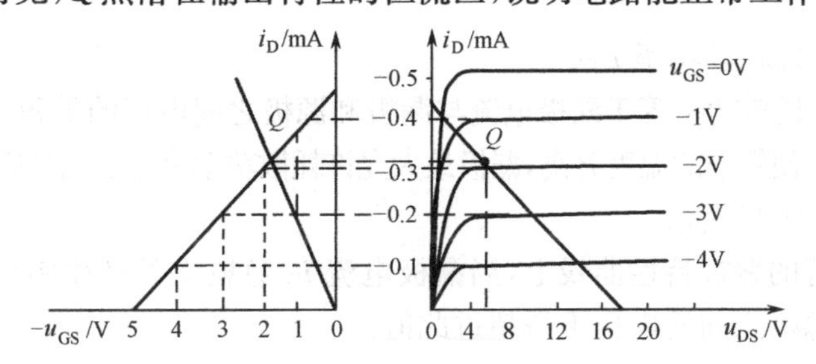

图 1.4.17　转移特性曲线

④ VT 为 N 沟道增强型管时电路的改动。若图 1.4.16(a)电路中的 VT 改为 N 沟道增强型，由于电路中栅极电位 $u_G=0$V，场效应管 VT 不能工作，只有当 $u_{GS}>U_T$ 时漏极电流 i_D 才会出现。因此可考虑在$+V_{DD}$和栅极 G 间增加一个电阻，调整电阻的阻值，使静态情况下 U_{GS}值大于开启电压 U_T，保证电路处于正常的工作状态。

1.4.3　场效应管的主要参数

场效应管的主要参数有直流参数、交流参数和极限参数，具体介绍如下。

1. 直流参数

(1) 饱和漏极电流 I_{DSS}

饱和漏电流是耗尽型场效应管的一个重要参数。它的定义是当栅源之间的电压 U_{GS}等于零，而漏极和源极之间的电压 U_{DS}大于夹断电压$|U_P|$时对应的漏极电流。

(2) 夹断电压U_P

U_P也是耗尽型场效应管的一个重要参数。其定义是当U_{DS}一定时,使I_D减小到某一个微小电流时所需的U_{GS}值。

(3) 开启电压U_T

U_T是增强型场效应管的一个重要参数。它的定义是当U_{DS}一定时,使漏极电流达到某一数值时所需加的U_{GS}值。

(4) 直流输入电阻R_{GS}

R_{GS}是栅源之间所加电压与产生的栅极电流之比。由于场效应管的栅极几乎不取电流,因此其输入电阻很高。结型场效应管的R_{GS}一般在$10^7\,\Omega$以上,绝缘栅型场效应管的输入电阻更高,一般大于$10^9\,\Omega$。

2. 交流参数

(1) 低频跨导g_m

g_m用以描述栅源之间的电压u_{GS}对漏极电流i_D的控制作用。它的定义是当u_{DS}一定时,i_D与u_{GS}的变化量之比,即

$$g_m = \left.\frac{\Delta i_D}{\Delta u_{GS}}\right|_{u_{DS}=常数} \tag{1.4.5}$$

若i_D的单位是毫安(mA),u_{GS}的单位是伏(V),则g_m的单位是毫西门子(mS)。

(2) 极间电容

极间电容是场效应管三个电极之间的等效电容,包括C_{GS}、C_{GD}和C_{DS}。极间电容越小,则管子的高频性能越好。极间电容一般为几个皮法。

3. 极限参数

(1) 漏极最大允许耗散功率P_{DM}

场效应管的漏极耗散功率等于漏极电流与漏极和源极之间电压的乘积,即$p_D = i_D u_{DS}$。这部分功率将转化为热能,使管子的温度升高,漏极最大允许耗散功率决定于场效应管所允许的温升。

(2) 漏源击穿电压$U_{(BR)DS}$

这是在场效应管的漏极特性曲线上,当漏极电流i_D急剧上升产生雪崩击穿时的u_{DS}。工作时外加在漏极和源极之间的电压不得超过此值。

(3) 栅源击穿电压$U_{(BR)GS}$

结型场效应管正常工作时,栅源之间的PN结处于反向偏置状态,若u_{GS}过高,PN结将被击穿。MOS场效应管的栅极与沟道之间有一层很薄的二氧化硅绝缘层,当u_{GS}过高时,可能将二氧化硅绝缘层击穿,使栅极与衬底发生短路。这种击穿不同于一般的PN结击穿,而与电容器击穿的情况类似,属于破坏击穿。栅源间发生击穿,MOS场效应管即被破坏。

本章小结

(1) 电子电路中常用的半导体器件有二极管、稳压管、变容二极管、光敏二极管、发光二极管、双极型三极管和场效应管等。制造这些器材的主要材料是半导体,如硅和锗等。

半导体中存在两种载流子:电子和空穴。纯净的半导体称为本征半导体,它的导电能力很差。掺有少量其他元素的半导体称为杂质半导体。杂质半导体分为两种:N型半导体——多数载流子是电子;P型半导体——多数载流子是空穴。当把P型半导体和N型半导体结合在

一起时，在两者的交界处形成一个PN结，这是制造各种半导体器件的基础。

(2) 二极管就是利用一个PN结加上外壳，引出两个电极而制成的。它的主要特点是具有单向导电性，在电路中可以起整流和检波等作用。

(3) 二极管工作在反向击穿区时，即使流过管子的电流变化很大，而管子两端的电压变化很小，利用这种特性可以做成稳压管。

(4) 变容二极管是利用PN结在反偏工作时势垒电容效应而做成的一种特殊二极管。

(5) 双极型三极管有两种类型：NPN型和PNP型。无论何种类型，内部均包含两个PN结：发射结和集电结，并引出三个电极：发射极、基极和集电极。

利用三极管的电流控制作用可以实现放大。三极管实现放大作用的内部结构条件是：发射区掺杂浓度很高；基区做得很薄，且掺杂的浓度很低；另外，集电结结面积大，且集电区多子浓度远没有发射区多子浓度高。实现放大作用的外部条件是：外加电源的极性应保证发射结正向偏置，而集电结反向偏置，输入信号能进得去，放大后的信号能输得出来。

描述三极管放大作用的重要参数是共射电流放大系数$\beta=\Delta i_C/\Delta i_B$及共基电流放大系数$\alpha=\Delta i_C/\Delta i_E$。另外可以用输入、输出特性曲线来描述三极管的特性。三极管的共射输出特性可以划分为三个区：截止区、放大区和饱和区。为了对输入信号进行线性放大，避免产生严重的非线性失真，应使三极管工作在放大区内。

(6) 场效应管利用栅源之间电压的电场效应来控制漏极电流，是一种电压控制器件。场效应管分为结型和绝缘栅型两大类，后者又称为MOS场效应管。无论结型或绝缘栅型场效应管，都有N沟道和P沟道之分。对于绝缘栅型场效应管，又有增强型和耗尽型两种类型，但结型场效应管只有耗尽型。

表征场效应管放大作用的重要参数是跨导$g_m=\Delta i_D/\Delta u_{GS}$。也可用转移特性和漏极特性来描述场效应管各极电流与电压之间的关系。

场效应管的主要特点是输入电阻高，而且易于大规模集成，近年来发展很快。

习　题　一

1.1　选择填空(只填a,b,c,…。以下类同)

(1) N型半导体中多数载流子是__________，P型半导体中多数载流子是__________。(a. 空穴，b. 电子)

(2) N型半导体__________，P型半导体__________。(a. 带正电，b. 带负电，c. 呈中性)

(3) PN结中扩散电流的方向是__________，漂移电流的方向是__________。(a. 从P区到N区，b. 从N区到P区)

(4) 二极管的伏安特性是$i_D=$__________。(a. Ku_D^2，b. $Ku_D^{3/2}$，c. $K(e^{u_D/U_T}-1)$)

(5) 当PN结外加反向电压时，扩散电流__________漂移电流。(a_1. 大于，b_1. 小于，c_1. 等于)此时耗尽层__________。(a_2. 变宽，b_2. 变窄，c_2. 不变)

(6) 变容二极管__________。(a_1. 是二极管，b_1. 不是二极管，c_1. 是特殊二极管)它工作在__________状态。(a_1. 正偏，b_2. 反偏，c_2. 击穿)

(7) 晶体管工作在放大区时，b-e间为__________，b-c间为__________，工作在饱和区时，b-e间为__________，b-c间为__________。(a. 正向偏置，b. 反向偏置，c. 零偏置)

(8) 工作在放大区的某晶体管，当i_B从20μA增大到40μA时，i_C从1mA变成2mA。它

们的β约为__________。(a. 10, b. 50, c. 100)

(9) 场效应管主要是通过改变__________(a_1. 栅极电压,b_1. 栅源电压,c_1. 漏源电压)来改变漏极电流的。所以是一个__________(a_2. 电流,b_2. 电压)控制的__________。(a_3. 电流源,b_3. 电压源)

(10) 用于放大时,场效应管工作在特性曲线的__________。(a. 击穿区,b. 恒流区,c. 可变电阻区)

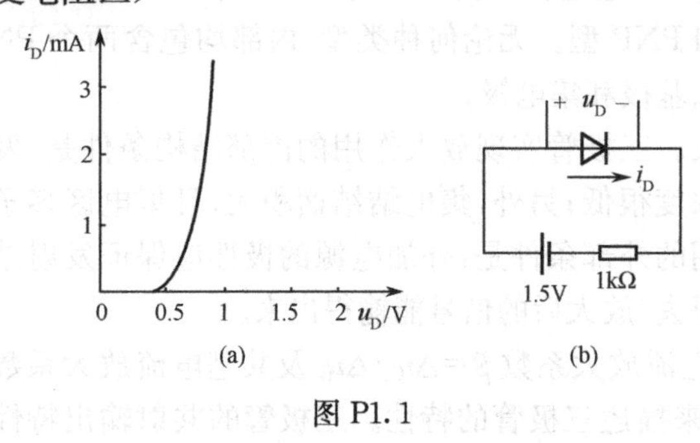

图 P1.1

1.2 假设一个二极管在50℃时的反向电流为10μA,试问它在20℃和80℃时的反向电流大约分别为多大?已知温度每升高10℃,反向电流大致增加一倍。

1.3 某二极管的伏安特性曲线如图P1.1(a)所示:

(1) 如在二极管两端通过1kΩ的电阻上加1.5V的电压,如图P1.1(b)所示,此时二极管的电流i_D和电压u_D各为多少?

(2) 如将图P1.1(b)中的1.5V电压改为3V,则二极管的电流和电压各为多少?

提示:可用图解法。

1.4 假设用模拟万用表的$R\times10$挡测得某二极管的正向电阻为200Ω,若改用$R\times100$挡测量同一个二极管,则测得的结果将比200Ω大还是小,还是正好相等?为什么?

提示:使用万用表的欧姆挡时,表内电路为1.5V电池与一个电阻串联。但不同量程时这个串联电阻的值不同,$R\times10$挡时的串联电阻值较$R\times100$挡时小。

1.5 在图P1.2中,已知$u_I=10\sin\omega t$(V),$R_L=1$kΩ,试在图P1.2(b)中,对应画出二极管的电流i_D、电压u_D以及输出电压u_O的波形,并在波形图上标出幅值。设二极管的正向压降和反向电流可以忽略。

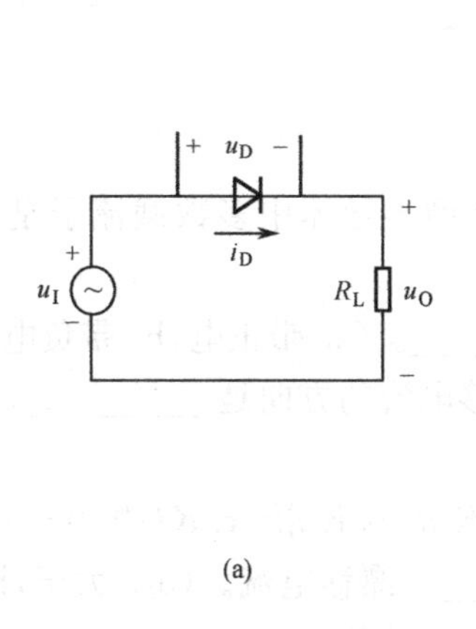

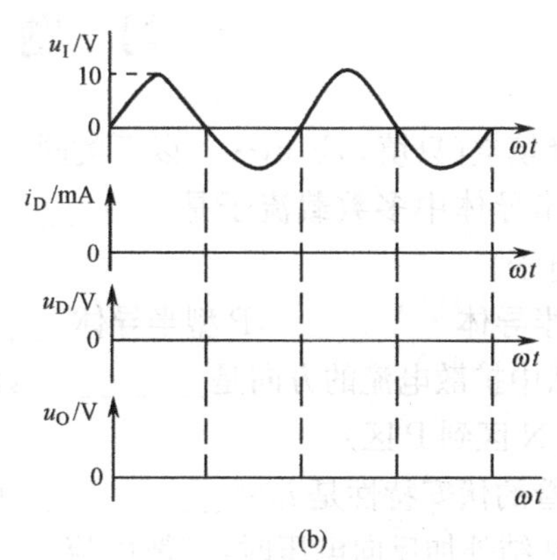

图 P1.2

1.6 欲使稳压管具有良好的稳压特性,它的工作电流I_Z、动态内阻r_Z及温度系数α_U等各项参数,大一些好还是小一些好?

1.7 某稳压管在温度为20℃、工作电流为5mA时,稳定电压$U_Z=10$V,已知其动态电阻$r_Z=8\Omega$,电压的温度系数$\alpha_U=0.09\%/℃$,试问:

(1) 当温度不变，工作电流改为 20mA 时，U_Z 约等于多少？

(2) 当工作电流仍为 5mA，但温度上升至 50℃时，U_Z 约等于多少？

1.8　在图 P1.3 中，已知电源电压 $V=10V$，$R=200\Omega$，$R_L=1k\Omega$，稳压管的 $U_Z=6V$，试求：

(1) 稳压管中的电流 $I_Z=?$

(2) 当电源电压 V 升高到 12V 时，I_Z 将变为多少？

(3) 当 V 仍为 10V，但 R_L 改为 2kΩ 时，I_Z 将变为多少？

1.9　试述变容二极管的工作原理。

1.10　一个三极管的输出特性曲线如图 P1.4 所示，试求出在图上 $u_{CE}=5V$，$i_C=6mA$ 处的电流放大系数 $\bar{\beta}$、$\bar{\alpha}$、β 和 α，并进行比较。

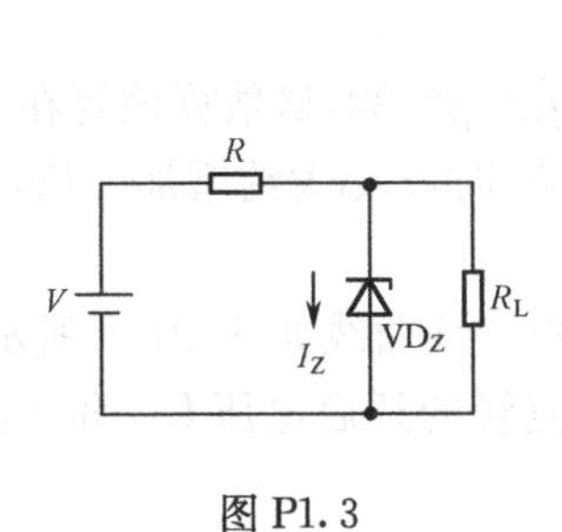

图 P1.3

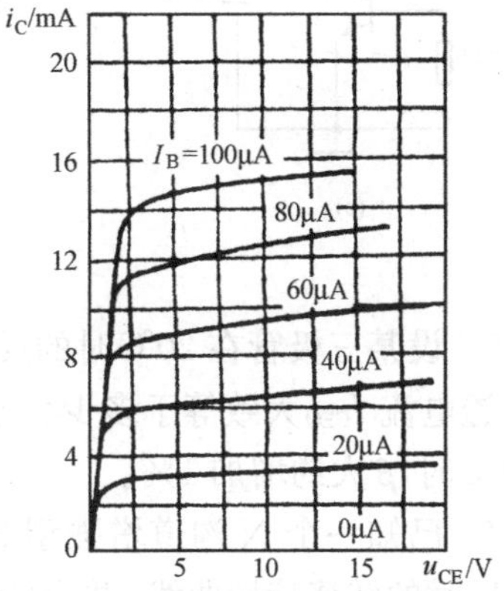

图 P1.4

1.11　设上题三极管的极限参数 $I_{CM}=14mA$，$U_{(BR)CEO}=15V$，$P_{CM}=100mW$，试在图 P1.4 的特性曲线上画出该三极管的安全工作区。

1.12　有两个三极管，已知甲管的 $\bar{\beta}_1=99$，则 $\bar{\alpha}_1=?$ 当甲管的 $I_{B1}=10\mu A$ 时，其 I_{C1} 和 I_{E1} 各为多少？乙管的 $\bar{\alpha}_2=0.95$，其 $\bar{\beta}_2=?$ 若乙管的 $I_{E2}=1mA$，则 I_{C2} 和 I_{B2} 各为多少？

1.13　测得某电路中几个三极管的各极电位如图 P1.5 所示，试判断各三极管分别工作在截止区、放大区还是饱和区。

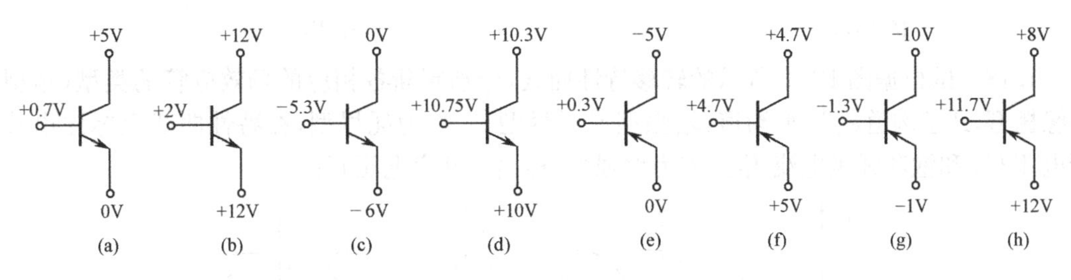

图 P1.5

1.14　已知图 P1.6(a)～(f)中各三极管的 β 均为 50，$U_{BE}\approx0.7V$，试分别估算各电路中三极管的 I_C 和 U_{CE}，判断它们各自工作在哪个区（截止区、放大区或饱和区），并将各管子的工作点分别画在图 P1.6(g)的输出特性曲线上。

1.15　分别测得两个放大电路中三极管的各极电位如图 P1.7(a)和(b)所示，试识别它们的管脚，分别标上 e、b、c，并判断这两个三极管是 NPN 型还是 PNP 型，硅管还是锗管。

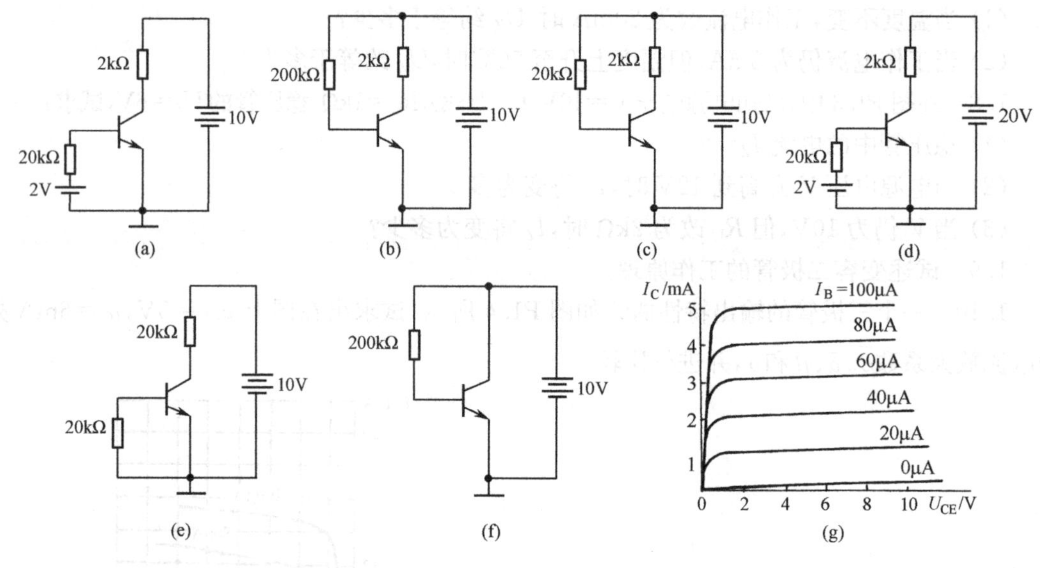

图 P1.6

1.16 设某三极管在20℃时的反向饱和电流 $I_{CBO}=1\mu A$，$\beta=30$，试估算该管在50℃时的 I_{CBO} 和穿透电流 I_{CEO} 大致等于多少。已知每当温度升高10℃时，I_{CBO} 大约增加一倍，而当温度每升高1℃时，β 大约增加1%。

1.17 已知一个N沟道增强型MOS场效应管的漏极特性曲线如图P1.8所示，试作出 $U_{DS}=15V$ 时的转移特性曲线，并由特性曲线求出该场效应管的开启电压 U_T 和 I_{DO} 值，以及 $U_{DS}=15V$，$U_{GS}=4V$ 时的跨导 g_m。

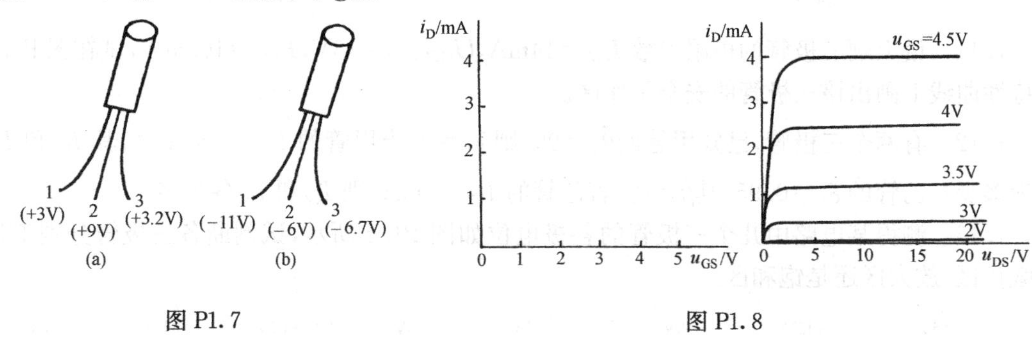

图 P1.7　　　　图 P1.8

1.18 试根据图P1.9所示的转移特性曲线，分别判断各相应的场效应管的类型(结型或绝缘栅型，P型沟道或N型沟道，增强型或耗尽型)。如为耗尽型，在特性曲线上标注出其夹断电压 U_P 和饱和漏极电流 I_{DSS}；如为增强型，标出其开启电压 U_T。

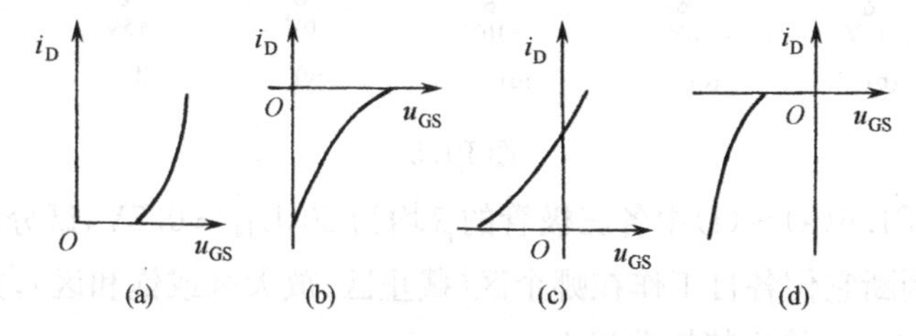

图 P1.9

1.19 有一个三极管，可能是晶体管也可能是结型场效应管，如何判别？

第 2 章　放大电路基础

内容提要：单管放大电路是组成各种复杂放大电路的基本单元。本章首先以单管共发射极放大电路为例，阐明放大电路的组成及实现放大作用的基本原理。然后介绍电子电路最常用的两种分析方法——图解法和微变等效电路法，并利用上述方法分析单管共发射极放大电路的静态工作点、电压放大倍数和输入、输出电阻。

由于温度变化将对半导体器件的参数产生影响，进而引起放大电路静态工作点的变动，为此，介绍了一种常用的分压式静态工作点稳定电路。

除了单管共发射极放大电路以外，还介绍了放大电路的另外两种组态——共集电极组态和共基极组态放大电路，并对三种不同组态的特点进行了列表比较。

在双极型三极管放大电路的基础上，介绍了场效应管放大电路的特点和分析方法。

在本章的最后，介绍了组成多级放大电路最常用的三种耦合方式，分析了多级放大电路的电压放大倍数和输入、输出电阻。

2.1　放大的概念

放大电路的应用十分广泛，无论日常使用的收音机、扩音器、电视机，或者精密的测量仪器和复杂的自动控制系统等，其中通常都有各种各样的放大电路。在这些电子设备中，放大电路的作用是将微弱的信号放大，以便于人们测量和利用。例如，从收音机天线接收到的信号，或者从传感器得到的信号，有时只有微伏或毫伏数量级，必须经过放大才能驱动喇叭发出声音，或者驱动指示设备和执行机构，便于进行观察、记录和控制。由于放大电路是电子设备中使用最普遍的一种基本单元，因而是模拟电子技术课程中最基本的内容之一。

所谓放大，表面看来是将信号的幅度由小增大，但是在电子技术中，放大的本质首先是实现能量的控制。由于输入信号（例如，从天线或传感器得到的信号）的能量过于微弱，不足以推动负载（例如，喇叭或指示仪表、执行机构），因此需要在放大电路中另外提供一个能源，由能量较小的输入信号控制这个能源，使之输出较大的能量，然后推动负载。这种小能量对大能量的控制作用就是放大作用。

另外，放大作用涉及变化量的概念。也就是说，当输入信号有一个比较小的变化量时，要求在负载上得到一个较大变化量的输出信号。而放大电路的放大倍数也是指输出信号与输入信号的变化量之比。由此可见，所谓放大作用，其放大的对象是变化量。

已经知道，双极型三极管的基极电流对集电极电流有控制作用，同样，场效应管的栅源之间的电压对漏极电流也有控制作用，因此，这两种器件都可以实现放大作用，它们是组成放大电路的核心元件。

所谓放大器就是完成放大功能的电路。本章主要介绍由单管（三极管或者场效应管）构成的基本放大电路，最后简单介绍多级放大电路。

衡量一个放大器质量的优劣，一般由放大器的技术指标决定。下面首先介绍放大器的主要技术指标。

2.2 放大电路的主要技术指标

放大电路的技术指标用以定量地描述电路的有关技术性能,测试时通常在放大电路的输入端加上一个正弦测试电压,然后测量电路中的其他有关电量。测试技术指标的示意图如图 2.2.1所示。放大电路的主要技术指标简要介绍如下。

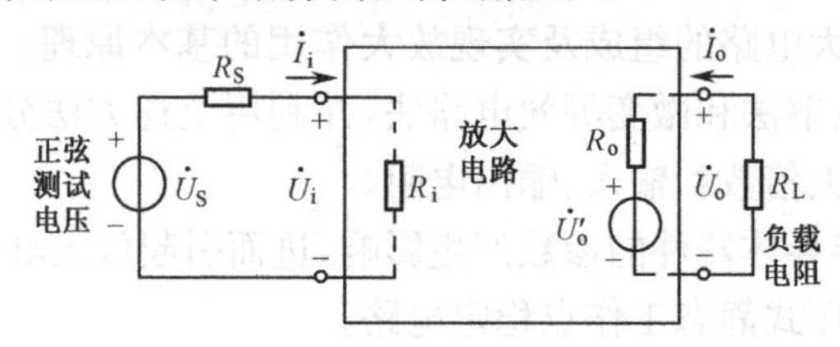

图 2.2.1 放大电路技术指标测试示意图

1. 放大倍数

放大倍数是描述一个放大电路放大能力的指标，其中电压放大倍数定义为输出电压与输入电压的变化量之比。当输入一个正弦测试电压时,也可用输出电压与输入电压的正弦相量之比来表示,即

$$\dot{A}_u = \frac{\dot{U}_o}{\dot{U}_i} \tag{2.2.1}$$

与此类似,电流放大倍数定义为输出电流与输入电流的变化量之比,同样也可用两者的正弦相量之比来表示,即

$$\dot{A}_i = \frac{\dot{I}_o}{\dot{I}_i} \tag{2.2.2}$$

必须注意,以上两个表达式只在输出电压和输出电流基本上是正弦波,即输出信号没有明显失真的情况下才有意义。这一点也适用于以下各项有关指标。

2. 最大输出幅度

最大输出幅度表示在输出波形没有明显失真的情况下,放大电路能够提供给负载的最大输出电压(或最大输出电流),一般指电压的有效值,以 U_o 表示。也可用峰-峰值表示。正弦信号的峰-峰值等于其有效值的 $2\sqrt{2}$倍。

3. 非线性失真系数

由于放大器件输入、输出特性的非线性,因此放大电路的输出波形不可避免地将产生或多或少的非线性失真。当输入单一频率的正弦波信号时,输出波形中除基波成分外,还将含有一定数量的谐波。所有的谐波均方根值与基波成分之比,定义为非线性失真系数,符号为 D,即

$$D = \frac{\sqrt{U_2^2 + U_3^2 + \cdots}}{U_1} \tag{2.2.3}$$

式中,U_1、U_2、U_3 等分别表示输出信号中基波、二次谐波、三次谐波……的有效值。

4. 输入电阻

从放大电路的输入端看进去的等效电阻称为放大电路的输入电阻,如图 2.2.1 所示。此处只考虑中频段的情况,故从放大电路输入端看,等效为一个纯电阻 R_i。输入电阻 R_i 的大小

等于外加正弦输入电压与相应的输入电流之比，即

$$R_{\rm i}=\frac{U_{\rm i}}{I_{\rm i}} \tag{2.2.4}$$

输入电阻这项技术指标描述放大电路对信号源索取电流的大小。通常希望放大电路的输入电阻越大越好，$R_{\rm i}$ 越大，说明放大电路对信号源索取的电流越小。

5. 输出电阻

输出电阻是从放大电路的输出端看进去的等效电阻，如图 2.2.1 所示。在中频段，从放大电路的输出端看，同样等效为一个纯电阻 $R_{\rm o}$。输出电阻 $R_{\rm o}$ 的定义是当输入端信号短路（即 $\dot{U}_{\rm S}=0$，但保留 $R_{\rm S}$），输出端负载开路（即 $R_{\rm L}=\infty$）时，外加一个正弦输出电压 $\dot{U}_{\rm o}$，得到相应的输出电流 $\dot{I}_{\rm o}$，二者之比即是输出电阻 $R_{\rm o}$，即

$$R_{\rm o}=\left.\frac{\dot{U}_{\rm o}}{\dot{I}_{\rm o}}\right|_{\substack{\dot{U}_{\rm S}=0\\ R_{\rm L}=\infty}} \tag{2.2.5}$$

实际工作中测试输出电阻时，通常在输入端加上一个固定的正弦交流电压 $\dot{U}_{\rm i}$，首先使负载开路，测得输出电压为 $\dot{U}'_{\rm o}$。然后接上阻值为 $R_{\rm L}$ 的负载电阻，测得此时的输出电压为 $\dot{U}_{\rm o}$，根据图 2.2.1 的输出回路可得到

$$R_{\rm o}=\left(\frac{\dot{U}'_{\rm o}}{\dot{U}_{\rm o}}-1\right)R_{\rm L} \tag{2.2.6}$$

输出电阻是描述放大电路带负载能力的一项技术指标。通常希望放大电路的输出电阻越小越好，$R_{\rm o}$ 越小，说明放大电路的带负载能力越强。

6. 通频带

由于放大器件本身存在极间电容，还有一些放大电路中接有电抗性元件，因此，放大电路的放大倍数将随着信号频率的变化而变化。一般情况下，当频率升高或降低时，放大倍数都将减小，而在中间一段频率范围内，因各种电抗元件的作用可以忽略，故放大倍数基本不变，如图 2.2.2 所示。通常将放大倍数在高频段和低频段分别下降至中频段放大倍数的 $1/\sqrt{2}$ 时所包括的频率范围，定义为放大电路的通频带，用符号 BW 表示，如图 2.2.2 所示。

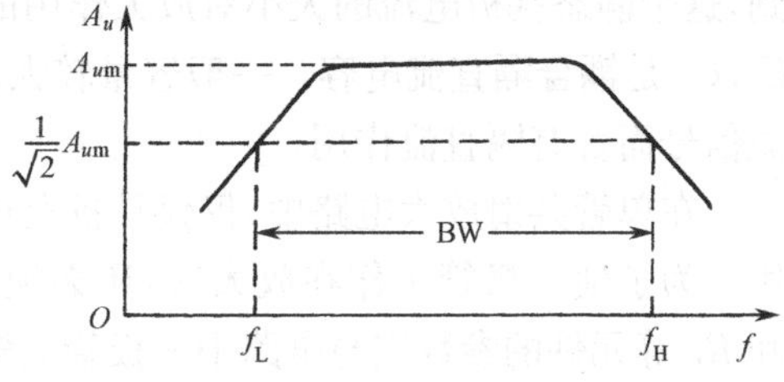

图 2.2.2　放大电路的通频带

显然，通频带越宽，表明放大电路对信号频率的变化具有更强的适应能力。

7. 最大输出功率与效率

放大电路的最大输出功率，是指在输出正弦波信号不产生明显失真的前提下，能够向负载提供的最大输出功率，通常用符号 $P_{\rm om}$ 表示。

前已述及，放大的本质是能量的控制，负载上得到的输出功率，实际上是利用放大器件的控制作用将直流电源的功率转换成交流功率而得到的，因此就存在一个功率转换的效率问题。放大电路的效率 η 定义为最大输出功率 $P_{\rm om}$ 与直流电源消耗的功率 $P_{\rm V}$ 之比，即

$$\eta=\frac{P_{\rm om}}{P_{\rm V}} \tag{2.2.7}$$

以上介绍了放大电路的几个主要技术指标,此外,针对不同的使用场合,还可能提出其他一些指标,如电源的容量、抗干扰能力、信号噪声比、重量、体积及工作温度的要求等,因限于篇幅,在此不做具体介绍。

2.3 单管共发射极放大电路

2.3.1 单管共发射极电路的组成

图 2.3.1(a)是一单管共发射极(以下简称共射)放大电路的原理电路图。图 2.3.1(b)是它的简化画法。电路中有一个双极型三极管作为放大器件,因此是单管放大电路。由图可见,输入回路和输出回路的公共端是三极管的发射极,所以称为单管共射放大电路。

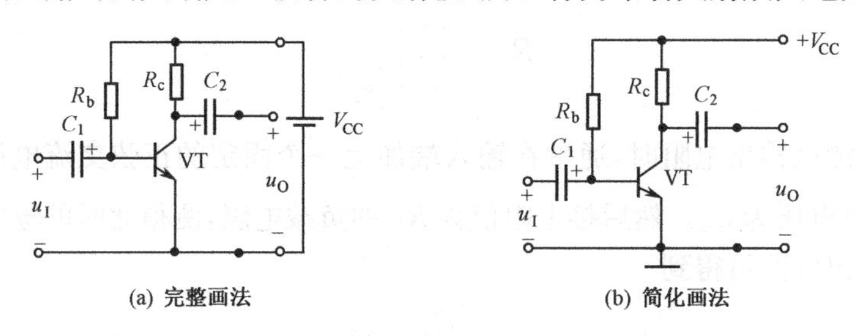

图 2.3.1 单管共射放大电路的原理电路图

在电路中,NPN 型三极管 VT 担负着放大作用,是放大电路的核心。V_{CC}是集电极直流电源,为输出信号提供能量。R_c 是集电极负载电阻,集电极电流 i_C 通过 R_c,从而将电流的变化转换为集电极电压的变化,然后传送到放大电路的输出端。基极偏置电阻 R_b 的作用是,一方面为三极管的发射结提供正向偏置电压;同时给三极管提供一个静态基极电流。以后将会看到,这个静态基极电流的大小对放大作用的优劣,以及放大电路的其他性能有着密切的关系。C_1、C_2 是耦合隔直流电容。一般容量较大,对交流信号而言,容抗可以忽略,起耦合作用;对直流信号而言有隔直流作用。

在单管共射放大电路中,仅仅具备上述各个组成部分,还不足以保证电路很好地起放大作用。为了使三极管工作在放大区,还必须使发射结正向偏置,集电结反向偏置,为此,V_{CC}、R_c 和 R_b 等元件的参数应与电路中三极管的输入、输出特性有适当的配合关系。

2.3.2 单管共发射极放大电路的工作原理

假设电路中参数及三极管的特性能够保证三极管工作在放大区。此时,如果在放大电路的输入端加上一个微小的输入电压变化量 Δu_I,则三极管基极与发射极之间的电压也将随之发生变化,产生 Δu_{BE}。因三极管 VT 的发射结处于正向偏置状态,故当发射结电压发生变化时,将引起基极电流产生相应的变化,得到 Δi_B。由于三极管工作在放大区,具有电流放大作用,因此,基极电流的变化将引起集电极电流发生更大的变化,即 Δi_C 等于 Δi_B 的 β 倍。这个集电极电流的变化量流过集电极负载电阻 R_c,使集电极电压也发生相应的变化。由图 2.3.1 可见,当 i_C 增大时,R_c 上的电压降也增大,于是 u_{CE}将降低,因为 R_c 上的电压与 u_{CE}之和等于 V_{CC},而这个集电极直流电源是恒定不变的,所以 u_{CE}的变化量 Δu_{CE}与 Δi_C 在 R_c 上产生的电压变化量数值相等而与输入信号的极性相反,即 $\Delta u_{CE}=-\Delta i_C R_c$。在本电路中,集电极电压 u_{CE}即

等于输出电压 u_O，故 $\Delta u_O = \Delta u_{CE}$。

综合上述可知，当输入电压有一个变化量 Δu_I 时，在电路中将依次产生以下各个电压或电流的变化量：Δu_{BE}，Δi_B，Δi_C 和 Δu_O。当电路参数满足一定条件时，可能使输出电压的变化量 Δu_O 比输入电压的变化量 Δu_I 大得多，也就是说，当在放大电路的输入端加上一个微小的变化量 Δu_I 时，就可以实现放大作用。

从以上分析可知，组成放大电路时必须遵循以下几个原则：

首先，外加直流电源的极性必须使三极管的发射结正向偏置，而集电结反向偏置以保证三极管工作在放大区。此时，若基极电流有一个微小的变化量 Δi_B，将控制集电极电流产生一个较大变化量 Δi_C，二者之间的关系为 $\Delta i_C = \beta \Delta i_B$。

其次，输入回路的接法应该使输入电压的变化量 Δu_I 能够传送到三极管的基极回路，并使基极电流产生相应的变化量 Δi_B。

最后，输出回路的接法应使集电极电流的变化量 Δi_C 能够转化为集电极电压的变化量 Δu_{CE}，并传送到放大电路的输出端。

以上只是定性地阐述了单管共射放大器的基本工作原理，下面准备对单管共射放大器进行定量分析，在分析之前，先介绍放大电路的基本分析方法。

2.3.3 放大电路的基本分析方法

双极型三极管或场效应晶体管是组成放大电路的主要器件，而它们的特性曲线是非线性的。因此，对放大电路进行定量分析时，主要矛盾在于如何处理放大器件的非线性问题。对此问题，常用的解决办法有两个：第一是图解法，这是在承认放大器件特性曲线为非线性的前提下，在放大管的特性曲线上用作图的方法求解。第二是微变等效电路法，其实质是在一个比较小的变化范围内，近似认为双极型三极管和场效应晶体管的特性曲线是线性的，由此导出放大器件的等效电路以及相应的微变等效参数，从而将非线性的问题转化为线性问题，于是就可以利用电路原理中介绍的适用于线性电路的各种定律、定理等来对放大电路进行求解。因此，放大电路最常用的基本分析方法，就是**图解法**和**微变等效电路法**。

对一个放大电路进行定量分析时，首先要进行静态分析，即分析未加输入信号时的工作状态，估算电路中节点间的直流电压和直流电流。然后进行动态分析，即分析加上交流输入信号时的工作状态，估算放大电路的各项动态技术指标，如电压放大倍数、输入阻抗、输出阻抗、通频带、最大输出功率，等等。分析的过程一般是先静态后动态。

静态分析讨论的对象是直流成分，动态分析讨论的对象则是交流成分。由于放大电路中存在着电抗性元件，所以直流成分的通路和交流成分的通路是不一样的。为了分别进行静态分析和动态分析，首先来分析放大电路的直流通路和交流通路有何不同。

1. 直流通路与交流通路

放大电路中的电抗性元件对直流信号和交流信号呈现的阻抗是不同的。例如，电容对直流信号的阻抗是无穷大，故不允许直流信号通过；但对交流信号而言，电容容抗的大小为 $\frac{1}{\omega C}$，当电容值足够大，交流信号在电容上的压降可以忽略时，可视为短路。电感对直流信号的阻抗为零，相当于短路；而对交流信号而言，感抗的大小为 ωL。此外，对于理想电压源，如 V_{CC} 等，由于其电压恒定不变，即电压的变化量等于零，故在交流通路中相当于短路。而理想电流源，由于其电流恒定不变，即电流的变化量等于零，故在交流通路中相当于开路，等等。

根据上述分析,现以图 2.3.2(a)所示的单管共射放大电路为例子,画出其直流通路和交流通路。

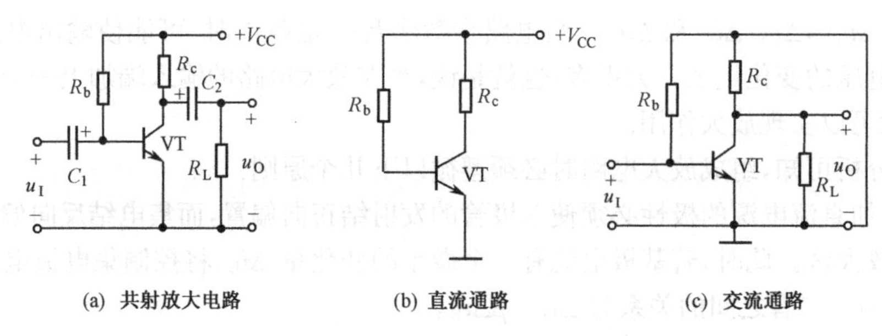

图 2.3.2 单管共射放大电路和交、直流通路

在直流通路中,隔直电容 C_1、C_2 相当于开路。在交流通路中,C_1、C_2 相当于短路,此外,集电极直流电源 V_{CC} 也被短路。于是可得单管共射放大电路的直流通路和交流通路分别如图 2.3.2(b)和(c)所示。

根据放大电路的直流通路和交流通路，即可分别进行静态分析和动态分析。分析时,除了图解法和微变等效电路法外,同时也采用一些简单实用的近似估算法。例如,常常根据直流通路,对放大电路的静态工作情况进行近似估算。

2. 静态工作点的近似估算

当外加输入信号为零时,在直流电源 V_{CC} 的作用下,三极管的基极回路和集电极回路均存在着直流电流和直流电压,这些直流电流和电压在三极管的输入、输出特性上各自对应一个点,称为静态工作点。静态工作点处的基极电流、基极与发射极之间的电压分别用符号 I_{BQ}、U_{BEQ} 表示,集电极电流、集电极与发射极之间的电压则用 I_{CQ}、U_{CEQ} 表示(下标 Q 是 Quiescent 的第一个字母,译成静态)。

由图 2.3.2(b)中的直流通路,可求得单管共射放大电路的静态基极电流为

$$I_{BQ} = \frac{V_{CC} - U_{BEQ}}{R_b} \tag{2.3.1}$$

由三极管的输入特性可知,U_{BEQ} 的变化范围很小,可近似认为:

硅管 $U_{BEQ} = (0.6 \sim 0.8)\text{V}$

锗管 $U_{BEQ} = (0.1 \sim 0.3)\text{V}$ (2.3.2)

根据以上近似值,若给定 V_{CC} 和 R_b,即可由式(2.3.1)估算 I_{BQ}。

已知三极管的集电极电流与基极电流之间存在关系 $I_C \approx \bar{\beta} I_B$,且 $\beta \approx \bar{\beta}$,故可得静态集电极电流为

$$I_{CQ} \approx \beta I_{BQ} \tag{2.3.3}$$

然后由图 2.3.2(b)的直流通路可得

$$U_{CEQ} = V_{CC} - I_{CQ} R_c \tag{2.3.4}$$

至此,静态工作点的有关电流、电压均已估算得到。

【例 2.3.1】 设图 2.3.2(a)的单管共射放大电路中,$V_{CC} = 12\text{V}$,$R_c = 3\text{k}\Omega$,$R_b = 280\text{k}\Omega$,NPN 型硅三极管的 β 等于 50,试估算静态工作点。

解: 设三极管的 $U_{BEQ} = 0.7\text{V}$,则根据式(2.3.1)、式(2.3.3)和式(2.3.4)可得

$$I_{BQ}=\frac{V_{CC}-U_{BEQ}}{R_b}=\left(\frac{12-0.7}{280}\right)\text{mA}\approx 40(\mu\text{A})$$

$$I_{CQ}\approx\beta I_{BQ}=(50\times 0.04)=2(\text{mA})$$

$$U_{CEQ}=V_{CC}-I_{CQ}R_c=(12-2\times 3)=6(\text{V})$$

3. 图解法

所谓图解法就是通过作图的方法来确定工作点。

(1) 作图法的思路及方法

图解法的关键是利用晶体管内部的特性曲线来表示其电压和电流的关系，加上晶体管外部电路的电压和电流的关系，也可以利用直线（或者曲线）来表示，然后利用作图的方法来求解。这里所说的电流和电压都是交、直流混合量。

(2) 分析思路

分析计算电子线路应注意两点：

① 要处理的信号通常是交、直流的混合量，在分析计算时可以将交、直流混合量统一考虑，也可以分开考虑。为了使问题简化，我们不妨分开讨论，且先静态后动态。

② 晶体三极管属于非线性器件，要利用晶体管输入、输出特性曲线。根据先静后动的原则，不妨令 $u_I=0$。分析图 2.3.2(a)静态工作点，所谓静态就是放大电路的交流输入量 $u_I=0$ 时，放大电路所处的直流工作状态，说得更具体一点就是要确定输入变量 I_{BQ}、U_{BEQ} 和输出变量 I_{CQ}、U_{CEQ}。我们知道要求 4 个变量的值，必须要列出 4 个方程来，然后联立求解。

对于图 2.3.2(a)所示的单管共射放大电路，其直流通路如图 2.3.2(b)所示，假设晶体管(NPN 型)的输入、输出特性如图 2.3.3(a)和(b)所示。若用数学公式表示为

$$i_B=f(u_{BE})\big|_{u_{CE}=\text{常量}} \tag{2.3.5}$$

$$i_C=f(u_{CE})\big|_{i_B=\text{常量}} \tag{2.3.6}$$

再利用图 2.3.2(b)晶体管外部电路可以列出两个直线方程，即

$$u_{BE}=V_{CC}-i_BR_b \tag{2.3.7}$$

$$u_{CE}=V_{CC}-i_CR_c \tag{2.3.8}$$

从理论上讲，式(2.3.5)至式(2.3.8)联立求解完全可以确定 4 个未知量。然而式(2.3.5)与式(2.3.6)是非线性方程，且为参变量非线性方程，直接求解有困难，可采用解析几何法解决此问题。

根据放大电路必须遵循的原则，集电结必须反偏，即 $U_{BC}<0$。现不妨设 $U_{CE}\geqslant 2\text{V}$（这种假设对于工作在放大区的放大电路是可以满足的）。对于 $U_{CE}\geqslant 2\text{V}$ 的输入特性曲线基本上是重合的，如图 2.3.3(a)所示。于是根据 $i_B=f(u_{BE})\big|_{u_{CE}\geqslant 2\text{V}}$ 的特性曲线和直线方程 $u_{BE}=V_{CC}-i_BR_b$，利用作图法就可以确定 I_{BQ} 和 U_{BEQ}。然后在输出特性图上利用 $i_C=f(u_{CE})\big|_{i_B=I_{BQ}}$ 和直线方程 $u_{CE}=V_{CC}-i_CR_c$，通过作图法可确定 I_{CQ} 和 U_{CEQ} 值。

(3) 作图方法

① 图解法分析静态：当只考虑静态时，可令 $u_I=0$。在输入特性图上作直线方程，即

$$u_{BE}=V_{CC}-i_BR_b \tag{2.3.9}$$

当 $i_B=0$ 时，$u_{BE}=V_{CC}$，与横坐标的交点为$(V_{CC},0)$；

当 $u_{BE}=0$ 时，$i_B=\dfrac{V_{CC}}{R_b}$，与纵坐标的交点为$(0,V_{CC}/R_b)$。

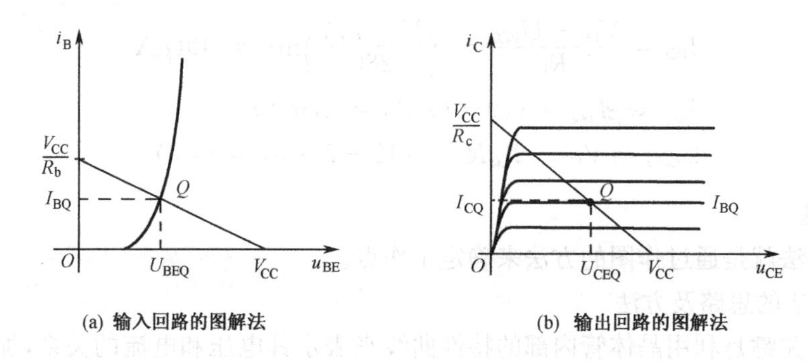

(a) 输入回路的图解法　　(b) 输出回路的图解法

图 2.3.3　利用输入、输出特性曲线求 Q 点示意图

连接点$(V_{CC},0)$和点$(0,V_{CC}/R_b)$所得到的直线与曲线 $i_B=f(u_{BE})|_{u_{CE}\geqslant 2V}$ 的交点，记作 Q，它的坐标 $Q(U_{BEQ},I_{BQ})$就是所求的解。

在输出特性曲线图上作直线方程

$$u_{CE}=V_{CC}-i_CR_c \tag{2.3.10}$$

当 $i_C=0$ 时，$u_{CE}=V_{CC}$，此点为直线与横坐标的交点；当 $u_{CE}=0$ 时，$i_C=\dfrac{V_{CC}}{R_c}$，此点为直线与纵坐标的交点。连接以上两点可画出外电路的伏安特性，如图 2.3.3(b)所示。这条直线表示外电路的伏安特性，所以称为直流负载线。直线的斜率为$-\dfrac{1}{R_c}$。集电极负载电阻 R_C 越大，则直流负载线越平坦；R_C 越小，则直流负载线越陡。

直流负载线与输出特性曲线 $i_C=f(u_{CE})|_{i_B=I_{BQ}}$ 的交点 Q 就是静态工作点。其 Q 点的坐标(U_{CEQ},I_{CQ})就是所求的解。这样一来，U_{BEQ}、I_{BQ}、U_{CEQ}、I_{CQ}全部求得。

在实际工程计算中，因为输入特性在晶体管手册中一般找不着，一般求输入特性静态参数$(U_{BEQ}$、$I_{BQ})$是采用近似估计法。对于硅管一般取 $U_{BEQ}=(0.6\sim0.8)$V，对于锗管 $U_{BEQ}=(0.1\sim0.3)$V。然后利用公式(2.3.11)求 I_{BQ}，即

$$I_{BQ}=\frac{V_{CC}-U_{BEQ}}{R_b} \tag{2.3.11}$$

【例 2.3.2】 在图 2.3.4(a)所示的单管共射放大电路中，已知 $R_b=280\text{k}\Omega$，$R_c=3\text{k}\Omega$，集电极直流电源 $V_{CC}=12$V，三极管的输出特性曲线如图 2.3.4(b)所示。试用图解法确定静态工作点。其中 VT 为 NPN 型硅管。

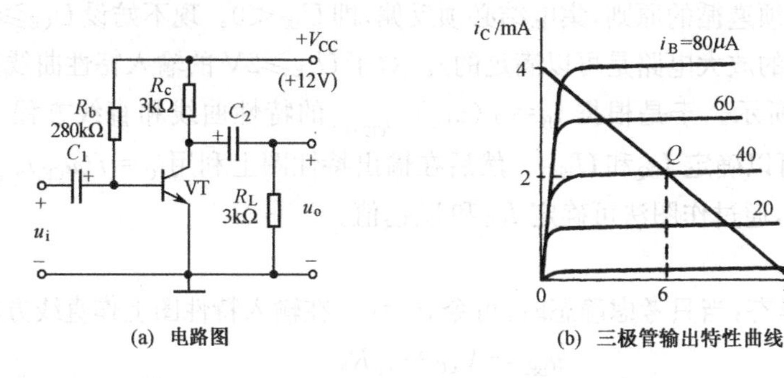

(a) 电路图　　(b) 三极管输出特性曲线

图 2.3.4　例 2.3.2 电路及特性曲线

解：首先根据式(2.3.11)估算 I_{BQ}

$$I_{BQ}=\frac{V_{CC}-U_{BEQ}}{R_b}\approx\frac{12-0.7}{280}\approx 0.04(\text{mA})=40(\mu\text{A})$$

然后在输出特性曲线上作直流负载线。直线上的两个特殊点为，当 $i_C=0$ 时，$u_{CE}=12\text{V}$；当 $u_{CE}=0$ 时，$i_C=\frac{12}{3}\text{mA}=4\text{mA}$。连接以上两点，便可画出直流负载线，如图 2.3.4(b)所示。

直流负载线与 $i_B=40\mu\text{A}$ 的一条输出特性曲线的交点，即是静态工作点 Q。由图 2.3.4(b)可得，静态工作点处的 $I_{CQ}=2\text{mA}$，$U_{CEQ}=6\text{V}$。

通过比较可知，本例中用图解法求出的静态工作点与例 2.3.1 中估算得到的结果一致。

② 图解法分析动态：以下根据放大电路的交流通路，来分析它的动态工作情况。现将图 2.3.2(c)中交流通路的输出回路重画于图 2.3.5 中。因为讨论的是动态，故图中的集电极电流和集电极电压分别用变化量 Δi_C 和 Δu_{CE} 表示。

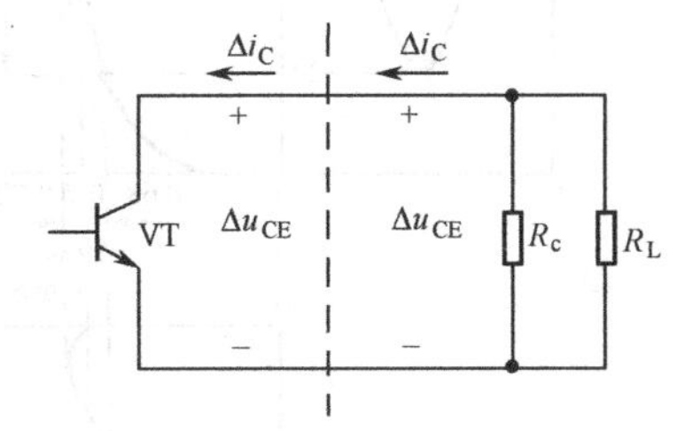

图 2.3.5　交流通路的输出回路

交流通路外电路的伏安特性称为交流负载线。由图可见，交流通路和外电路包括两个电阻 R_c 和 R_L 并联后得到的阻值，即 $R_L'=R_c /\!/ R_L$。因此，交流负载线的斜率将与直流负载线不同，不是 $-\frac{1}{R_c}$，而是 $-\frac{1}{R_L'}$。由于 $R_L'\leqslant R_c$，因此，通常交流负载线比直流负载线更陡。

通过分析还可以知道，交流负载线一定通过静态工作点 Q。因为当外加输入电压 u_I 的瞬时值等于零时，如果不考虑电容 C_1 和 C_2 的作用，可认为放大电路相当于静态时的情况，则此时放大电路的工作点既在交流负载线上，又在静态工作点 Q 上，即交流负载线必定经过 Q 点。因此，只要通过 Q 点作一条斜率为 $-\frac{1}{R_L'}$ 的直线，即可得到交流负载线，如图 2.3.6(b)所示。

当外加一个正弦输入电压 u_I 时，放大电路的工作点将沿着交流负载线运动。所以，只有交流负载线才能描述动态时 i_C 与 u_{CE} 的关系，而直流负载线的作用只能用以确定静态工作点，不能表示放大电路的动态工作情况。

假设在放大电路的输入端加上一个正弦电压 u_I，则在线性范围内，三极管的 u_{BE}、i_B、i_C 和 u_{CE} 都将围绕各自的静态值基本上按正弦规律变化。放大电路基极回路和集电极回路的动态工作情况分别如图 2.3.6(a)和(b)所示。

如需利用图解法求放大电路的电压放大倍数，可假设基极电流在静态值 I_{BQ} 附近有一个变化量 Δi_B，在输入特性曲线上找到相应的 Δu_{BE}，如图 2.3.6(a)所示。然后再根据 Δi_B，在输出特性曲线的交流负载线上找到相应的 Δu_{CE}，如图 2.3.6(b)所示，则电压放大倍数为

$$A_u=\frac{\Delta u_O}{\Delta u_I}=\frac{\Delta u_{CE}}{\Delta u_{BE}}$$

【例 2.3.3】 在图 2.3.4(a)的单管共射放大电路中，已知负载电阻 $R_L=3\text{k}\Omega$，试用图解法求电压放大倍数。三极管的输出特性曲线如图 2.3.4(b)所示。

解： 首先求出 R_L'，即

$$R_L'=R_c /\!/ R_L=\frac{3\times 3}{3+3}=1.5(\text{k}\Omega)$$

在图 2.3.6(b)中，过 Q 点做斜率为 $-\frac{1}{R_L'}$ 的直线，即可得到交流负载线。

利用作图的方法，可先作一条斜率等于 $-\frac{1}{R_L'}$ 的辅助线。例如，在 i_C 轴上选择一个合适的

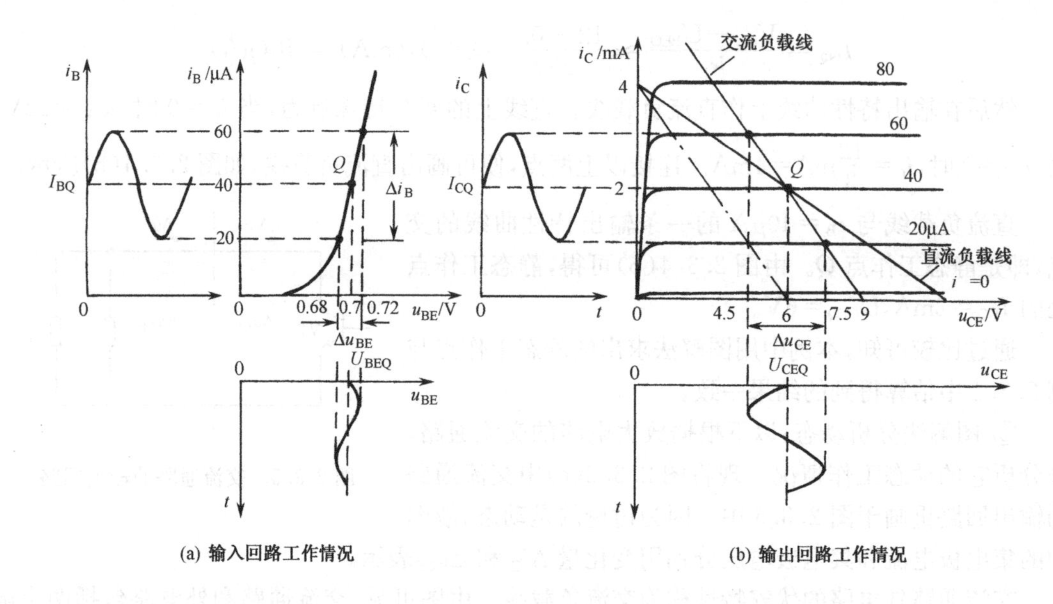

(a) 输入回路工作情况

(b) 输出回路工作情况

图 2.3.6 加正弦输入信号时放大电路的动态工作情况

i_C 值(本例中为4mA),然后算出 $i_C R_L'$(本例中为 $4\times1.5=6$V),在 u_{CE} 轴上找到相应的一点,连接此两点的直线(图中的点画线)就是斜率等于 $-\frac{1}{R_L'}$ 的辅助线。然后通过 Q 点作平行于此辅助线的直线即可得到交流负载线。

为了求出电压放大倍数,在图 2.3.6(a)中 $\Delta i_B=60-20=40\mu$A,查出相应的 $\Delta u_{BE}=0.72-0.68=0.04$V,再从图 2.3.6(b)的交流负载线上查出,当 $\Delta i_B=40\mu$A 时,$\Delta u_{CE}=4.5-7.5=-3$V,则

$$A_u=\frac{\Delta u_{CE}}{\Delta u_{BE}}=\frac{-3}{0.04}=-75$$

以上 A_u 的表达式中有一个负号,表示单管共射放大电路的电压放大倍数为负值,说明 u_{CE} 与 u_{BE} 的变化方向相反,如在本例中,当 u_{BE} 增大 0.04V 时,u_{CE} 减小 3V。

根据图 2.3.6,可以整理得到当加上正弦波输入电压 u_I 时,放大电路中相应的 u_{BE}、i_B、i_C、u_{CE} 和 u_O 的波形,如图 2.3.7 所示。

仔细观察这些波形,可以得到以下几点重要结论:

首先,当输入一个正弦电压 u_I 时,放大电路中三极管的各极电压和电流都是围绕各自的静态值,基本上按正弦规律变化,即 u_{BE}、i_B、i_C 和 u_{CE} 的波形均为在原来静态直流量的基础上,再叠加一个正弦交流成分,成为交、直流并存的状态。

其次,当输入电压有一个微小的变化量时,通过放大电路,在输出端可得到一个比较大的电压变化量,可见单管共射放大电路能够实现电压放大作用。

最后,当 u_I 的瞬时值增大时,u_{BE}、i_B 和 i_C 的瞬间值也随之增大,但因 i_C 在 R_c 上的压降增大,故 u_{CE} 和 u_O 的瞬间值将减小。换言之,当输入一个正弦电压 u_I 时,输出端的正弦电压信号 u_O 的相位与 u_I 相反,通常称之为单管共射放大电路的倒相作用。

③ 图解法的步骤。综上所述,可以将图解法分析放大电路的步骤归纳如下:

i. 由放大电路的直流通路画出输出回路的直流负载线。

ii. 根据式(2.3.1)估算静态基极电流 I_{BQ}。直流负载线与 $i_B=I_{BQ}$ 的一条输出特性曲线的

交点即是静态工作点 Q，由图可得到 I_{CQ} 和 U_{CEQ} 值。

iii. 由放大电路的交流通路计算等效的交流负载电阻 $R_L'=R_C/\!/R_L$。在三极管的输出特性曲线上，通过 Q 点画出斜率为 $-\frac{1}{R_L'}$ 的直线，即是交流负载线。

iv. 如欲求电压放大倍数，可在 Q 点附近取一个 Δi_B 值，在输入特性曲线上找到相应的 Δu_{BE} 值，再在输出特性的交流负载线上找到相应的 Δu_{CE} 值，Δu_{CE} 与 Δu_{BE} 的比值即是放大电路的电压放大倍数。

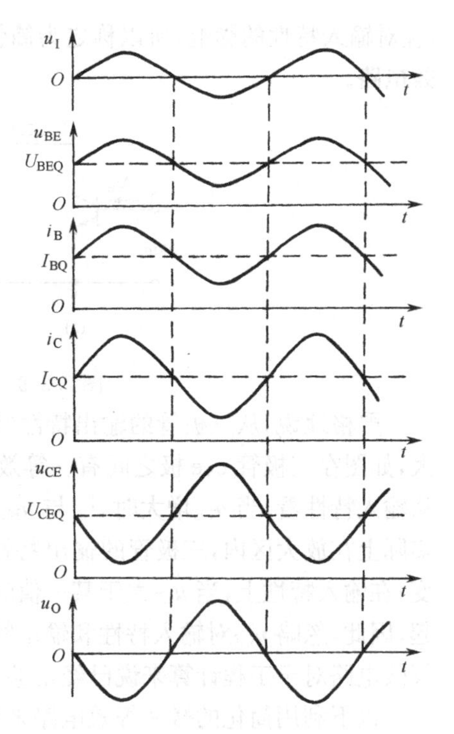

图 2.3.7　单管共射放大电路的电压、电流波形

4. 微变等效电路法

如果研究的对象仅仅是变化量，而且信号的变化范围很小，就可以用微变等效电路来处理三极管的非线性问题。

由于在一个微小的工作范围内，三极管电压、电流变化量之间的关系基本上是线性的，因此可以用一个等效线性电路来代替这个三极管。**所谓等效就是从线性电路三个引出端看进去，其电压、电流的变化关系和原来的三极管一样。这样的线性电路称为三极管的微变等效电路。**

用微变等效电路来代替三极管之后，具有非线性元件的放大电路就转化成为我们熟悉的线性电路了。这里只介绍简化的 h 参数微变等效电路。

(1) 三极管的等效电路

首先来研究一下共射接法时三极管的输入、输出特性。从图 2.3.8(a)中可见，在输入特性 Q 点附近，特性曲线基本上是一段直线，即可认为 Δi_B 和 Δu_{BE} 成正比，因而可以用一个等效电阻 r_{be} 来代表输入电压和输入电流之间的关系，即 $r_{be}=\frac{\Delta u_{BE}}{\Delta i_B}$。

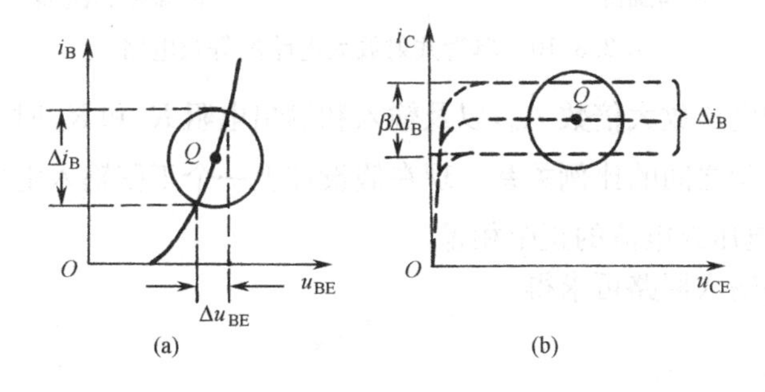

图 2.3.8　三极管特性曲线的局部线性化

再从图 2.3.8(b)中的输出特性看，假定在 Q 点附近特性曲线基本上是水平的，即 Δi_C 与 Δu_{CE} 无关，而只取决于 Δi_B；在数量关系上，Δi_C 比 Δi_B 大 β 倍；所以从三极管的输出端看进去，可以用一个大小为 $\beta\Delta i_B$ 的恒流源来代替三极管。但是，这个电流源是一个受控源而不是独立电流源。受控源 $\beta\Delta i_B$ 实质上体现了基极电流 i_B 对集电极电流 i_C 的控制作用。这样，就得到了图 2.3.9(b)中的微变等效电路。在这个等效电路中，忽略了 u_{CE} 对 i_C 的影响，也没有考虑

u_{CE}对输入特性的影响，所以称之为**简化的 h 参数微变等效电路，也叫简化混合参数(hibrid)等效电路**。

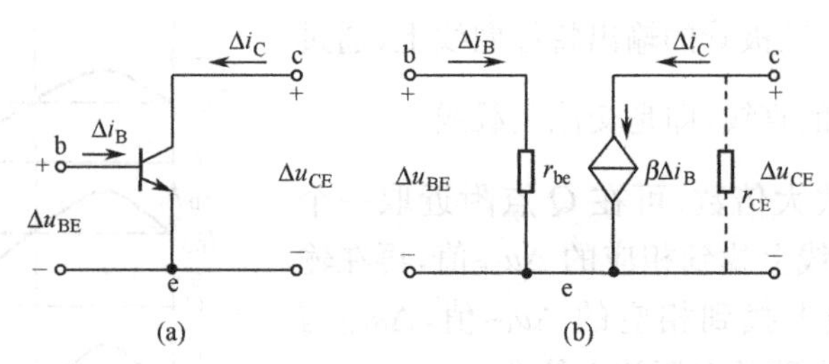

图 2.3.9　三极管的简化 h 参数等效电路

严格地说，从三极管的输出特性看，i_C 不仅与 i_B 有关，而且当 u_{CE}增大时，i_C 也随之稍有增大，如图在三极管 c、e 极之间有一等效电阻 r_{ce}，如图 2.3.9(b)虚线所示，其电阻值很大。虚线从输入特性看，当 u_{CE}增大时，i_B 与 u_{BE}之间的关系曲线将逐渐右移，互相之间略有不同。但是实际上在放大区内，三极管的输出特性近似为水平的直线，当 u_{CE}变化时可以认为 i_C 基本不变；在输入特性上，当 u_{CE}大于某一值时，各条输入特性曲线实际上靠得很近，基本上重合在一起，因此，忽略 u_{CE}对输入特性和输出特性的影响，带来的误差很小。在中频段下，简化的微变等效电路对于工程计算来说已经足够了。

以下利用简化的微变等效电路来计算单管共射放大电路的电压放大倍数和输入、输出电阻。首先，用图 2.3.9(b)的等效电路代替单管放大电路中的三极管，然后画出放大电路其余部分的交流通路。设 C_1、C_2 容量很大，可以看成交流短路，则单管共射放大电路的微变等效电路如图 2.3.10(b)所示。

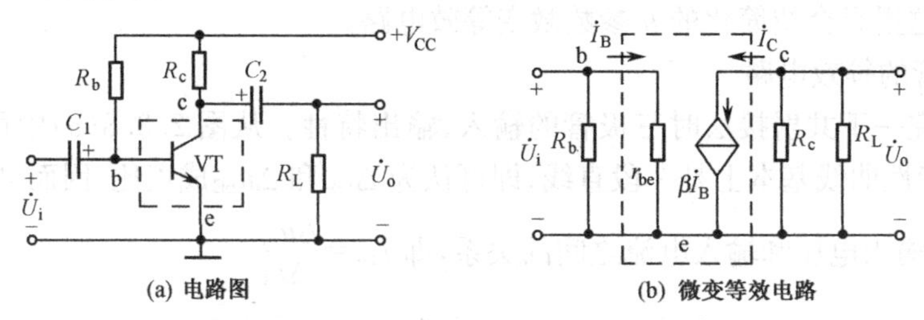

图 2.3.10　单管共射放大电路的等效电路

在求放大电路的电压放大倍数 $\dot{A}_u$，以及输入和输出电阻 R_i 和 R_o 时，根据定义，它们都决定于电压和电流变化量之间的比例关系。现在假设加上一个正弦输入电压，图中 $\dot{U}_i$ 和 $\dot{U}_o$，$\dot{I}_B$ 和 $\dot{I}_C$ 分别代表有关电压或电流的正弦相量。

根据等效电路的输入回路可求得

$$\dot{U}_i = \dot{I}_B r_{be}$$

由输出回路可知

$$\dot{I}_C = \beta \dot{I}_B$$

且
$$\dot{U}_o = -\dot{I}_C R'_L$$

其中
$$R'_L = R_c \mathbin{/\!/} R_L$$

则
$$\dot{U}_o = -\frac{\beta \dot{U}_i}{r_{be}} R'_L$$

所以
$$\dot{A}_u = \frac{\dot{U}_o}{\dot{U}_i} = -\frac{\beta R'_L}{r_{be}} \tag{2.3.12}$$

从图 2.3.8(b)还可求得基本放大电路的输入电阻 R_i 和输出电阻 R_o 分别为

$$R_i = r_{be} \mathbin{/\!/} R_b \tag{2.3.13}$$

$$R_o = R_c \tag{2.3.14}$$

(2) r_{be}的近似估算公式

由式(2.3.12)和式(2.3.13)可知，电压放大倍数 A_u 和输入电阻 R_i 均与 r_{be}有关。从原则上说，r_{be}可以从输入特性求得，但三极管的输入特性曲线在一般手册中往往并不给出，而且也不大容易测准，所以需要找出一个简便的估算公式。

图 2.3.11 是三极管的结构示意图。从图中可以看到，b、e 之间的电阻是由三部分组成的：基区的体电阻 $r_{bb'}$，基射之间的结电阻 $r_{e'b'}$ 以及发射区的体电阻 $r_{e'}$。对于不同类型的三极管，$r_{bb'}$ 的数值有所不同。一般低频、小功率三极管的 $r_{bb'}$ 约为几百欧。由于发射区多子的浓度很高，因此其体电阻 $r_{e'}$ 较小，约为几欧，与 $r_{e'b'}$ 相比，一般可以忽略。所以，主要应找出基射之间结电阻 $r_{e'b'}$ 的近似估算公式，且用 $r_{b'e}$ 表示。

根据三极管方程(同二极管方程)可知，流过 PN 结的电流 i_E 与 PN 结两端电压 u_{BE}之间存在以下关系

$$i_E = I_S[e^{u_{BE}/U_T} - 1]$$

式中，I_S 为反向饱和电流，U_T 为温度的电压当量，常温时，$U_T \approx 26\text{mV}$。三极管工作在放大区时，发射结正向偏置，u_{BE}通常大于 0.1V，则 $e^{u_{BE}/U_T} \gg 1$，于是上式可简化为

$$i_E \approx I_S e^{u_{BE}/U_T}$$

将此式对 u_{BE}求导数，可得 $r_{e'b'}$ 的倒数为

$$\frac{1}{r_{b'e'}} = \frac{di_E}{du_{BE}} \approx \frac{I_S}{U_T} e^{u_{BE}/U_T} \approx \frac{i_E}{U_T}$$

在静态工作点附近一个比较小的变化范围内，可认为 $i_E \approx I_{EQ}$，则可得

$$r_{b'e'} = \frac{U_T}{I_{EQ}} \approx \frac{26}{I_{EQ}}$$

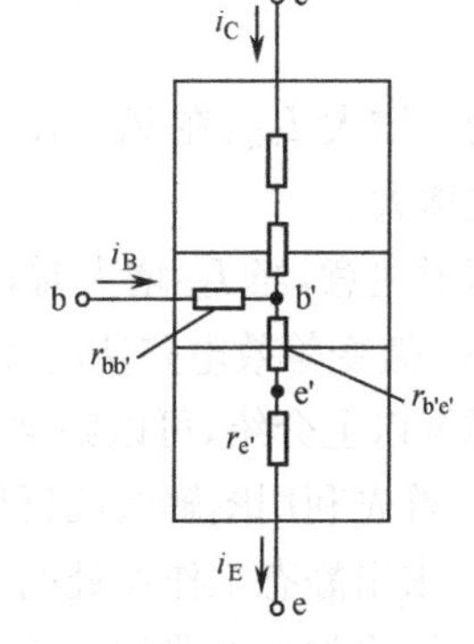

图 2.3.11　三极管结构示意图

此式中分子为 26mV，如分母 I_{EQ}的单位为 mA，则上式中求得的 $r_{b'e'}$ 的单位是 Ω。

得到 $r_{b'e'}$后，可根据图 2.3.11 求 r_{be}的近似估算公式。由图可见，流过 $r_{bb'}$ 的电流是 i_B，而流过 $r_{b'e'}$ 和 $r_{e'}$ 的电流是 i_E。因 $r_{e'}$ 与 $r_{b'e'}$ 相比可以忽略，故由图 2.3.11 可得

$$u_{BE} \approx i_B r_{bb'} + i_E r_{b'e'} = i_B r_{bb'} + (1+\beta) i_B \frac{26}{I_{EQ}}$$

将此式对 i_B 求导数，可得

$$r_{be} = \frac{du_{BE}}{di_B} \approx r_{bb'} + (1+\beta)\frac{26}{I_{EQ}} \tag{2.3.15}$$

这个表达式就是 r_{be}的近似估算公式。以后，在利用微变等效电路法分析放大电路时，可以根据式(2.3.15)估算 r_{be}。对于低频、小功率三极管，如果没有特别说明，可以认为式中的 $r_{bb'}$ 约为 300Ω。因三极管工作在放大区时，$I_{EQ} = (1+\beta) I_{BQ}$，所以 r_{be}只与 I_{BQ}有关，I_{BQ}增大，则 r_{be}减小。

【例 2.3.4】　在图 2.3.4(a)所示的放大电路中，已知 $R_L = 3\text{k}\Omega$，试估算三极管的 r_{be} 以及放大电路的 $\dot{A}_u$、R_i 和 R_o。如欲提高$|\dot{A}_u|$，可采用何种措施，应调整电路中哪些参数？

解：例2.3.2已解得此电路的$I_{CQ}=2mA$，$U_{CEQ}=6V$。由图2.3.4(b)可得Q点处的$\beta=50$。可认为$I_{EQ}\approx I_{CQ}=2mA$，则由式(2.3.15)可得

$$r_{be}=r_{bb'}+(1+\beta)\frac{26}{I_{EQ}}=\left(300+51\times\frac{26}{2}\right)=963(\Omega)$$

而
$$R'_L=R_c\,/\!/\,R_L=\frac{3\times3}{3+3}=1.5(k\Omega)$$

则
$$\dot{A}_u=-\frac{\beta R'_L}{r_{be}}=-\frac{50\times1.5}{0.96}=-78$$

求出的$\dot{A}_u$值与例2.3.3用图解法得到的结果基本上一致。

由式(2.3.13)和式(2.3.14)可得

$$R_i=r_{be}\,/\!/\,R_b\approx r_{be}=963(\Omega)$$
$$R_o=R_c=3(k\Omega)$$

如欲提高$|\dot{A}_u|$，可调整Q点使I_{EQ}增大，则r_{be}减小，$|\dot{A}_u|$升高。例如，将I_{EQ}增大到3mA，则此时

$$r_{be}=300+51\times\frac{26}{3}=742(\Omega)$$
$$\dot{A}_u=-\frac{50\times1.5}{0.74}\approx-101$$

为了增大I_{EQ}，在V_{CC}、R_c等电路参数不变的情况下，应减小基极电阻R_b，则I_{BQ}及I_{CQ}、I_{EQ}将随之增大。

但要注意，当I_{EQ}增大时，Q点移向左上方，靠近饱和区，容易产生饱和失真。

(3) 微变等效电路法的步骤

根据以上介绍，可以归纳出利用微变等效电路分析放大电路的步骤如下：

① 首先利用图解法或近似估算法确定放大电路的静态工作点Q。

② 求出静态工作点处的微变等效电路参数β和r_{be}。

③ 画出放大电路的微变等效电路。可先画出三极管的等效电路，然后画出放大电路其余部分的交流通路。

④ 列出电路方程并求解。

5. 微变等效电路法的应用举例

有些放大电路无法用图解法直接求出其电压放大倍数，但可以利用微变等效电路法进行分析。

例如，在图2.3.12(a)电路中，三极管的发射极并不直接接地，而是接入了一个电阻R_e，因此不便用图解法求解。更适合用微变等效电路法计算它的电压放大倍数和输入、输出电阻。假定C_1、C_2电容量很大，可以认为交流短路，便可得到图2.3.12(b)所示的等效电路图。

根据图(b)可以列出以下关系式：

$$\dot{U}_i=\dot{I}_b r_{be}+\dot{I}_e R_e$$

其中
$$\dot{I}_e=(1+\beta)\dot{I}_b$$

所以
$$\dot{U}_i=[r_{be}+(1+\beta)R_e]\dot{I}_b$$

而
$$\dot{U}_o=-\dot{I}_c R'_L=-\beta\dot{I}_b R'_L$$

则电压放大倍数为

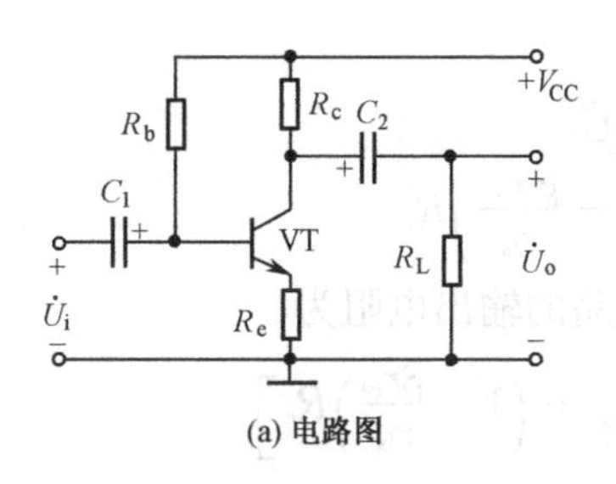

(a) 电路图

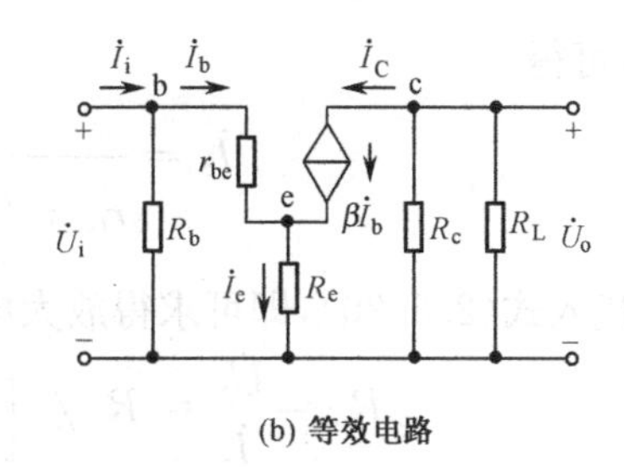

(b) 等效电路

图 2.3.12　发射极接有电阻的单管放大电路

$$\dot{A}_u=\frac{\dot{U}_o}{\dot{U}_i}=-\frac{\beta R_L'}{r_{be}+(1+\beta)R_e} \tag{2.3.16}$$

由式(2.3.16)看出，引入发射极电阻 R_e 后，放大电路的电压放大倍数降低了。

在式(2.3.16)中，一般情况下$(1+\beta)R_e \gg r_{be}$，则该式可简化为

$$\dot{A}_u \approx -\frac{R_L'}{R_e} \tag{2.3.17}$$

此时电压放大倍数仅决定于 R_L' 和 R_e 的比值，而与三极管的参数 β、r_{be}无关。

由图 2.3.12(b)还可求得，放大电路的输入电阻为

$$R_i=\frac{\dot{U}_i}{\dot{I}_i}=[r_{be}+(1+\beta)R_e] \mathbin{/\!/} R_b \tag{2.3.18}$$

由式(2.3.18)看出，引出 R_e 后，输入电阻增大了。

下面分析图 2.3.12(a)电路的输出电阻。根据式(2.2.5)关于输出电阻的定义，将放大电路的输入端短路，负载电阻 R_L 开路，然后外加一个输出电压 $\dot{U}_o$，即可得到图 2.3.13 所示的等效电路。由图很容易看出，如果忽略管 c、e 之间的内阻 r_{ce}，则输出电阻为

$$R_o \approx R_c \tag{2.3.19}$$

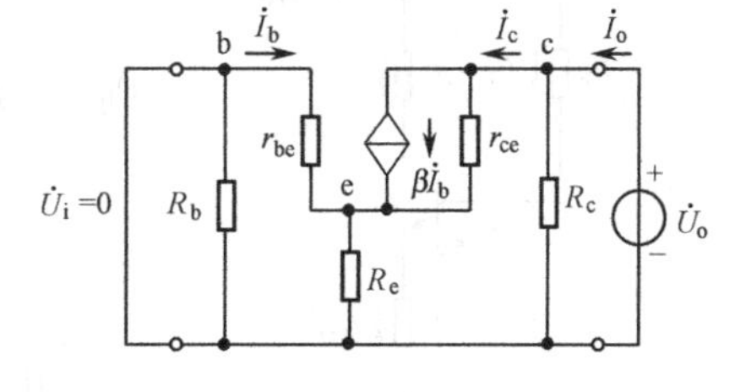

图 2.3.13　求图 2.3.12(a)电路中输出电阻的等效电路

现在，为了观察引入 R_e 后对输出电阻的影响，将 r_{ce} 的作用考虑进去，然后利用等效电路来求输出电阻。

由图 2.3.13 可得

$$\dot{I}_o=\frac{\dot{U}_o}{R_c}+\dot{I}_c \tag{2.3.20}$$

其中

$$\dot{I}_c=\frac{\dot{U}_o-\dot{U}_e}{r_{ce}}+\beta\dot{I}_b \tag{2.3.21}$$

因为

$$\dot{U}_i=0$$

故

$$\dot{I}_b=-\frac{\dot{U}_e}{r_{be}} \tag{2.3.22}$$

则

$$\dot{I}_c=\frac{\dot{U}_o}{r_{ce}}-\frac{\dot{U}_e}{r_{ce}}-\frac{\beta\dot{U}_e}{r_{be}}=\frac{\dot{U}_o}{r_{ce}}-\left(\frac{1}{r_{ce}}+\frac{\beta}{r_{be}}\right)\dot{U}_e=\frac{\dot{U}_o}{r_{ce}}-\left(\frac{1}{r_{ce}}+\frac{\beta}{r_{be}}\right)\dot{I}_cR_e'$$

式中

$$R_e'=R_e \mathbin{/\!/} r_{be}$$

整理上式,可得

$$\dot{I}_c = \frac{\dot{U}_o}{r_{ce} + \left(1 + \frac{\beta r_{ce}}{r_{be}}\right) R_e'} \tag{2.3.23}$$

再将此式代入式(2.3.20),即可求得放大电路的输出电阻为

$$R_o = \frac{\dot{U}_o}{\dot{I}_o} = R_c \mathbin{/\!/} \left[r_{ce} + \left(1 + \frac{\beta r_{ce}}{r_{be}}\right) R_e' \right] \tag{2.3.24}$$

上式中,通常$\frac{\beta r_{ce}}{r_{be}} \gg 1$,故可简化为

$$R_o \approx R_c \mathbin{/\!/} \left(r_{ce} + \frac{\beta r_{ce}}{r_{be}} R_e' \right) \tag{2.3.25}$$

如果不接发射极电阻 R_e,但考虑三极管 r_{ce}的作用,则单管共射放大电路的输出电阻为

$$R_o \approx R_c \mathbin{/\!/} r_{ce} \tag{2.3.26}$$

对比式(2.3.25)和式(2.3.26),可知接入 R_e 后,图 2.3.12(a)放大电路输出等效电阻相应提高了。

【图 2.3.5】 *在图 2.3.12(a)所示的放大电路中,设 $R_c = R_L = 3\text{k}\Omega$,$R_e = 820\Omega$,$R_b = 240\text{k}\Omega$,$V_{CC} = 12\text{V}$,三极管的 $\beta = 50$,试估算放大电路的静态工作点以及 $\dot{A}_u$、R_i 和 R_o。*

解: 为了估算静态工作点,先画出放大电路的直流通路,如图 2.3.14 所示。根据直流通路的基极回路可得

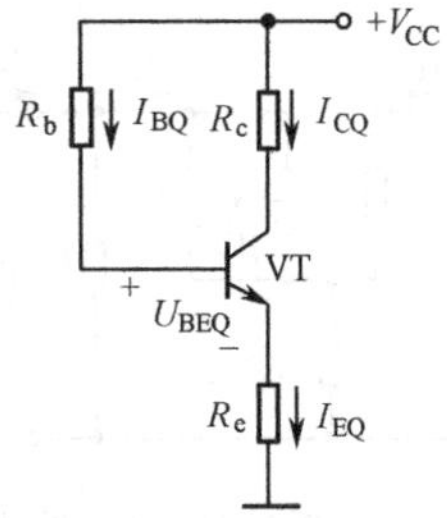

$$I_{BQ}R_b + U_{BEQ} + I_{EQ}R_e = V_{CC}$$

则

$$I_{BQ} = \frac{V_{CC} - U_{BEQ}}{R_b + (1+\beta)R_e} = \frac{12 - 0.7}{240 + 51 \times 0.82} = 0.04(\text{mA})$$

$$I_{CQ} = \beta I_{BQ} = 50 \times 0.04 = 2(\text{mA}) \approx I_{EQ}$$

$$r_{be} = r_{bb'} + (1+\beta)\frac{26}{I_{EQ}} = 300 + \frac{51 \times 26}{2} = 963(\Omega)$$

图 2.3.14 图 2.3.12(a)电路的直流通路

由此可求得电压放大倍数为

$$\dot{A}_u = -\frac{\beta R_L'}{r_{be} + (1+\beta)R_e} = -\frac{50 \times \frac{3\times 3}{3+3}}{0.96 + 51 \times 0.82} = -1.75$$

输入电阻为

$$R_i = R_b \mathbin{/\!/} [r_{be} + (1+\beta)R_e] = \frac{240 \times (0.96 + 51 \times 0.82)}{240 + (0.96 + 51 \times 0.82)} = 36.3(\text{k}\Omega)$$

若不考虑三极管的 r_{ce},则输出电阻为

$$R_o = R_c = 3\text{k}\Omega$$

在这一小节中,主要介绍了两种分析放大电路的方法,现将它们各自的特点及应用范围简要地做一比较。

(1) 图解法

图解法既能分析放大电路的静态工作情况,也能分析电路的动态工作情况。它的主要优点是直观、形象。利用作图可以清楚地看出静态工作点的设置是否合适,电路参数改变对静态工作点的影响,输出幅度的大小,以及是否产生非线性失真等。图解法尤其适合于分析具有特殊输入、输出特性的管子以及工作在大信号状态下的放大电路。

图解法的缺点是,首先,为了得到准确的结果,特性曲线必须是所用管子的实际特性。由

于管子参数的离散性，从手册上查得的特性曲线与实际管子的特性之间常有较大的差别。其次，作图的过程比较麻烦，容易带来作图误差。此外，对于较为复杂的电路，不便直接由图解法求得电压放大倍数。最后，当信号频率较高时，特性曲线已经不能正确代表管子的性能，因此图解法也就不适用了。

(2) 微变等效电路法

这种方法适用于任何简单或复杂的电路，只要其中的放大器件基本上工作在线性范围。由于将非线性的三极管转化成为我们熟悉的线性电路，分析过程无需作图，因此比较简单方便。另外，虽然微变等效电路是在小信号的前提下引出的，但是对于实际的放大电路，即使信号较大，但只要非线性程度不严重或对计算精度要求不高，仍可使用微变等效电路法进行分析。

微变等效电路法的局限性是，只能解决交流分量的计算问题，不能用来确定静态工作点，也不能用以分析非线性失真及最大输出幅度等问题。

在解决放大电路的具体问题时，两种方法可以结合起来使用，这样常常使分析过程更为简便。

2.4　静态工作点的稳定问题

放大电路的多项重要技术指标均与静态工作点的位置密切相关。如果静态工作点不稳定，则放大电路的某些性能也将发生变动。因此，如何使静态工作点保持稳定，是一个十分重要的问题。

2.4.1　温度对静态工作点的影响

有时，一些电子设备在常温下能够正常工作，但当温度升高时，性能就可能不稳定，甚至不能正常工作。产生这种现象的主要原因，是电子器件的参数受温度影响而发生变化。

在 1.3.3 节中已经介绍过三极管是一种对温度十分敏感的器件。温度变化使 U_T、I_{CBO}、I_{CEO}和 β 发生变化。

温度升高对三极管各种参数的影响，最终将导致集电极电流 I_C 增大，使输出特性曲线上移，且间隔拉大。例如，20℃时三极管的输出特性如图 2.4.1 中实线所示，而当温度上升至 50℃时，输出特性可能变为如图中的虚线所示。静态工作点将由 Q 点上移至 Q′点。由图可见，该放大电路在常温下能够正常工作，但当温度升高时，静态工作点移近饱和区，使输出波形产生严重的饱和失真。

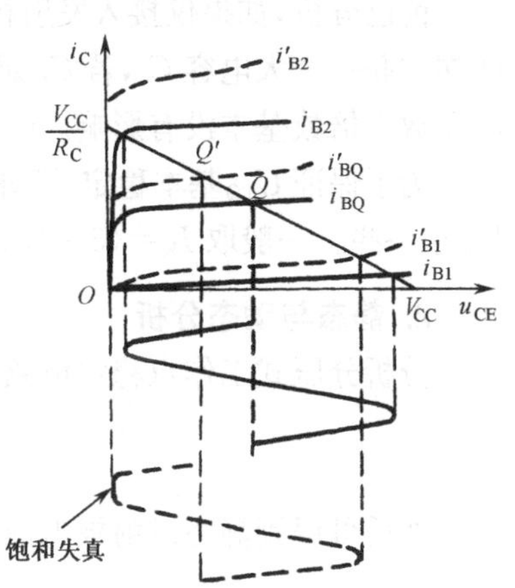

图 2.4.1　温度对 Q 点和输出波形的影响

实线：20℃时的特性曲线；
虚线：50℃时的特性曲线。

2.4.2　静态工作点稳定电路

通过上面的分析可以看到，引起工作点波动的外因是环境温度的变化，内因则是三极管本身所具有的温度特性，所以要解决这个问题，也不外乎从以上两方面来想办法。

从外因来解决，就是要保持放大电路的工作温度恒定。例如，将放大电路置于恒温槽中。可以想象，这种办法要付出的代价是很高的。不过，在一些有特殊要求的场合，也可采用。在本节,主要介绍如何从放大电路本身想办法,在允许温度变化的前提下,尽量保持静态工作点稳定。

1. 电路组成

图2.4.2给出了最常用的静态工作点稳定电路。不难发现,此电路与前面介绍的单管共射放大电路的差别,在于发射极接有电阻 R_e 和电容 C_e,另外,直流电源 V_{CC} 经电阻 R_{b1}、R_{b2} 分压后接到三极管的基极,所以通常称为**分压式工作点稳定电路**。

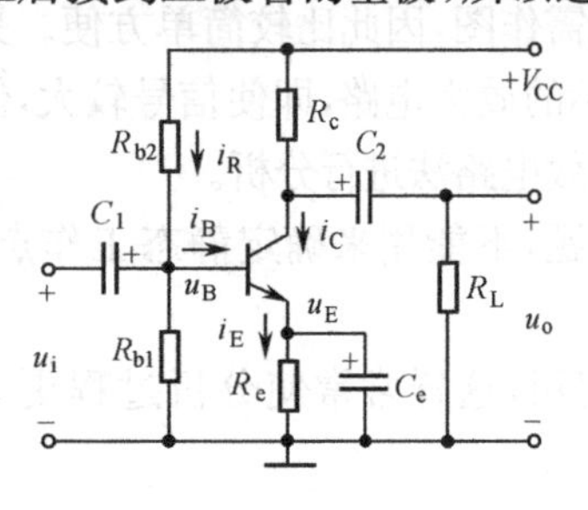

图2.4.2 分压式工作点稳定电路

在图2.4.2所示的电路中,若 $I_{BQ} \ll I_R$,三极管的静态基极电位 U_{BQ} 由 V_{CC} 经电阻分压后得到,故可认为其不受温度变化的影响,基本上是稳定的。当集电极电流 I_{CQ} 随温度的升高而增大时,发射极电流 I_{EQ} 也将相应地增大,此 I_{EQ} 流过 R_e 使发射极电位 U_{EQ} 升高,则三极管的发射结电压 $U_{BEQ}=U_{BQ}-U_{EQ}$ 将降低,从而使静态基极电流 I_{BQ} 减小,于是 I_{CQ} 也随之减小,结果使静态工作点基本保持稳定。

可见,本电路是通过发射极电流的负反馈作用牵制集电极电流的变化,使 Q 点保持稳定,所以图2.4.2所示的电路也称为**电流负反馈式工作点稳定电路**。

显然,R_e 越大,同样的 I_{EQ} 变化量所产生的 U_{EQ} 的变化量也越大,则电路的温度稳定性越好。但是,R_e 增大以后,U_{EQ} 值也随之增大,此时,为了得到同样的输出电压幅度,必须增大 V_{CC} 值。

前已分析,如果仅接入发射极电阻 R_e,则电压放大倍数将大大降低。在本电路中,在 R_e 两端并联一个大电容 C_e,若 C_e 足够大,则 R_e 两端的交流压降可忽略,此时 R_e 和 C_e 的接入对电压放大倍数基本没有影响。C_e 称为旁路电容。

为了保证 U_{BQ} 基本稳定,要求流过分压电阻的电流 I_R 比 I_{BQ} 大得多,为此希望电阻 R_{b1}、R_{b2} 小一些。一般取 $I_R=(5\sim10)I_{BQ}$,且 $U_{BQ}=(5\sim10)U_{BEQ}$。

2. 静态与动态分析

分析分压式工作点稳定电路的静态工作点时,可先从估算 U_{BQ} 入手。由于 $I_R \gg I_{BQ}$,可得

$$U_{BQ} \approx \frac{R_{b1}}{R_{b1}+R_{b2}}V_{CC} \tag{2.4.1}$$

然后可得到静态发射极电流为

$$I_{EQ}=\frac{U_{EQ}}{R_e}=\frac{U_{BQ}-U_{BEQ}}{R_e} \tag{2.4.2}$$

可认为静态集电极电流与发射极电流近似相等,即

$$I_{CQ} \approx I_{EQ}=\frac{U_{BQ}-U_{BEQ}}{R_e} \tag{2.4.3}$$

则三极管 c、e 之间的静态电压为

$$U_{CEQ}=V_{CC}-I_{CQ}R_c-I_{EQ}R_e \approx V_{CC}-I_{CQ}(R_c+R_e) \tag{2.4.4}$$

最后可得到静态基流为

$$I_{BQ} \approx \frac{I_{CQ}}{\beta} \tag{2.4.5}$$

当旁路电容 C_e 足够大时,在分压式工作点稳定电路的交流通路中可视为短路。此时这种工作点稳定电路实际上也是一个共射放大电路,故可利用图解法或微变等效电路法来分析其

动态工作情况。经过分析可知，分压式工作点稳定电路的电压放大倍数与单管共射放大电路相同，即

$$\dot{A}_u = -\frac{\beta R_L'}{r_{be}} \tag{2.4.6}$$

式中

$$R_L' = R_c \,//\, R_L$$

电路的输入电阻为

$$R_i = r_{be} \,//\, R_{b1} \,//\, R_{b2} \tag{2.4.7}$$

输出电阻为

$$R_o \approx R_c \tag{2.4.8}$$

【例 2.4.1】 在图 2.4.2 所示的分压式工作点稳定电路中，已知 $R_{b1}=2.5\text{k}\Omega$，$R_{b2}=7.5\text{k}\Omega$，$R_c=2\text{k}\Omega$，$R_L=2\text{k}\Omega$，$R_e=1\text{k}\Omega$，$V_{CC}=12\text{V}$，三极管的 $\beta=30$。

① 试估算放大电路的静态工作点以及电压放大倍数 $\dot{A}_u$、输入电阻 R_i 和输出电阻 R_o。

② 如果信号源内阻 $R_S=10\text{k}\Omega$，则此时的电压放大倍数 $\dot{A}_{us}=?$

③ 如果换上 $\beta=60$ 的三极管，电路其他参数不变，则静态工作点有何变化？

解： ① 由式(2.4.1)、式(2.4.2)、式(2.4.3)、式(2.4.4)和式(2.4.5)可得

$$U_{BQ} \approx \frac{R_{b1}}{R_{b1}+R_{b2}} V_{CC} = \frac{2.5}{2.5+7.5} \times 12 = 3(\text{V})$$

$$I_{EQ} = \frac{U_{BQ}-U_{BEQ}}{R_e} = \frac{3-0.7}{1} = 2.3(\text{mA})$$

$$I_{CQ} \approx I_{EQ} = 2.3(\text{mA})$$

$$U_{CEQ} \approx V_{CC} - I_{CQ}(R_c+R_e) = [12-2.3\times(2+1)] = 5.1(\text{V})$$

$$I_{BQ} \approx \frac{I_{CQ}}{\beta} = \frac{2.3}{30} = 0.077(\text{mA}) = 77(\mu\text{A})$$

为了求得 $\dot{A}_u$，需先估算 r_{be}，由式(2.3.12)可得

$$r_{be} = r_{bb'} + (1+\beta)\frac{26}{I_{EQ}} = 300 + \frac{31\times 26}{2.3} = 650(\Omega)$$

而

$$R_L' = R_C \,//\, R_L = \frac{2\times 2}{2+2} = 1(\text{k}\Omega)$$

所以

$$\dot{A}_u = -\frac{\beta R_L'}{r_{be}} = -\frac{30\times 1}{0.65} = -46.2$$

$$R_i = r_{be} \,//\, R_{b1} \,//\, R_{b2} = \frac{1}{\dfrac{1}{0.65}+\dfrac{1}{2.5}+\dfrac{1}{7.5}} = 0.483(\text{k}\Omega) = 483(\Omega)$$

$$R_o \approx R_C = 2(\text{k}\Omega)$$

② 如考虑信号源内阻 R_S，则电压放大倍数

$$\dot{A}_{uS} = \frac{R_i}{R_i+R_S}\dot{A}_u = \frac{0.483}{10+0.483}\times(-46.2) = -2.13$$

可见，当 $R_S \gg R_i$ 时，电压放大倍数将下降很多。

③ 若换上 $\beta=60$ 的三极管，则根据以上估算过程可知，U_{BQ}、I_{EQ}、I_{CQ} 和 U_{CEQ} 的值均基本保持不变，即仍为

$$U_{BQ} \approx 3\text{V}$$

$$I_{CQ} \approx I_{EQ} = 2.3\text{mA}$$

$$U_{CEQ} \approx 5.1\text{V}$$

2.5 单管共集电极电路和共基极放大电路

在以上几节中,都是以共射接法的单管放大电路作为例子来讨论放大电路的基本原理。然而,根据输入信号与输出信号公共端的不同,放大电路有三种基本的接法,或称三种基本的组态,这就是共射组态、共集组态和共基组态。对于共射组态,前面已做了比较详尽的分析,本节只介绍共集和共基接法的放大电路,然后对三种基本组态的特点和应用进行分析和比较。

2.5.1 单管共集电极放大电路

图 2.5.1(a)是一个共集组态的单管放大电路,由图 2.5.1(b)的等效电路可以看出,输入信号与输出信号的公共端是三极管的集电极,所以属于共集组态。又由于输出信号从发射极引出,因此这种电路也称为**射极输出器**。

下面对共集电极放大电路进行静态和动态分析。

(1) 静态工作点

根据图 2.5.1(a)电路的基极回路可求得静态基极电流为

$$I_{BQ}=\frac{V_{CC}-U_{BEQ}}{R_b+(1+\beta)R_e} \tag{2.5.1}$$

则

$$I_{CQ}\approx\beta I_{BQ} \tag{2.5.2}$$

$$U_{CEQ}=V_{CC}-I_{EQ}R_e\approx V_{CC}-I_{CQ}R_e \tag{2.5.3}$$

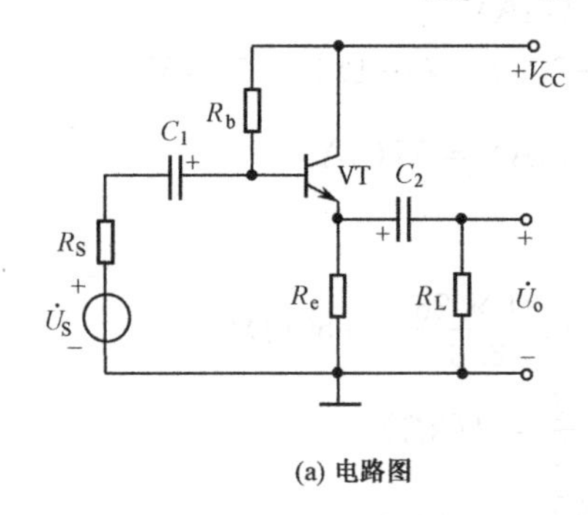

(a) 电路图

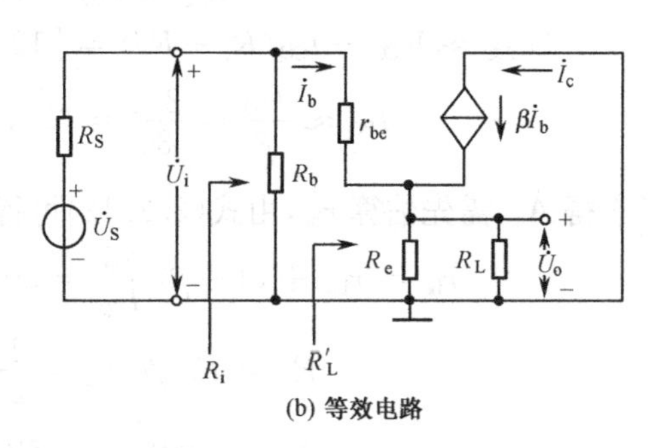

(b) 等效电路

图 2.5.1 共集电极放大电路

(2) 电压放大倍数 $\dot{A}_u$

由图 2.5.1(b)可得

$$\dot{U}_i=\dot{I}_b r_{be}+(\dot{I}_b+\beta\dot{I}_b)R'_L=\dot{I}_b[r_{be}+(1+\beta)R'_L]$$

其中

$$R'_L=R_e\,/\!/\,R_L$$

$$\dot{U}_o=(\dot{I}_b+\beta\dot{I}_b)R'_L=\dot{I}_b(1+\beta)R'_L$$

所以

$$\dot{A}_u=\frac{\dot{U}_o}{\dot{U}_i}=\frac{(1+\beta)R'_L}{r_{be}+(1+\beta)R'_L} \tag{2.5.4}$$

一般情况下$(1+\beta)R'_L\gg r_{be}$,故射极输出器电压放大倍数$|\dot{A}_u|$接近于1,而略小于1。

(3) 输入电阻 R_i

由图 2.5.1(b)可得

$$R_i=R_b\,/\!/\,R'_i \tag{2.5.5}$$

而
$$R_i' = \frac{\dot{U}_i}{\dot{I}_b} = r_{be} + (1+\beta)R_L'$$

由此可见,与共射极基本放大电路比较,射极输出器输入电阻 R_i' 是比较高的,它比共射基本放大电路的输入电阻大几十倍到几百倍。

(4) 输出电阻 R_o

计算输出电阻 R_o 的电路如图 2.5.2 所示。三极管的 r_{ce} 并联在 c、e 两端,成为输出电阻的一部分,由于 r_{ce} 很大,可视为开路,用虚线与电路相连。在图 2.5.2 中,已将信号源短路,但保留 R_S。在输出端去掉负载电阻 R_L,并接一个电压源 $\dot{U}_o$,下面利用输出端外加独立电源法求输出电阻 R_o。

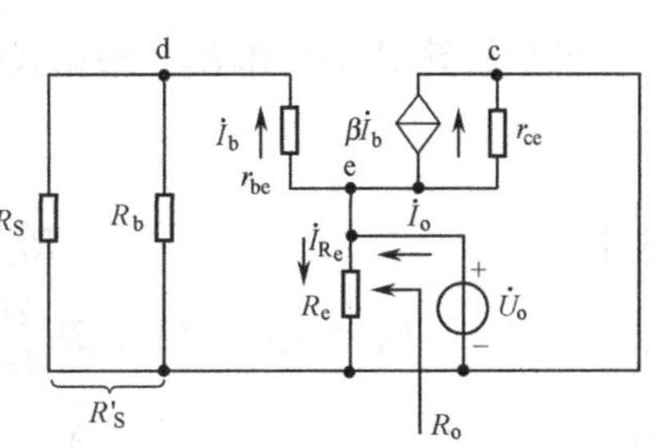

图 2.5.2　求单管共集电极电路的输出电阻的等效电路

由图已知

$$\dot{I}_o = \dot{I}_b + \beta\dot{I}_b + \dot{I}_{R_e} = (1+\beta)\dot{I}_b + \dot{I}_{R_e} = (1+\beta)\frac{\dot{U}_o}{r_{be}+R_S'} + \frac{\dot{U}_o}{R_e}$$

其中
$$R_S' = R_S // R_b$$

于是
$$G_o = \frac{\dot{I}_o}{\dot{U}_o} = \frac{1}{R_e} + \frac{1+\beta}{r_{be}+R_S'} = \frac{1}{R_e} + \frac{1}{\dfrac{r_{be}+R_S'}{1+\beta}}$$

所以
$$R_o = \frac{1}{G_o} = R_e // \frac{r_{be}+R_S'}{1+\beta} \tag{2.5.6}$$

式(2.5.6)说明,输出电阻 R_o 为发射极电阻 R_e 与电阻 $\frac{r_{be}+R_S'}{1+\beta}$ 并联组成的。后一部分是基极回路电阻折合到发射极回路的等效电阻,通常 $R_e \gg \frac{R_S'+r_{be}}{1+\beta}$。

又因 $\beta \gg 1$,于是

$$R_o \approx \frac{r_{be}+R_S'}{\beta} \tag{2.5.7}$$

综上所述,射极输出器具有如下特点:

① 电压放大倍数小于 1 而接近于 1,输出电压与输入电压极性相同;

② 输入阻抗高,可减小放大器对信号源(或前级)索取的信号电流;

③ 输出阻抗低,带负载能力强;

④ 虽无电压放大,但有电流放大作用,即有功率放大作用;

⑤ 输出与输入隔离作用好。

由于它具有这样的优点,致使射极输出器获得了广泛的应用。

【例 2.5.1】 在图 2.5.1(a)所示的共集电极放大电路中,设 $V_{CC}=10V$,$R_e=5.6k\Omega$,$R_b=240k\Omega$,三极管的 $\beta=40$,信号源内阻 $R_S=10k\Omega$,负载电阻 R_L 开路。试估算静态工作点,并计算其电压放大倍数和输入、输出电阻。

解: 首先估算 Q 点。由式(2.5.1)、式(2.5.2)、式(2.5.3)可得

$$I_{BQ} = \frac{V_{CC}-U_{BEQ}}{R_b+(1+\beta)R_e} = \frac{10-0.7}{240+41\times5.6} \approx 0.02(mA)$$

$$I_{CQ} \approx \beta I_{BQ} = (40 \times 0.02) = 0.8(\text{mA})$$
$$U_{CEQ} \approx V_{CC} - I_{CQ}R_e = (10 - 0.8 \times 5.6) = 5.52(\text{V})$$

然后计算 $\dot{A}_u$、R_i 和 R_o。根据式(2.5.4)可知

$$\dot{A}_u = \frac{(1+\beta)R'_L}{r_{be} + (1+\beta)R'_L}$$

式中
$$R'_L = R_e \mathbin{/\mkern-6mu/} R_L = 5.6(\text{k}\Omega)$$

$$r_{be} = r_{bb'} + (1+\beta)\frac{26}{I_{EQ}} = 300 + \frac{41 \times 26}{0.8} = 1633(\Omega) \approx 1.6(\text{k}\Omega)$$

则
$$\dot{A}_u = \frac{41 \times 5.6}{1.6 + 41 \times 5.6} = 0.993$$

由式(2.5.5)可求得

$$R_i = [r_{be} + (1+\beta)R'_L] \mathbin{/\mkern-6mu/} R_b = [1.6 + (1+40) \times 5.6] \mathbin{/\mkern-6mu/} 240 = 117.8(\text{k}\Omega)$$

由式(2.5.6),可求得

$$R_o = \frac{r_{be} + R'_S}{1+\beta} \mathbin{/\mkern-6mu/} R_e$$

其中
$$R'_S = R_S \mathbin{/\mkern-6mu/} R_b = \frac{10 \times 240}{10 + 240} = 9.6(\text{k}\Omega)$$

则
$$\frac{r_{be} + R'_S}{1+\beta} = \frac{1.6 + 9.6}{41} = 0.273(\text{k}\Omega)$$

所以
$$R_o = \frac{0.273 \times 5.6}{0.273 + 5.6} = 0.26(\text{k}\Omega) = 260(\Omega)$$

2.5.2 单管共基极放大电路

图2.5.3(a)表示单管共基极放大电路原理图。R_c 为集电极电阻,R_{b1}、R_{b2} 是基极偏置电阻,用来保证三极管 VT 有合适的静态工作点。C_b 为基极旁路电容,C_1、C_2 为耦合电容。图2.5.3(b)为直流通路,图2.5.3(c)为交流通路,图2.5.3(d)为等效电路。从交流通路可知,基极 b 是输入和输出回路公共端,故图2.5.3(a)称为共基极电路。

(1) 静态工作点

由图2.5.3(b)可见,该电路的直流通路与2.4节所介绍的分压式工作点稳定电路的直流通路是一样的,因此求静态值的方法同前,这里不妨重写一下,即

$$U_{BQ} \approx \frac{R_{b1}}{R_{b1} + R_{b2}} V_{CC} \tag{2.5.8}$$

$$I_{EQ} = \frac{U_{EQ}}{R_e} = \frac{U_{BQ} - U_{BEQ}}{R_e} \tag{2.5.9}$$

$$I_{CQ} \approx I_{EQ} = \frac{U_{BQ} - U_{BEQ}}{R_e} \tag{2.5.10}$$

$$U_{CEQ} = V_{CC} - I_{CQ}R_c - I_{EQ}R_e \approx V_{CC} - I_{CQ}(R_c + R_e) \tag{2.5.11}$$

$$I_{BQ} \approx I_{CQ}/\beta \tag{2.5.12}$$

(2) 电流放大倍数 $\dot{A}_i$

由共基微变等效电路图2.5.3(d)可得

$$\dot{I}_i = -\dot{I}_e - \dot{I}_{R_e}$$
$$\dot{I}_o = \dot{I}_c$$

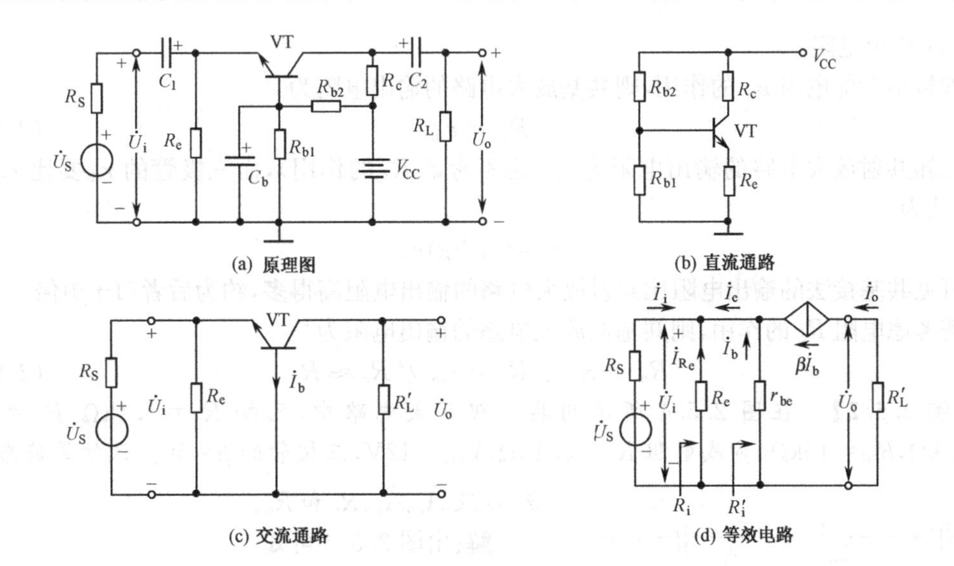

图 2.5.3　共基极电路

于是
$$\dot{A}_i = \dot{I}_o / \dot{I}_i = -\frac{\dot{I}_c}{\dot{I}_e + \dot{I}_{R_e}} \tag{2.5.13}$$

如不考虑 $\dot{I}_{R_e}$ 的分流作用,则

$$\dot{A}_i = -\frac{\dot{I}_c}{\dot{I}_e} = -\alpha \tag{2.5.14}$$

(3) 电压放大倍数 $\dot{A}_u$

由图 2.5.3(d)可得

$$\dot{U}_i = -\dot{I}_b r_{be}$$

$$\dot{U}_o = -\beta \dot{I}_b R'_L$$

其中
$$R'_L = R_c \,//\, R_L$$

于是
$$\dot{A}_u = \frac{\dot{U}_o}{\dot{U}_i} = \frac{-\beta \dot{I}_b R'_L}{-\dot{I}_b r_{be}} = \frac{\beta R'_L}{r_{be}} \tag{2.5.15}$$

由式(2.5.14)和式(2.5.15)可知,共基极放大电路虽然没有电流放大作用,但是具有电压放大作用。其电压放大倍数与共射电路的电压放大倍数在数值上相等,但是没有负号,表示共基极放大电路的输出电压与输入电压相位一致,即没有倒相作用。

(4) 输入电阻

由图 2.5.3(d)可得

$$R'_i = \frac{\dot{U}_i}{-\dot{I}_e} = \frac{-\dot{I}_b r_{be}}{-(1+\beta)\dot{I}_b} = \frac{r_{be}}{1+\beta} \tag{2.5.16}$$

$$R_i = R_e \,//\, R'_i = R_e \,//\, \left(\frac{r_{be}}{1+\beta}\right) \tag{2.5.17}$$

说明共基接法的输入电阻比共射接法低,不考虑 R_e 的并联作用时,是共射接法的$\frac{1}{1+\beta}$;考虑 R_e 的并联作用时,更低一些。

(5) 输出电阻

如暂不考虑电阻 R_c 的作用,则共基放大电路的输出电阻为

$$R_o' = r_{cb} \tag{2.5.18}$$

已知共射放大电路的输出电阻为 r_{ce}(也不考虑 R_c 的作用),而三极管的 r_{cb} 要比 r_{ce} 大得多,可认为

$$r_{cb} \approx (1+\beta) r_{ce}$$

可见共基接法的输出电阻比共射放大电路的输出电阻高得多,约为后者 $(1+\beta)$ 倍。

若考虑电阻 R_c 的作用,则共基极放大电路的输出电阻为

$$R_o = R_o' \mathbin{//} R_c = r_{cb} \mathbin{//} R_c \approx R_c \tag{2.5.19}$$

【例 2.5.2】 在图 2.5.4 所示的共基极放大电路中,已知 $R_c = 5.1\text{k}\Omega$, $R_e = 2\text{k}\Omega$, $R_{b1} = 3\text{k}\Omega$, $R_{b2} = 10\text{k}\Omega$,负载电阻 $R_L = 5.1\text{k}\Omega$, $V_{CC} = 12\text{V}$,三极管的 $\beta = 50$。试估算静态工作点,以及 $\dot{A}_i$、$\dot{A}_u$、R_i 和 R_o。

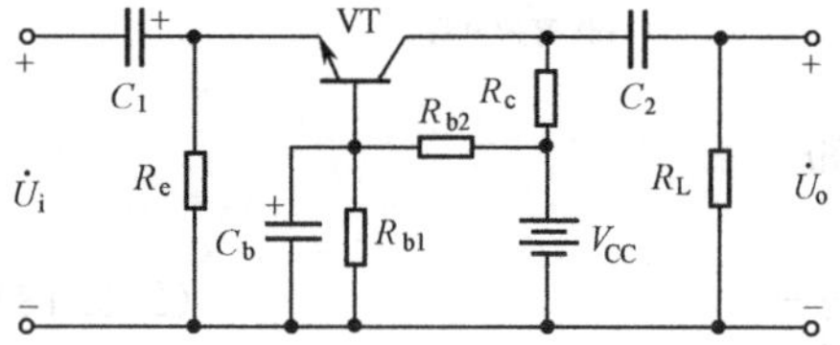

图 2.5.4 例 2.5.2 电路图

解: 由图 2.5.4 可知

$$I_{EQ} = \frac{1}{R_e}\left(\frac{R_{b1}}{R_{b1}+R_{b2}}V_{CC} - U_{BEQ}\right)$$

$$= \frac{1}{2}\left(\frac{3}{3+10}\times 12 - 0.7\right) = 1.03(\text{mA}) \approx I_{CQ}$$

$$I_{BQ} = \frac{I_{EQ}}{1+\beta} = \frac{1.03}{51} \approx 0.02(\text{mA}) = 20(\mu\text{A})$$

$$U_{CEQ} \approx V_{CC} - I_{CQ}(R_c + R_e) = 12 - 1.03 \times (5.1 + 2) = 4.7(\text{V})$$

然后估算电流放大倍数、电压放大倍数和输入、输出电阻。

$$\dot{A}_i = -\alpha = -\frac{\beta}{1+\beta} = -\frac{50}{51} = -0.98$$

为了计算 $\dot{A}_u$,首先求出 R_L' 和 r_{be},其中

$$R_L' = R_c \mathbin{//} R_L = \frac{5.1 \times 5.1}{5.1 + 5.1} = 2.55(\text{k}\Omega)$$

$$r_{be} = r_{bb'} + (1+\beta)\frac{26}{I_{EQ}} = 300 + \frac{51 \times 26}{1.03} = 1587(\Omega) \approx 1.6(\text{k}\Omega)$$

则

$$\dot{A}_u = \frac{\beta R'_L}{r_{be}} = \frac{50 \times 2.55}{1.6} = 79.7$$

$$R_i = \frac{r_{be}}{1+\beta} \mathbin{//} R_e = \frac{\dfrac{1.6}{1+50}\times 2}{\dfrac{1.6}{1+50}+2} = 0.03(\text{k}\Omega) = 30(\Omega)$$

$$R_o \approx R_c = 5.1(\text{k}\Omega)$$

2.5.3 三种基本组态的比较

根据前面的分析,现对共射、共集和共基三种基本组态的性能特点进行比较,并列于表 2.5.1中。

上述三种接法的主要特点和应用,可以大致归纳如下:

① 共射电路同时具有较大的电压放大倍数和电流放大倍数,输入电阻和输出电阻值比较适中,所以,一般只要对输入电阻、输出电阻和频率响应没有特殊要求的地方,均常采用。因

此，共射电路被广泛地用做低频电压放大电路的输入级、中间级和输出级。

② 共集电路的特点是电压跟随，这就是电压放大倍数接近于 1 或小于 1，而且输入电阻很高、输出电阻很低，由于具有这些特点，常被用做多级放大电路的输入级、输出级或作为隔离用的中间级。

首先，可以利用它作为测量放大器的输入级，以减小对被测电路的影响，提高测量的精度。

其次，如果放大电路输出端是一个变化的负载，那么为了在负载变化时保证放大电路的输出电压比较稳定，要求放大电路具有很低的输出电阻，此时，可以采用射极输出器作为放大电路的输出级。

③ 共基电路的突出特点在于它具有很低的输入电阻，使晶体管结电容的影响不显著，因而频率响应得到很大改善，所以这种接法常常用于宽频带放大器中。特别用于接收机的高频头作为前置放大。另外，由于输出电阻高，共基电路还可以作为恒流源。

表 2.5.1　放大电路三种基本组态的比较

组态 性能	共射组态	共集组态	共基组态
电路	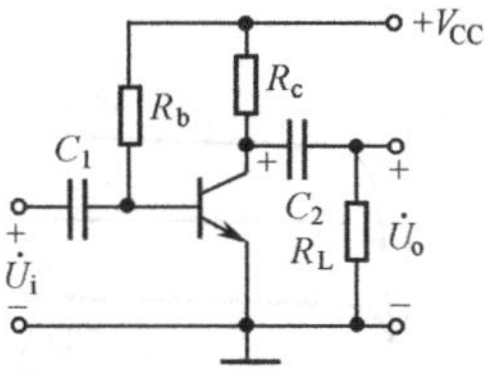	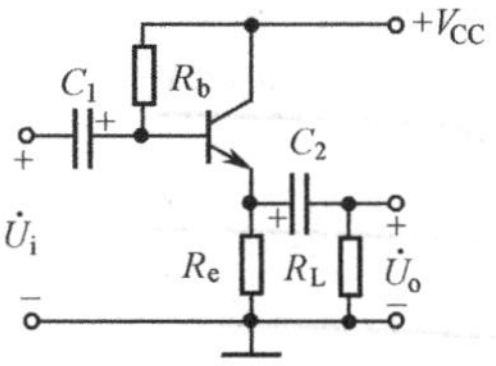	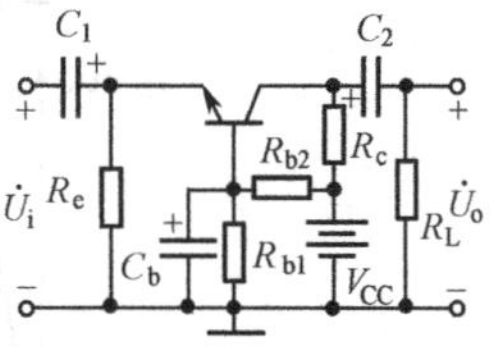
$\dot{A}_i$	大 (几十到一百以上) β	大 (几十到一百以上) $-(1+\beta)$	小 (小于、近于 1) $-\alpha$
$\dot{A}_u$	大 (几十到一百以上) $-\dfrac{\beta R'_L}{r_{be}}$	小 (小于、近于 1) $\dfrac{(1+\beta)R'_L}{r_{be}+(1+\beta)R'_L}$	大 $\dfrac{\beta R'_L}{r_{be}}$ (数值同共射电路，但同相)
R_i	中 (几百欧到几千欧) r_{be}	大 (几十千欧以上) $R_b//[r_{be}+(1+\beta)R'_L]$	小 (几欧到几十欧) $\left(\dfrac{r_{be}}{1+\beta}\right)//R_e$
R_o	中 (几十千欧到几百千欧) r_{ce} (不考虑 R_c 的作用)	小 (几欧到几十欧) $\dfrac{r_{be}+R'_S}{1+\beta}$	大 (几百千欧到几兆欧) $(1+\beta)r_{ce}$ (不考虑 R_c 的作用)
频率响应	差	较好	好

2.6 场效应管放大电路

2.6.1 场效应管的特点

场效应管与双极型三极管一样,也具有放大作用,可以组成各种放大电路。两者相比,场效应管有如下几个特点:

① 一般来说,场效应管是一种电压控制器件,而双极型三极管是一种电流控制器件。场效应管通过栅源电压 u_{GS}来控制漏极电流 i_D,从场效应管的输出特性上可以看出,各条不同输出特性曲线的参变量是 u_{GS}。在恒流区,i_D 的值主要决定于 u_{GS},而基本上与 u_{DS}无关,如图 2.6.1(a)所示,并通过跨导 $g_m=\left.\frac{\Delta i_D}{\Delta u_{GS}}\right|_{u_{DS}=\text{常数}}$来描述场效应管的放大作用。双极型三极管则通过基极电流 i_B 来控制集电极电流 i_C,由双极型三极管的输出特性可见,各条特性曲线的参变量是 i_B,在放大区,i_C 的值主要决定于 i_B,而基本上与 u_{CE}无关,如图 2.6.1(b)所示,常常通过电流放大系数 $\beta=\frac{\Delta i_C}{\Delta i_B}$来描述双极型三极管的放大作用。

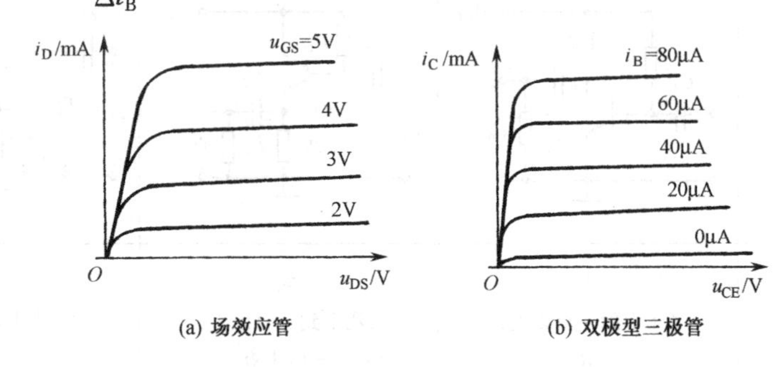

图 2.6.1 场效应管和双极型三极管的输出特性曲线

② 场效应管的栅极几乎不取电流,所以其输入电阻非常高。结型场效应管一般在 $10^7\Omega$ 以上,MOS 场效应管则高达 $10^{10}\Omega$。而双极型三极管的基极和发射极之间处于正向偏置状态,因此 b、e 之间的输入电阻较小,约为几千欧的数量级。

③ 由于场效应管利用一种极性的多数载流子导电(单极型器件),而双极型三极管多子和少子均参与导电,且少子的浓度易受温度的影响。因此,它与双极型三极管相比,具有噪声小、受外界温度及辐射影响小的特点。场效应管不仅温度稳定性较好,而且还有一个特点,就是存在零温度系数工作点。图 2.6.2 示出了同一场效应管在不同温度下的转移特性,几条特性曲线有一个交点,若电路中场效应管的栅极电压选在该点,则当温度改变时 i_D 的值基本不变,所以**将该点称为零温度系数工作点**。

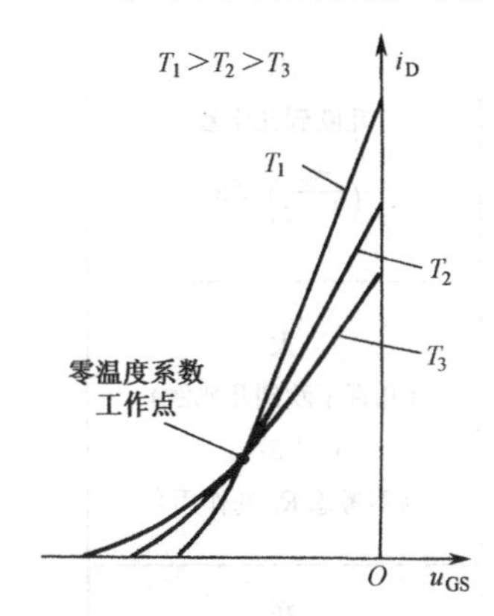

图 2.6.2 场效应管的零温度系数工作点

④ 场效应管的制造工艺简单,有利于大规模集成。特别是 MOS 电路,每个 MOS 场效应管在硅片上所占的面积约为双极型三极管的 5%,因此**集成度更高**。

⑤ 由于 MOS 场效应管的输入电阻很高,使栅极的感应电荷不易释放。而且二氧化硅绝缘层很薄,栅极与衬底间的等效电容

很小,感应产生的少量电荷即可形成很高的电压,可能将二氧化硅绝缘层击穿而损坏管子。所以在使用及保管时需要特别加以注意。存放管子时,应将栅极和源极短接在一起,避免栅极悬空。进行焊接时,烙铁外壳应良好接地,防止因烙铁漏电而将管子击穿。

⑥ **场效应管的跨导较小**,当组成放大电路时,在相同的负载电阻之下,电压放大倍数一般比双极型三极管要低。

2.6.2　共源极放大电路

图 2.6.3 是一个由 N 沟道增强型 MOS 场效应管组成的单管共源极放大电路的原理电路图。为了使场效应管工作在恒流区以实现放大作用,对于 N 沟道增强型 MOS 管来说,应满足以下条件

$$u_{GS} > U_T$$

$$u_{DS} > u_{GS} - U_T$$

其中,U_T 为 N 沟道增强型 MOS 场效应管的开启电压。

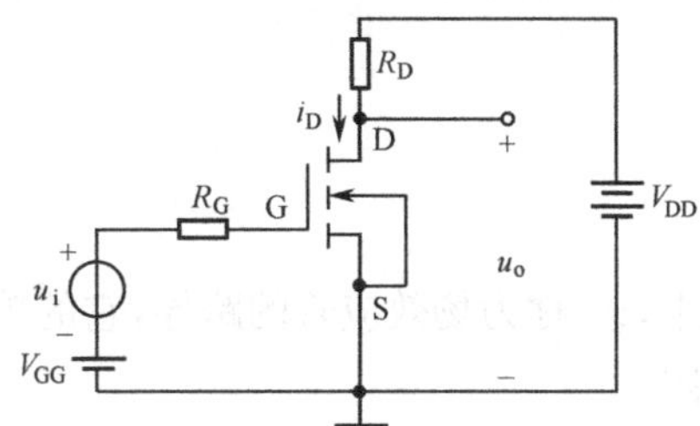

图 2.6.3　共源极放大电路的原理电路

可以利用 2.3.3 节介绍的各种基本分析方法来分析场效应管放大电路。

1. 静态分析

为了分析共源极放大电路的静态工作点,可以利用近似估算法或图解法。

(1) 近似估算法

在图 2.6.3 中,由于 MOS 场效应管的栅极电流为零,因此电阻 R_G 上没有电压降,则当输入电压等于零时

$$U_{GSQ} = V_{GG} \tag{2.6.1}$$

已知 N 沟道增强型 MOS 管的漏极电流 i_D 与栅源电压 u_{GS} 之间近似满足以下关系

$$i_D = I_{DO}\left(\frac{u_{GS}}{U_T} - 1\right)^2 \quad (\text{当 } u_{GS} > U_T \text{ 时}) \tag{2.6.2}$$

式中,I_{DO} 为 $u_{GS} = 2U_T$ 时的 i_D 值。则静态漏极电流为

$$I_{DQ} = I_{DO}\left(\frac{U_{GSQ}}{U_T} - 1\right)^2 \tag{2.6.3}$$

由图 2.6.3 可得

$$U_{DSQ} = V_{DD} - I_{DQ}R_D \tag{2.6.4}$$

(2) 图解法

为了用图解法确定静态工作点,应先画出直流负载线。由图 2.6.3 电路的漏极回路可列出以下方程

$$u_{DS} = V_{DD} - i_D R_D$$

根据以上方程,在场效应管的输出特性曲线上画出直流负载线,如图 2.6.4 所示。直流负载线与 $u_{GS} = U_{GSQ}$ 的一条输出特性曲线的交点即是静态工作点 Q。由图可得静态时的 I_{DQ} 和 U_{DSQ},如图 2.6.4 所示。

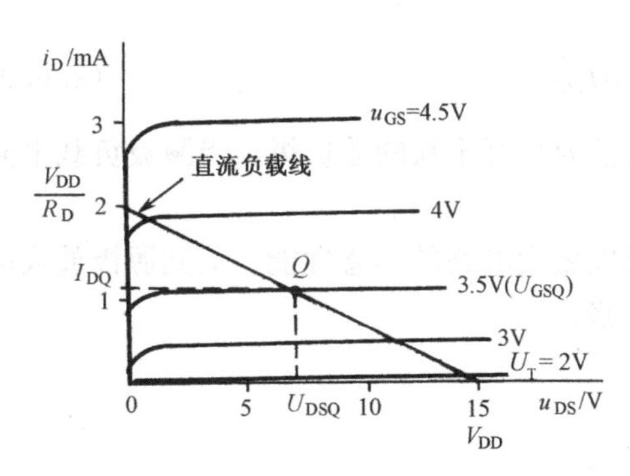

图 2.6.4　用图解法分析共源放大电路的 Q 点

2. 动态分析

同样可以利用微变等效电路法对场效应管放大电路进行动态分析。

首先讨论场效应管的等效电路。由于漏极电流 i_D 是栅源电压 u_{GS} 和漏源电压 u_{DS} 的函数，故可表示为

$$i_D = f(u_{GS}, u_{DS})$$

由此式求 i_D 的全微分，可得

$$di_D = \left.\frac{\partial i_D}{\partial u_{GS}}\right|_{U_{DS}} du_{GS} + \left.\frac{\partial i_D}{\partial u_{DS}}\right|_{U_{GS}} du_{DS} \tag{2.6.5}$$

上式中，定义

$$g_m = \left.\frac{\partial i_D}{\partial u_{GS}}\right|_{U_{DS}} \tag{2.6.6}$$

$$\frac{1}{r_{DS}} = \left.\frac{\partial i_D}{\partial u_{DS}}\right|_{U_{GS}} \tag{2.6.7}$$

式中，g_m 称为场效应管的跨导，它的单位是毫西门子(mS)。r_{DS} 称为场效应管漏源之间的等效电阻。

如果输入正弦波信号，则可用 $\dot{I}_d$、$\dot{U}_{gs}$、和 $\dot{U}_{ds}$ 分别代替式(2.6.5)中的变化量 di_D、du_{GS}、和 du_{DS}，则式(2.6.5)成为

$$\dot{I}_d = g_m\dot{U}_{gs} + \frac{1}{r_{DS}}\dot{U}_{ds} \tag{2.6.8}$$

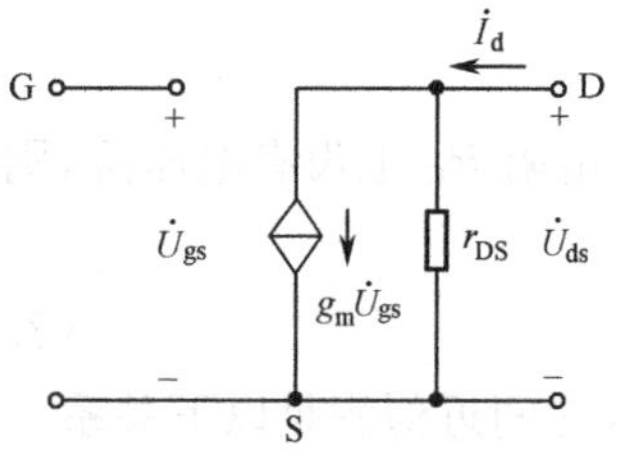

图 2.6.5　场效应管的微变等效电路

根据式(2.6.8)可画出场效应管的微变等效电路，如图 2.6.5 所示。图中栅极与源极之间虽然有一个电压 $\dot{U}_{gs}$，但是没有栅极电流，所以栅极是悬空的。D、S 之间的电流源 $g_m\dot{U}_{gs}$ 也是一个受控源，体现了 $\dot{U}_{gs}$ 对 $\dot{I}_d$ 的控制作用。

等效电路中有两个微变参数：g_m 和 r_{DS}。它们的数值可以根据式(2.6.6)和式(2.6.7)中的定义，在场效应管的特性曲线上通过作图的方法求得。其中 g_m 的数值也可根据式(2.6.2)对 u_{GS} 求导数而得到，即

$$g_m = \frac{di_D}{du_{GS}} = \frac{2I_{DO}}{U_T}\left(\frac{u_{GS}}{U_T} - 1\right) = \frac{2}{U_T}\sqrt{I_{DO}i_D}$$

在 Q 点附近，可用 I_{DQ} 表示上式中的 i_D，则可得

$$g_m \approx \frac{2}{U_T}\sqrt{I_{DO}I_{DQ}} \tag{2.6.9}$$

一般 g_m 的数值约为 0.1～20mS。r_{DS} 的数值通常为几百千欧的数量级。当漏极负载电阻 R_D 比 r_{DS} 小得多时，可认为等效电路中的 r_{DS} 开路。

现在利用微变等效电路法分析图 2.6.3 中共源极放大电路的动态性能。该共源极放大电路的微变等效电路如图 2.6.6 所示，图中已将 r_{DS} 开路。

因栅极电流在 R_G 上的压降为零，由图可得

$$\dot{U}_i = \dot{U}_{gs}$$

而

$$\dot{U}_o = -\dot{I}_d R_D = -g_m\dot{U}_{gs}R_D = -g_m\dot{U}_iR_D$$

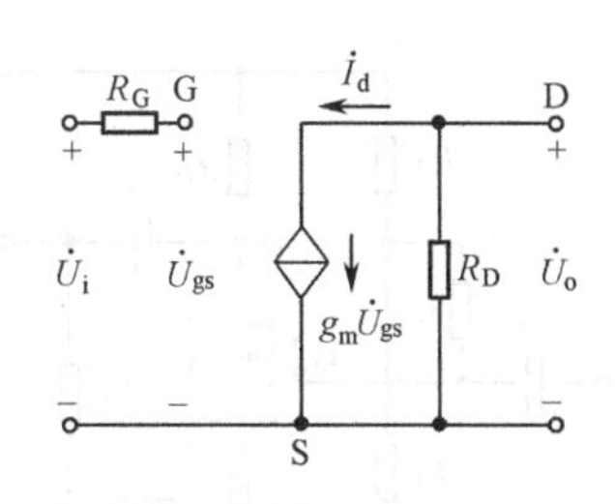

图 2.6.6　共源极放大电路的微变等效电路

所以共源极放大电路的电压放大倍数为

$$\dot{A}_u = \frac{\dot{U}_o}{\dot{U}_i} = -g_m R_D \tag{2.6.10}$$

如认为 r_{DS} 开路，则共源极放大电路的输出电阻为

$$R_o \approx R_D \tag{2.6.11}$$

图 2.6.3 中共源极放大电路的输入电阻近似等于场效应管栅源间的电阻，对 MOS 场效应管，输入电阻高达 $10^9\Omega$ 以上。

【例 2.6.1】　在图 2.6.3 所示的共源极放大电路中，已知 $V_{DD}=15V$，$V_{GG}=3.5V$，$R_D=7.5k\Omega$，$R_G=1M\Omega$，场效应管的特性曲线如图 2.6.4 所示。试估算静态工作点 Q、电压放大倍数 $\dot{A}_u$ 及输出电阻 R_o。

解：首先利用近似估算法求静态工作点 Q。由图 2.6.4 的特性曲线可见，场效应管的开启电压 $U_T=2V$，当 $u_{GS}=2U_T=4V$ 时，$i_D=2mA=I_{DO}$，由式(2.6.1)、式(2.6.3)和式(2.6.4)可得

$$U_{GSQ} = V_{GG} = 3.5(V)$$

$$I_{DQ} = I_{DO}\left(\frac{U_{GSQ}}{U_T}-1\right)^2 = \left[2\times\left(\frac{3.5}{2}-1\right)^2\right] = 1.13(mA)$$

$$U_{DSQ} = V_{DD} - I_{DQ}R_D = (15-1.13\times 7.5) = 6.5(V)$$

然后根据式(2.6.9)估算场效应管的跨导 g_m

$$g_m = \frac{2}{U_T}\sqrt{I_{DO}I_{DQ}} = \left[\frac{2}{2}\sqrt{2\times 1.13}\right] = 1.5(mS)$$

最后可由式(2.6.10)和式(2.6.11)求得 $\dot{A}_u$ 和 R_o 为

$$\dot{A}_u = -g_m R_D = -1.5\times 7.5 \approx -11.3$$

$$R_o \approx R_D = 7.5(k\Omega)$$

2.6.3　分压—自偏压式共源放大电路

图 2.6.7 也是一个共源放大电路。与图 2.6.3 中的原理电路相比，只需一路直流电源 V_{DD}，同时解决了输入电压与输出电压的共地问题，因此比较实用。

静态时，栅极电压由 V_{DD} 经电阻 R_1、R_2 分压后提供，静态漏极电流流过电阻 R_S 产生一个自偏压，场效应管的静态偏置电压 U_{GSQ} 由分压和自偏压的结果共同决定，因此称为分压-自偏压式共源放大电路。引入源极电阻 R_S 也有利于稳定静态工作点，而旁路电容 C_S 必须足够大，以免影响电压放大倍数。接入栅极电阻 R_G 的作用是提高放大电路的输入电阻。

1. 静态分析

(1) 近似估算法

根据图 2.6.7 的输入回路可列出以下第一个方程，再由式(2.6.3)得到第二个方程

$$\begin{cases} U_{GSQ} = \dfrac{R_1}{R_1+R_2}V_{DD} - I_{DQ}R_S \\ I_{DQ} = I_{DO}\left(\dfrac{U_{GSQ}}{U_T}-1\right)^2 \end{cases} \tag{2.6.12}$$

解以上两个联立方程组，即可得到 U_{GSQ} 和 I_{DQ}，然后根据图 2.6.7 的输出回路可求得

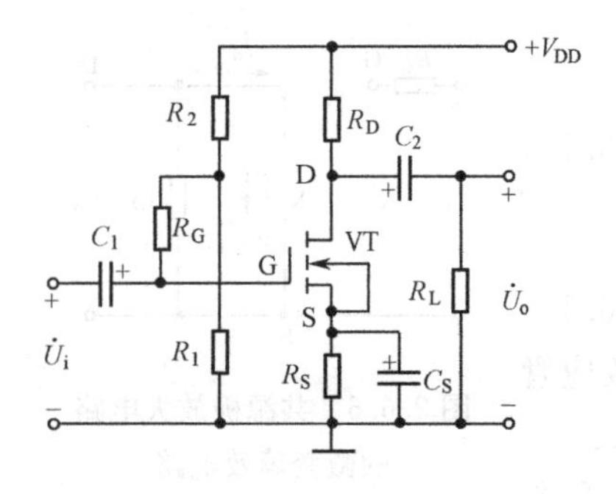

图 2.6.7 分压—自偏压式共源放大电路

$$U_{DSQ} = V_{DD} - I_{DQ}(R_D + R_S) \quad (2.6.13)$$

(2) 图解法

为了分析分压—自偏压式共源放大电路的静态工作点，也可以在场效应管的转移特性和漏极特性上利用作图的方法求解。

由图 2.6.7 的栅极回路可知，静态时 i_D 和 u_{GS} 必须满足以下关系

$$u_{GS} = U_{GQ} - i_D R_S = \frac{R_1}{R_1 + R_2} V_{DD} - i_D R_S$$

以上表达式可用一条直线表示，如图 2.6.8(a)所示。另外，i_D 与 u_{GS} 之间又必须满足转移特性曲线的规律，所以二者的交点即是静态工作点 Q。根据转移特性曲线上 Q 点的位置可求得静态时的 U_{GSQ} 和 I_{DQ} 值，如图 2.6.8(a)所示。

根据图 2.6.7 电路的漏极回路可列出以下方程

$$u_{DS} = V_{DD} - i_D(R_D + R_S)$$

由此可在漏极特性曲线上画出直流负载线，如图 2.6.8(b)所示。直流负载线与 $u_{GS} = U_{GSQ}$ 一条漏极特性曲线的交点确定了漏极特性曲线上 Q 点的位置。由此可找到静态时的 U_{DSQ} 和 I_{DQ} 值。

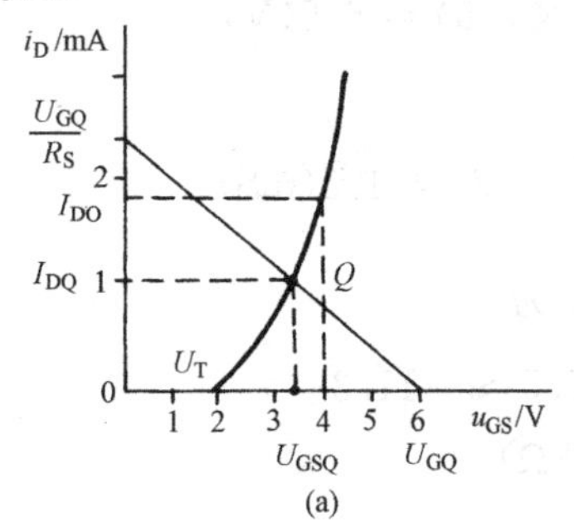

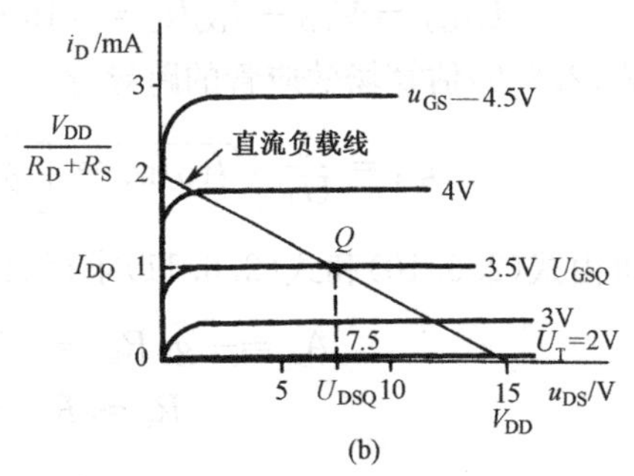

图 2.6.8 用图解法分析图 2.6.7 电路的静态工作点

2. 动态分析

假设图 2.6.7 所示分压—自偏压式共源放大电路中的隔直电容 C_1、C_2 和旁路电容 C_S 均足够大，可画出其微变等效电路，如图 2.6.9 所示。

由图可知

$$\dot{U}_o = -\dot{I}_d R'_D = -g_m \dot{U}_{gs} R'_D$$

式中

$$R'_D = R_D /\!/ R_L$$

则电压放大倍数为

$$\dot{A}_u = \frac{\dot{U}_o}{\dot{U}_i} = -g_m R'_D \quad (2.6.14)$$

输入、输出电阻分别为

$$R_i = R_G + (R_1 /\!/ R_2) \quad (2.6.15)$$

$$R_o = R_D \quad (2.6.16)$$

图 2.6.9 图 2.6.7 电路的微变等效电路

【例 2.6.2】 在图 2.6.7 所示的分压—自偏压式共源放大电路中，设 $V_{DD}=15V$，$R_D=5k\Omega$，$R_S=2.5k\Omega$，$R_1=200k\Omega$，$R_2=300k\Omega$，$R_G=10M\Omega$，负载电阻 $R_L=5k\Omega$，并设电容 C_1、C_2

和 C_S 足够大。已知场效应管的特性曲线如图 2.6.8所示。试用图解法分析静态工作点 Q,并用微变等效电路法估算放大电路的 $\dot{A}_u$、R_i 和 R_o。

解: 根据栅极回路可列出以下表达式

$$u_{GS}=\frac{R_1}{R_1+R_2}V_{DD}-i_DR_S=\left(\frac{200}{200+300}\times 15-2.5i_D\right)=(6-2.5i_D)(\mathrm{V})$$

在转移特性曲线上画出一条直线,此直线与横轴的交点为 $u_{GS}=6\mathrm{V}$,与纵轴的交点为 $i_D=2.4\mathrm{mA}$,如图 2.6.8(a)所示。直线与转移特性曲线的交点即是静态工作点 Q,由图可得 $U_{GSQ}=3.5\mathrm{V}$,$I_{DQ}=1\mathrm{mA}$。

根据漏极回路列出直流负载线方程

$$u_{DS}=V_{DD}-i_D(R_D+R_S)=(15-7.5i_D)\mathrm{V}$$

可画出直流负载线,如图 2.6.8(b)所示。直流负载线与 $u_{GS}=U_{GSQ}=3.5\mathrm{V}$ 时的一条漏极特性曲线的交点为 Q,由图可求得静态时的 $U_{DSQ}=7.5\mathrm{V}$,$I_{DQ}=1\mathrm{mA}$。

由图 2.6.8(b)还可看出,场效应管的开启电压 $U_T=2\mathrm{V}$,当 $u_{GS}=2U_T=4\mathrm{V}$ 时,$i_D=1.8\mathrm{mA}=I_{DO}$,则根据式(2.6.9)可估算出场效应管的跨导为

$$g_m=\frac{2}{U_T}\sqrt{I_{DO}I_{DQ}}=\left(\frac{2}{2}\sqrt{1.8\times 1}\right)=1.34(\mathrm{mS})$$

则电压放大倍数为

$$\dot{A}_u=-g_mR_D'=-1.34\times\frac{5\times 5}{5+5}=-3.35$$

输入电阻和输出电阻分别为

$$R_i=R_G+(R_1\ /\!/\ R_2)=\left(10+\frac{0.2\times 0.3}{0.2+0.3}\right)\approx 10.1(\mathrm{M\Omega})$$

$$R_o=R_D=5(\mathrm{k\Omega})$$

2.6.4　共漏极放大电路

共漏极放大电路又称为**源极输出器**或**源极跟随器**,它与双极型三极管组成的射极输出器具有类似的特点,如输入电阻高、输出电阻低、电压放大倍数小于 1 而接近于 1 等,所以应用比较广泛。

图 2.6.10 所示电路为源极输出器的典型电路。同样可以采用近似估算法或图解法进行静态分析。方法与分压—自偏压式共源放大电路的静态分析方法类似,请参阅2.6.3节,此处不再重复。

为了进行动态分析,画出源极输出器的微变等效电路,如图 2.6.11 所示。

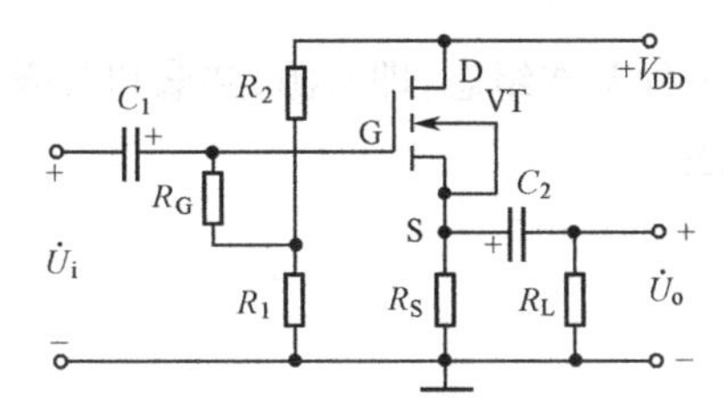

图 2.6.10　源极输出器典型电路

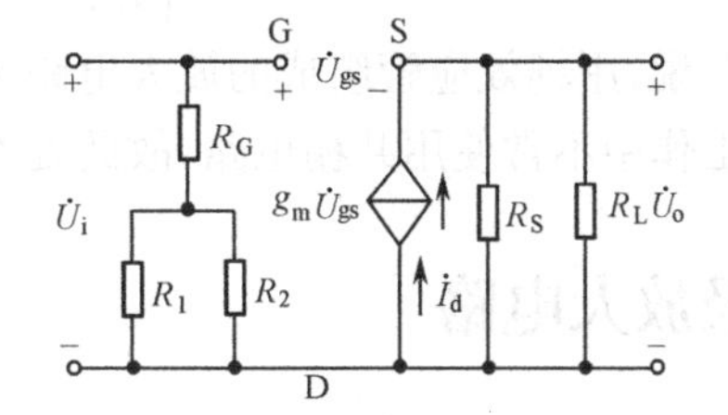

图 2.6.11　源极输出器的微变等效电路

由图可知

$$\dot{U}_o=g_m\dot{U}_{gs}R_S'$$

式中 $$R_S' = R_S \mathbin{/\!/} R_L$$

而 $$\dot{U}_i = \dot{U}_{gs} + \dot{U}_o = (1 + g_m R_S')\dot{U}_{gs}$$

所以 $$\dot{A}_u = \frac{\dot{U}_o}{\dot{U}_i} = \frac{g_m R_S'}{1 + g_m R_S'} \tag{2.6.17}$$

可见,源极输出器的电压放大倍数当 $g_m R_S' \gg 1$ 时,$\dot{A}_u \approx 1$。

由图 2.6.11 可得,源极输出器的输入电阻为

$$R_i = R_G + (R_1 \mathbin{/\!/} R_2) \tag{2.6.18}$$

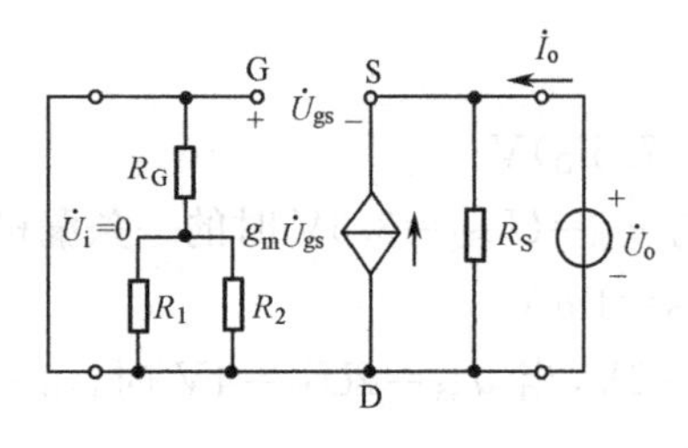

图 2.6.12 求源极输出器 R_o 的等效电路

分析输出电阻时,令 $\dot{U}_i = 0$,并使 R_L 开路,外加输出电压 $\dot{U}_o$,如图 2.6.12 所示。由图可知输出电流为

$$\dot{I}_o = \frac{\dot{U}_o}{R_S} - g_m\dot{U}_{gs}$$

因输入端短路,故

$$\dot{U}_{gs} = -\dot{U}_o$$

则 $$\dot{I}_o = \frac{\dot{U}_o}{R_S} + g_m\dot{U}_o = \left(\frac{1}{R_S} + g_m\right)\dot{U}_o$$

所以 $$\dot{R}_o = \frac{\dot{U}_o}{\dot{I}_o} = \frac{1}{g_m + \frac{1}{R_S}} = \frac{1}{g_m} \mathbin{/\!/} R_S \tag{2.6.19}$$

【例 2.6.3】 在图 2.6.10 所示的源极输出器中,假设 $V_{DD} = 24\text{V}$,$R_S = 10\text{k}\Omega$,$R_G = 100\text{M}\Omega$,$R_1 = 5\text{M}\Omega$,$R_2 = 3\text{M}\Omega$,负载电阻 $R_L = 10\text{k}\Omega$,已知场效应管的跨导 $g_m = 1.8\text{mS}$,试估算放大电路的 $\dot{A}_u$、R_i 和 R_o。

解: 由式(2.6.17)、式(2.6.18)和式(2.6.19)可得

$$\dot{A}_u = \frac{g_m R_S'}{1 + g_m R_S'} = \frac{1.8 \times \frac{10 \times 10}{10 + 10}}{1 + 1.8 \times \frac{10 \times 10}{10 + 10}} = 0.9$$

$$R_i = R_G + (R_1 \mathbin{/\!/} R_2) = \left(100 + \frac{5 \times 3}{5 + 3}\right) \approx 102(\text{M}\Omega)$$

$$R_o = \frac{1}{g_m} \mathbin{/\!/} R_L = \left(\frac{\frac{1}{1.8} \times 10}{\frac{1}{1.8} + 10}\right) \approx 0.53(\text{k}\Omega) = 530(\Omega)$$

从理论上说,用场效应管组成的放大电路也应有三种基本组态,即共源、共漏和共栅组态,但由于实际工作中不常使用共栅电路,故此处不再赘述。

2.7 多级放大电路

用一个放大器件组成的单管放大电路,其电压放大倍数一般只能达到几十倍,其他技术指标也难以达到实用的要求,因此在实际工作中,常常把若干个单管放大电路连接起来,组成所谓的多级放大电路。

多级放大电路内部各级之间的连接方式称为**耦合方式**。本节首先从这个问题开始讨论。

2.7.1　多级放大电路的耦合方式

常用的耦合方式有三种，即阻容耦合、直接耦合和变压器耦合。

1. 阻容耦合

图 2.7.1 画出了一个两级放大电路。由图可见，电路的第一级与第二级之间通过电阻和电容元件相连接，故称为阻容耦合放大电路。

阻容耦合方式的优点是，由于前、后级之间通过电容相连，所以各级的直流电路互不相通，每一级的静态工作点都是相互独立的，不致互相影响，这样就给分析、设计和调试带来了很大的方便。而且，只要耦合电容选得足够大，就可以做到前一级的输出信号在一定的频率范围内几乎不衰减地加到后一级的输入端上去，使信号得到了充分的利用。

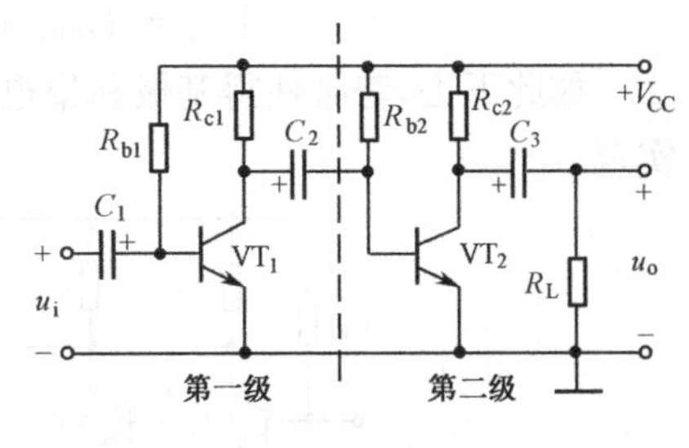

图 2.7.1　阻容耦合放大电路

但是，阻容耦合具有很大的局限性。首先，它不适合于传送缓慢变化的信号，因为这一类信号在通过耦合电容加到下一级时，将受到很大的衰减。至于直流成分的变化，则根本不能通过电容。更重要的是，在集成电路中，要想制造大容量的电容是很困难的，因而这种耦合方式在线性集成电路中无法采用。

2. 直接耦合

为了避免耦合电容对缓慢变化信号带来不良影响，可以把前级的输出端直接或通过电阻接到下级的输入端，这种连接方式称为**直接耦合**。

直接耦合方式的一个优点是，既能放大交流信号，也能放大缓慢变化信号和直流信号。更重要的是，直接耦合方式便于集成化，实际的集成运算放大电路，一般都是直接耦合多级放大电路。所以直接耦合放大电路是本节讨论的重点。

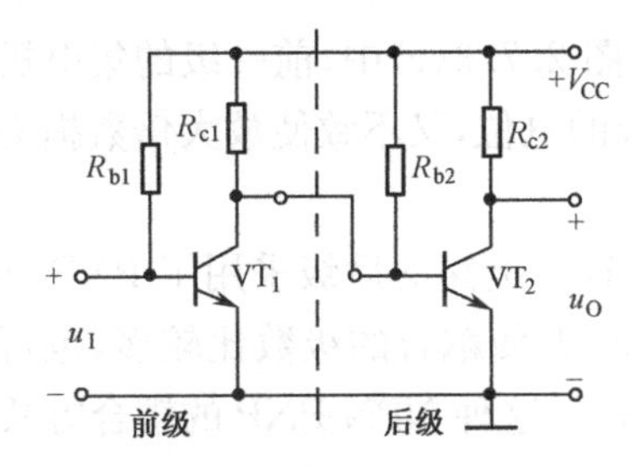

图 2.7.2　两个单管放大电路简单地直接耦合

但是，采用直接耦合方式也引出了新的问题。首先，直接耦合使前、后级之间存在着直流通路，造成各级工作点互相影响，不能独立，使多级放大电路的分析、设计和调试工作比较麻烦。有时，把两个单管放大电路简单地直接耦合在一起还可能使电路不能正常工作。例如，在图 2.7.2中，由于 VT_1 的集电极电位被 VT_2 的基极限制在 0.7V 左右，使 VT_1 的 Q 点接近饱和区，因而不能正常进行放大。

为了使直接耦合的两个放大级各自仍有合适的静态工作点，图 2.7.3 中的电路提供了几种解决的办法。在图 2.7.3(a)中，由于 R_{e2} 的接入，提高了第二级基极电位 U_{b2}，从而保证第一级的集电极可以得到较高的静态电位，而不致工作在饱和区。但是，引入 R_{e2} 后，将使第二级的放大倍数严重下降。

在图 2.7.3(b)中，用一只稳压管 VD_Z 取代了图 2.7.3(a)中的 R_{e2}。因为稳压管的动态电阻通常很小，一般在几十欧的数量级，这样就可以使第二级的放大倍数不致损失太大，从而弥补了图 2.7.3(a)电路的缺陷。但 VT_2 集电极的有效电压变化范围将减小。

当级数进一步增加的时候，发现图 2.7.3(a)、(b)的连接方式又出现了新的困难。例如，在图 2.7.3(b)中,假设为了保证管子能正常工作,取各级 $U_{CE}=5V$,并假设各管 $U_{BE}=0.7V$,于是

$$U_{b2}=U_{c1}=5(V)$$

$$U_{c2}=U_{CE2}+U_{e2}=5+5-0.7=9.3(V)$$

若为三级放大,则

$$U_{B2}=U_{C2}=9.3(V)$$

$$U_{C3}=U_{CE3}+U_{E3}=5+9.3-0.7=13.6(V)$$

如此下去,势必使得基极和集电极的电位逐级上升,最终由于电源电压 V_{CC} 的限制而无法实现。

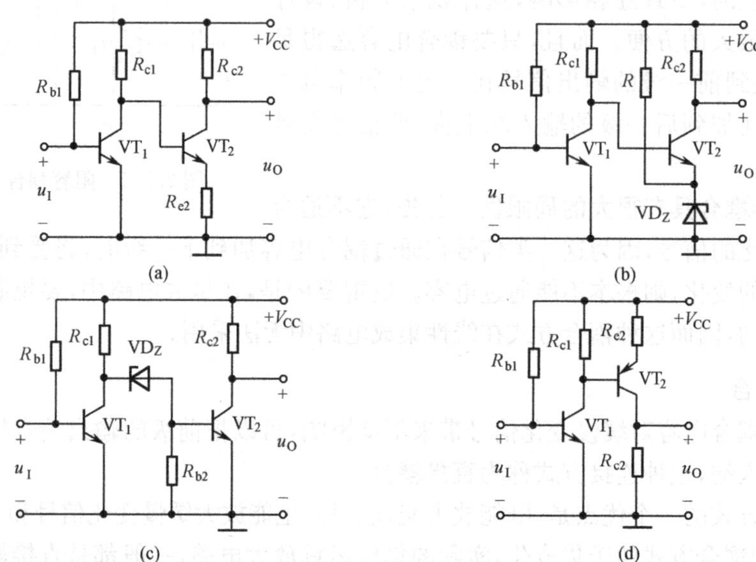

图 2.7.3　直接耦合方式实例

解决这个问题的办法是采取措施实现电平移动。例如在图 2.7.3(c)中,前一级的集电极经过一个稳压管再接至后级的基极,这样既降低了第二级基极的电位,又不致使放大倍数损失太大。缺点是稳压管的噪声较大。

图 2.7.3(d)的电路给出了实现电平移动的另一种方法。这个电路的后级采用了 PNP 型三极管,由于 PNP 型三极管的集电极电位比基极电位低,因此,即使耦合的级数比较多,也可以使各级获得合适的工作点,而不至于造成电位逐级上升。所以,这种 NPN-PNP 的耦合方式无论在分立元件或者集成的直接耦合电路中都经常被采用。

在某些情况下,当输入电压等于零时,希望输出电压也为零,此时除了电平移动以外,还需用正、负两路直流电源。

直接耦合放大电路静态工作点的计算过程比阻容耦合电路复杂。由于前、后级之间存在直流通路,因此它们的静态工作点互相有影响,而不能各级独立进行计算。在分析具体的电路时,为了简化计算过程,常常首先找出最容易确定的环节,然后计算其他各处的静态电位和电流。有时只能通过解联立方程来求解。

【例 2.7.1】　在图 2.7.4 所给出的两级直接耦合放大电路中,已知:$R_{b1}=240k\Omega$,$R_{c1}=3.9k\Omega$,$R_{c2}=500\Omega$,稳压管 VD_Z 的工作电压 $U_Z=4V$,三极管 VT_1 的 $\beta_1=45$,VT_2 的 $\beta_2=40$,$V_{CC}=24V$,试计算各级的静态工作点。如 I_{CQ1} 由于温度的升高而增加 1%,试计算静态输出电压

U_o的变化是多少。

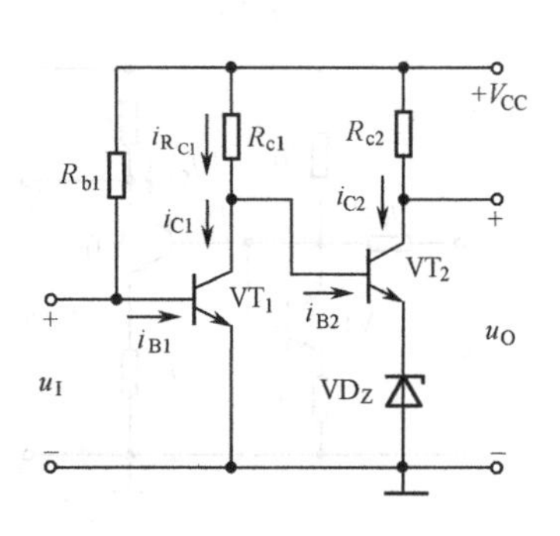

图 2.7.4 例 2.7.1 的电路

解: 假设静态时$U_{BEQ1}=U_{BEQ2}=0.7V$,则

$$U_{CQ1}=U_{BEQ2}+U_Z=4.7(V)$$

因此

$$I_{R_{C1}}=\frac{V_{CC}-U_{CQ1}}{R_{C1}}=\left(\frac{24-4.7}{3.9}\right)=4.95(mA)$$

而 $$I_{BQ1}=\frac{V_{CC}-U_{BEQ1}}{R_{b1}}=\left(\frac{24-0.7}{240}\right)\approx 0.1(mA)$$

$$I_{CQ1}=\beta_1 I_{BQ1}=4.5(mA)$$

则 $$I_{BQ2}=I_{R_{C1}}-I_{CQ1}=(4.95-4.5)=0.45(mA)$$

$$I_{CQ2}=\beta_2 I_{BQ2}=(40\times 0.45)=18(mA)$$

所以静态的输出电压为

$$U_o=U_{CQ2}=V_{CC}-I_{CQ2}R_{C2}=(24-18\times 0.5)=15(V)$$

$$U_{CEQ2}=U_{CQ2}-U_{EQ2}=(15-4)=11(V)$$

当I_{CQ1}增加1%时,即

$$I_{CQ1}=(4.5\times 1.01)=4.545(mA)$$

则 $$I_{BQ2}=(4.95-4.545)mA=0.405(mA)$$

$$I_{CQ2}=(40\times 0.405)mA=16.2(mA)$$

此时输出电压将成为

$$U_o=U_{CQ2}=(24-16.2\times 0.5)=15.9(V)$$

比原来增加了0.9V,约增加6%。

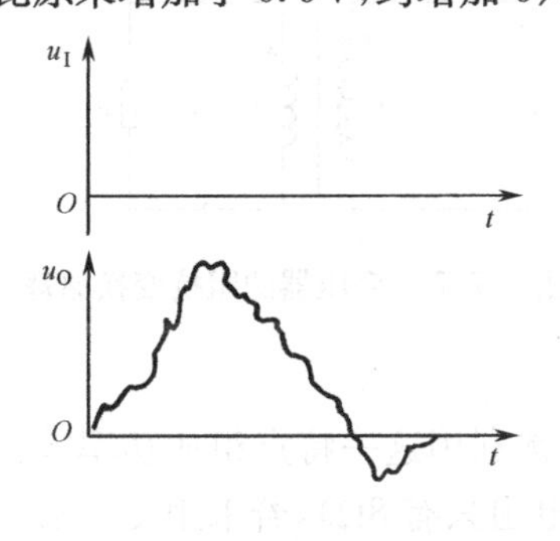

图 2.7.5 零点漂移现象

由上例看出,即使输入电压等于零保持不变,直流输出电压也会由于温度的变化而上下波动,这是直接耦合放大电路的主要缺点。

直接耦合带来的第二个问题是零点漂移问题,这是直接耦合电路最突出的问题。如果将一个直接耦合放大电路的输入端对地短路,并调整电路使输出电压也等于零。从理论上说,输出电压应一直为零保持不变,但实际上,输出电压将离开零点,缓慢地发生不规则的变化,如图 2.7.5 所示,这种现象称为**零点漂移**。

产生零点漂移的主要原因是放大器件的参数受温度的影响而发生波动,导致放大电路的静态工作点不稳定,而放大级之间又采用直接耦合方式,使静态工作点的变化逐级传递和放大。因此,一般来说,直接耦合放大电路的级数越多,放大倍数越高,则零点漂移问题越严重。而且控制多级直接耦合放大电路中第一级的漂移是至关重要的问题。

零点漂移的技术指标通常用折合到放大电路输入端的零点漂移来衡量,即将输出的漂移电压除以电压放大倍数得到的结果。对于一个高质量的直接耦合放大电路,要求它既有很高的电压放大倍数,而零点漂移又比较低。

为了抑制零点漂移,常用的措施有以下几种:

第一,引入直流负反馈以稳定Q点来减小零点漂移。分压式工作点稳定电路就是基于这种思想而引出的电路。

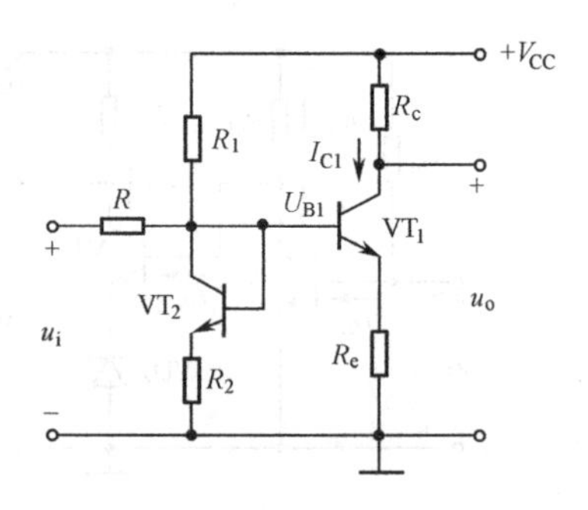

图 2.7.6　利用热敏元件补偿零漂

第二,利用热敏元件补偿放大器的零漂,例如,在放大电路中接入另一个对温度敏感的元件,如热敏电阻、半导体二极管等,使该元件在温度变化时产生的零漂,能够抵消放大三极管产生的零漂。例如在图2.7.6中,放大管 VT_1 的基极引入了另一个接成二极管的三极管 VT_2。当温度升高时,放大管的集电极电流 I_{C1} 将增大,U_{E1} 增加。但与此同时,VT_2 的发射结电压 U_{BE2} 将减小,使 VT_1 的基极电位 U_{B1} 降低,$U_{BE1}=U_{B1}-U_{E1}$ 下降,导致 I_{C1} 减小,从而补偿了输出端的零点漂移。在集成运算放大电路中常常采用这种措施以抑制零漂。

第三,将两个参数对称的单管放大电路接成差分放大的结构形式,使输出端的零漂互相抵消。这种措施十分有效而且比较容易实现,实际上,集成运算放大电路的输入级基本上都采用差分放大的结构。这部分内容将在第4章详细介绍。

3. 变压器耦合

因为变压器能够通过磁路的耦合将原边的交流信号传送到副边,所以也可以作为多级放大电路的耦合元件。

若变压器原边的电压和电流为 U_1 和 I_1,副边的电压和电流为 U_2 和 I_2,原边与副边的匝数比(或称为变比)$n=\dfrac{N_1}{N_2}$,如图2.7.7所示,则

$$\frac{U_1}{U_2}=\frac{N_1}{N_2}=n$$

$$\frac{I_1}{I_2}=\frac{N_2}{N_1}=\frac{1}{n}$$

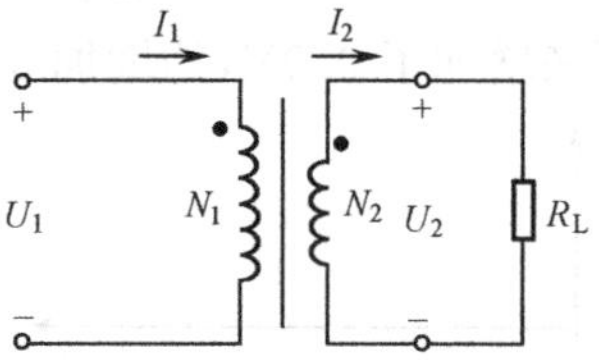

图 2.7.7　变压器的阻抗变换原理

如果接在变压器副边的实际负载电阻为 R_L,此时从变压器原边看进去的等效负载电阻为

$$R_L'=\frac{U_1}{I_1}=n^2\frac{U_2}{I_2}=n^2R_L \qquad (2.7.1)$$

可见,变压器在传递信号的同时,还有**阻抗变换**的作用,过去常常利用这一特点组成功率放大电路。有时实际的负载电阻 R_L 的阻值很小(例如有的扬声器电阻只有 8Ω),若采用变压器耦合,可选择恰当的变比,使变换后得到的等效电阻值比较适中,以便在负载上得到尽可能大的输出功率。

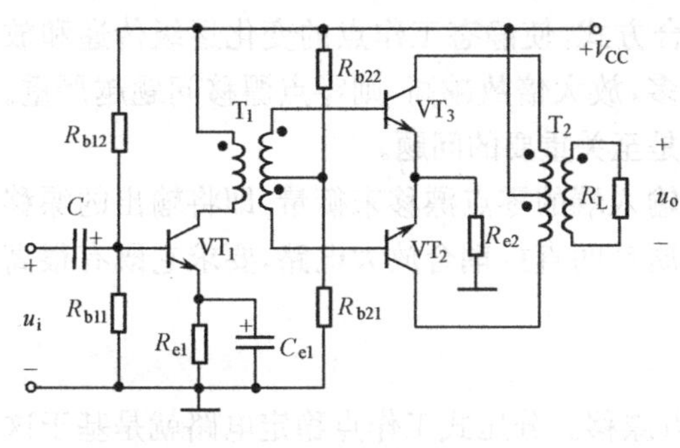

图 2.7.8　变压器耦合放大电路实例

图2.7.8是变压器耦合放大电路的一个实例。变压器 T_1 将第一级的输出信号传送给第二级,T_2 将第二级的输出信号传送给负载并进行阻抗变换。在第二级,三极管 VT_2 和 VT_3 组成推挽式放大电路,在交流正弦信号的正、负半周,VT_2 和 VT_3 轮流导电,而在负载上仍能基本上得到正弦波输出信号。

变压器耦合方式的优点,除了可以实现阻抗变换之外,还有各级静态工作点互相独立。

其主要缺点是使用变压器比较笨重，更无法集成化，而且，缓慢变化信号和直流信号也不能通过变压器。目前，即使是功率放大电路也较少采用变压器耦合方式。

现将三种耦合方式的比较列于表 2.7.1 中。

表 2.7.1　三种耦合方式的比较

	阻容耦合	直接耦合	变压器耦合
特点	各级静态工作点互不影响、结构简单	能放大缓慢变化的信号或直流成分的变化 适于集成化	有阻抗变换作用 各级直流通路互相隔离
存在问题	不能反映直流成分的变化 不适合放大缓慢变化的信号 不适于集成化	有零点漂移现象 各级静态工作点互相影响	不能反映直流成分的变化，不适合放大缓慢变化的信号 笨重 不适于集成化
适用场合	分立元件交流放大电路	集成放大电路，直流放大电路	低频功率放大电路，调谐放大电路

2.7.2　多级放大电路的电压放大倍数和输入、输出电阻

1. 电压放大倍数

在多级放大电路中，由于各级是互相串联起来的，前一级的输出就是后一级的输入，所以多级放大电路总的电压放大倍数等于各级电压放大倍数的乘积，即

$$\dot{A}_u = \dot{A}_{u1} \cdot \dot{A}_{u2} \cdot \dot{A}_{u3} \cdot \cdots \cdot \dot{A}_{un} \tag{2.7.2}$$

式中，n 为多级放大电路的级数。

但是，在分别计算每一级的电压放大倍数时，必须考虑前、后级之间的相互影响。例如，可把后一级的输入电阻看作前一级的负载电阻。

2. 输入电阻和输出电阻

一般说来，多级放大电路的输入电阻就是输入级的输入电阻；而多级放大电路的输出电阻就是输出级的输出电阻。

在具体计算输入电阻或输出电阻时，有时它们不仅仅决定于本级的参数，也与后级或前级的参数有关。例如，射极输出器作为输入级时，它的输入电阻与本级的负载电阻（即后一级的输入电阻）有关。而射极输出器作为输出级时，它的输出电阻又与信号源内阻（即前一级的输出电阻）有关。

在选择多级放大电路的输入级和输出级的电路形式和参数时，常常主要考虑实际工作对输入电阻和输出电阻的要求，而把放大倍数的要求放在次要地位，至于放大倍数可主要由中间各放大级来提供。

本章小结

本章介绍了放大电路的基本原理和基本分析方法，其内容是本书随后各章的基础。

(1) 放大电路是一种最基本、最常用的模拟电子电路。放大的概念实质上是能量的控制，

放大的对象是变化量。

(2) 组成放大电路的基本原则是：外加电源的极性应使三极管的发射结正向偏置，集电结反向偏置，以保证三极管工作在放大区；输入信号应能传送得进去；放大了的信号应能传送得出来。

(3) 放大电路的基本分析方法有三种：近似估算法、图解法和微变等效电路法。以上分析方法要解决的主要矛盾是三极管的非线性问题。定量分析的主要任务是：第一，静态分析，确定放大电路的静态工作点；第二，动态分析，求出电压放大倍数、输入电阻和输出电阻等。

用图解法分析放大电路时，要分别画出三极管部分(非线性)和负载部分(线性)的伏安特性，然后根据二者的交点求解。首先，根据直流通路画出直流负载线，以确定静态工作点；然后，根据交流通路画出直流负载线，以便分析动态工作情况和估算电压放大倍数。利用图解法还可以直观、形象地表示出静态工作点的位置与非线性失真的关系、估算最大不失真输出幅度，以及分析电路参数对静态工作点的影响等。

微变等效电路法只能用于分析放大电路的动态情况，不能确定静态工作点。本章主要介绍了简化的 h 参数等效电路。等效电路中只有两个微变参数：输入电阻 r_{be} 和共射电流放大系数 β。用简化的 h 参数等效电路代替三极管，并画出放大电路其余部分的交流通路，即可得到放大电路的微变等效电路，然后就可以利用我们熟悉的线性电路的定理、定律列出方程求解。微变等效电路法适用于解任何简单的或复杂的放大电路。

实际工作中常常将以上三种方法结合起来使用，以便取长补短，使分析过程更加简单方便。

(4) 三极管是一种温度敏感元件，当温度变化时，三极管的各种参数将随之发生变化，使放大电路的工作点不稳定，甚至不能正常工作。常用的分压式工作点稳定电路实际上是采用负反馈的原理，使 I_C 的变化影响输入回路中 U_{BE} 的变化，从而保持静态工作点基本不变。

(5) 基本放大电路有三种接法(三种组态)，即共射接法、共集接法和共基接法。它们的主要特点见表 2.5.1。

(6) 通常可以选用两种不同放大器件组成基本放大电路，即双极型三极管放大电路和场效应管放大电路。两者的主要区别在于：一般说来，双极型三极管是电流控制元件，而场效应管是电压控制元件，而且场效应管具有输入电阻高、噪声小、集成度高等优点，但跨导较低，使用时应注意防止栅极与源极间击穿。利用这两种放大器件之间的电极对应关系(b→G，e→S，c→D)，即可方便地组成场效应管的基本放大电路。两种放大电路的工作原理和分析方法都是类似的。

(7) 多级放大电路常用的耦合方式有三种：阻容耦合、直接耦合和变压器耦合。它们的优缺点比较见表 2.7.1。本章着重讨论直接耦合方式的特点。

多级放大电路的电压放大倍数为各级电压放大倍数的乘积，但在计算每一级的电压放大倍数时要考虑前、后级之间的相互影响。

多级放大电路的输入电阻基本上等于第一级的输入电阻；而其输出电阻约等于末级的输出电阻。

习 题 二

2.1 填空题

(1) 组成放大电路的基本原则是：外加电源的极性应使三极管的发射结________，集电结________，以保证三极管工作在放大区；输入信号应能________；放大的信号应能________。

(2) 放大电路的基本分析方法有两种:________和________。

(3) 微变等效电路法只能用于分析放大电路的________情况,不能确定静态工作点。要确定静态工作点常采用________和________。

(4) 分压式工作稳定电路实际上是采用________的原理,使 I_C 的变化影响输入回路中________的变化,从而保持静态工作点基本不变。

(5) 单管单极型晶体管基本放大电路有三种接法,但常用的有两种接法,即________和________。

(6) 场效应管放大电路与双极型三极管放大电路相比,前者具有如下特点:输入电阻________,噪声________,集成度________等优点,但跨导较________,使用时应注意防止栅极与源极间击穿。

(7) 多级放大电路的耦合方式有三种:________、________和________。在集成电路中,一般采用________耦合方式。

(8) 多级放大电路的电压放大倍数为各级电压放大倍数的________。输入电阻基本上等于________电阻;而输出电阻约等于________电阻。

2.2 试判断图 P2.1 中各级放大电路有无放大作用,并简单说明理由。

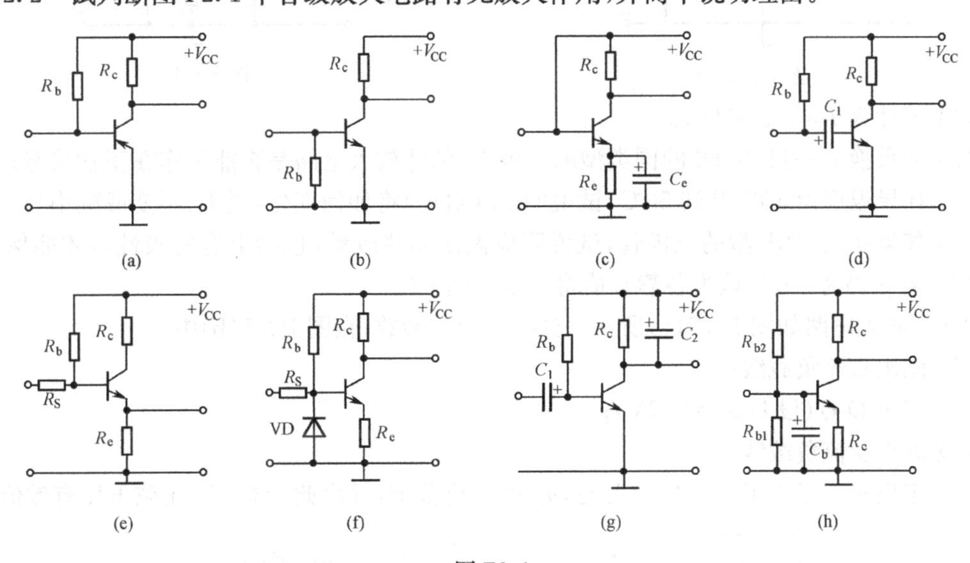

图 P2.1

2.3 已知图 P2.2(a)中:$R_b=510\text{k}\Omega$,$R_c=10\text{k}\Omega$,$R_L=1.5\text{k}\Omega$,$V_{CC}=10\text{V}$。三极管的输出特性如图 P2.2(b)所示。

(1) 试用图解法求出电路的静态工作点,并分析这个工作点选得是否合适;

(2) 在 V_{CC} 和三极管不变的情况下,为了把三极管的静态集电极电压 U_{CEQ} 提高到 5V 左右,可以改变哪些参数?如何改变?

(3) 在 V_{CC} 和三极管不变的情况下,为了使 $I_{CQ}=2\text{mA}$,$U_{CEQ}=2\text{V}$,应改变哪些参数?改成什么数值?

2.4 在图 P2.3 的放大电路中,设三极管的 $\beta=100$,$U_{BEQ}=-0.2\text{V}$,$r_{bb'}=200\Omega$。

(1) 估算静态时的 I_{BQ}、I_{CQ} 和 U_{CEQ};

(2) 计算三极管的 r_{be} 值;

(3) 求出中频时的电压放大倍数 $\dot{A}_u$。

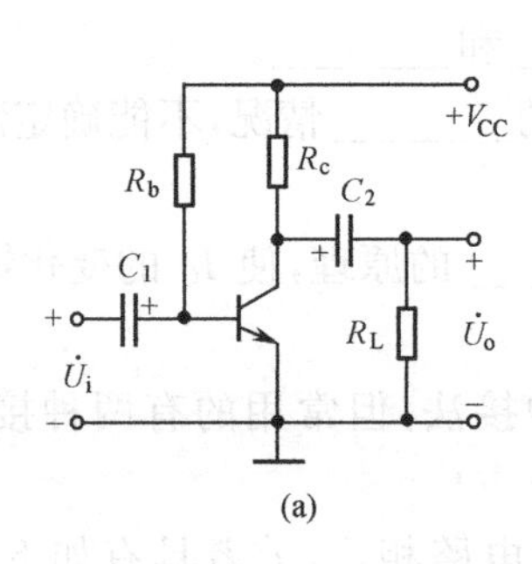

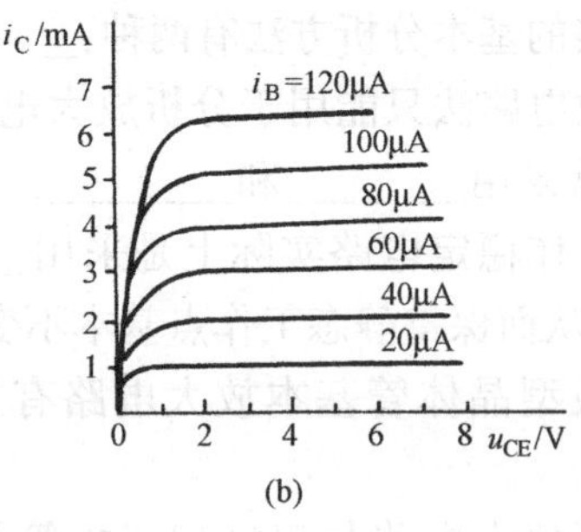

图 P2.2

2.5 在图 P2.4 中,已知 $R_1=3k\Omega$,$R_2=12k\Omega$,$R_c=1.5k\Omega$,$R_e=500\Omega$,$V_{CC}=20V$,3DG4 的 $\beta=30$。

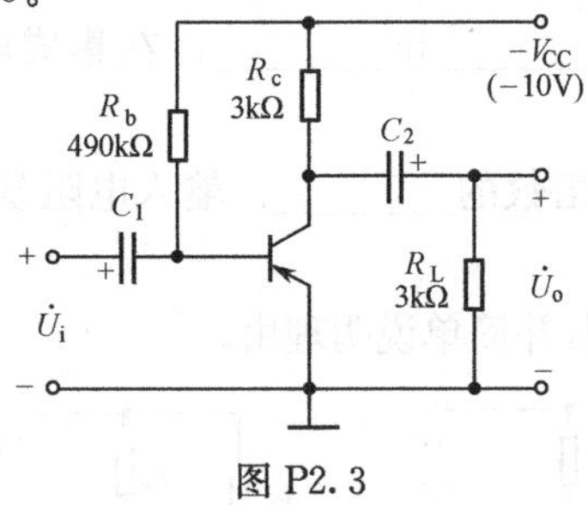

图 P2.3

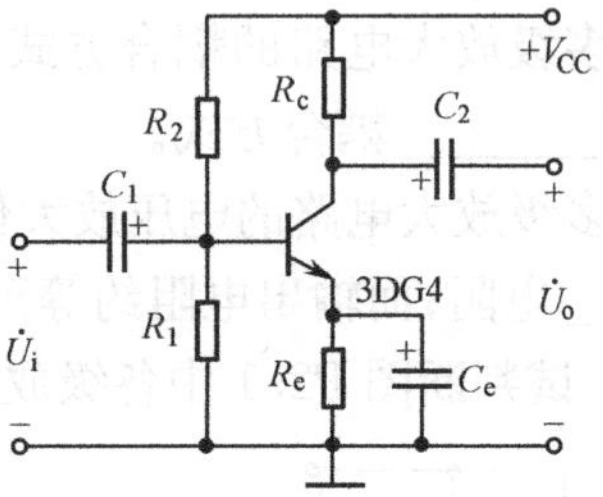

图 P2.4

(1) 试计算 I_{CQ}、I_{BQ}和 U_{CEQ};

(2) 如果换上一只 $\beta=60$ 的同类型的三极管,估计放大电路是否能工作在正常状态;

(3) 如果温度由 10℃升到 50℃,试说明 U_C(对地)将如何变化(增大、不变或减小)?

(4) 如果换上 PNP 型的三极管,试说明应做出哪些改动(包括电容的极性),才能保证正常工作。若 β 仍为 30,你认为各静态值将有多大的变化?

2.6 放大电路如图 P2.5(a)所示。试按照给定参数,在图 P2.5(b)中:

(1) 画出直流负载线;

(2) 定出 Q 点(设 $U_{BEQ}=0.7V$);

(3) 画出交流负载线;

(4) 定出对应于 i_B 由 0~100μA 时,u_{CE}的变化范围,并由此计算 U_o(正弦电压有效值)。

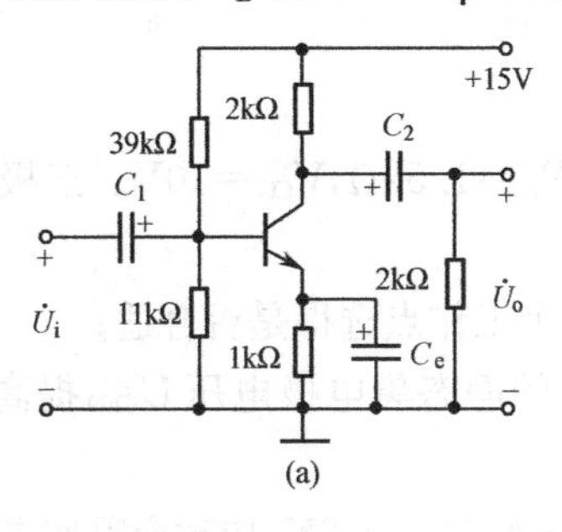

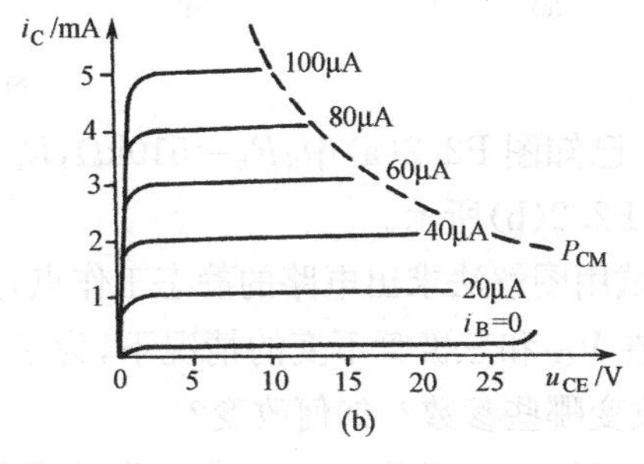

图 P2.5

2.7 设图 P2.6 电路中三极管的 $\beta=60$,$V_{CC}=6V$,$R_c=5k\Omega$,$R_L=5k\Omega$,$R_b=530k\Omega$,VT 为硅管。试:

(1) 估算静态工作点;

(2) 求 r_{be}值;

(3) 画出放大电路的中频等效电路;

(4) 求电压放大倍数 $\dot{A}_u$，输入电阻 R_i 和输出电阻 R_o。

2.8　利用微变等效电路法，计算图 P2.7(a)电路的电压放大倍数、输入电阻及输出电阻。已知：$R_{b1}=2.5\text{k}\Omega$，$R_{b2}=10\text{k}\Omega$，$R_c=2\text{k}\Omega$，$R_e=750\Omega$，$R_L=1.5\text{k}\Omega$，$R_S=0$，$V_{CC}=15\text{V}$，三极管为 3DG6，它的输出特性曲线如图 P2.7(b)所示。

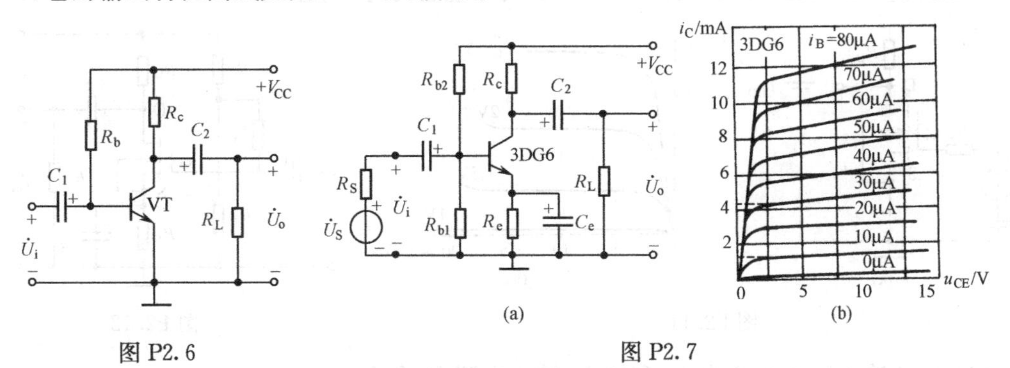

图 P2.6　　　　图 P2.7

2.9　在题 2.7 中，如果 $R_S=10\text{k}\Omega$，则电压放大倍数

$$\dot{A}_{us}=\frac{\dot{U}_o}{\dot{U}_S}=?$$

2.10　在图 P2.8 所示的电路中，设 $\beta=50$，$U_{BEQ}=0.6\text{V}$。

(1) 求静态工作点；

(2) 画出放大电路的微变等效电路；

(3) 求电压放大倍数 $\dot{A}_u$，输入电阻 R_i 和输出电阻 R_o。

2.11　在图 P2.9 所示的射极输出器电路中，设三极管的 $\beta=100$，$V_{CC}=12\text{V}$，$R_e=5.6\text{k}\Omega$，$R_b=560\text{k}\Omega$。

(1) 求静态工作点；

(2) 画出中频等效电路；

(3) 分别求出当 $R_L=\infty$ 和 $R_L=1.2\text{k}\Omega$ 时的 $\dot{A}_u$；

(4) 分别求出当 $R_L=\infty$ 和 $R_L=1.2\text{k}\Omega$ 时的 R_i；

(5) 求 R_o。

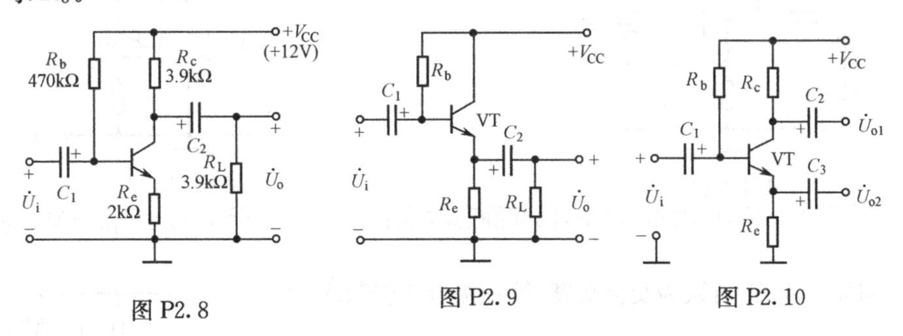

图 P2.8　　　　图 P2.9　　　　图 P2.10

2.12　画出图 P2.10 所示放大电路的微变等效电路，写出计算电压放大倍数 $\dot{U}_{o1}/\dot{U}_i$ 和 $\dot{U}_{o2}/\dot{U}_i$ 的表达式，并画出当 $R_c=R_e$ 时的两输出电压 u_{o1} 和 u_{o2} 的波形(与正弦波 u_i 相对应)。

2.13　图 P2.11(a)所示的放大电路中，场效应管的漏极特性曲线如图 P2.11(b)所示，已知 $V_{DD}=20\text{V}$，$V_{GG}=2\text{V}$，$R_D=5.1\text{k}\Omega$，$R_G=10\text{M}\Omega$。

(1) 试用图解法确定静态工作点 Q；

(2) 由特性曲线求出跨导 g_m；

(3) 估算电压放大倍数 $\dot{A}_u$ 和输出电阻 R_o。

2.14 在图 P2.12 所示的放大电路中，已知 $V_{DD}=30V$，$R_D=15k\Omega$，$R_S=1k\Omega$，$R_G=2M\Omega$，$R_1=30k\Omega$，$R_2=200k\Omega$，负载电阻 $R_L=1M\Omega$，场效应管的跨导 $g_m=1.5mS$。

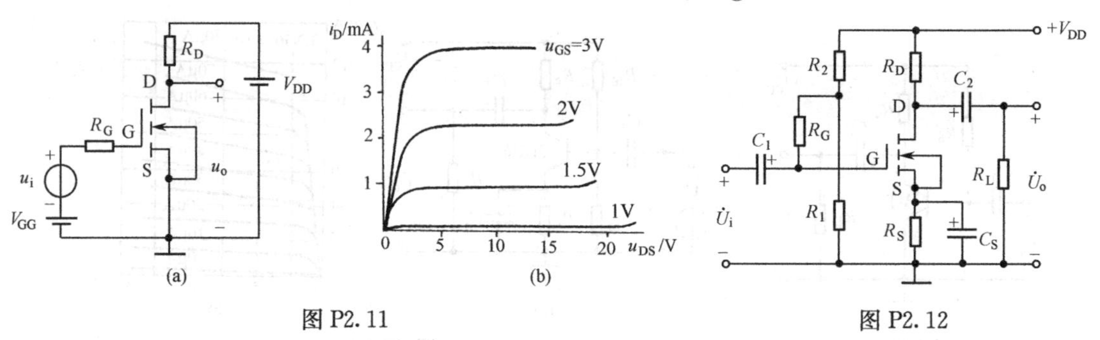

图 P2.11　　　　图 P2.12

(1) 试估算电压放大倍数 $\dot{A}_u$ 和输入，输出电阻 R_i 和 R_o；

(2) 如果不接旁路电容 C_S，则 $\dot{A}_u=?$

2.15 在图 P2.13 所示的源极输出器电路中，已知 N 沟道增强型 MOS 场效应管的开启电压 $U_T=2V$，$I_{DO}=2mA$，$V_{DD}=20V$，$V_{GG}=4V$，$R_S=4.7k\Omega$，$R_G=1M\Omega$。

(1) 估算静态工作点；

(2) 估算场效应管的跨导 g_m；

(3) 估算电压放大倍数 $\dot{A}_u$ 和输出电阻 R_o。

2.16 假设在图 P2.14 所示的两级直接耦合放大电路中，$V_{CC}=15V$，$R_{b1}=360k\Omega$，$R_{c1}=5.6k\Omega$，$R_{c2}=2k\Omega$，$R_{e2}=750\Omega$，两个三极管的电流放大系数为 $\beta_1=50$，$\beta_2=30$，要求：

(1) 估算放大电路的静态工作点；

(2) 估算总的电压放大倍数 $A_u=\dfrac{\Delta u_O}{\Delta u_I}$ 和输入、输出电阻 R_i、R_o。

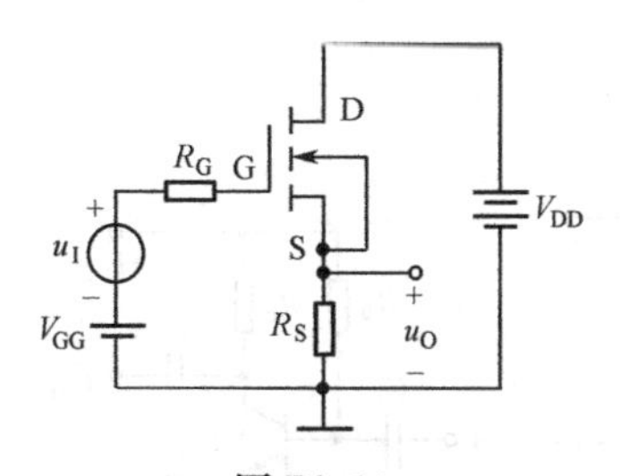

图 P2.13

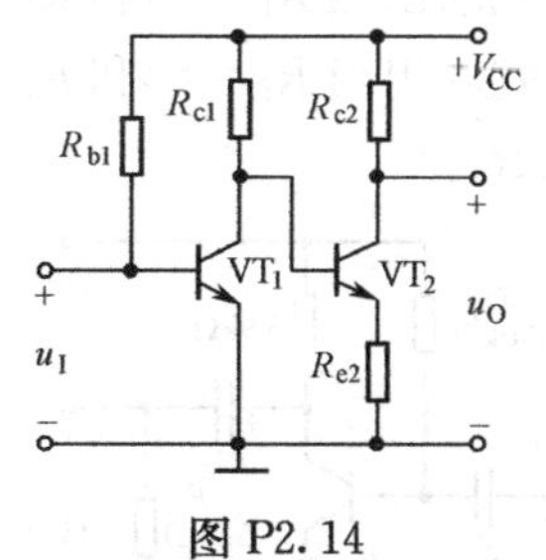

图 P2.14

2.17 在图 P2.15 所示的电路中，已知静态时 $I_{CQ1}=I_{CQ2}=0.65mA$，$\beta_1=\beta_2=29$。求：

(1) $r_{be1}=?$

(2) 中频时(C_1、C_2 可认为交流短路)第一级放大倍数 $\dot{A}_{u1}=\dfrac{\dot{U}_{c1}}{\dot{U}_i}=?$

(3) 中频时 $\dot{A}_{u2}=\dfrac{\dot{U}_o}{\dot{U}_{b2}}=?$

(4) 中频时 $\dot{A}_u=\dfrac{\dot{U}_o}{\dot{U}_i}=?$

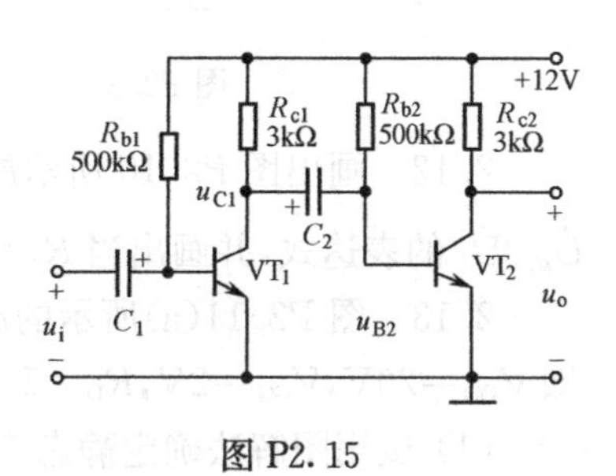

图 P2.15

第 3 章　放大电路的频率响应

内容提要：频率响应是衡量放大电路对不同频率输入信号适应能力的一项技术指标。本章首先介绍频率响应的一般概念，介绍三极管的频率参数，然后从物理概念上定性分析单管共射放大电路的频率响应，并利用混合 π 形等效电路分析 f_L、f_H 与电路参数的关系，画出其波特图。最后，简要地介绍多级放大电路的频率响应。

3.1　频率响应的一般概念

由于放大器件本身具有极间电容，以及放大电路中有时存在电抗性元件，所以，当输入不同频率的正弦波信号时，电路的放大倍数便成为频率的函数，这种函数关系称为放大电路的**频率响应**或**频率特性**。

3.1.1　幅频特性和相频特性

由于电抗性元件的作用，使正弦波信号通过放大电路时，不仅信号的幅度得到放大，而且还将产生一个相位移。此时，电压放大倍数 $\dot{A}_u$ 可表示如下

$$\dot{A}_u = |\dot{A}_u(f)| \angle\varphi(f) \tag{3.1.1}$$

式(3.1.1)表示，电压放大倍数的幅值$|\dot{A}_u|$和相角 φ 都是频率 f 的函数。其中，$|\dot{A}_u(f)|$称为**幅频特性**，$\varphi(f)$称为**相频特性**。

一个典型的单管共射放大电路的幅频特性和相频特性分别示于图 3.1.1(a)和(b)中。

3.1.2　下限频率、上限频率和通频带

由图 3.1.1 可见，在广大的中频范围内，电压放大倍数的幅值基本不变，相角 φ 大致等于$-180°$。而当频率降低或升高时，电压放大倍数的幅值都将减小，同时产生超前或滞后的附加相位移。

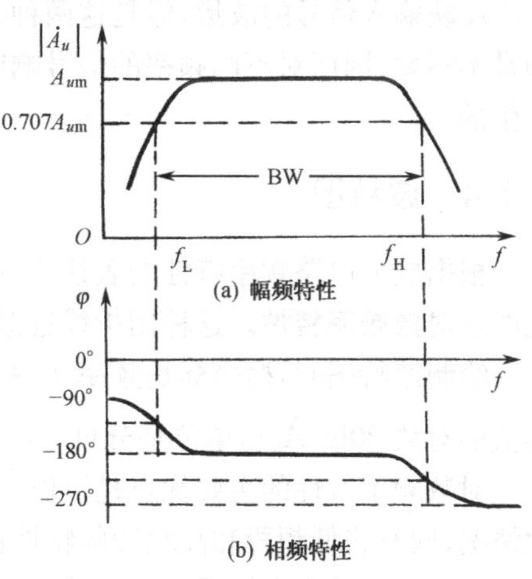

图 3.1.1　单管共射放大电路的频率特性

通常将中频段的电压放大倍数称为中频电压放大倍数 A_{um}，并规定当电压放大倍数下降到 $0.707A_{um}$（即$\frac{1}{\sqrt{2}}A_{um}$）时，相应的低频率和高频率分别称为放大电路的**下限频率** f_L 和**上限频率** f_H，二者之间的频率范围称为**通频带** BW，即

$$BW = f_H - f_L \tag{3.1.2}$$

如图 3.1.1 所示。通频带的宽度表征放大电路对不同频率输入信号的响应能力，是放大电路的重要技术指标之一。

3.1.3 频率失真

由于放大电路的通频带有一定限制，因此对于不同频率的输入信号，可能放大倍数的幅值不同、相移也不同。当输入信号包含多次谐波时，经过放大以后，输出波形将产生**频率失真**，如图 3.1.2 所示。

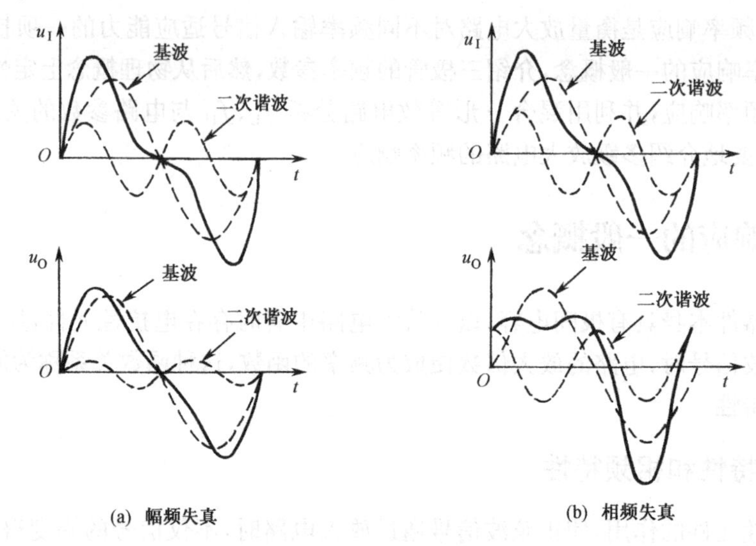

(a) 幅频失真　　(b) 相频失真

图 3.1.2 频率失真

图 3.1.2(a)和(b)中的两个输入电压 u_I 均包含基波和二次谐波。图(a)表示，由于对两个谐波成分的放大倍数的幅值不同而引起幅频失真；图(b)表示，由于两个谐波通过放大电路后产生的相位移不同而引起相频失真。

频率失真与第 2 章讨论过的非线性失真相比，虽然从现象来看，同样表现为输出信号不能如实反映输入信号的波形，但是这两种失真产生的原因根本不同。前者是由于放大电路的通频带不够宽，因而对不同频率的信号响应不同而产生的；而后者是由放大器件的非线性特性而产生的。

3.1.4 波特图

根据放大电路频率特性的表达式，可以画出其频率特性曲线。在实际工作中，应用比较广泛的是**对数频率特性**。这种用折线近似对数频率特性称为**波特图**。

绘制波特图时，横坐标是频率 f，采用对数坐标。对数幅频特性的纵坐标是电压放大倍数幅值的对数 $20\lg|\dot{A}_u|$，单位是分贝(dB)。对数相频特性的纵坐标是相角 φ，不取对数。

对数频率特性的主要优点是可以拓宽视野，在较小的坐标范围内表示宽广频率范围的变化情况，同时将低频段和高频段的特性都表示得很清楚，而且作图方便，尤其对于多级放大电路更是如此。因为多级放大电路的放大倍数是各级放大倍数的乘积，故画对数幅频特性时，只需将各级对数增益相加即可。多级放大电路总的相移等于各级相移之和，故对数相频特性的纵坐标不再取对数。

现以最简单的 RC 高通和低通电路为例，说明波特图的画法。

1. RC 高通电路的波特图

由图 3.1.3 所示的 RC 高通电路可见

$$\dot{A}_u=\frac{\dot{U}_o}{\dot{U}_i}=\frac{R}{R+\frac{1}{j\omega C}}=\frac{1}{1+\frac{1}{j\omega RC}} \tag{3.1.3}$$

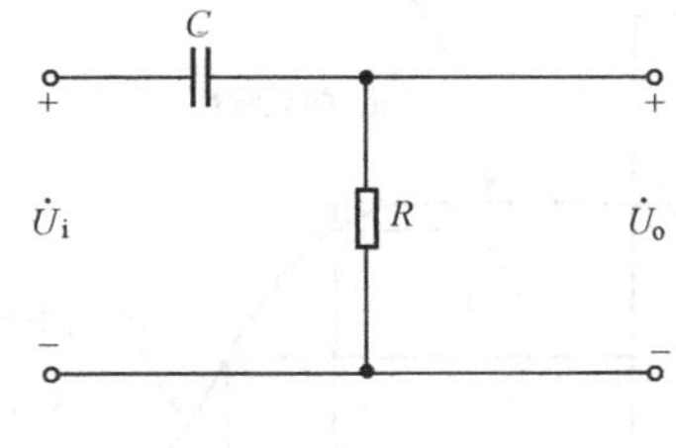

图 3.1.3　RC 高通电路

该高通电路的时间常数 $\tau_L=RC$。令

$$f_L=\frac{1}{2\pi\tau_L}=\frac{1}{2\pi RC} \tag{3.1.4}$$

代入 $\dot{A}_u$ 的表达式，可得

$$\dot{A}_u=\frac{1}{1+\frac{1}{j\omega\tau_L}}=\frac{1}{1-j\frac{f_L}{f}} \tag{3.1.5}$$

式(3.1.5)可分别用 $\dot{A}_u$ 的模和相角表示如下

$$|\dot{A}_u|=\frac{1}{\sqrt{1+\left(\frac{f_L}{f}\right)^2}} \tag{3.1.6}$$

$$\varphi=\arctan\left(\frac{f_L}{f}\right) \tag{3.1.7}$$

根据式(3.1.6)和式(3.1.7)即可分别画出 RC 高通电路的幅频特性和相频特性。

为了画出对数幅频特性，首先将式(3.1.6)取对数，可得

$$20\lg|\dot{A}_u|=-20\lg\sqrt{1+\left(\frac{f_L}{f}\right)^2} \tag{3.1.8}$$

由式(3.1.8)可见，当 $f\gg f_L$ 时，$20\lg|\dot{A}_u|\approx 0\text{dB}$；当 $f\ll f_L$ 时，$20\lg|\dot{A}_u|\approx-20\lg\frac{f_L}{f}=20\lg\frac{f}{f_L}$；当 $f=f_L$ 时，$20\lg|\dot{A}_u|=-20\lg\sqrt{2}=-3\text{dB}$。

根据以上分析可知，RC 高通电路的对数幅频特性曲线，可近似地用两条直线构成的折线来表示。其一是，当 $f>f_L$ 时，用零分贝线即横坐标表示；当 $f<f_L$ 时，用斜率为 20dB 每十倍频的一条直线表示，即每当频率增加十倍，对数幅频特性的纵坐标 $20\lg|\dot{A}_u|$ 增加 20dB。两条直线交于横坐标上 $f=f_L$ 的一点。利用折线近似方法画出的对数幅频特性如图 3.1.4(a)中的虚线所示，称为幅频特性波特图(简称幅频图)。

根据式(3.1.8)画出的 RC 高通电路的对数幅频特性曲线如图 3.1.4(a)中的实线所示。可以证明，由于折线近似而产生的最大误差 3dB 发生在 $f=f_L$ 处，如图 3.1.4(a)所示。

下面分析 RC 高通电路的对数相频特性。

由式(3.1.7)可得，当 $f\gg f_L$ 时，$\varphi\approx 0°$；当 $f\ll f_L$ 时，$\varphi\approx 90°$；当 $f=f_L$ 时，$\varphi\approx 45°$。

根据以上分析，RC 高通电路的对数相频特性可用三条直线构成的折线来近似。当 $f>10f_L$ 时，对数相频特性近似为 $\varphi\approx 0°$，即横坐标轴；当 $f<0.1f_L$ 时，近似为 $\varphi\approx 90°$ 的一条水平直线；当 $0.1f_L<f<10f_L$ 时，近似为斜率等于 −45°每十倍频的直线，在此直线上，当 $f=f_L$ 时，$\varphi\approx 45°$，此折线在图 3.1.4(b)中用虚线表示。

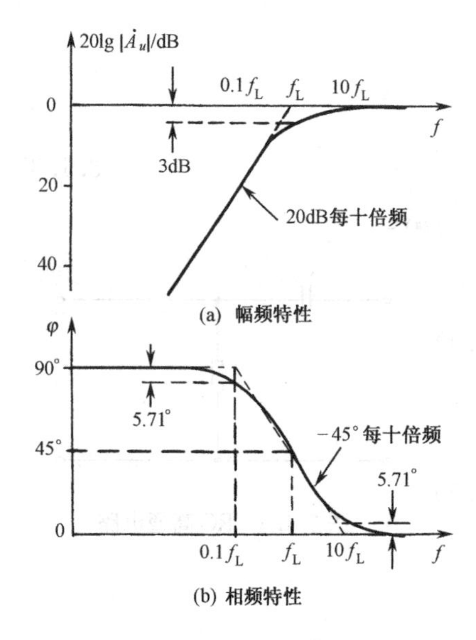

(a) 幅频特性

(b) 相频特性

图 3.1.4 RC高通电路的波特图

由式(3.1.7)画出的高通电路的对数相频特性曲线如图 3.1.4(b)中的实线所示。可以证明，折线近似带来的最大误差为±5.71°，分别发生在 $f=0.1f_L$ 和 $f=10f_L$ 处，如图 3.1.4(b)所示。用折线近似的相频特性称为相频特性波特图(简称相频图)。

从图 3.1.4 的波特图可以清楚地看出，图 3.1.3 所示的RC电路确实具有高通的特性，即对于 $f \geqslant f_L$ 的高频信号，$|\dot{A}_u| \approx 1$，故高频信号能够通过本电路，但对 $f<f_L$ 的低频信号，频率越低，$|\dot{A}_u|$ 值越小，故低频信号不能通过本电路。f_L 称为高通电路的**下限(−3dB)频率**。由图 3.1.4(b)也可看出，在低频段，高通电路还将产生一个 0～+90°之间的超前的相位移。

2. RC低通电路的波特图

由图 3.1.5 所示RC低通电路可得

$$\dot{A}_u = \frac{\frac{1}{j\omega C}}{R+\frac{1}{j\omega C}} = \frac{1}{1+j\omega RC} \tag{3.1.9}$$

此低通电路的时间常数为 $\tau_H = RC$。令

$$f_H = \frac{1}{2\pi\tau_H} = \frac{1}{2\pi RC} \tag{3.1.10}$$

代入式(3.1.9)，可得

$$\dot{A}_u = \frac{1}{1+j\omega\tau_H} = \frac{1}{1+j\frac{f}{f_H}} \tag{3.1.11}$$

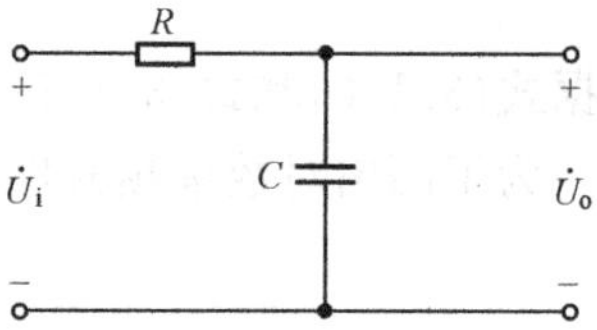

图 3.1.5 RC低通电路

仍将上式分别用模和相角表示如下

$$|\dot{A}_u| = \frac{1}{\sqrt{1+\left(\frac{f}{f_H}\right)^2}} \tag{3.1.12}$$

$$\varphi = -\arctan\left(\frac{f}{f_H}\right) \tag{3.1.13}$$

利用与上面类似的方法，根据式(3.1.12)和式(3.1.13)可以画出RC低通电路的波特图。

首先将式(3.1.12)取对数，可得

$$20\lg|\dot{A}_u| = -20\lg\sqrt{1+\left(\frac{f}{f_H}\right)^2} \tag{3.1.14}$$

由式(3.1.14)可见，当 $f \ll f_H$ 时，$20\lg|\dot{A}_u| \approx 0\text{dB}$；当 $f \gg f_H$ 时，$20\lg|\dot{A}_u| \approx -20\lg f/f_H$；当 $f=f_H$ 时，$20\lg|\dot{A}_u| = -20\lg\sqrt{2} = -3\text{dB}$。

由此可知，RC低通电路的对数幅频特性曲线也可用两条直线构成的折线来近似。当 $f<f_H$ 时，用零分贝线即横坐标轴来近似；当 $f>f_H$ 时，用斜率等于−20dB每十倍频的直线来近似，两直线交于横坐标上 $f=f_H$ 处，利用折线近似方法画出的对数幅频特性波特图，如图 3.1.6(a)中的虚线所示。

根据式(3.1.14)画出的低通电路的对数幅频特性曲线为图 3.1.6(a)中的实线。同样可

以证明，折线近似引起的最大误差为 3dB，发生在 $f=f_H$ 处。

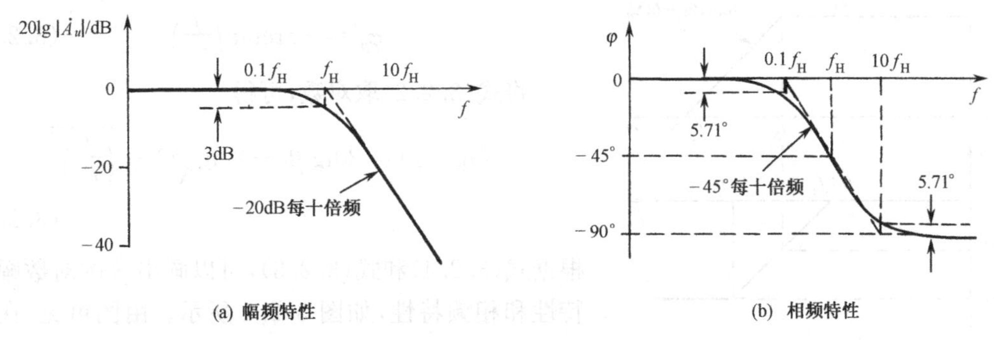

图 3.1.6　RC 低通电路的波特图

RC 低通电路的对数相频特性的分析方法与高通电路类似。

由式(3.1.13)可得，当 $f \ll f_H$ 时，$\varphi \approx 0°$；当 $f \gg f_H$ 时，$\varphi \approx -90°$；当 $f=f_H$ 时，$\varphi=-45°$。

因此，RC 低通电路的对数相频特性也可用三条直线构成的折线来近似，画出相频特性波特图。

当 $f<0.1f_H$ 时，近似认为 $\varphi=0°$；当 $f>10f_H$ 时，近似认为 $\varphi=-90°$；当 $0.1f_H<f<10f_H$时，用一条斜率等于 $-45°$ 每十倍频的直线来近似，在此直线上，当 $f=f_H$ 时，$\varphi=-45°$，如图 3.1.6(b)中的虚线所示。

由式(3.1.13)画出的低通电路的对数相频特性曲线如图 3.1.6(b)中的实线所示。由图可见，折线近似带来的最大误差也是 $\pm 5.71°$，分别发生在 $0.1f_H$ 和 $10f_H$ 处。

同样可以从图 3.1.6 的波特图看出，图 3.1.5 中的 RC 电路具有低通的特性，即允许 $f<f_H$ 的低频信号通过，而对于 $f>f_H$ 的高频信号则不能通过。f_H 称过低通电路的**上限(−3dB)频率**。由图 3.1.6(b)也可看出，在高频段，此低通电路将产生 $0 \sim -90°$之间的滞后的相位移。

必须指出，以上对于简单的 RC 高通电路和低通电路的波特图的分析方法具有普遍意义，实际上，对于其他含有一个时间常数的高通或低通电路，只需根据电路参数计算出中频时的电压放大倍数以及下限频率 f_L 或上限频率 f_H，即可简单方便地画出其折线化的对数幅频特性和相频特性。在本章后面几节，即分析三极管的电流放大系数 $\dot{\beta}$ 和单管共射放大电路的频率响应时，常常运用前面介绍的方法来画出它们的波特图。

3.2　三极管的频率参数

在中频时，一般认为三极管的共射电流放大系数 β 是一个常数。但当频率升高时，由于存在极间电容，因此三极管的电流放大作用将被削弱，所以电流放大系数是频率的函数，可以表示如下

$$\dot{\beta}=\frac{\beta_0}{1+\mathrm{j}\dfrac{f}{f_\beta}} \tag{3.2.1}$$

式中，β_0 是三极管低频时的共射电流放大系数，f_β 为三极管的 $|\dot{\beta}|$ 值下降至 $\beta_0/\sqrt{2}$时的频率。

式(3.2.1)也可分别用 $\dot{\beta}$ 的模和相角表示，即

$$|\dot{\beta}|=\frac{\beta_0}{\sqrt{1+\left(\dfrac{f}{f_\beta}\right)^2}} \tag{3.2.2}$$

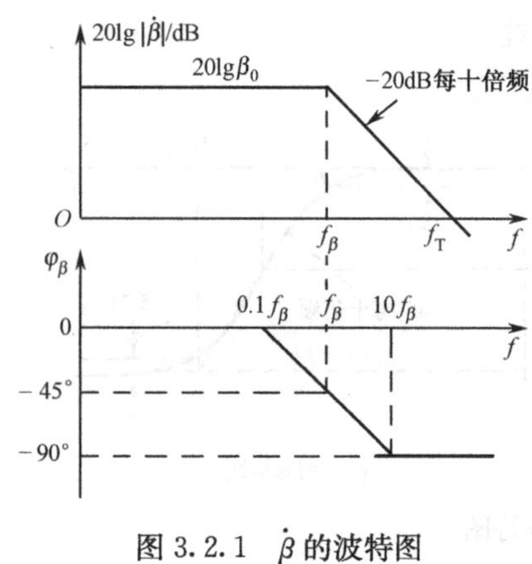

图 3.2.1　$\dot{\beta}$ 的波特图

$$\varphi_\beta = -\arctan\left(\frac{f}{f_\beta}\right) \tag{3.2.3}$$

将式(3.2.2)取对数,可得

$$20\lg|\dot{\beta}| = 20\lg\beta_0 - 20\lg\sqrt{1+\left(\frac{f}{f_\beta}\right)^2} \tag{3.2.4}$$

根据式(3.2.4)和式(3.2.3),可以画出 $\dot{\beta}$ 的对数幅频特性和相频特性,如图 3.2.1 所示。由图可见,在低频和中频段,$|\dot{\beta}|=\beta_0$;当频率升高时,$|\dot{\beta}|$ 值随之下降。

为了描述三极管对高频信号的放大能力,引出若干频率参数。下面分别进行介绍。

3.2.1　共射截止频率

一般将 $|\dot{\beta}|$ 值下降到 $0.707\beta_0$(即 $\beta_0/\sqrt{2}$)时的频率定义为三极管的**共射截止频率**,用符号 f_β 表示。

由式(3.2.2)可得,当 $f=f_\beta$ 时

$$|\dot{\beta}| = \frac{1}{\sqrt{2}}\beta_0 \approx 0.707\beta_0$$

$$20\lg|\dot{\beta}| = 20\lg\beta_0 - 20\lg\sqrt{2} = 20\lg\beta_0 - 3(\text{dB})$$

可见,所谓截止频率,并不意味着此时三极管已经完全失去放大作用,而只是表示此时 $|\dot{\beta}|$ 已下降到中频时的70%左右,或 $\dot{\beta}$ 的对数幅频特性下降了3dB。

3.2.2　特征频率

一般以 $|\dot{\beta}|$ 值降为1时的频率定义为三极管的**特征频率**,用符号 f_T 表示。当 $f=f_T$ 时,$|\dot{\beta}|=1$,$20\lg|\dot{\beta}|=0$,所以 $\dot{\beta}$ 的对数幅频特性与横坐标轴交点处的频率即是 f_T,如图 3.2.1 所示。

特征频率是三极管的一个重要参数。当 $f>f_T$ 时,$|\dot{\beta}|$ 值将小于1,表示此时三极管已失去放大作用,所以不允许三极管工作在如此高的频率范围。

将 $f=f_T$ 和 $|\dot{\beta}|=1$ 代入式(3.2.2),则得

$$1 = \beta_0 \Big/ \sqrt{1+\left(\frac{f_T}{f_\beta}\right)^2}$$

由于通常 $\frac{f_T}{f_\beta}\gg 1$,所以可将上式分母根号中的1忽略,则该式可化简为

$$f_T \approx \beta_0 f_\beta \tag{3.2.5}$$

上式表明,一个三极管的特征频率 f_T 与其共射截止频率 f_β 二者之间是相关的,而且 f_T 比 f_β 高得多,大约是 f_β 的 β_0 倍。

3.2.3 共基截止频率

显然，考虑三极管的极间电容后，其共基电流放大系数也将是频率的函数，此时可表示为

$$\dot{\alpha} = \alpha_0 \Big/ \left(1 + \mathrm{j}\frac{f}{f_\alpha}\right) \tag{3.2.6}$$

通常将$|\dot{\alpha}|$值下降为低频时 α_0 的 0.707 倍时的频率定义为**共基截止频率**，用符号 f_α 表示。

现在来研究一下，f_α 和 f_β、f_T 之间有什么关系。已经知道共基电流放大系数 $\dot{\alpha}$ 与共射电流放大系数 $\dot{\beta}$ 之间存在以下关系

$$\dot{\alpha} = \frac{\dot{\beta}}{1+\dot{\beta}} \tag{3.2.7}$$

将式(3.2.1)代入式(3.2.7)，可得

$$\dot{\alpha} = \frac{\dfrac{\beta_0}{1+\mathrm{j}f/f_\beta}}{1+\dfrac{\beta_0}{1+\mathrm{j}f/f_\beta}} = \frac{\dfrac{\beta_0}{1+\beta_0}}{1+\mathrm{j}\dfrac{f}{(1+\beta_0)f_\beta}} \tag{3.2.8}$$

将式(3.2.8)与式(3.2.6)比较，可知

$$\alpha_0 = \frac{\beta_0}{1+\beta_0} \tag{3.2.9}$$

$$f_\alpha = (1+\beta_0)f_\beta \tag{3.2.10}$$

可见，f_α 比 f_β 高得多，等于 f_β 的$(1+\beta_0)$倍。由此可以理解，与共射组态相比，共基组态的频率响应比较好。

综上所述，可知三极管的三个频率参数不是独立的，而是互相有关，三者的数值大小符合以下关系

$$f_\beta < f_T < f_\alpha$$

三极管的频率参数也是选用三极管的重要依据之一。通常，在要求通频带比较宽的放大电路中，应该选用高频管，即频率参数值较高的三极管。如对通频带没有特殊要求，则可选用低频管。一般低频小功率三极管的 f_T 值约为几十至几百千赫，高频小功率三极管的 f_T 约为几十至几百兆赫。一般可从器件手册上查到三极管的 f_T、f_α 或 f_β 值。

3.3 单管共射放大电路的频率响应

为了便于从物理概念上理解单管共射放大电路的频率响应，首先来定性分析一下，当输入不同频率的正弦信号时，放大倍数将如何变化。

如果考虑三极管的极间电容，而且电路中接有电抗性元件，如隔直电容等，则单管共射放大电路可画成如图 3.3.1 所示。

在中频段，各种容抗的影响可以忽略不计，所以电压放大倍数基本上不随频率而变化。在低频段，由于隔直电容的容抗增大，信号在电容上的压降也增大，所以电压放大倍数将降低。同时，隔直电容与放大电路的输入电阻构成一个 RC 高通电路，因此将产生0～+90°之间的超前的附加相位移。在高频段，由于容抗减小，故隔直电容的作用可以忽略，但是，三极管的极间电容并联在电路中，将使电压放大倍数降低，而且，构成一个 RC 低通电路，产生 0～−90°之间的滞后的附加相位移。

根据以上分析可知，单管共射放大电路频率特性的示意图如图 3.1.1 所示。但是，以上只是大致的定性分析，为了得到定量的结果，需要一种考虑三极管极间电容的等效电路，这就是混合 π 形等效电路。

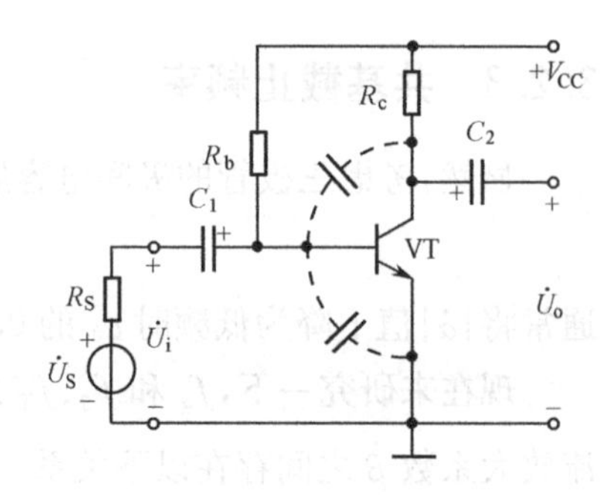

图 3.3.1　考虑极间电容时的单管共射放大电路

3.3.1　混合 π 形等效电路

在 2.3.3 节曾经介绍了三极管的 h 参数微变等效电路。但是，如果考虑三极管的极间电容，等效电路中的参数将成为随频率而变化的复数(如 $\dot{\beta}$ 等)，分析时很不方便，因此，需要引出其他形式的微变等效电路。

在高频电路中，考虑了极间电容时，三极管的结构示意图如图 3.3.2(a)所示。其中 $C_{b'e}$为发射结等效电容，$C_{b'c}$为集电结等效电容。由此得到三极管的混合 π 形等效电路，如图 3.3.2(b)所示。

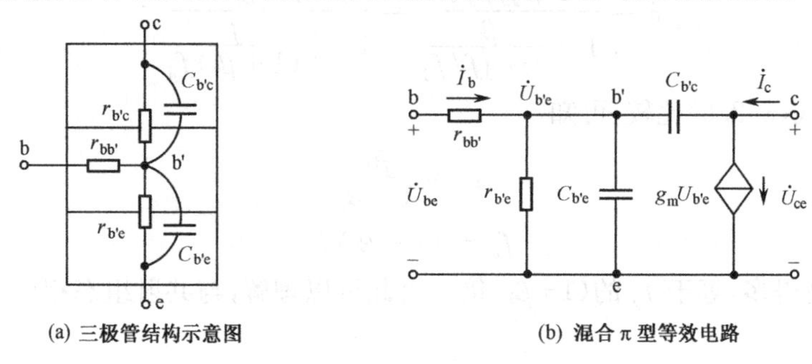

(a) 三极管结构示意图　　(b) 混合 π 型等效电路

图 3.3.2　三极管的混合 π 形等效电路

等效电路中的 $\dot{U}_{b'e}$代表直接加在发射结上的电压。恒流源 $g_m\dot{U}_{b'e}$也是一个受控源，体现了发射结电压对集电极电流的控制作用。其中的 g_m 称为跨导，表示当 $\dot{U}_{b'e}$为单位电压时，在集电极回路引起的 $\dot{I}_c$ 的大小。因为集电结反向偏置，所以 $r_{b'c}$很大，可以视做开路；又由于 r_{ce}值也很大，故在等效电路中已将上述两个电阻忽略。

实际上，混合 π 形等效电路的参数与我们熟知的 h 参数之间有确定的关系。当低频时，可以不考虑极间电容的作用，此时，混合 π 形等效电路的形式就与 h 参数等效电路相仿，如图 3.3.3(a)所示。只需将图 3.3.3(a)与图 3.3.3(b)中的 h 参数等效电路进行对比，即可找到混合 π 参数与 h 参数之间的关系。

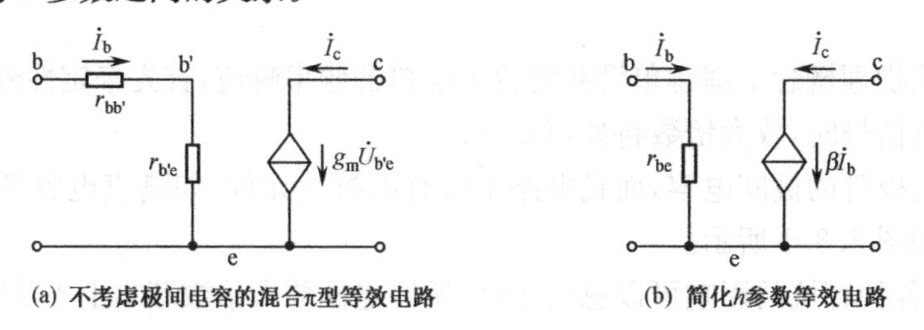

(a) 不考虑极间电容的混合π型等效电路　　(b) 简化h参数等效电路

图 3.3.3　混合 π 参数与 h 参数之间的关系

通过对比可得
$$r_{bb'}+r_{b'e}=r_{be}=r_{bb'}+(1+\beta)\frac{26}{I_{EQ}}$$

则混合 π 参数 $r_{b'e}$和 $r_{bb'}$分别为
$$r_{b'e}=r_{be}-r_{bb'}=(1+\beta)\frac{26}{I_{EQ}} \tag{3.3.1}$$

$$r_{bb'} = r_{be} - r_{b'e} \tag{3.3.2}$$

通过对比还可得
$$g_m \dot{U}_{b'e} = g_m \dot{I}_b r_{b'e} = \beta \dot{I}_b$$

则另一个混合 π 参数 g_m 为
$$g_m = \frac{\beta}{r_{b'e}} = \frac{\beta}{(1+\beta)\frac{26}{I_{EQ}}} \approx \frac{I_{EQ}}{26} \tag{3.3.3}$$

以上三个表达式，即式(3.3.1)、式(3.3.2)和式(3.3.3)表示出了混合 π 参数与 h 参数之间的联系。由式(3.3.1)和式(3.3.3)还可看出，混合 π 参数 $r_{b'e}$、g_m 的值与静态发射极电流 I_{EQ}有关，I_{EQ}越大，则 $r_{b'e}$越小，而 g_m 越大。对于一般小功率三极管，$r_{bb'}$ 约为几十至几百欧，$r_{b'e}$为 1kΩ 左右，g_m 约为几十毫西门子。

在混合 π 形等效电路的两个电容之中，因发射结正偏，$C_{b'e}$由扩散电容构成，而且是正偏电压的函数。而集电结反偏，$C_{b'c}$由势垒电容构成。一般 $C_{b'e}$比 $C_{b'c}$大得多。通常 $C_{b'c}$的值可从器件手册上查到，而 $C_{b'e}$的值在一般手册上未标明。但可由手册上查得三极管的特征频率 f_T，然后根据下式估算 $C_{b'e}$。

$$C_{b'e} \approx \frac{g_m}{2\pi f_T} \approx \frac{I_{EQ}}{2\pi U_T f_T} \tag{3.3.4}$$

在图 3.3.2(b)的混合 π 形等效电路中，电容 $C_{b'c}$跨接在 b′和 c 之间，将输入回路与输出回路直接联系起来，将使解电路的过程变得十分麻烦。为此，可以利用密勒定理将问题简化，即用两电容来等效代替 $C_{b'c}$，它们分别接在 b′、e 和 c、e 两端，各自的容值为 $(1-K)C_{b'c}$ 和 $\frac{K-1}{K}C_{b'c}$，其中 $K \approx \frac{\dot{U}_{ce}}{\dot{U}_{b'e}}$。经过简化，得到图 3.3.4 所示的单向化的等效电路。图中，$C' = C_{b'e} + (1-K)C_{b'c}$。在此等效电路中，输入回路与输出回路不再在电路中直接发生联系，为频率响应的分析带来很大的方便。

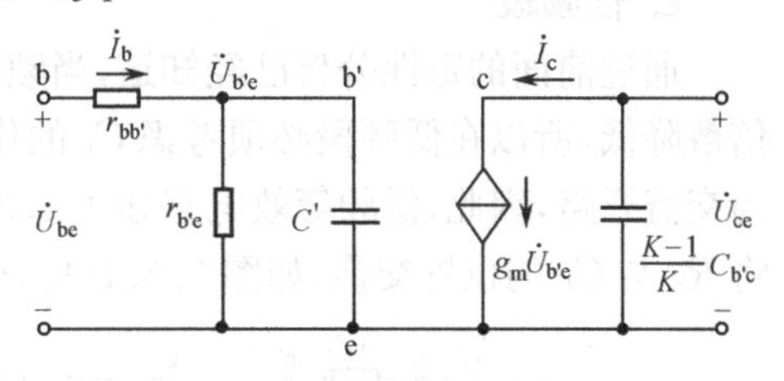

图 3.3.4　单向化的混合 π 形等效电路

下面利用混合 π 形等效电路来分析单管共射放大电路的频率响应。

3.3.2　阻容耦合单管共射放大电路的频率响应

在图 3.3.5 所示的阻容耦合单管共射放大电路中，可以将 C_2 和 R_L 看成是下一级的输入端耦合电容和输入电阻，所以，在分析本级的频率响应时，可以暂不把它们考虑在内。

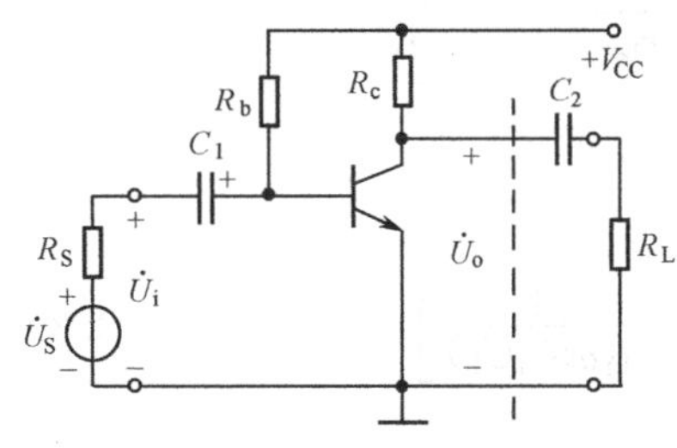

图 3.3.5　阻容耦合单管共射放大电路

下面先分别讨论中频、低频和高频时的频率响应，然后再综合分析完整的波特图。

1. 中频段

在中频段，一方面，隔直电容 C_1 的容抗比串联回路中的其他电阻值小得多，可以认为交流短路；另一方面，三极管极间电容的容抗又比其并联支路中的其他电阻值大得多，可以视为交流开路。总之，在中频段可将各种容抗的影响忽略不计，于是可得到阻容耦合单管共射放大电路的中频等效电路，如图 3.3.6 所示。

由图可得

$$\dot{U}_{b'e}=\frac{R_i}{R_S+R_i}\frac{r_{b'e}}{r_{be}}\dot{U}_S$$

式中
$$R_i=R_b\ /\!/\ r_{be}$$

而
$$\dot{U}_o=-g_m\dot{U}_{b'e}R_c=-\frac{R_i}{R_S+R_i}\frac{r_{b'e}}{r_{be}}g_mR_c\dot{U}_S$$

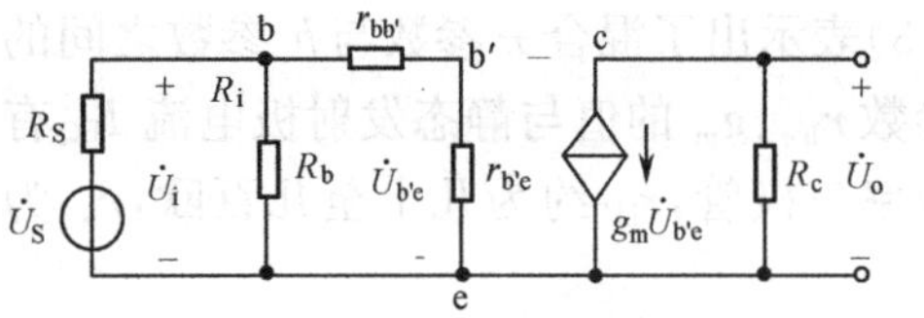

图 3.3.6 中频等效电路

则中频电压放大倍数为

$$\dot{A}_{usm}=\frac{\dot{U}_o}{\dot{U}_S}=-\frac{R_i}{R_S+R_i}\frac{r_{b'e}}{r_{be}}g_mR_c \quad (3.3.5)$$

由前面得到的式(3.3.3)已知,$g_m=\frac{\beta}{r_{b'e}}$,代入上式后可得

$$\dot{A}_{usm}=-\frac{R_i}{R_S+R_i}\frac{\beta R_c}{r_{be}}$$

可见,以上中频电压放大倍数的表达式,与利用简化 h 参数等效电路的分析结果是一致的。

2. 低频段

通过前面的定性分析已经知道,当频率下降时,由于隔直电容的容抗增大,将使电压放大倍数降低,所以在低频段必须考虑 C_1 的作用。而三极管的极间电容并联在电路中,此时可认为交流开路,因此,低频等效电路如图 3.3.7(a)所示。又因 R_S 与 C_1 是串联在一个支路中,可将 R_S 与 C_1 的位置交换,如图 3.3.7(b)所示。图 3.3.7(a)与(b)两电路是等效的。

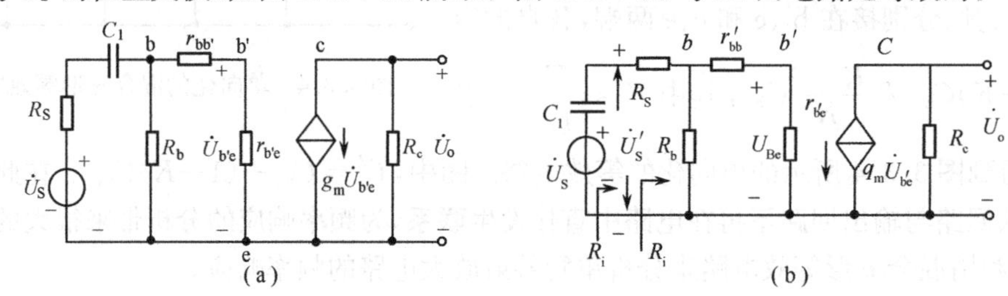

图 3.3.7 低频等效电路

由图 3.3.7(b)可知,

$$\frac{\dot{U}_o}{\dot{U}'_S}=\dot{A}_{usm}=-\frac{R_i}{R_s+R_i}\cdot\frac{\beta R_C}{r_{be}}$$

$$R'_i=R_S+R_i$$

式中
$$R_i=R_b\ /\!/\ r_{be}$$

于是
$$A_{usL}=\frac{\dot{U}_o}{\dot{U}_S}=\frac{\dot{U}_o}{\dot{U}'_S}\cdot\frac{\dot{U}'_S}{\dot{U}_S}=\dot{A}_{usm}\Big/\left[1+\frac{1}{j(\omega R'_iC_1)}\right] \quad (3.3.6)$$

由此表达式可以看出,低频时间常数为

$$\tau_L=R'_iC_1=(R_S+R_i)C_1 \quad (3.3.7)$$

低频段的下限(−3dB)频率为

$$f_L=\frac{1}{2\pi\tau_L}=\frac{1}{2\pi(R_S+R_i)C_1} \quad (3.3.8)$$

将此式代入式(3.3.6),可得

$$\dot{A}_{usL}=\dot{A}_{usm}\frac{1}{1-j\frac{f_L}{f}} \tag{3.3.9}$$

由式(3.3.8)可知,阻容耦合单管共射放大电路的下限频率 f_L 主要决定于低频时间常数,C_1 与(R_S+R_i)的乘积越大,则 f_L 越小,即放大电路的低频响应越好。

求得中频电压放大倍数 $\dot{A}_{usm}$ 和下限频率 f_L 后,运用3.1.4节介绍的方法,即可简单方便地画出低频段折线化的幅频特性和相频特性。

3. 高频段

当频率升高时,隔直电容 C_1 上的压降可以忽略不计,但此时并联在电路中的极间电容的影响必须予以考虑,因此高频等效电路如图3.3.8所示。

由于在一般情况下,输出回路的时间常数要比输入回路的时间常数小得多,因此可以将输出回路的电容 $\frac{K-1}{K}C_{b'c}$ 忽略,再利用戴维南定理将输入回路简化,则高频等效电路可简化成为图3.3.9所示电路。

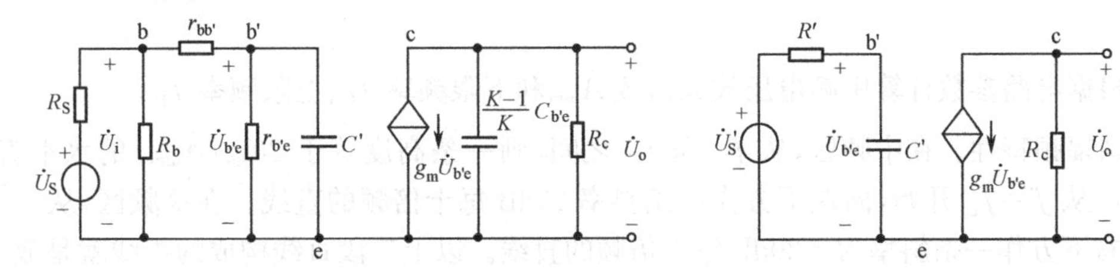

图3.3.8 高频等效电路　　图3.3.9 高频等效电路的简化

图中 $\dot{U}'_S=\frac{R_i}{R_S+R_i}\frac{r_{b'e}}{r_{be}}\dot{U}_S$, $R'=r_{b'e}//[r_{bb'}+(R_S//R_b)]$

$$C'=C_{b'e}+(1-K)C'_{b'c}=C_{b'e}+(1+g_mR_c)C_{b'c}$$

由图可以清楚地看出,电容 C' 与电阻 R' 构成一个RC低通电路。

由图可得

$$\dot{U}_{b'e}=\frac{\frac{1}{j\omega C'}}{R'+\frac{1}{j\omega C'}}U'_S=\frac{1}{1+j\omega R'C'}U'_S$$

而

$$\dot{U}_o=-g_m\dot{U}_{b'e}R_c=-\frac{R_i}{R_S+R_i}\frac{r_{b'e}}{r_{be}}g_mR_c\frac{1}{1+j\omega R'C'}\dot{U}_S$$

则高频电压放大倍数为

$$\dot{A}_{usH}=\frac{\dot{U}_o}{\dot{U}_S}=\dot{A}_{usm}\frac{1}{1+j\omega R'C'} \tag{3.3.10}$$

由此可见,高频时间常数为

$$\tau_H=R'C' \tag{3.3.11}$$

高频段的上限(−3dB)频率为

$$f_H=\frac{1}{2\pi\tau_H}=\frac{1}{2\pi R'C'} \tag{3.3.12}$$

将 f_H 代入式(3.3.10),可得

$$\dot{A}_{usH} = \dot{A}_{usm} \frac{1}{1 + j\dfrac{f}{f_H}} \tag{3.3.13}$$

由式(3.3.12)可知,单管共射放大电路的上限频率 f_H 主要决定于高频时间常数,C' 与 R' 的乘积越小,则 f_H 越大,即放大电路的高频响应越好。而其中 C' 主要与三极管的极间电容有关,因此,为了得到良好的高频响应,应该选用极间电容比较小的三极管。

只要算出 $\dot{A}_{usm}$ 和 f_H,即可方便地画出高频段折线化的幅频特性和相频特性。

4. 完整的波特图

根据以上的中频、低频和高频时分别得到的电压放大倍数的表达式,综合起来,即可得到阻容耦合单管共射放大电路在全部频率范围内电压放大倍数的近似表达式,即

$$\dot{A}_{us} \approx \frac{\dot{A}_{usm}}{\left(1 - j\dfrac{f_L}{f}\right)\left(1 + j\dfrac{f}{f_H}\right)} \tag{3.3.14}$$

同时,根据以上的中频、低频和高频时的分析结果,并利用3.1.4节介绍的高通和低通电路的波特图的画法,即可简洁地画出阻容耦合单管共射放大电路完整的波特图。作图的步骤如下:

① 根据电路参数计算中频电压放大倍数 $\dot{A}_{usm}$ 和下限频率 f_L、上限频率 f_H。

② 画幅频特性。在中频区,从 f_L 到 f_H 之间,画一条高度等于 $20\lg|\dot{A}_{usm}|$ 的水平直线。在低频区,从 $f=f_L$ 开始,向左下方作一条斜率20dB每十倍频的直线。在高频区,从 $f=f_H$ 开始,向右下方作一条斜率为−20dB每十倍频的直线。以上三段直线构成的折线就是放大电路的对数幅频特性,如图3.3.10所示。

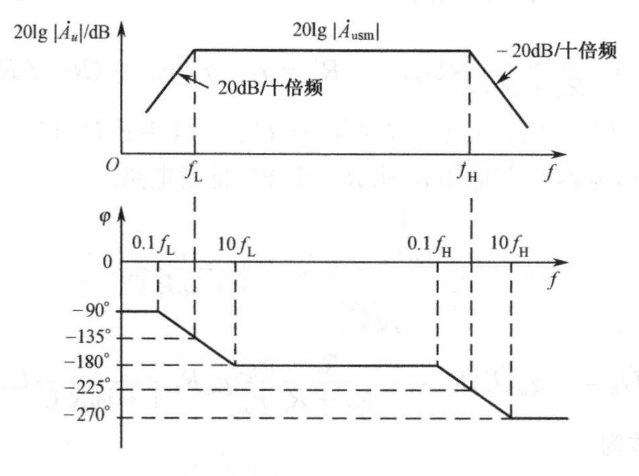

图3.3.10 阻容耦合单管共射放大电路的波特图

③ 画相频特性。在中频区,由于单管共射放大电路的倒相作用,故从 $10f_L \sim 0.1f_H$,画一条 $\varphi=-180°$ 的水平直线。在低频区,当 $\varphi<0.1f_L$ 时,$\varphi=-180°+90°=-90°$;在 $0.1f_L \sim 10f_L$ 之间,画一条斜率为 −45° 每十倍频的直线,在此直线上,当 $f=f_L$ 时,$\varphi=-180°+45°=-135°$。在高频区,当 $f>10f_H$ 时,$\varphi=-180°-90°=-270°$;在 $0.1f_H \sim 10f_H$ 之间,也画一条斜率为−45°每十倍频的直线,在此直线上,当 $f=f_H$ 时,$\varphi=-180°-45°=-225°$。以上五段直线构成的折线就是放大电路的对数相频特性,如图3.3.10所示。

【例3.3.1】 在图3.3.11所示放大电路中,已知三极管的 $U_{BEQ}=0.6\text{V}$,$\beta=50$,$C_{b'c}=$

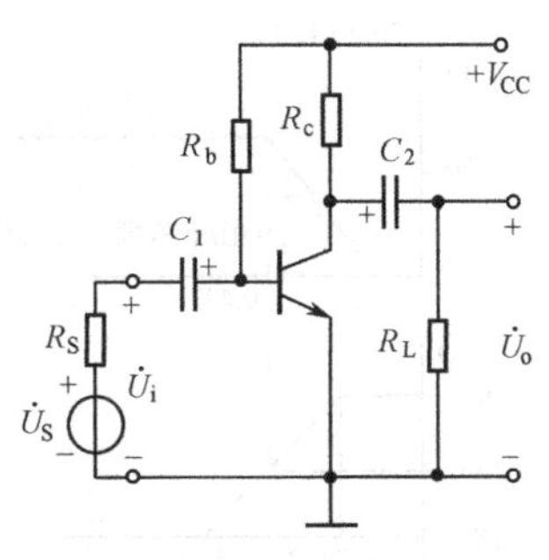

图 3.3.11　例 3.3.1 电路

4pF，f_T=150MHz，电路参数 R_S=2kΩ，R_c=2kΩ，R_b=220kΩ，R_L=10kΩ，C_1=0.1μF，V_{CC}=5V。试估算中频电压放大倍数、上限频率、下限频率和通频带，并画出波特图。设电容 C_2 的容量足够大，在通频带范围内可认为交流短路。

解：

① 估算静态工作点

$$I_{BQ}=\frac{V_{CC}-U_{BEQ}}{R_b}=\left(\frac{5-0.6}{220}\right)=0.02(\text{mA})$$

$$I_{CQ}\approx\beta I_{BQ}=(50\times0.02)=1(\text{mA})\approx I_{EQ}$$

② 计算中频电压放大倍数

$$r_{b'e}=(1+\beta)\frac{26}{I_{EQ}}=\frac{51\times26}{1}=1326(\Omega)\approx1.3\text{k}\Omega$$

$$r_{be}=r_{bb'}+r_{b'e}=(300+1326)=1626(\Omega)\approx1.6\text{k}\Omega$$

$$R_i=R_b\,/\!/\,r_{be}\approx r_{be}=1.6(\text{k}\Omega)$$

$$R'_L=R_c\,/\!/\,R_L=\frac{2\times10}{2+10}=1.67(\text{k}\Omega)$$

$$g_m\approx\frac{I_{EQ}}{26}=\frac{1}{26}=38.5(\text{mS})$$

则
$$\dot{A}_{usm}=-\frac{R_i}{R_S+R_i}\frac{r_{b'e}}{r_{be}}g_mR'_L=-\frac{1.6}{2+1.6}\times\frac{1.3}{1.6}\times38.5\times1.67\approx-23.2$$

③ 计算下限频率

$$f_L=\frac{1}{2\pi(R_S+R_i)C_1}=\frac{1}{2\pi\times(2+1.6)\times10^3\times0.1\times10^{-6}}=442(\text{Hz})$$

④ 计算上限频率

$$C_{b'e}\approx\frac{g_m}{2\pi f_T}=\frac{38.5\times10^{-3}}{2\pi\times150\times10^6}=41\times10^{-12}(\text{F})=41(\text{pF})$$

$$C'=C_{b'e}+(1+g_mR'_L)C_{b'c}=[41+(1+38.5\times1.67)\times4]=302(\text{pF})$$

$$R'_S=R_S\,/\!/\,R_b\approx R_S=2(\text{k}\Omega)$$

$$R'=r_{b'e}\,/\!/\,[r_{bb'}+(R_S\,/\!/\,R_b)]=\frac{1.3\times(0.3+2)}{1.3+(0.3+2)}=0.83(\text{k}\Omega)$$

则
$$f_H=\frac{1}{2\pi R'C'}=\frac{1}{2\pi\times830\times302\times10^{-12}}=0.63\times10^6(\text{Hz})=0.63(\text{MHz})$$

⑤ 计算通频带

$$\text{BW}=f_H-f_L\approx f_H=0.63(\text{MHz})$$

⑥ 画波特图

$$20\lg|\dot{A}_{usm}|=(20\lg23.2)\text{dB}=27.3(\text{dB})$$

已知
$$f_L=442\text{Hz}=0.442\text{kHz}$$

$$f_H=0.63\text{MHz}=630\text{kHz}$$

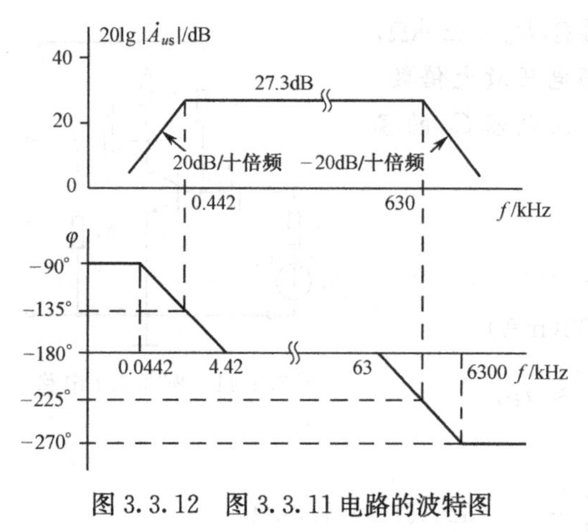

图 3.3.12　图 3.3.11 电路的波特图

根据给出的作图步骤,即可画出折线化的幅频特性和相频特性如图 3.3.12 所示。

5. 增益带宽积

所谓增益带宽积是指中频电压放大倍数与通频带的乘积,通常以此乘积来表示放大电路综合性能的优劣。

由式(3.3.5)和式(3.3.12)可知

$$\dot{A}_{usm} = -\frac{R_i}{R_S + R_i}\frac{r_{b'e}}{r_{be}}g_m R_c, \qquad f_H = \frac{1}{2\pi R'C'}$$

式中 $R_i = R_b \mathbin{/\!/} r_{be}$

$$R' = r_{b'e} \mathbin{/\!/} [r_{bb'} + (R_S \mathbin{/\!/} R_b)]$$

$$C' = C_{b'e} + (1 + g_m R_c)C_{b'c}$$

假设 $R_b \gg R_S$,$R_b \gg r_{be}$,且$(1+g_m R_c)C_{b'c} \gg C_{b'e}$,则单管共射放大电路的增益带宽积为

$$|\dot{A}_{usm} f_H| = \frac{R_i}{R_S + R_i}\frac{r_{b'e}}{r_{be}}g_m R_c \frac{1}{2\pi R'C'} \approx \frac{1}{2\pi(R_S + r_{bb'})C_{b'c}} \tag{3.3.15}$$

虽然这个公式很不严格,但是从中可以看出一个大概趋势。也就是说,选定放大三极管以后,$r_{bb'}$ 和 $C_{b'c}$ 的值即被确定,于是增益带宽积也就基本上确定了。此时,若将电压放大倍数提高若干倍,则通频带也将几乎变窄同样的倍数。

由此得出结论,如欲得到一个通频带既宽,电压放大倍数又高的放大电路,首要的问题是选用 $r_{bb'}$ 和 $C_{b'c}$ 均小的高频三极管。

3.3.3　直接耦合单管共射放大电路的频率响应

在集成放大电路,基本上都采用直接耦合的方式。对于直接耦合放大电路来说,由于不通过隔直电容实现级间连接,因此在低频段不会因隔直电容上压降的增大而使电压放大倍数降低,同时也不产生附加的相位移。所以,直接耦合放大电路不存在下限频率。可见,直接耦合放大电路的特点是低频段的频率响应好。但是,在高频段,由于三极管极间电容的影响,高频电压放大倍数仍将下降,同时产生 0～−90°之间的滞后的附加相位移。直接耦合单管共射放大电路的波特图如图 3.3.13所示。其中,中频电压放大倍数 $\dot{A}_{um}$ 和上限频率 f_H 的计算方法与前相同,可参阅 3.3.2 节。

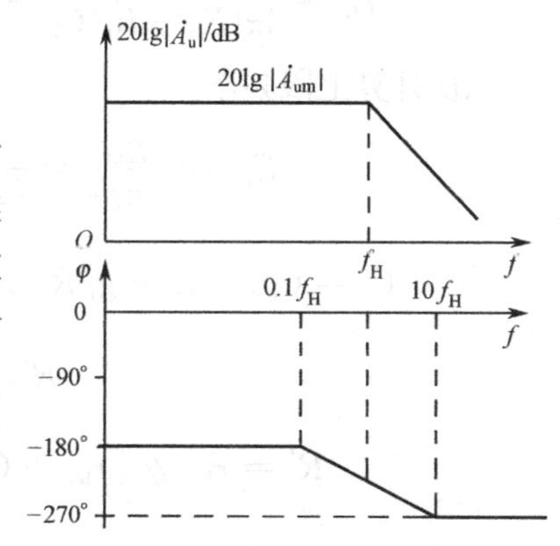

图 3.3.13　直接耦合单管共射放大电路的波特图

3.4　多级放大电路的频率响应

3.4.1　多级放大电路的幅频特性和相频特性

已经知道多级放大电路总的电压放大倍数是各级电压放大倍数的乘积,即

$$\dot{A}_u = \dot{A}_{u1} \cdot \dot{A}_{u2} \cdot \cdots \cdot \dot{A}_{un}$$

将上式取绝对值后再求对数，可得到多级放大电路的对数幅频特性，即

$$20\lg|\dot{A}_u| = 20\lg|\dot{A}_{u1}| + 20\lg|\dot{A}_{u2}| + \cdots + 20\lg|\dot{A}_{un}| = \sum_{k=1}^{n} 20\lg|\dot{A}_{uk}| \tag{3.4.1}$$

多级放大电路总的相位移为

$$\varphi = \varphi_1 + \varphi_2 + \cdots + \varphi_n = \sum_{k=1}^{n} \varphi_k \tag{3.4.2}$$

以上表达式中的 $\dot{A}_{uk}$ 和 φ_k 分别是第 k 级放大电路的电压放大倍数和相位移。

式(3.4.1)和式(3.4.2)说明，**多级放大电路的对数增益等于各级对数增益的代数和；而多级放大电路总的相位移也等于其各级相位移的代数和**。因此，绘制多级放大电路总的幅频特性和相频特性时，只要把各放大级的对数增益和相位移在同一横坐标下分别叠加起来就可以了。

例如，已知单级放大电路的幅频特性和相频特性如图 3.4.1 所示。若把以上完全相同的两个放大级串联组成一个两级放大电路，则只需分别将原来单级放大电路的幅频特性和相频特性每点的纵坐标增大一倍，即可得到两级放大电路总的幅频特性和相频特性，如图 3.4.1 所示。

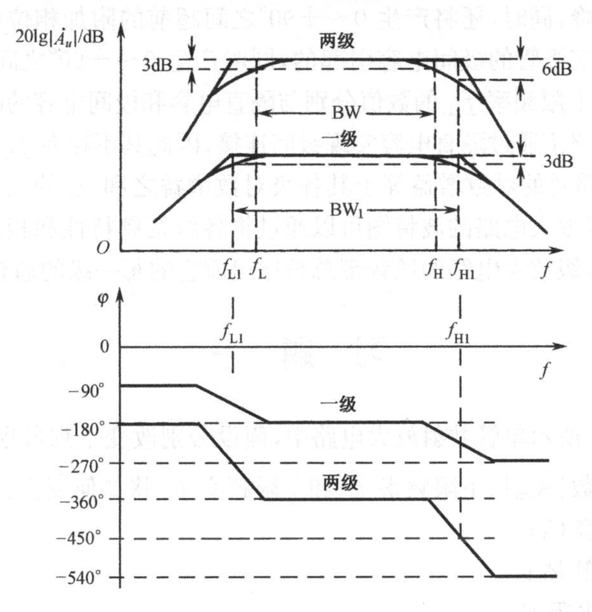

图 3.4.1　两级放大电路的波特图

由图 3.4.1 可见，对应于单级幅频特性上原来下降 3dB 的频率(即 f_{L1} 和 f_{H1})，在两级放大电路的幅频特性上将下降 6dB。将两级放大电路的下限频率 f_L 和上限频率 f_H，分别与单级的 f_{L1} 和 f_{H1} 进行比较，可以看出，$f_L > f_{L1}$，而 $f_H < f_{H1}$，由此得出结论：多级放大电路的通频带，总是比组成它的每一级的通频带窄。

3.4.2　多级放大电路的上限频率和下限频率

可以证明，多级放大电路的上限频率与组成它的各级上限频率之间，存在以下近似关系

$$\frac{1}{f_H} \approx 1.1\sqrt{\frac{1}{f_{H1}^2} + \frac{1}{f_{H2}^2} + \cdots + \frac{1}{f_{Hn}^2}} \tag{3.4.3}$$

多级放大电路的下限频率与其各级下限频率之间也存在以下近似关系

$$f_L = 1.1\sqrt{f_{L1}^2 + f_{L2}^2 + \cdots + f_{Ln}^2} \tag{3.4.4}$$

在实际的多级放大电路中，当各放大级的时间常数相差悬殊时，可取起主要作用的那一级作

为估算的依据。例如,若其中第 k 级的上限频率 f_{Hk} 比其他各级小得多,可近似认为总的$f_H \approx f_{Hk}$。同理,若其中第 m 级的下限频率 f_{Lm} 比其他各级大得多时,可近似认为总的$f_L \approx f_{Lm}$。

本章小结

(1) 由于放大器件存在极间电容,以及有些放大电路中接有电抗性元件,因此,放大电路的电压放大倍数是频率的函数,这种函数关系称为放大电路的频率响应,可以用对数频率特性曲线(或称波特图)来描述,定量分析频率响应的工具是混合 π 形等效电路。

(2) 为了描述三极管对高频信号的放大能力,引出了三个频率参数,它们是共射截止频率 f_β、特征频率 f_T 和共基截止频率 f_α。三者之间存在以下关系; $f_\beta < f_T < f_\alpha$。这些参数也是选用三极管的重要依据。

(3) 对于阻容耦合单管共射放大电路,低频段电压放大倍数下降的主要原因是输入信号在隔直电容上产生压降,同时,还将产生 0~+90°之间超前的附加相位移。高频段电压放大倍数的下降主要是由三极管的极间电容引起的,同时产生 0~−90°之间滞后的附加相位移。因此,下限频率 f_L 和上限频率 f_H 的数值分别与隔直电容和极间电容的时间常数成反比。

直接耦合放大电路不通过隔直电容实现级间连接,因此其不存在 f_L,低频响应好。

(4) 多级放大电路总的对数增益等于其各级对数增益之和,总的相位移也等于其各级相位移之和。因此,多级放大电路的波特图可以通过将各级幅频特性和相频特性分别进行叠加而得到。分析表明,多级放大电路的通频带总是比组成它的每一级的通频带窄。

习 题 三

3.1 在图 3.3.1 所示单管共射放大电路中,假设分别改变下列各项参数,试分析放大电路的中频电压放大倍数$|\dot{A}_{um}|$、下限频率 f_L 和上限频率 f_H 将如何变化。

(1) 增大隔直电容 C_1;

(2) 增大基极电阻 R_b;

(3) 增大集电极电阻 R_c;

(4) 增大共射电流放大系数 β;

(5) 增大三极管极间电容 $C_{b'e}$、$C_{b'c}$。

3.2 若某一放大电路的电压放大倍数为 100 倍,则其对数电压增益是多少分贝?另一放大电路的对数电压增益为 80dB,则其电压放大倍数是多少?

3.3 已知单管共射放大电路的中频电压放大倍数 $\dot{A}_{um} = -200$, $f_L = 10\text{Hz}$, $f_H = 1\text{MHz}$。

(1) 画出放大电路的波特图;

(2) 分别说明当 $f = f_L$ 和 $f = f_H$ 时,电压放大倍数的模$|\dot{A}_u|$和相角 φ 各等于多少?

3.4 假设两个单管共射放大电路的对数幅频特性分别如图 P3.1(a)和(b)所示:

(1) 分别说明两放大电路的中频电压放大倍数$|\dot{A}_{um}|$各等于多少,下限频率 f_L、上限频率 f_H 各等于多少。

(2) 示意画出两个放大电路相应的对数相频特性。

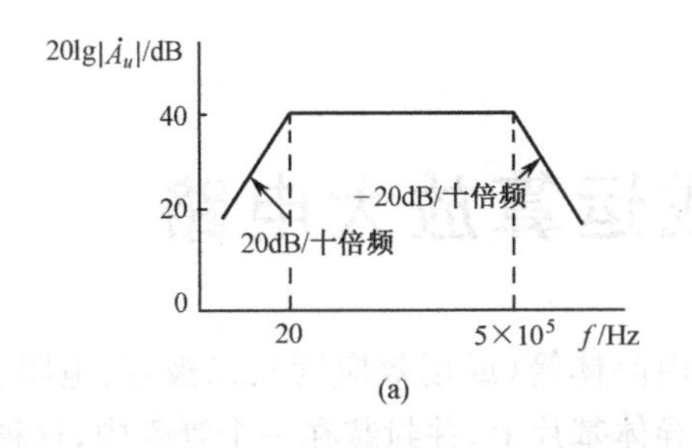

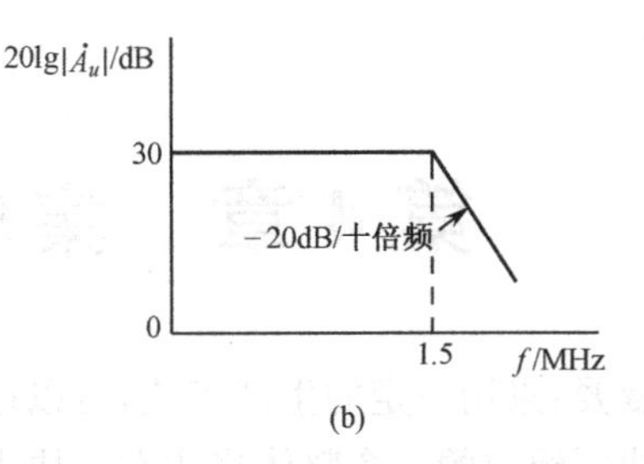

图 P3.1

3.5 已知一个三极管在低频时的共射电流放大系数 $\beta_0=100$，特征频率 $f_T=80$MHz：

(1) 当频率为多大时，三极管的 $|\dot{\beta}|\approx 70$？

(2) 当静态电流 $I_{EQ}=2$mA 时，三极管的跨导 $g_m=$？

(3) 此时三极管的发射结电容 $C_{b'e}=$？

3.6 在图 P3.2 的放大电路中，已知三极管的 $\beta=50$，$r_{be}=1.6$kΩ，$f_T=100$MHz，$C_{b'c}=$ 4pF，试求下限频率 f_L 和上限频率 f_H。

3.7 在一个两级放大电路中，已知第一级的中频电压放大倍数 $\dot{A}_{um1}=-100$，下限频率 $f_{L1}=10$Hz，上限频率 $f_{H1}=20$kHz；第二级的 $\dot{A}_{um2}=-20$，$f_{L2}=100$Hz，$f_{H2}=150$kHz，试问该两级放大电路总的对数电压增益等于多少分贝？总的上、下限频率约为多少？

3.8 在图 P3.3 中：

(1) 输入电阻 $R_i=$？（只要求列出各电阻的串并联关系，不需要具体计算）假设各电容的容抗可以忽略。

(2) 要使静态时 $I_{C2}=1$mA，则 $R_{b2}=$？设 $U_{BE2}=0.7$V。并设各电容的容抗可以忽略。

(3) 若将一个足够大的电容器并联在 R_{e2} 的两端，计算 $\dfrac{\dot{U}_o}{\dot{U}_i}=$？设 $\beta_1=\beta_2=100$，$r_{bb'}=400\Omega$，可进行合理的近似计算，要考虑相位关系。

(4) 若 $C_1=C_2=C_3=1\mu$F，试估计该放大电路的下限频率 $f_L=$？选时间常数最小的回路进行近似计算，r_{be1}、r_{be2} 由上题得出。

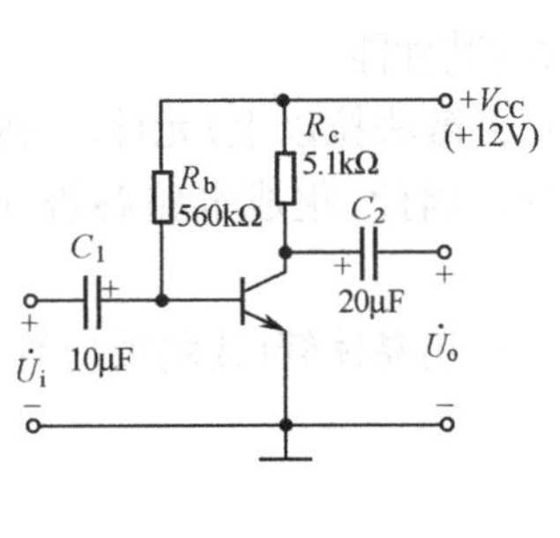

图 P3.2

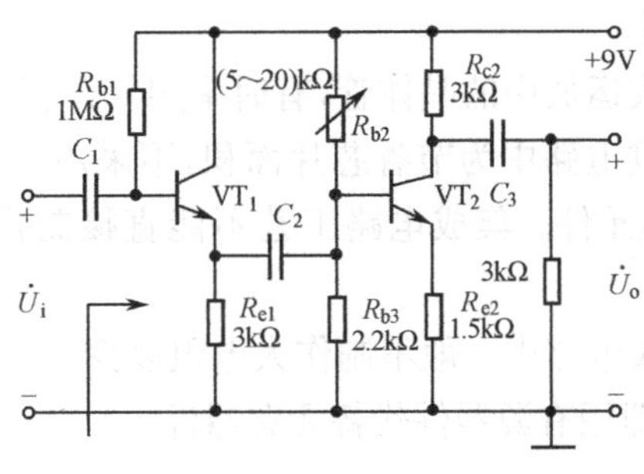

图 P3.3

第4章 集成运算放大电路

内容提要:采用一定的生产工艺,可以把由晶体管(或场效应管)、二极管、电阻、电容以及它们的连线所组成的一个整体集成在一块半导体基片上,并封装在一个管壳内,这种器件称为集成电路。集成电路的研究开始在20世纪60年代初期。鉴于集成电路的体积小、功耗低、元件密度高、功能强、可靠性高的特点,在电子学领域很快受到重视,并得以迅猛的发展。在短短的二三十年间,从早期几个器件的小规模集成发展到中规模集成、大规模集成,到今天的数万个器件的超大规模集成。

集成电路通常分为模拟集成电路和数字集成电路。集成运算放大器属于模拟集成电路。它是一种高增益的直接耦合放大器。其功能是实现高增益的放大,且具有输入电阻高、输出电阻低等特点。集成运算放大电路加上适当的外部网络,可以使其输出和输入直接满足一定的函数关系,具有数学运算的功能,故又称这种集成电路为运算放大器。本章将结合运算放大电路的内部电路,介绍它的工作原理、主要性能指标及理想运放模型。

4.1 集成电路的特点及基本电路结构

4.1.1 集成电路的特点

集成电路的电路设计和制造工艺与一般的分立元件电路相比,有许多不同的特点。

① 由集成电路工艺制造出来的元件,其参数的精度不高,受环境温度的影响较大。但处于同一基片上的同类元件,其性能比较一致,或者说元件的对称性较好。因此,尽可能使电路特性依赖于元件参数间的匹配和它们的比值,而较少依赖于元件参数值本身。

② 集成运算放大器中使用的二极管,大多采用三极管的结构,把发射极、基极、集电极适当配合使用。

③ 集成运放中的晶体管,有时采用复合管结构,以改善其性能。

④ 集成电路中为节省芯片面积,不采用大电容(即几百微法拉以上)元件,一般尽量不用或少用电容元件。集成电路工艺不能直接制作电感元件。因此,集成电路各极间采用直接耦合。

⑤ 集成电路中一般不制作大电阻以少占芯片面积,多采用晶体管(或场效应管)电路取代电阻元件,即用有源器件代替无源器件。

4.1.2 参数补偿式运算放大器的基本结构

集成运算放大电路的种类很多,其中利用电路参数相互补偿的原理来抑制零点漂移的一类集成运算放大电路称为参数补偿式运算放大器。这种集成运算放大电路的电路结构大体可以分为偏置电路、输入级、中间级和输出级几个主要部分,如图4.1.1所示。

输入级采用差动放大电路。这一级对整个运算放大器的性能指标有重要的影响。一般要求输入电阻高,抑制零点漂移的能力强。某些放大电路还对抑制噪声有特殊的要求。中间级主要作用是提高运算放大器的电压放大倍数。输出级进行阻抗变换，降低输出阻抗，提高集成运放带负载能力。偏置电路为各级提供合适的静态工作电流。集成运算放大电路的偏置电路多采用恒流源电路，这与分立元件电路的偏置电路有很大的差别。

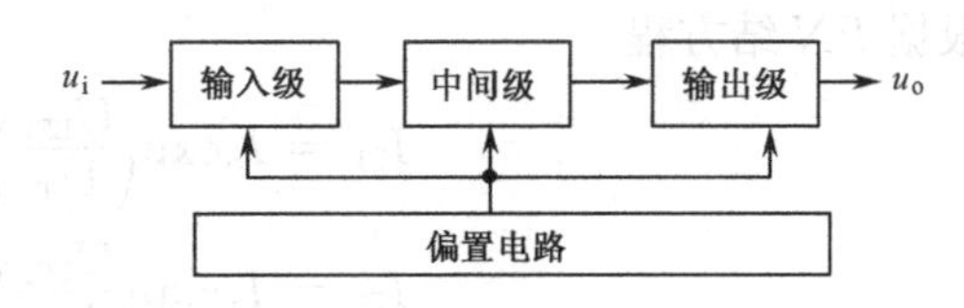

图 4.1.1　集成运算放大电路原理框图

4.2　电流源电路

图 4.2.1 为基本恒流源电路。它充分发挥了集成电路工艺中晶体管易于匹配的特点，晶体管 VT_1 和 VT_2 的参数完全相同。该电路中两晶体管发射结的电压完全相同，因此它们集电极电流也相等，即

$$I_O = I_{C1} \tag{4.2.1}$$

又

$$I_{C1}=I_R-2I_B=I_R-\frac{2I_{C1}}{\beta} \tag{4.2.2}$$

得

$$I_O = \frac{I_R}{1+\frac{2}{\beta}} \tag{4.2.3}$$

由此可见，当 $\beta \gg 2$ 时，$I_{C1} \approx I_R$，代入式(4.2.1)，得 $I_O \approx I_R$。改变电流 I_R，则 I_O 随之改变，I_O 如同 I_R 的镜像，故称该电路为镜像电流源。当 I_R 电流固定不变时，输出电流基本固定不变，故电流源又称恒流源。基准电流可以由下式确定：当 $V \gg U_{BE}$ 时，则 I_R 与晶体管参数无关，故

$$I_R \approx \frac{V}{R} \tag{4.2.4}$$

同时，不难看出，基本镜像电流源的动态输出电阻为

$$r_o \approx r_{ce2} \tag{4.2.5}$$

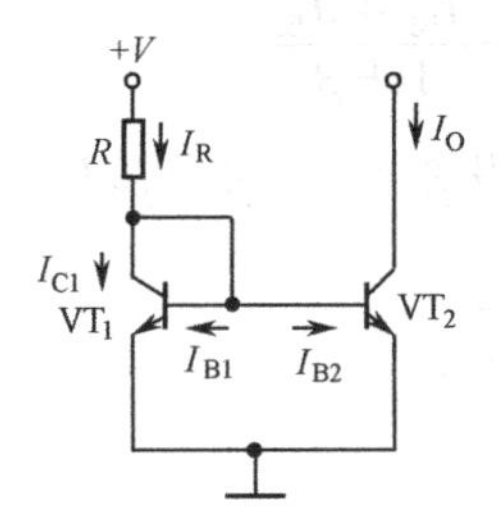

图 4.2.1　基本恒流源电路

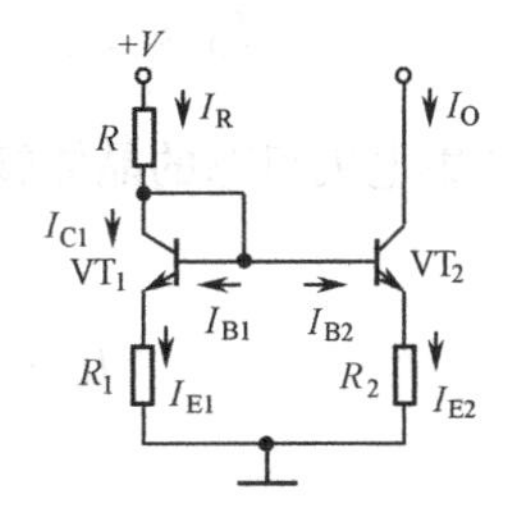

图 4.2.2　比例电流源

4.2.1　比例电流源

如果希望电流源输出电流与参考电流 I_R 成比例关系，可采用图 4.2.2 所示的电路。由图可知

$$U_{BE1} + I_{E1}R_1 = U_{BE2} + I_{E2}R_2$$

$$I_{E2}R_2 = I_{E1}R_1 + (U_{BE1} - U_{BE2}) \tag{4.2.6}$$

得

$$I_{E2}=\frac{I_{E1}R_1}{R_2}+\frac{U_{BE1}-U_{BE2}}{R_2} \tag{4.2.7}$$

根据 PN 结方程

$$I_{E1}=I_S\exp\left(\frac{U_{BE1}}{U_T}\right),\qquad U_{BE1}=U_T\ln\frac{I_{E1}}{I_S}$$

$$I_{E2}=I_S\exp\left(\frac{U_{BE1}}{U_T}\right),\qquad U_{BE2}=U_T\ln\frac{I_{E2}}{I_S}$$

于是

$$U_{BE1}-U_{BE2}=U_T\ln\frac{I_{E1}}{I_{E2}} \tag{4.2.8}$$

将式(4.2.8)代入式(4.2.6)得

$$I_{E2}=\frac{I_{E1}R_1}{R_2}+\frac{U_T}{R_2}\ln\frac{I_{E1}}{I_{E2}} \tag{4.2.9}$$

在常温下,当两管的发射极电流相差在10倍以内时,式(4.2.9)的第二项很小,可以忽略,当 β 足够大时,有 $I_R\approx I_{E1}$,$I_O\approx I_{E2}$。于是

$$I_O\approx I_R\frac{R_1}{R_2} \tag{4.2.10}$$

由于 R_2 的存在,电路输出电阻增大,进一步提高了输出电流的恒流特性。

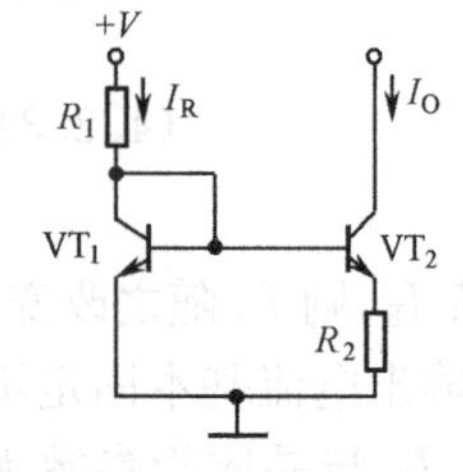

图 4.2.3 微电流源

4.2.2 微电流源

如果要求供给微安级的小电流,可采用图4.2.3所示的微电流源。该电路中输出电流和参考电流的关系,可利用式(4.2.9),令 $R_1=0$,得

$$I_O=\frac{U_T}{R_2}\ln\frac{I_R}{I_O} \tag{4.2.11}$$

要解这个方程是很困难的,实际中常采用逼近法或图解法。

4.2.3 精密镜像恒流源电路

为了提高基本镜像恒流源电路的传输精度,集成电路常采用图4.2.4的电路。电路中

$$I_O\approx I_{C1}=I_R-I_{B3}=I_R-\frac{I_{B1}+I_{B2}}{1+\beta_3} \tag{4.2.12}$$

增加了一个共集电极组态的晶体管 VT_3 的影响。设 $\beta_1=\beta_2=\beta_3=\beta$,$I_{C1}=I_{C2}=I_O$,则

$$I_O\approx I_R-\frac{\dfrac{I_{C1}}{\beta_1}+\dfrac{I_{C2}}{\beta_2}}{1+\beta_3}$$

得

$$I_O=\frac{I_R}{1+\dfrac{2}{\beta^2+\beta}} \tag{4.2.13}$$

相对于基本镜像电路精度提高了 β 倍。

另一种镜像恒流源是如图4.2.5所示的威尔逊电流源。从图可知

$$I_R=I_{C1}+I_{B3}=\frac{I_O}{\beta_3}+I_{C1},\qquad I_{C1}=I_{C2}$$

$$I_O=\frac{\beta_3}{1+\beta_3}I_{E3},\qquad I_{E3}=I_{C2}+\frac{I_{C1}}{\beta_1}+\frac{I_{C2}}{\beta_2}$$

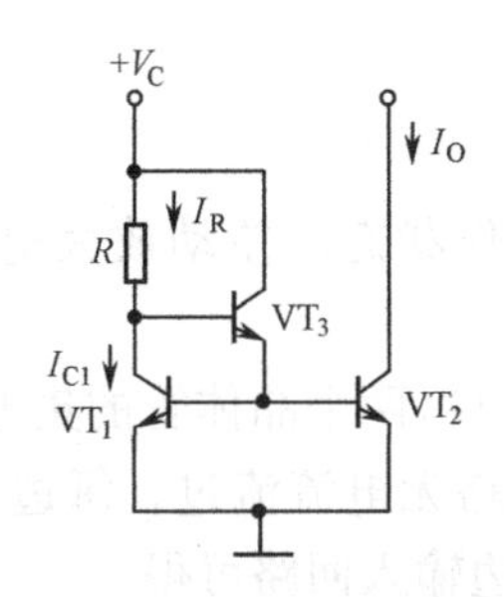

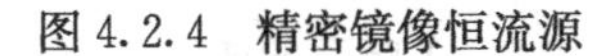
图 4.2.4　精密镜像恒流源

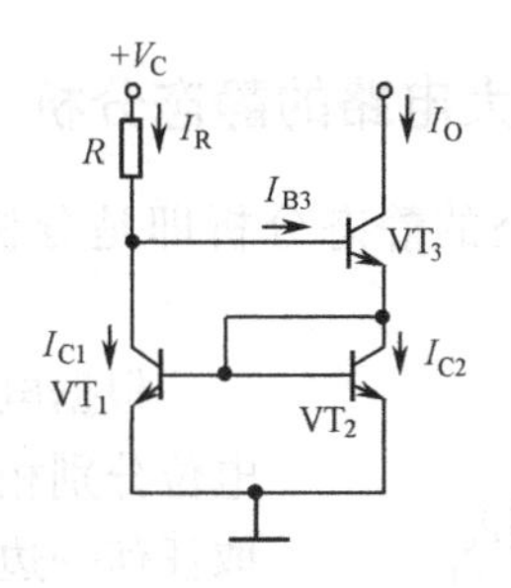

图 4.2.5　威尔逊电流源

当 $\beta_1=\beta_2=\beta_3$ 时，即得

$$I_O=\frac{I_R}{1+2/(\beta^2+2\beta)} \tag{4.2.14}$$

可见，威尔逊电流源精度也很高，不仅如此，这种电源输出电阻也很高，其输出电阻约为

$$r_o\approx\frac{\beta}{2}r_{ce2} \tag{4.2.15}$$

电流源在集成电路中，不仅可以用做偏置电路，还可以用做有源负载。如在图 4.2.6 中，就是把电流源用做共射放大电路的有源负载。其中 VT_1 是共射电路的放大管，负载用 VT_3 和 VT_2 构成的电流源代替。电流源的动态输出电阻约为 r_{ce2}，因此，该放大电路的电压放大倍数为

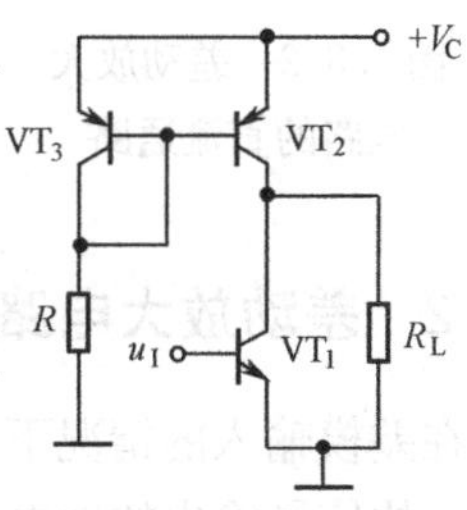

图 4.2.6　电流源用做有源负载

$$A_u=\frac{-\beta_1(r_{ce1}\ /\!/\ r_{ce2}\ /\!/\ R_L)}{r_{be1}} \tag{4.2.16}$$

可见，用电流源做有源负载，有利于提高放大电路的放大倍数。

4.3　差动放大电路

差动放大电路是集成运算放大电路的重要组成单元。它有很强的抑制零点漂移的能力。用于集成运算放大电路的输入级，几乎完全决定了运算放大电路的差模输入特性、共模抑制特性、输入失调特性和噪声特性。典型电路如图 4.3.1 所示。

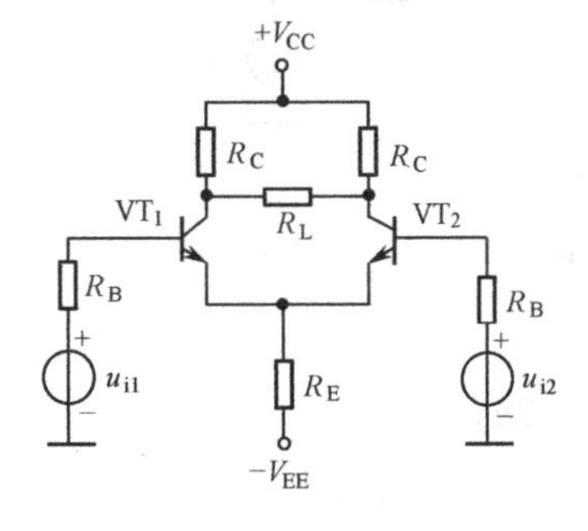

图 4.3.1　差动放大电路

信号输入有两种方式：差模信号输入和共模信号输入。所谓差模信号，即输入信号 u_{i1} 和 u_{i2} 的大小相等、在输入端极性相反的一组信号；所谓共模信号，即输入信号 u_{i1} 和 u_{i2} 的大小相等，在输入端极性相同的一组信号。

从电路图看出，差动放大电路左右两边完全对称。如果从差动放大电路的两个输入端同时输入信号，称为双端输入。也可以从一个输入端输入信号，另一个输入端接地，称为单端输入。如果从差动放大电路的两个输出端之间输出，称为双端输出。也可以从一个输出端输出信号，称为单端输出。于是差动放大电路有四种工作方式：双端输入双端输出，双端输入单端输出，单端输入双端输出，单端输入单端输出。

4.3.1 差动放大电路的静态分析

差动放大电路的静态分析即是分析它的直流工作状态。差动放大电路的直流通路如图4.3.2所示。

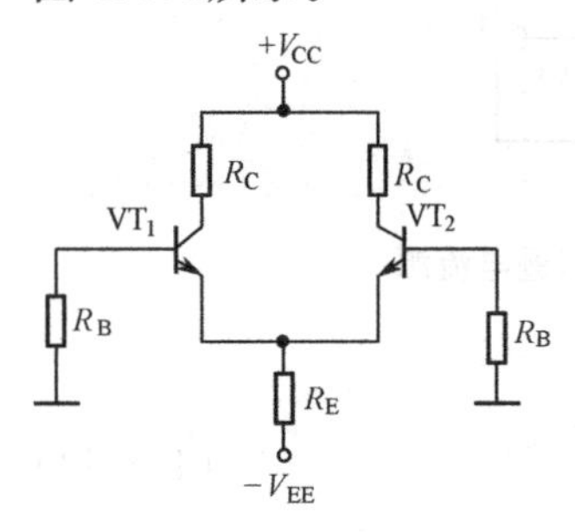

图4.3.2 差动放大电路的直流通路

根据电路结构的对称性,两个晶体管的集电极电位和发射极电位分别相等。故R_L支路无电流流过。每边是独立的,故可以取任何一边来计算,从一边输入回路可得

$$I_B = \frac{V_{EE} - U_{BE}}{R_B + 2(1+\beta)R_E} \tag{4.3.1}$$

于是

$$I_C = \beta I_B \tag{4.3.2}$$

输出回路有

$$U_C = V_{CC} - I_C R_C \tag{4.3.3}$$

$$U_{CE} = V_{CC} + V_{EE} - I_C(R_C + 2R_E) \tag{4.3.4}$$

4.3.2 差动放大电路对差模信号的放大作用

在差模输入的情况下,$u_{i1} = -u_{i2}$。由于电路对称,在电路的对称点的信号也大小相等、极性相反。故信号输出的地电位在R_L的中点,发射极间的连线也是信号的地电位。这样一来,就可将差动放大电路的交流通路分成两个独立的部分,如图4.3.3所示。从差动电路的半电路可得

$$A_u = \frac{u_{o1}}{u_{i1}} = -\frac{\beta\left(R_C \mathbin{/\!/} \frac{R_L}{2}\right)}{R_B + r_{be}}$$

$$R_i = R_B + r_{be}, \qquad R_o \approx R_C$$

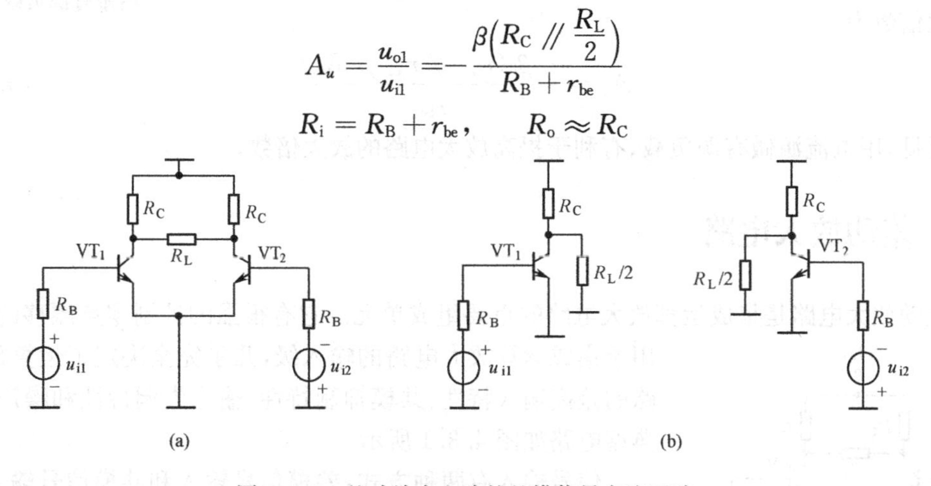

图4.3.3 差动放大电路的差模信号交流通路

对于双端输入双端输出的差动放大电路

$$u_o = u_{o1} - u_{o2} = 2u_{o1}, \qquad u_i = u_{i1} - u_{i2} = 2u_{i1}$$

差模放大倍数

$$A_{ud} = \frac{u_o}{u_i} = \frac{2u_{o1}}{2u_{i1}} = A_u = -\frac{\beta\left(R_C \mathbin{/\!/} \frac{R_L}{2}\right)}{R_B + r_{be}} \tag{4.3.5}$$

差模输入电阻

$$R_{id} = 2R_i = 2(R_B + r_{be}) \tag{4.3.6}$$

差模输出电阻

$$R_{od} = 2R_o \approx 2R_C \tag{4.3.7}$$

由此看出，**双端输入双端输出差动放大电路的差模电压放大倍数等于其半电路的放大倍数，即相当于一个单管共射放大电路的放大倍数。其差模输入电阻和输出电阻是半电路的2倍。**

4.3.3　差动放大电路对共模信号的抑制作用

在共模信号的作用下，由于加在两个输入端的信号大小相等、极性相同，即 $u_{i1} = u_{i2}$，于是在双端输出时 R_L 上的电位相等，流过的电流为零。在 R_E 上两者作用的电流方向相同，根据电路的对称性，同样可得到两个独立的电路，如图 4.3.4 所示。

由图可得半电路的电压放大倍数为

$$A_{u1} = \frac{u_{o1}}{u_{i1}} = -\frac{\beta R_C}{R_B + r_{be} + (1+\beta)2R_E} \tag{4.3.8}$$

由于左右两个电路完全一样，所以该放大倍数即是差动电路的共模放大倍数。输出电压

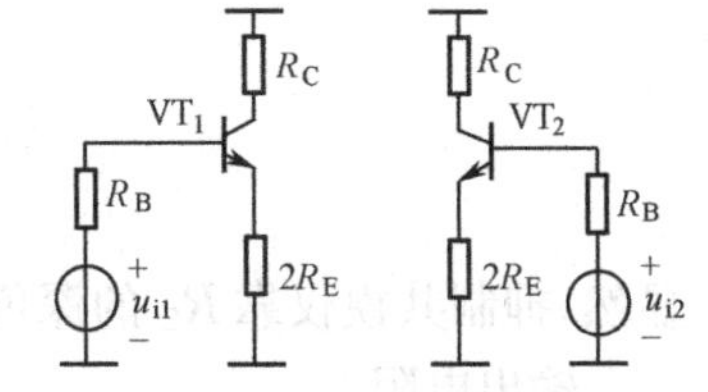

图 4.3.4　差模放大电路对共模信号的等效电路

$$u_o = A_{uc}(u_{i1} - u_{i2})$$

当电路完全对称时输出电压

$$u_o = A_{uc}(u_{i1} - u_{i2}) = 0$$

共模放大倍数　　　　　　$A_{uc} = 0$

当电路不完全对称时，由于 $2R_E \gg R_C$，共模放大倍数 $A_{uc} \approx 0$。

可见在双端输出的情况下差动放大电路对共模信号的抑制作用：一是依靠电路的对称性；二是依靠 R_E 的负反馈作用。但单端输出由于破坏了对称性，抑制共模仅靠 R_E 的负反馈作用。差动放大电路抑制共模的能力通常用共模抑制比 K_{CMR} 来衡量。K_{CMR} 定义为

$$K_{CMR} = \left|\frac{A_{ud}}{A_{uc}}\right| \tag{4.3.9}$$

共模抑制比通常也用分贝(dB)表示，$K_{CMR} = 20\log\left|\frac{A_{ud}}{A_{uc}}\right|$。共模抑制比越大，抑制共模能力越强。

将负载 R_L 接在差动放大电路的一个集电极和地之间，称为单端输出，电路如图 4.3.5(a) 所示。

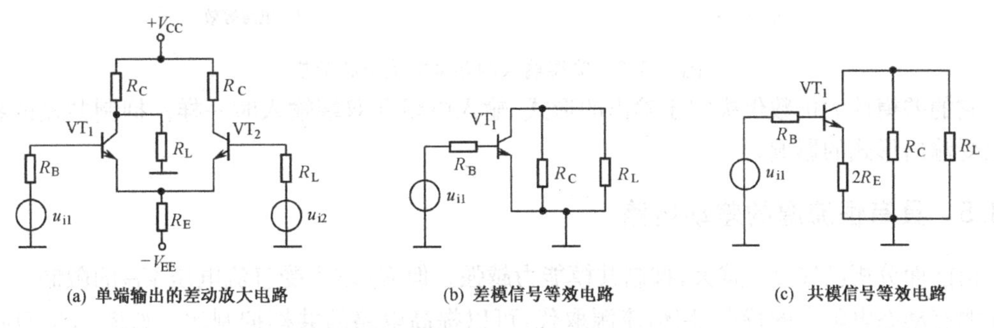

(a) 单端输出的差动放大电路　(b) 差模信号等效电路　(c) 共模信号等效电路

图 4.3.5　单端输出的差动放大电路分析

由于输入回路仍然是对称的，R_L 仅接在左端的半电路上，因此可作出左半电路的差模和共模电路分别示于图 4.3.5(b)和(c)。从图 4.3.5(b)可得半电路的电压放大倍数为

$$A_u = \frac{u_{o1}}{u_{i1}} = -\frac{\beta(R_C \,//\, R_L)}{R_B + r_{be}} \tag{4.3.10}$$

单端输出的差模电压放大倍数为

$$A_{ud} = \frac{u_{o1}}{u_{i1} - u_{i2}} = \frac{u_{o1}}{2u_{i1}} = \frac{A_u}{2} \tag{4.3.11}$$

可见单端输出电路的差模电压放大倍数是双端输出电路的一半。

单端输出的共模电压放大倍数就是图 4.3.5(c)所示左半电路的共模电压放大倍数。从图 4.3.5(c)得

$$A_{uc} = -\frac{\beta(R_C \,//\, R_L)}{R_B + r_{be} + (1+\beta)2R_E} \tag{4.3.12}$$

$$K_{CMR} = \left|\frac{A_{ud}}{A_{uc}}\right|$$

显然，抑制共模仅靠 R_E 的深负反馈作用。

输出电阻

$$R_o \approx R_C \tag{4.3.13}$$

4.3.4 单端输入差动放大电路

如果输入信号加在差动放大电路一边，另一边输入端接地，称为单端输入。如图 4.3.6(a)所示。如果将电路按图 4.3.6(b)进行等效变换，则单端输入可等效为双端输入的情况。

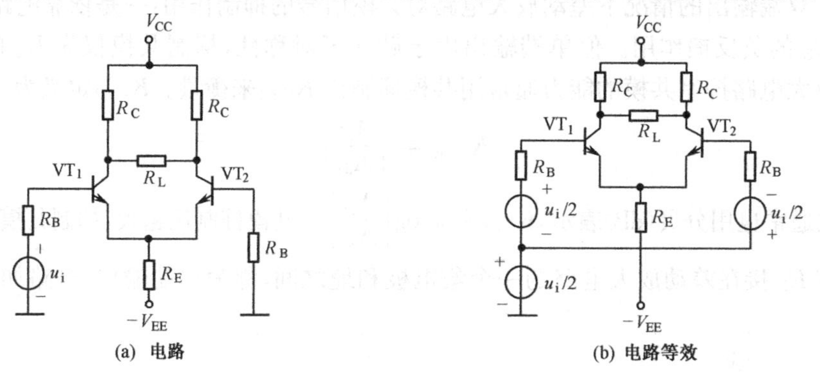

图 4.3.6 单端输入的差动放大电路分析

它的差模放大倍数仅决定于输出的形式，输入电阻和双端输入时一样。抑制共模的特性也仅受输出形式的影响。

4.3.5 具有恒流源的差动电路

由前面分析已知，R_E 越大，抑制共模能力越强。但 R_E 增大受直流电压 V_{EE} 的限制。由于恒流源有动态电阻大的特点，用恒流源取代，可以提高电路的共模抑制比。如图 4.3.7所示。此时，流过差动放大电路发射极的电流为

$$I_{E1} + I_{E2} = I_{C3} = I_{C4} \tag{4.3.14}$$

同样，用恒流源取代集电极电阻，可以获得高的电压放大倍数，如图 4.3.8 所示。

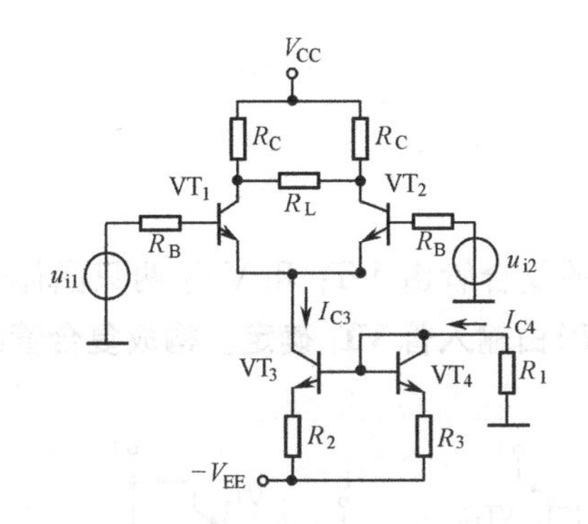

图 4.3.7 用恒流源取代 R_E 的差动放大电路

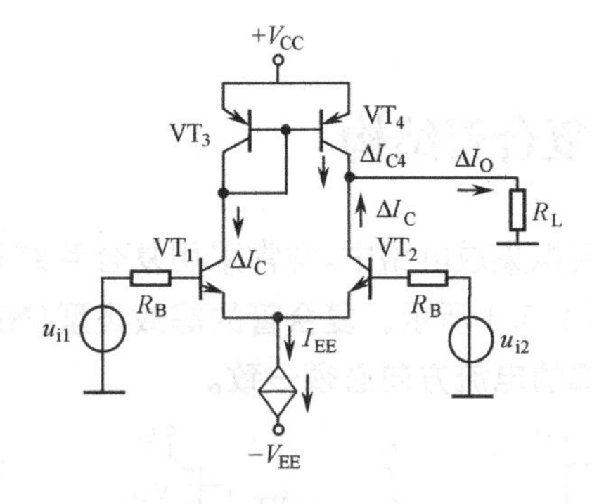

图 4.3.8 用恒流源取代 R_C、R_E 的差动放大电路

在该电路中，由于镜像恒流源的作用，$\Delta I_C=\Delta I_{C4}$，且放大后的差动信号极性相反，即左右两边有 $\Delta I_C=-\Delta I_C$，于是 $\Delta I_O=2\Delta I_C$，此时单端输出的放大倍数增加了2倍，与双端输出的情况相同。

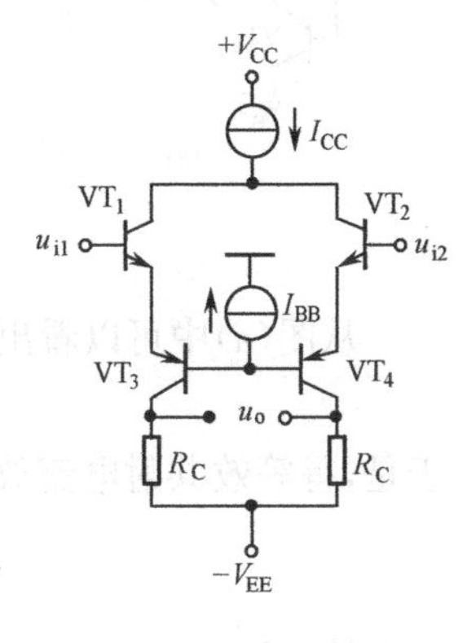

图 4.3.9 共集—共基的差动放大电路

为了提高输入电阻，在运算放大电路的输入级，大多采用共集－共基的差动放大电路，如图 4.3.9 所示。在该电路中，利用恒流源 I_{CC} 为共集电路提供集电极电流，利用恒流源 I_{BB} 为共基极电路提供基极电流，输出由 VT_3 和 VT_4 的集电极输出。VT_1 和 VT_2 是 NPN 管，有 β 高的特点。VT_3 和 VT_4 是一对横向 PNP 管，虽然 β 值不高，但 b-c 和 b-e 极间，有较高的反向击穿电压，有利于提高运算放大电路的输入电压范围。该电路的差动输入电阻近似为

$$R_i \approx 2[r_{be1}+(1+\beta_1)r_{be3}] \tag{4.3.15}$$

显然，差动输入电阻大大地提高了。

4.4 直流电平移动电路

运算放大器在零输入时，其输出应该为零。但是，如果采用 NPN 共射放大电路，信号从基极输入，集电极输出，集电极电平总比基极高。采用直接耦合的多级放大后，从前至后各级集电极电平将依次上升，往往输出直流电平比输入直流电平高得多。为实现零输出的要求，因此必须移动直流电平。电阻分压固然可以降低直流电平，但交流信号电压也同时下降。在集成电路中，通常利用恒流源实现电平移动。由于恒流源动态电阻较大，如果采用电阻和恒流源对直流电压进行平移，交流信号几乎可以不产生电压下降。其工作原理图如图 4.4.1 所示。在图 4.4.1 中，输出交流信号 $u_o \approx u_i$。

另一方法是利用 PNP 和 NPN 管配合进行电平转移。在直接耦合的 NPN 多级放大电路中，插入 PNP 共射电路，可以改变直流电平。图 4.4.2 就是利用这一原理完成电平转移的电路。因为在放大电路中，NPN 管的基极直流电位总是比集电极低，PNP 管的基极直流电位总是比集电极高，于是利用它们之间的互补来完成电平的转移。

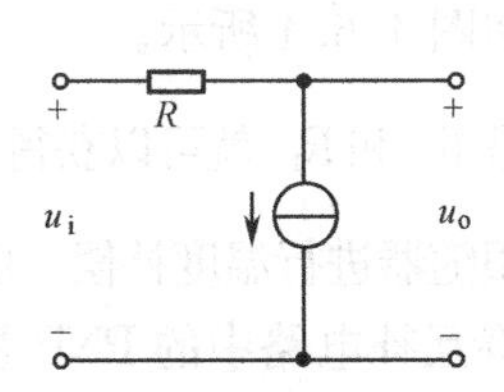

图 4.4.1 恒流源实现直流电平移动电路

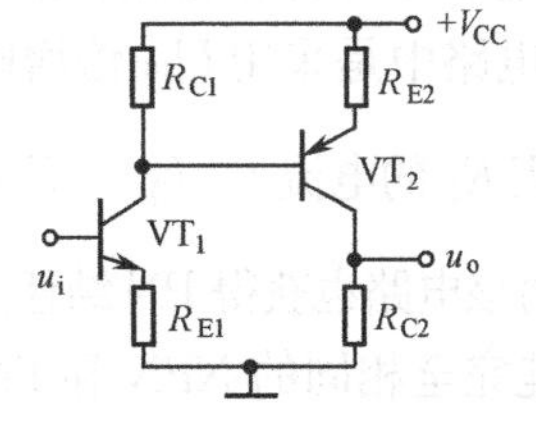

图 4.4.2 利用 PNP 和 NPN 管配合进行电平转移

4.5 复合管结构

在模拟集成电路中,常常采用复合管结构。常见的复合管由 VT_1 和 VT_2 两只晶体管构成,如图 4.5.1 所示。**复合管的等效类型(NPN 或 PNP)由输入管 VT_1 确定。构成复合管的原则是内部的电流方向必须一致。**

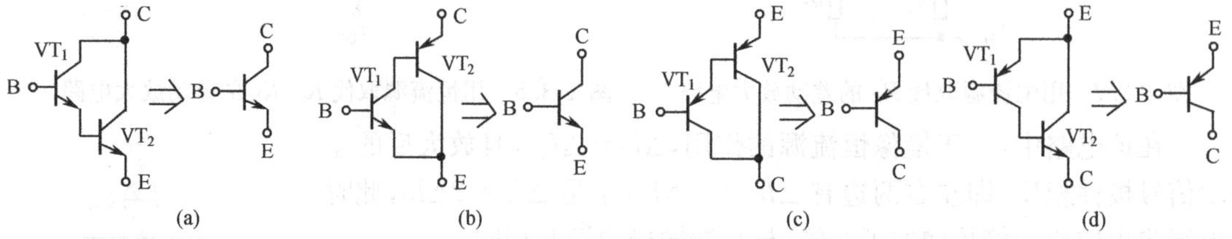

图 4.5.1 复合管及其等效类型

从图(a)中可以看出

$$I_C = \beta_1 I_{B1} + \beta_2 I_{B2} = [\beta_1 + (1+\beta_1)\beta_2] I_{B1} \tag{4.5.1}$$

于是,得等效共射电流放大系数为

$$\beta = \frac{I_C}{I_{B1}} = \beta_1 + (1+\beta_1)\beta_2 \approx \beta_1\beta_2 \tag{4.5.2}$$

复合管的输入电阻为

$$r_{be} = r_{be1} + (1+\beta_1) r_{be2} \tag{4.5.3}$$

可见复合管有电流放大系数大和输入电阻大的特点,如图 4.5.1(a)、(c)所示,用于共射放大电路可提高放大电路的输入电阻;用于功率放大器中,可减小驱动级的输出电流。

4.6 集成运算放大器的输出电路

集成运算放大器的输出电路多采用互补电路。该电路由一只 NPN 管和一只 PNP 管组成一个双向跟随器。原理电路如图 4.6.1 所示。由于电路上下对称,所以当 $u_i=0$ 时,输出电压 $u_o=0$。

在正电压信号作用时,晶体管 VT_1 导通,VT_2 截止,VT_1 处于电压跟随状态;在负电压信号作用下,晶体管 VT_2 导通,VT_1 截止,VT_2 处于电压跟随状态。因此电路的输出电阻低,带负载能力强。如果输入为正弦波,即可在负载上合成完整的波形。但是晶体管只有在基极和发射极之间电压相差 0.3V(锗管)或 0.7V(硅管)才导通,过零时将出现波形不连续,**产生交越失真**,如图 4.6.2 所示。解决失真的办法是将晶体管偏置处在临界导通状态,因此可以利用两只二极管来设置晶体管的静态工作点,如图 4.6.3 所示。但这样设置工作点无法调节电压,所以在实际集成电路中是采用 U_{BE} 倍增电路。它的工作原理如图 4.6.4 所示。

当流过电阻 R_2 的电流 $I \gg I_B$ 时,$U=U_{BE}\dfrac{R_1+R_2}{R_2}$。适当调整 R_1 和 R_2,就可以获得 U_{BE} 任意倍数的电压值。同时该电路也获得 PN 结任意倍数的温度系数,对跟随器进行温度补偿。由于在集成电路中要制作性能完全相同的 NPN 和 PNP 管是困难的,为此将互补电路中的 PNP 管,用 PNP 和 NPN 的复合管来取代,**形成准互补电路**,其特性容易做到对称。准互补电路如图 4.6.5 所示。

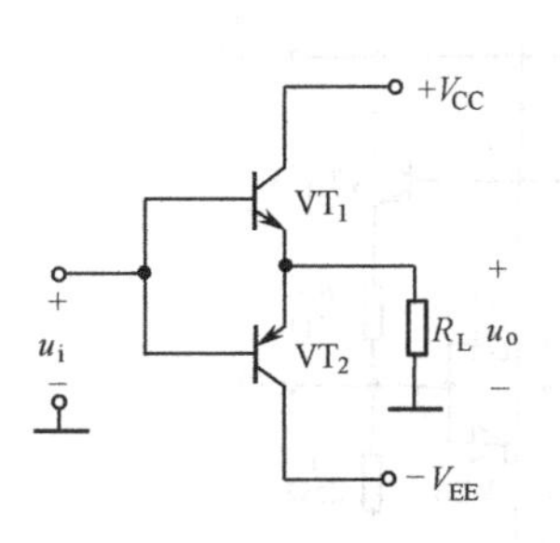

图 4.6.1　互补原理电路

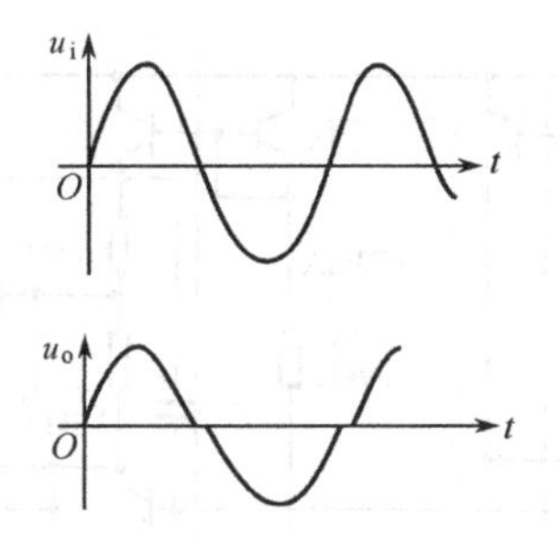

图 4.6.2　交越失真波形

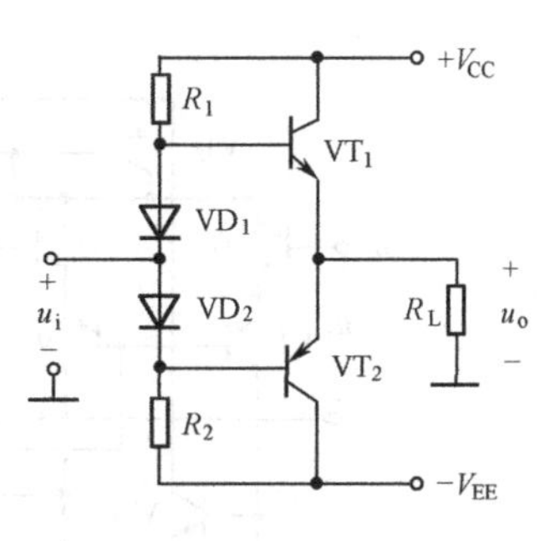

图 4.6.3　简单互补电路

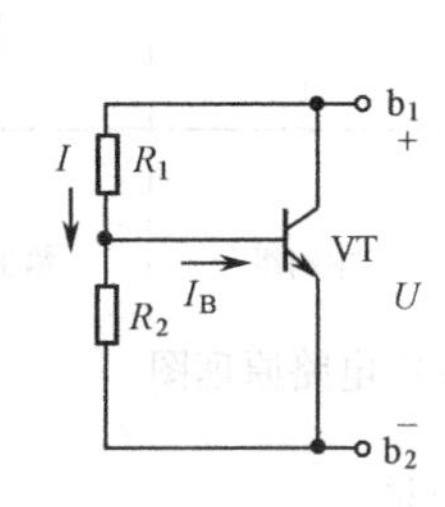

图 4.6.4　电压倍增电路

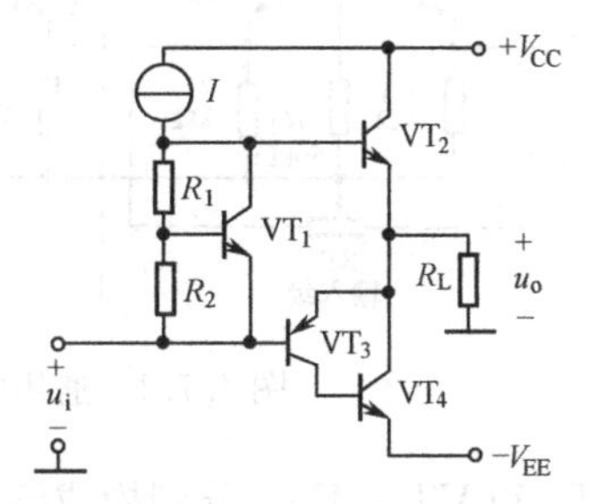

图 4.6.5　准互补电路

4.7　集成运算放大电路简介

集成运算放大电路是一种高放大倍数、高输入电阻、低输出电阻的直接耦合放大电路。由于采用直接耦合，电路存在零点漂移问题，因此输入级几乎毫无例外地采用差动放大电路。为取得大的电压放大倍数，中间级一般采用共射放大电路。输出级为了提高带负载能力，多采用互补功率放大电路。下面我们将介绍两种型号的典型电路。

4.7.1　F007 双极型集成运算放大器

F007 是目前国内较为通用的集成电路，电路原理图如图 4.7.1 所示。

从图中看出 F007 运算放大器包括偏置电路、输入级、中间级、输出级 4 个部分。下面分别对这 4 部分进行分析。

1. 偏置电路

偏置电路向各级提供偏置电流。电路由 VT_8、VT_9 及 VT_{12}、VT_{13}形成的镜像电流源和 VT_{10}、VT_{11}形成的微电流源构成。如图 4.7.2 所示。流过 R_5 上的电流为

$$I_R = \frac{V_{CC} - (-V_{EE}) - 2U_{BE}}{R_5} = \frac{30 - 2 \times 0.7}{39} = 0.73(\text{mA}) \tag{4.7.1}$$

由于 VT_{10}和 VT_{11}构成微电流源，于是

$$I_{C10} = \frac{U_T}{R_4} \ln \frac{I_R}{I_{C10}} \tag{4.7.2}$$

用逼近法求得

$$I_{C10} \approx 19(\mu\text{A}), \qquad I_{C10} = I_{C9} + 2I_{B3} \tag{4.7.3}$$

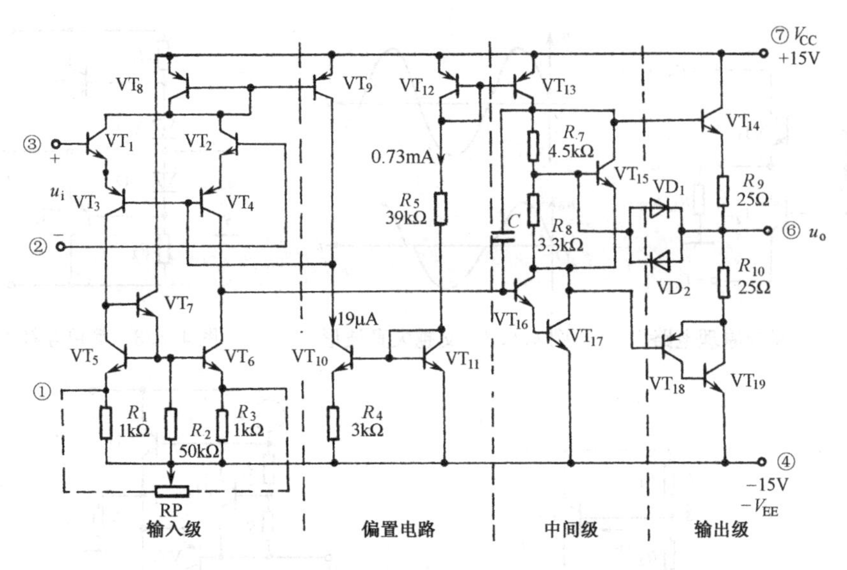

图 4.7.1 通用的集成电路 F007 电路原理图

VT_8、VT_9 和 VT_{12}、VT_{13}分别构成镜像电流源,于是

$$2I_{C1} \approx I_{C9}, \qquad I_{C13} \approx I_R \tag{4.7.4}$$

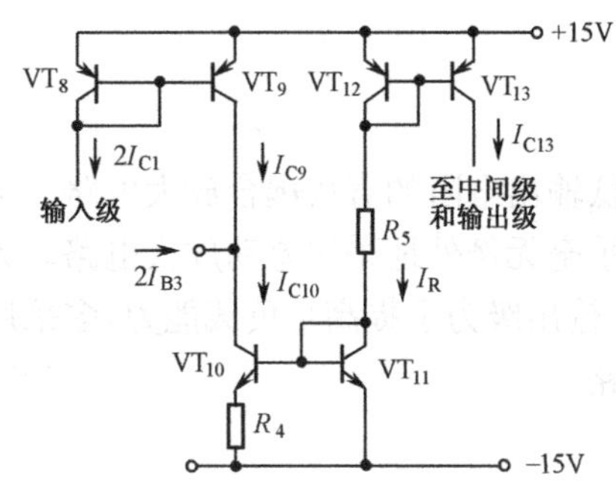

图 4.7.2 偏置电路

上述近似只有在晶体管的β值较大时才成立。实际的β一般在5左右,因此与上述近似偏离较大。同时从式(4.7.3)看出,因为I_{C10}恒定,当I_{C9}增大时,I_{B3}要减小,随着I_{B3}减小,将使得I_{C1}、I_{C2}减小,从而I_{C9}减小,故能保持输入级的偏置电流稳定。与此同时,偏置电路也由I_{C13}向中间级和输出级提供静态偏置电流。

2. 输入级

输入级由 VT_1、VT_2、VT_3 和 VT_4 组成共集-共基差分放大电路,VT_5 和 VT_6 构成有源负载。差分输入信号由 VT_1、VT_2 的基极送入,从 VT_4 集电极输出至中间级。图 4.7.1中下端用虚线连接的是调零电位器 RP(10kΩ)。

共集-共基差分放大电路是一种复合组态,兼有共集电极组态和共基极组态的优点。其中 VT_1、VT_2 是共集电极组态,具有较高的差模输入电阻和差模输入电压。VT_3、VT_4 为共基极组态,有电压放大作用,又因 VT_5、VT_6 充当有源负载,所以可得到很高的电压放大倍数。而且共基极接法还使频率响应得到改善,使输入端承受高电压的能力也大为增强。

三极管 VT_7 与电阻 R_2 组成射极输出器,一方面向恒流管 VT_5、VT_6 提供偏流,同时将 VT_3 集电极的电压变化传递到 VT_6 的基极,使在单端输出条件下仍能得到相当于双端输出的电压放大倍数。接入 VT_7,还使 VT_3 和 VT_4 的集电极负载趋于平衡。

恒流源 $I_{C10}=I_{C9}+I_{B3}+I_{B4}$,假设由于温度升高使$I_{C1}$和$I_{C2}$增大,则$I_{C8}$也增大,而$I_{C8}$和$I_{C9}$是镜像关系,因此$I_{C9}$也随之增大。但$I_{C10}$是一个恒定电流,于是$I_{B3}$与$I_{B4}$减小,使$I_{C3}$、$I_{C4}$也减小,从而保持$I_{C1}$、$I_{C2}$稳定。可见,这种接法组成了一个共模负反馈,其作用是减小温漂,提高共模抑制比K_{CMR}。

3. 中间级

中间级是一个共射极放大电路。晶体管 VT_{16}、VT_{17}形成复合管。利用复合管提高电路的输入电阻。以 VT_{12}、VT_{13}构成的镜像电流源作为放大电路的有源负载，获得足够高的电压放大倍数。电压增益大约 60dB。

4. 输出级

输出级是准互补功率放大电路。VT_{18}、VT_{19}形成 PNP 型的复合管，弥补了工艺上可能带来的不对称性，R_7、R_8 和 VT_{15}形成 U_{BE} 电压倍增电路，有利于为输出级设置合理的静态工作点。使电路工作在甲乙类状态，以减小交越失真。R_9、R_{10}用做输出电流（即发射极电流）的采样电阻，与 VD_1、VD_2 共同形成过流保护电路。因为

$$u_{R7} + u_{D1} = u_{BE14} + i_O R_9 \tag{4.7.5}$$

i_O 不超过输出电流额定值，$U_{VD1} < U_{on}$，VD_1 截止，一旦超过额定电流，VD_1 导通，VT_{14}基极电流分流，从而使其发射极电流减小。VD_2 对 VT_{18}、VT_{19}起到保护作用。图中电容 C 的作用是进行相位补偿，防止产生自激振荡。外接电位器 RP 用于调零使用。

4.7.2 CMOS C14573 集成运算放大电路

在测量中经常需要输入电阻高、电流小的放大器。有时要求其电流在 10μA 左右。双极型器件难于满足上述要求，必须使用场效应型器件。场效应集成运算放大电路种类很多，下面以 CMOS 电路 C14573 为例，简述其工作原理。

C14573 电路的原理图如图 4.7.3 所示，在图中 VT_1、VT_2 和 VT_7 构成多路电流源。改变外接电阻 R_{set}，可改变电流源的参考电流 I_R 的大小。一般控制在 20～200μA。它为输入级的差动放大器和输出级的共源放大电路提供偏置电流，同时也是输出级共源放大电路的有源负载。VT_3、VT_4 构成共源极的差动放大电路。VT_5、VT_6 组成镜像电流源，形成差动电路的有源负载，并使得差动电路单端输出具有与双端输出同样的电压增益。VT_8 形成一个共源放大电路。由于采用有源负载，具有很高的放大倍数。电容 C 起相位补偿作用，防止自激。

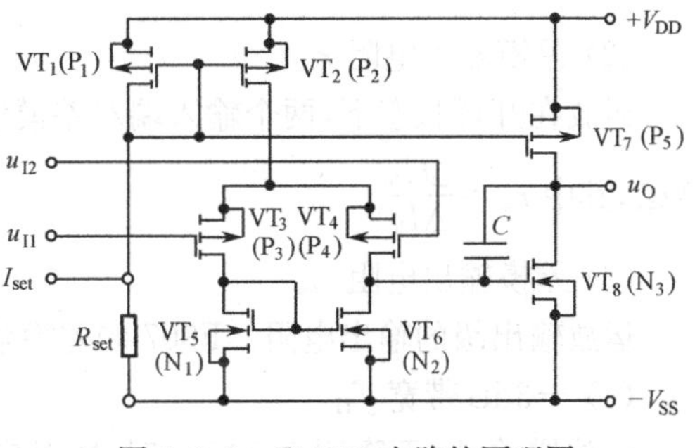

图 4.7.3　C14573 电路的原理图

4.8 集成运算放大器的主要参数

集成运算放大器是一个多级放大电路，有许多参数，下面仅介绍主要参数。

1. 输入直流参数

(1) 输入失调电压 U_{IO}

输入端短路时，由于内部的差动放大电路不完全对称，输出电压不为零。要使集成运算放大器输出为零，需要在输入端加入补偿电压，此补偿电压称为输入失调电压 U_{IO}。该电压越小越好。

(2) 输入失调电压的温漂 α_{UIO}

$$\alpha_{UIO} = \frac{dU_{IO}}{dT} \approx \frac{\Delta U_{IO}}{\Delta T}$$

$\frac{\Delta U_{IO}}{\Delta T}$是在确定的温度范围内,$U_{IO}$随温度变化的平均率。普通运放一般在(10～20)μV/℃。

(3) 输入偏置电流 I_{IB}

集成运放零输入时,两个输入端输入偏置的直流电流平均值。即

$$I_{IB} = \frac{1}{2}(I_{IB+} + I_{IB-})$$

(4) 输入失调电流 I_{IO}

集成运放零输入时,两个输入端输入偏置的直流电流值之差。即

$$I_{IO} = | I_{IB+} - I_{IB-} |$$

(5) 输入失调电流的温漂 α_{IIO}

$$\alpha_{IIO} = \frac{dI_{IO}}{dT} \approx \frac{\Delta I_{IO}}{\Delta T}$$

在确定的温度范围内,I_{IO}随温度变化的平均率。典型值在几千微安/度(μA/℃)。

2. 差模特性参数

(1) 差模开环电压增益 A_{udo}

运放不加反馈称为开环。此时的电压放大倍数称为开环增益。常用分贝 dB 表示。分贝数为:$20\lg|A_{udo}|$。通用运放一般在 10^5 即 100dB 左右,其中 $A_{udo} = \left|\frac{\Delta U_o}{\Delta U_+ - \Delta U_-}\right|$。

(2) 差模输入电阻 r_{id}

运放在开环状态下,两个输入端对差模信号呈现的动态电阻。F007 的差模输入电阻大于 2MΩ,其中 $r_{id} = \frac{\Delta U_{Id}}{\Delta I_{Id}}$。

(3) 差模输出电阻 r_{od}

运放输出级的输出电阻。F007 的差模输出电阻大约为 75Ω。

(4) −3dB 带宽 f_H

运放增益 A_{od}下降到 0.707 倍时,所对应的频率。

(5) 最大输入差模电压 U_{idm}

最大输入差模电压 U_{idm}指运放两输入端之间允许加的最大电压,超过该电压,差分对管有可能发生反向击穿。

3. 共模参数

(1) 共模抑制比 K_{CMR}

共模抑制比 K_{CMR}是差模放大倍数与共模放大倍数比值的绝对值。即

$$K_{CMR} = \left|\frac{A_{udo}}{A_{uco}}\right| \tag{4.8.1}$$

共模抑制比通常用分贝 dB 表示。分贝数为:$20\lg\left|\frac{A_{udo}}{A_{uco}}\right|$,F007 大约在 70dB 左右。

(2) 最大输入共模电压 U_{icm}

最大输入共模电压 U_{icm}是允许输入的最大共模电压值。超过该数值,共模抑制特性将严重恶化。

4. 其他参数

(1) 上升速率 S_R

上升速率 S_R 是表示运放对大信号阶跃输入响应速度的参数。定义为单位时间内输出电压的最大变化率。

$$S_R = \left.\frac{du_o}{dt}\right|_{max} \tag{4.8.2}$$

F007 大约在 0.7V/μs 左右。

(2) 输出电压的最大摆幅

输出电压的最大摆幅是在标称电压和额定负载下,运放的交流输出信号不出现明显的非线性失真,运放所能达到的最大输出电压峰值。

4.9 集成运算放大器的电路模型

集成运算放大器有 5 个基本引线端。正负电源端 $+V_{CC}$ 和 $-V_{EE}$;同相输入端,用"+"表示,反相输入端,用"−"表示,输出端 u_O。电路符号如图 4.9.1 所示。为了方便,有时正负电源端也被略去。在同相端输入信号,输出与输入同相;在反相端输入信号,输出与输入反相。

4.9.1 集成运算放大器的开环电压传输特性

集成运算放大器在开环状态工作时,有两种状态:线性放大状态和饱和状态。若输入的差动电压超过一定范围,即发生正向饱和(输出趋于 $+V_{CC}$)或发生反向饱和(输出趋于 $-V_{EE}$)。若输入限定在规定范围内,放大器线性放大信号。由于运算放大器的放大倍数极高,这个范围极小,如图 4.9.2 所示。

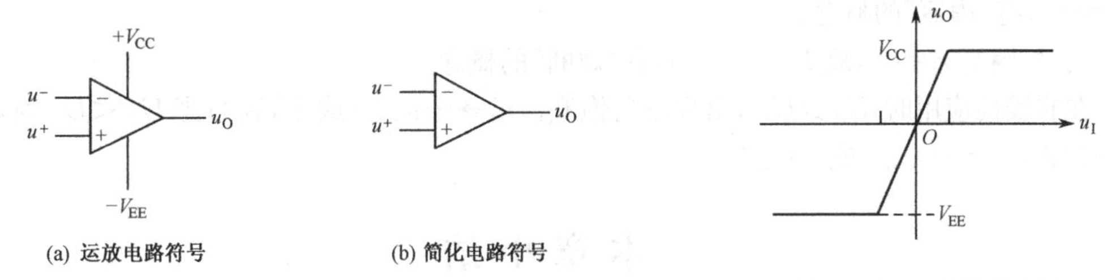

(a) 运放电路符号　(b) 简化电路符号

图 4.9.1　运算放大电路符号

图 4.9.2　电压传输特性

4.9.2 集成运算放大器线性工作的低频模型

集成运算放大器的参数很多,要建立完整的模型是很困难的。在低频下,只考虑一些重要参数。如 A_{ud}, K_{CMR}, r_{id}, r_o, I_B, U_{IO}, I_{IO} 等。模型中有两个受控源,一个表示差模放大的作用,另一个表示共模信号的作用。如图 4.9.3 所示。如果忽略失调参数的影响,并认为 K_{CMR} 无穷大,电路模型可大大简化,如图 4.9.4 所示。

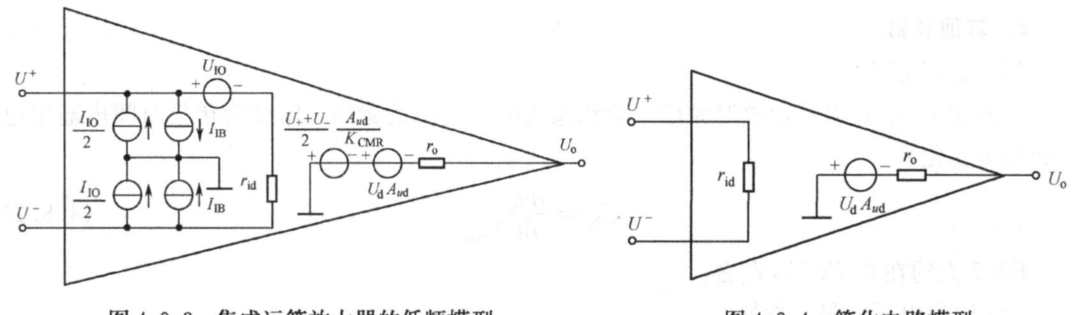

图 4.9.3 集成运算放大器的低频模型　　图 4.9.4 简化电路模型

4.9.3 集成运算放大器的理想化模型

由于集成运算放大器的电压放大倍数高、输入电阻高、输出电阻低、共模抑制比高等特点，在分析中，经常采用理想模型，理想运放的电压传输特性如图 4.9.5 所示。集成运算放大器理想化的条件是：

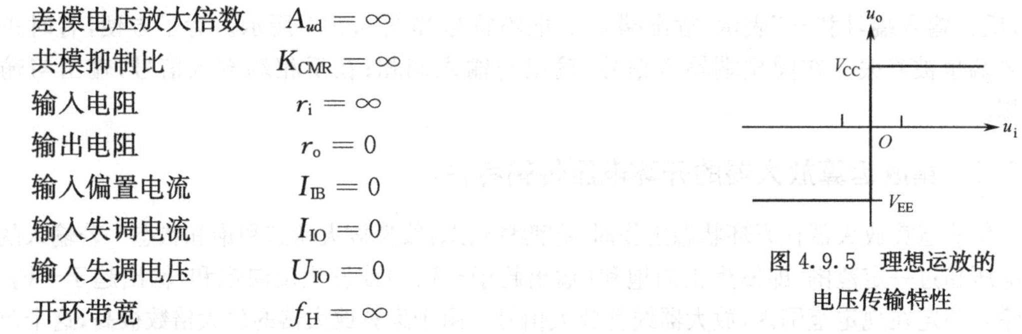

差模电压放大倍数　$A_{ud}=\infty$

共模抑制比　$K_{CMR}=\infty$

输入电阻　$r_i=\infty$

输出电阻　$r_o=0$

输入偏置电流　$I_{IB}=0$

输入失调电流　$I_{IO}=0$

输入失调电压　$U_{IO}=0$

开环带宽　$f_H=\infty$

图 4.9.5 理想运放的电压传输特性

正因为如此，在线性应用时，有 $A_{ud}(U_+-U_-)=$定值，因为 $A_{ud}=\infty$，$U_+-U_-=0$，于是 $U_+=U_-$，有"虚短"的概念。

同时，因为 $r_i=\infty$，故 $I_+=I_-=0$，有"虚断"的概念。

在非线性应用时，$U_+>U_-$，出现正向饱和。$u_o\to+u_{omax}$(或$+V_{CC}$)；当 $U_+<U_-$ 时，出现反向饱和，$u_o\to-u_{omax}$(或$-V_{EE}$)。

本章小结

本章主要讲述了集成运放的结构特点、电路组成、主要性能指标、种类、低频等效电路及理想运放模型。

(1) 集成运放实际上是一个高性能的直接耦合的多级放大电路。输入级通常采用差动放大电路，中间级为放大倍数高的共射电路，输出级多采用输出电阻低的互补电路，偏置电路是多路恒流源电路。

(2) 由于集成化需要采用直接耦合，为了抑制温度变化带来的零点漂移，采用差动放大电路作输入级。在本章中对差动放大电路的工作原理作了较详细的分析。差动放大电路在双端输出方式工作时，抑制共模信号一是靠电路的对称；二是靠射极电阻 R_E 的深负反馈作用。在单端输出方式工作抑制共模信号靠发射极电阻 R_E 的深负反馈作用。

(3) MOS 集成运放有输入电阻高、输入电流小的特点，更适合用于测量，又由于 NMOS

和 PMOS 之间存在互补，不需要电平转移，线路简单，有利于集成。

(4) 实际应用中采用理想运放模型取代实际运放，可以使分析问题大为简化。带来的偏差只需做适当少许的修正和调整，因此可视实际运放为理想运放，在线性应用时，放大倍数为无穷大，输入电阻为无穷大，输出电阻为零等。于是满足“虚短”的概念。在非线性应用时，当 $U_+ > U_-$ 时，出现正向饱和，$u_o \to +u_{omax}$（或 $+V_{CC}$）；当 $U_+ < U_-$ 时，出现反向饱和，$u_o \to -u_{omax}$（或 $-V_{EE}$）。

习　题　四

4.1　填空题

(1) 集成运算放大器与分立元件放大电路相比，虽然工作原理基本一致，但在电路结构上具有自己突出的特点，例如，放大器之间通常都采用__________耦合方式，利用同一个芯片上相邻器件之间参数对称性好的特点，输入级几乎都采用__________放大电路；常用__________代替大电阻，组成有源负载等。

(2) 集成运放内部电路通常包含四个基本组成部分，即__________、__________、__________和__________。

(3) 集成运放的输入级大都采用差分放大电路的基本结构形式。并利用恒流管或长尾电阻引入一个共模负反馈，以提高__________，减小__________。

(4) 图 P4.1 是两个 NPN 型三极管组成的复合管，设 VT_1 管共射电流放大系数为 β_1，输入电阻为 r_{be1}；VT_2 管共射电流放大系数为 β_2，输入电阻为 r_{be2}，则复合管的电流放大系数为 $\beta \approx$__________，输入电阻 $r_{be}=$__________。

(5) 理想运放工作在线性区时有两个重要特点：

①____________________，②____________________。

(6) 理想运放工作在非线性区时，其输出电压有两种可能的状态，即等于__________或__________。

(7) 图 P4.2 属比例电流源。在忽略两管的基极电流的情况下：$I_{C2} \approx$__________。

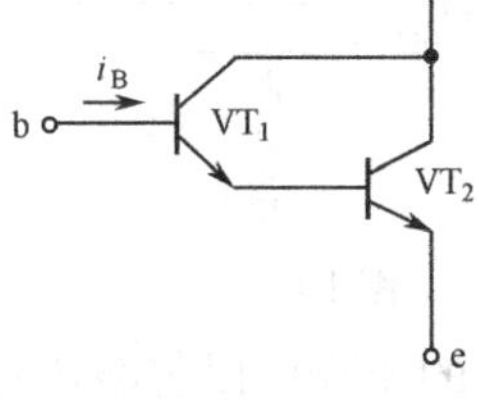

图 P4.1

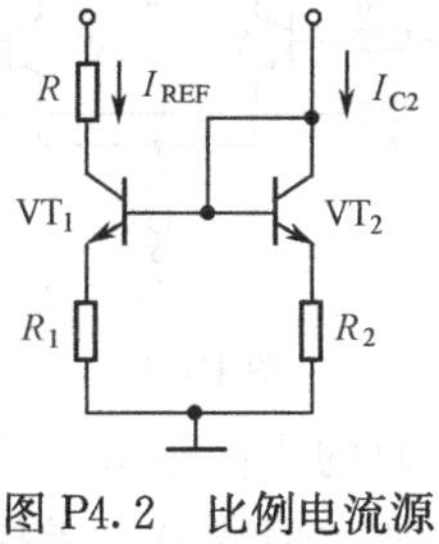

图 P4.2　比例电流源

(8) 共模抑制比描述差分放大器对__________的抑制能力。

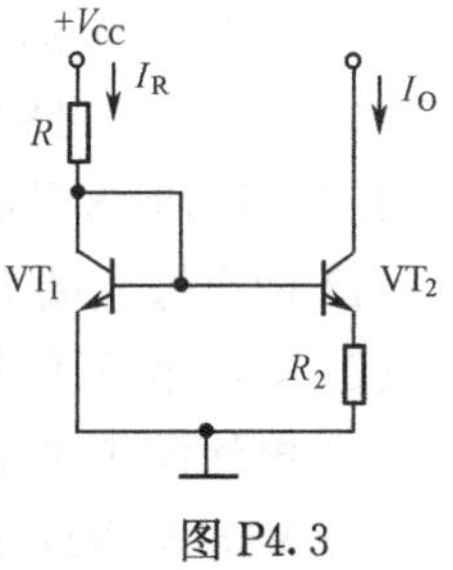

4.2　在图 P4.3 所示的微电流源电路中，已知 $V_{CC}=15\text{V}$，$R=15\text{k}\Omega$，$U_{BE}=0.6\text{V}$，$U_T=26\text{mV}$。要求输出电流 I_o 为 $10\mu\text{A}$，试确定 R_2 的值。

图 P4.3

4.3　图 P4.4 是一个多路电流源电路，已知所有的晶体管均有 $U_{BE}=0.6\text{V}$，$\beta \gg 1$。试估算各路输出电流 I_1，I_2，I_3，I_4 的值。

4.4　图 P4.5 的差动放大电路中，设 $\beta_1=\beta_2=50$，$r_{bb'1}=r_{bb'2}=$

300Ω,其他参数如图 P4.5 所示。

(1) 计算差模电压放大倍数 A_{ud},共模电压放大倍数 A_{uc},共模抑制比 K_{CMR}。

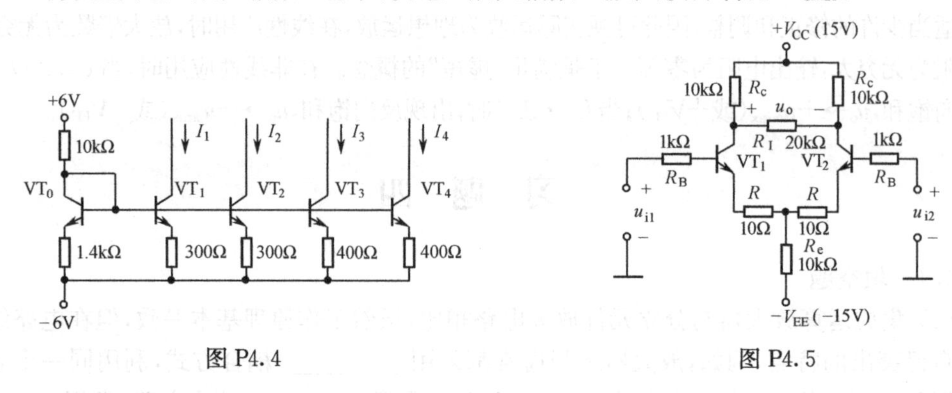

图 P4.4　　　　图 P4.5

(2) 计算差模输入电阻 r_{id},输出电阻 r_{od}。

(3) 当 $U_{i1}=-5V$,$U_{i2}=-15V$ 时,计算输出电压 U_o。

4.5　图 P4.6 的差动放大电路参数是完全对称的,即 $\beta_1=\beta_2=\beta$,$r_{be1}=r_{be2}=r_{be}$。

(1) 写出电位器动点在中点时的 A_{ud} 表达式。

(2) 写出电位器动点在最右端时的 A_{ud} 表达式,比较两个结果有什么不同。

(3) 将图中 VT_1 和 VT_2 的等效负载电阻分别记做为 R_{C1} 和 R_{C2},证明:

$$K_{CMR}=\frac{R_{C1}+R_{C2}}{|R_{C1}-R_{C2}|}\left[\frac{1}{2}+\frac{(1+\beta)R_B}{R_B+r_{be}}\right]$$

4.6　图 P4.7 的差动放大电路中,晶体管的 $\beta=50$,$r_{bb'}=100\Omega$,其他参数见图。

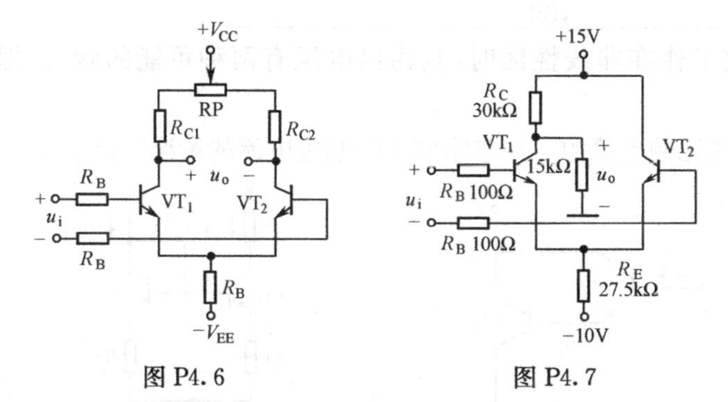

图 P4.6　　　　图 P4.7

(1) 计算静态工作时的 I_{C1},I_{C2},U_{C1},U_{C2}。设 R_B 上的压降可以忽略,$U_{BE}=0.7V$。

(2) 计算差模电压放大倍数 A_{ud},差模输入电阻 r_{id},输出电阻 r_{od}。

(3) 当 $U_o=0.8V$(直流)时,$U_i=$?

(4) 当 $U_i=-1V$(直流)时,$U_o=$?

4.7　图 P4.8 是高精度运放的简化原理电路。试分析:

(1) 两个输入端中哪个是同相输入端,哪个是反相输入端。

(2) VT_3 和 VT_4 的作用。

(3) 电流源 I_3 的作用。

(4) VD_1 与 VD_2 的作用。

4.8　图 P4.9 中哪些复合管是合理的?标出晶体管的类型(NPN 或是 PNP)。

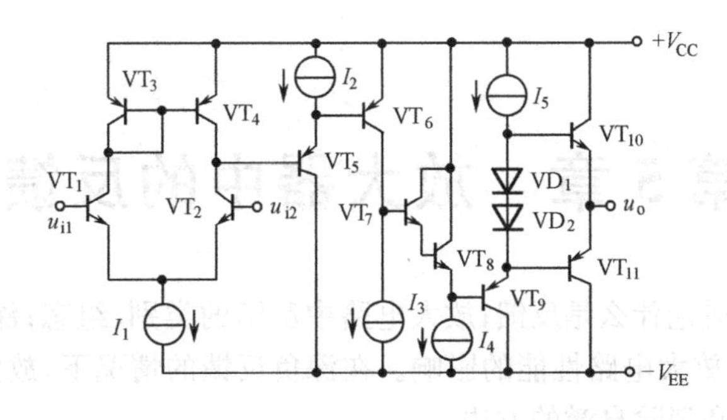

图 P4.8

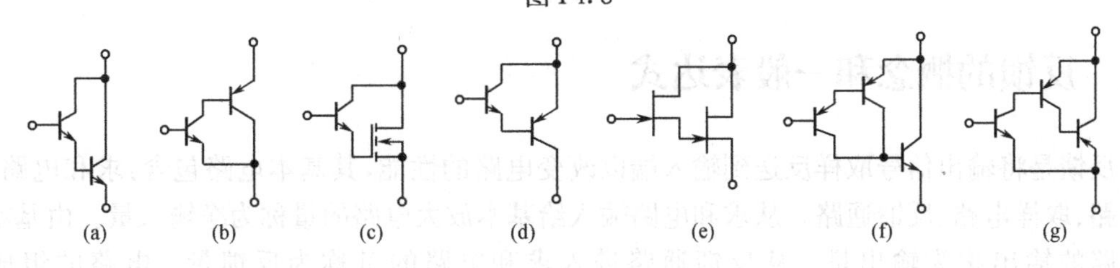

图 P4.9

4.9　图 P4.10 所示电路中，静态时输出电压 $U_o=0$，晶体管都为硅管，$U_{BE}=0.7V$，$\beta=100$，$r_{bb'}=100\Omega$。试计算 R_C 的值，并计算该电路的放大倍数。

4.10　图 P4.11 中，已知电压放大倍数为 −100，输入电压 u_i 为正弦波，VT_1 和 VT_2 的饱和压降为 $|U_{CES}|=1V$。试问：

(1) 在不失真的情况下，允许输入电压的最大有效值 $U_{imax}=$？

(2) 当 $U_i=100mV$(有效值)时，$U_o=$？如果 R_3 开路，$U_o=$？如果 R_3 短路，$U_o=$？

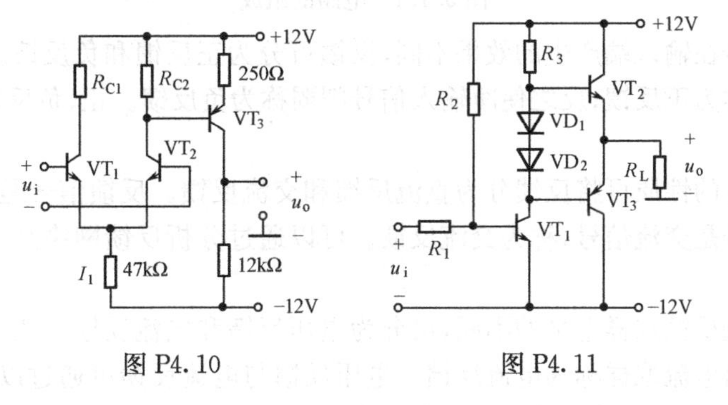

图 P4.10　　　　图 P4.11

第 5 章　放大器中的反馈

内容提要:本章将讨论什么是反馈;放大电路中反馈的类别、组态;深负反馈条件下,放大倍数的估算、负反馈对放大电路性能的影响。在深负反馈的情况下,放大电路有可能产生自激,讨论了自激的条件和消除自激的方法。

5.1　反馈的概念和一般表达式

反馈是将输出信号取样反送到输入端以改变电路的性能,其基本电路包含:求和电路、放大电路、取样电路、反馈通路。从求和电路输入给基本放大电路的量称为净输入量。由基本放大电路的输出称为输出量。从反馈通路进入求和电路的量称为反馈量。电路的组成如图 5.1.1所示。

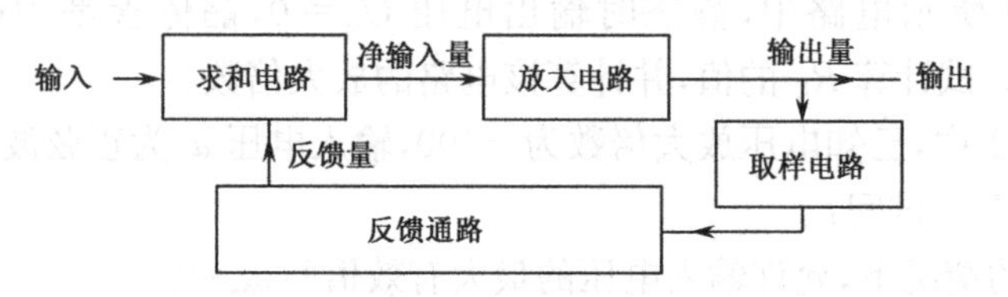

图 5.1.1　电路的组成

根据反馈信号在输入端产生的效果不同,反馈可分为正反馈和负反馈。如果反馈信号使净输入信号加强称为正反馈;反之使净输入信号削弱称为负反馈。正、负反馈可以用瞬时极性法来判别。

根据反馈信号的性质可将反馈分为直流反馈和交流反馈。反馈信号是直流信号,称为直流反馈。反馈信号是交流信号,称为交流反馈。可以通过分析反馈网络是否存在直流通路和交流通路来判别。

根据在输出端反馈取样电平的不同,可分为电压反馈和电流反馈。从输出电压取样称为电压反馈。从输出电流取样称为电流反馈。电压反馈与电流反馈可通过以下方法判别:假设 R_L 短路反馈消失,即电压反馈;反馈依然存在是电流反馈。

根据在输入端输入电平和反馈电平的求和方式不同,可分为串联反馈和并联反馈。如果输入基本放大器的电平是电流的代数和称为并联反馈。如果输入基本放大器的电平是电压的代数和称为串联反馈。

根据反馈信号在输出端采样方式以及在输入回路中求和形式的不同,共有四种组态,它们分别是:电压串联反馈、电压并联反馈、电流串联反馈和电流并联反馈。

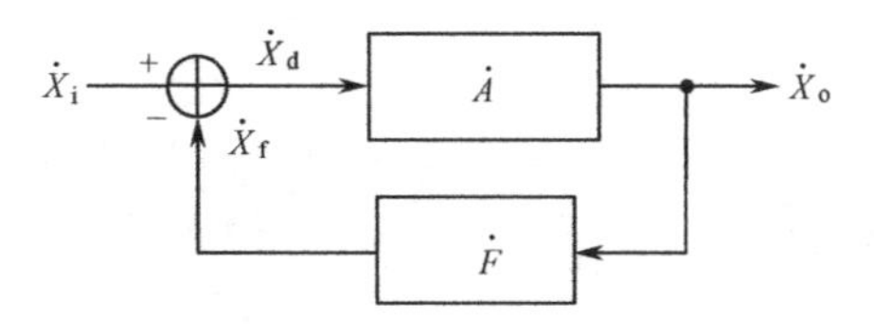

图 5.1.2　反馈电路方框图

任何反馈电路总可以用图 5.1.2 的方框图来表示。$\dot{X}_i$ 为反馈放大电路的输入信号,$\dot{X}_o$ 为反馈放大电路的输出信号,$\dot{X}_f$ 为反馈信号,$\dot{X}_d=\dot{X}_i-\dot{X}_f$ 为基本放大电路的输入信号，基本放大电路的放大倍数（或增益）为 $\dot{A}=\dot{X}_o/\dot{X}_d$，反馈网络的反馈系数定义为 $\dot{F}=\dot{X}_f/\dot{X}_o$。

图中的"+"和"−"是进行比较时的参考极性。于是

$$\dot{X}_o = \dot{A}\dot{X}_d \tag{5.1.1}$$

$$\dot{X}_f = \dot{F}\dot{X}_o = \dot{A}\dot{F}\dot{X}_d \tag{5.1.2}$$

$$\dot{X}_i = \dot{X}_d + \dot{X}_f = (1+\dot{A}\dot{F})\dot{X}_d \tag{5.1.3}$$

$$\dot{A}_f = \frac{\dot{A}}{1+\dot{A}\dot{F}} \tag{5.1.4}$$

$\dot{A}\dot{F}$ 称为环路增益。$|1+\dot{A}\dot{F}|$ 称为反馈深度。

当 $|1+\dot{A}\dot{F}|>1$ 时，$|\dot{A}_f|<|\dot{A}|$。由于反馈，使进入基本放大电路的输入信号削弱，反馈电路的电压放大倍数下降，称为负反馈。

当 $|1+\dot{A}\dot{F}|<1$ 时，$|\dot{A}_f|>|\dot{A}|$。由于反馈，使进入基本放大电路的输入信号加强，反馈电路的电压放大倍数增大，称为正反馈。

当 $|1+\dot{A}\dot{F}|=0$ 时，$|\dot{A}_f|=\infty$，即使没有输入信号，也会有输出信号，称为放大电路自激。

5.2　负反馈放大电路的组态

前面已经说过，按照输入和输出的不同反馈类别形成放大电路的不同反馈组态。如果电路存在的是负反馈，就可能形成：电压串联负反馈、电压并联负反馈、电流串联负反馈、电流并联负反馈四种组态。下面分别对这四种组态进行分析。

5.2.1　电压串联负反馈放大电路

在图 5.2.1(a)所示的放大电路中，从集成运放的输出端到反相输入端之间通过电阻 R_F 引入了一个反馈。由图可知，反馈电压 $\dot{U}_f$ 等于输出电压 $\dot{U}_o$ 在电阻 R_1 和 R_F 分压以后得到的值，即反馈电压与输出电压成正比。在放大电路的输入回路中，集成运放的净输入电压（即差模输入电压）$\dot{U}_d$ 等于其同相输入端与反相输入端的电压之差。在理想情况下，集成运放的输入电流为零，故电阻 R_2 上没有压降，于是可得

$$\dot{U}_d = \dot{U}_i - \dot{U}_f$$

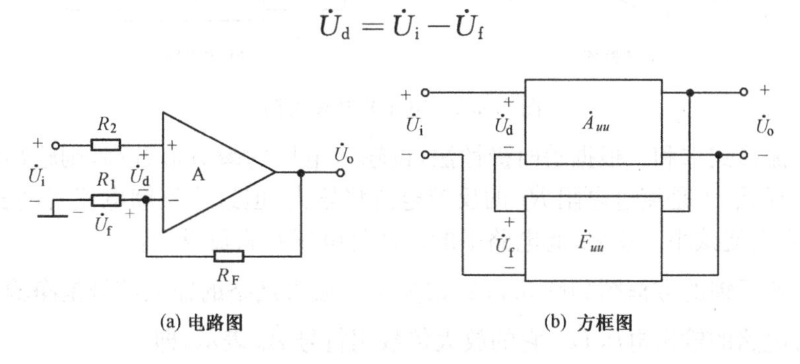

图 5.2.1　电压串联负反馈

即输入信号与反馈信号以电压的形式求和,而且,反馈电压将削弱外加输入电压的作用,使放大倍数降低。总之,以上分析说明,图5.2.1(a)电路中引入的反馈是电压串联负反馈。

为了便于分析引入反馈后的一般规律,常常利用方框图来表示各种组态的负反馈。电压串联负反馈组态的方框图如图5.2.1(b)所示。图中有两个方框,上面的方框表示不加反馈时的放大网络,下面的方框表示反馈网络。反馈电压从放大电路的输出端根据输出电压采样而得到,然后在输入回路中与外加输入电压相减后得到净输入电压。

由方框图可见,放大网络的输入信号是净输入电压 $\dot{U}_d$,输出信号是 $\dot{U}_o$,二者均为电压信号,故其放大倍数用符号 $\dot{A}_{uu}$ 表示,称为放大网络的**电压放大倍数**,即

$$\dot{A}_{uu}=\frac{\dot{U}_o}{\dot{U}_d}$$

在图5.2.1(b)中,反馈网络的输入信号是放大电路的输出电压 $\dot{U}_o$,它的输出信号是反馈电压 $\dot{U}_f$。反馈网络的反馈系数是 $\dot{U}_f$ 与 $\dot{U}_o$ 之比,故用符号 $\dot{F}_{uu}$ 表示,可得

$$\dot{F}_{uu}=\frac{\dot{U}_f}{\dot{U}_o}$$

在图5.2.1(a)的具体放大电路中,已知

$$\dot{U}_f=\frac{R_1}{R_1+R_F}\dot{U}_o$$

所以反馈系数为

$$\dot{F}_{uu}=\frac{\dot{U}_f}{\dot{U}_o}=\frac{R_1}{R_1+R_F}$$

5.2.2 电压并联负反馈放大电路

在图5.2.2(a)所示的放大电路中,反馈信号 $\dot{I}_f$ 从放大电路的输出电压 $\dot{U}_o$ 采样,属于电压反馈。而在输入回路中,净输入电流 $\dot{I}_d$ 等于外加输入电流 $\dot{I}_i$ 与反馈电流 $\dot{I}_f$ 之差,即

$$\dot{I}_d=\dot{I}_i-\dot{I}_f$$

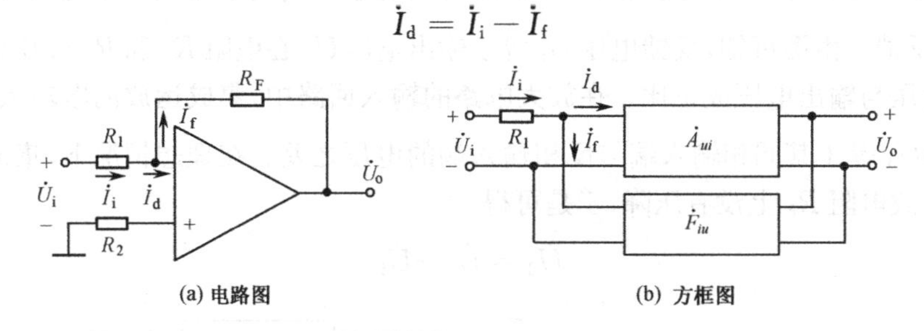

图5.2.2 电压并联负反馈

说明两者以电流形式求和。根据瞬时极性法,设输入电压的瞬时值升高,则输出电压将反相,即其瞬时值将降低,于是流过电阻 R_F 的反馈电流将增大,但这个反馈电流将削弱输入电流的作用,使净输入电流减小。总之,此电路中的反馈是电压并联负反馈。

电压并联负反馈的方框图如图5.2.2(b)所示。放大网络的输入信号是净输入电流 $\dot{I}_d$,输出信号是放大电路的输出电压 $\dot{U}_o$,它的放大倍数用符号 $\dot{A}_{ui}$ 表示,即

$$\dot{A}_{ui}=\frac{\dot{U}_o}{\dot{I}_d}$$

由上式可知，$\dot{A}_{ui}$的量纲是电阻，故称之为放大网络的**转移电阻**。

反馈网络的输入信号是放大电路的输出电压$\dot{U}_o$，输出信号是反馈电流$\dot{I}_f$。反馈网络的反馈系数为$\dot{I}_f$与$\dot{U}_o$之比，用符号$\dot{F}_{iu}$表示，它的量纲是电导，可表示为

$$\dot{F}_{iu}=\frac{\dot{I}_f}{\dot{U}_o}$$

在图5.2.2(a)的放大电路中，当集成运放的开环差模增益足够大时，可认为其反相输入端的电压近似等于零，则反馈电流为

$$\dot{I}_f\approx-\frac{\dot{U}_o}{R_f}$$

因此反馈系数为
$$\dot{F}_{iu}=\frac{\dot{I}_f}{\dot{U}_o}\approx-\frac{1}{R_F}$$

5.2.3 电流串联负反馈放大电路

在图5.2.3(a)所示的放大电路中，反馈电压为

$$\dot{U}_f=\dot{I}_oR_F$$

即反馈电压与输出电流成正比。而在放大电路的输入回路中，净输入电压为

$$\dot{U}_d=\dot{U}_i-\dot{U}_f$$

即外加输入信号与反馈信号以电压的形式求和。根据瞬时极性法，不难判断出此反馈电压将削弱输入电压的作用，使放大倍数降低，因此，这个反馈的组态是电流串联负反馈。

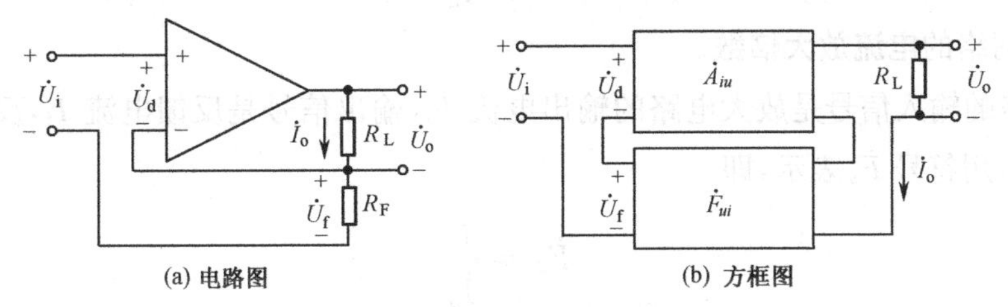

(a) 电路图　　(b) 方框图

图5.2.3　电流串联负反馈

电流串联负反馈的方框图如图5.2.3(b)所示。放大网络的输入信号是净输入电压$\dot{U}_d$，输出信号是放大电路的输出电流$\dot{I}_o$，其放大倍数用符号$\dot{A}_{iu}$表示，即

$$\dot{A}_{iu}=\frac{\dot{I}_o}{\dot{U}_d}$$

$\dot{A}_{iu}$的量纲是电导，称为放大网络的**转移电导**。

反馈网络的输入信号是放大电路的输出电流$\dot{I}_o$，输出信号是反馈电压$\dot{U}_f$，反馈系数等于$\dot{U}_f$与$\dot{I}_o$之比，用符号$\dot{F}_{ui}$表示，它的量纲是电阻，可表示为

$$\dot{F}_{ui}=\frac{\dot{U}_f}{\dot{I}_o}$$

在图5.2.3(a)的电路中，反馈电压$\dot{U}_f=\dot{I}_oR_F$，则反馈系数为

$$\dot{F}_{ui}=\frac{\dot{U}_f}{\dot{I}_o}=R_F$$

5.2.4 电流并联负反馈放大电路

在图5.2.4(a)所示的放大电路中，反馈信号从放大电路输出端的电流 $\dot{I}_o$ 采样。在输入回路中，反馈信号与外加输入信号以电流的形式求和，净输入电流为

$$\dot{I}_d = \dot{I}_i - \dot{I}_f$$

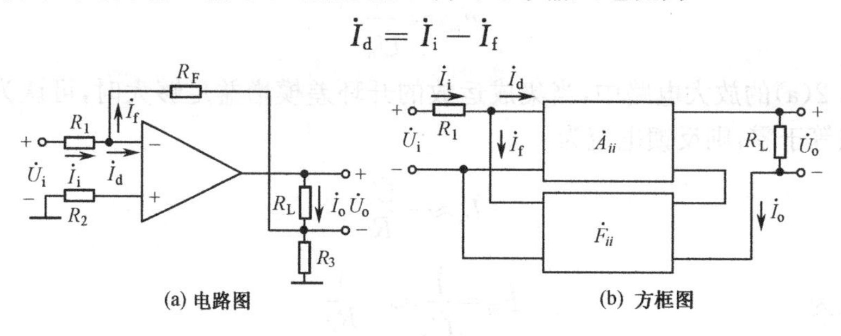

图5.2.4 电流并联负反馈

根据瞬时极性法，设输入电压的瞬时值升高，则输出电压的瞬时值将降低，于是输出电流减小，使输出电流在电阻 R_3 上的压降也降低，则流过 R_F 的反馈电流将增大，但是此反馈电流将削弱输入电流的作用，使净输入电流减小。可见，电路中引入的反馈是电流并联负反馈。

电流并联负反馈的方框图如图5.2.4(b)所示。放大网络的输入信号是净输入电流 $\dot{I}_d$，输出信号是放大电路的输出电流 $\dot{I}_o$，放大网络的放大倍数用符号 $\dot{A}_{ii}$ 表示，即

$$\dot{A}_{ii} = \frac{\dot{I}_o}{\dot{I}_d}$$

$\dot{A}_{ii}$ 称为放大网络的**电流放大倍数**。

反馈网络的输入信号是放大电路的输出电流 $\dot{I}_o$，输出信号是反馈电流 $\dot{I}_f$，反馈系数等于 $\dot{I}_f$ 与 $\dot{I}_o$ 之比，用符号 $\dot{F}_{ii}$ 表示，即

$$\dot{F}_{ii} = \frac{\dot{I}_f}{\dot{I}_o}$$

在图5.2.4(a)所示的放大电路中，若集成运放的开环电压增益足够大，则其反向输入端的电压近似为零，则反馈电流为

$$\dot{I}_f \approx -\frac{\dot{I}_o R_3}{R_3 + R_F}$$

则反馈系数为

$$\dot{F}_{ii} = \frac{\dot{I}_f}{\dot{I}_o} \approx -\frac{R_3}{R_3 + R_F}$$

根据以上讨论可知，对于不同组态的负反馈放大电路来说，其中放大网络放大倍数和反馈网络反馈系数的物理意义和量纲都各不相同，因此，统称为广义的放大倍数和广义的反馈系数。为了便于比较，现将四种负反馈组态的放大倍数和反馈系数分别列于表5.2.1中。

表5.2.1 四种负反馈组态的 $\dot{A}$、$\dot{F}$ 的比较

	输出信号	反馈信号	放大网络的放大倍数 $\dot{A}$	反馈系数 $\dot{F}$
电压串联式	$\dot{U}_o$	$\dot{U}_f$	电压放大倍数 $\dot{A}_{uu} = \dot{U}_o / \dot{U}_d$	$\dot{F}_{uu} = \dot{U}_f / \dot{U}_o$
电压并联式	$\dot{U}_o$	$\dot{I}_f$	$\dot{A}_{ui} = \dot{U}_o / \dot{I}_d(\Omega)$　转移电阻	$\dot{F}_{iu} = \dot{I}_f / \dot{U}_o(S)$

续表

	输出信号	反馈信号	放大网络的放大倍数 $\dot{A}$	反馈系数 $\dot{F}$
电流串联式	$\dot{I}_o$	$\dot{U}_f$	$\dot{A}_{iu}=\dot{I}_o/\dot{U}_d$(S) 转移电导	$\dot{F}_{ui}=\dot{U}_f/\dot{I}_o(\Omega)$
电流并联式	$\dot{I}_o$	$\dot{I}_f$	$\dot{A}_{ii}=\dot{I}_o/\dot{I}_d$ 电流放大倍数	$\dot{F}_{ii}=\dot{I}_f/\dot{I}_o$

【例5.2.1】 试判断图5.2.5各电路中反馈的极性和组态。假设电路中的电容均足够大。

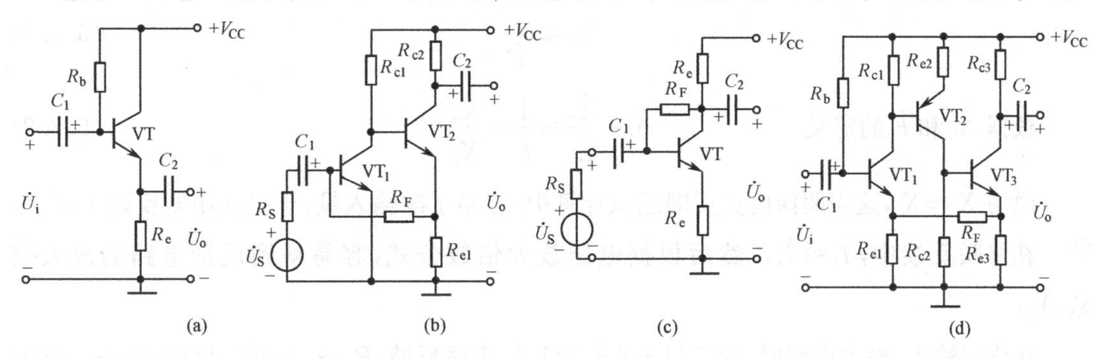

图5.2.5 例5.2.1电路

解： 图5.2.5(a)是一个射极输出器。设输入电压的瞬时值升高，则输出电压也随之升高，而三极管的发射结电压等于输入电压与输出电压之差，实际上，输出电压就是反馈电压。此反馈电压将削弱输入电压的作用，因此是负反馈。由图5.2.5(a)还可见，反馈电压取自放大电路的输出电压，而在输入回路中，外加输入信号与反馈信号以电压的形式求和，所以反馈的组态是电压串联式。

图5.2.5(b)中的电路是一个两级直接耦合放大电路，反馈信号由 VT_2 的发射极通过电阻 R_F 引回到 VT_1 的基极。设输入电压的瞬时值升高，则 VT_2 的发射极电位将降低，于是从 VT_1 基极通过 R_F 流向 VT_2 发射极的反馈电流将增大，使流向 VT_1 基极的净输入电流减小。可见反馈信号削弱了输入信号的作用，因此是负反馈。由图5.2.5(b)可见，反馈信号取自输出回路的电流，而在输入回路中外加输入信号与反馈信号以电流的形式求和，所以反馈的组态是电流并联式。

图5.2.5(c)中是一个单管放大电路，在三极管的集电极和基极之间通过电阻 R_F 接入一个反馈支路。设输入电压的瞬时值升高，三极管的集电极电位将降低，则从基极通过 R_F 流向集电极的反馈电流将增大，使流向基极的净输入电流减小，因此是负反馈。该电路中的反馈信号是从输出电压采样，在放大电路的输入回路中与外加输入信号以电流形式求和，所以是电压并联反馈。

图5.2.5(d)中的电路是一个三级直接耦合放大电路，其中 VT_1、VT_3 是NPN型三极管，而 VT_2 是PNP型三极管。从 VT_3 的发射极到 VT_1 的发射极通过电阻 R_F 引回一个反馈信号。设输入电压的瞬时值升高，则 VT_1 集电极电压降低，VT_2 集电极电压升高，VT_3 发射极电压也升高，于是 R_{e1} 上得到的反馈电压也随之升高。但此反馈电压将削弱外加输入电压的作用，使加在 VT_1 发射结的净输入电压减小，可见是负反馈。由于反馈信号取自输出回路的电流，在放大电路的输入回路中与外加输入信号以电压的形式求和，因此是电流串联反馈。

5.3 深度负反馈放大电路的计算

在实际电路中,很多情况下是引入深度负反馈。从5.1节中已得出,$\dot{A}_f=\dot{A}/(1+\dot{A}\dot{F})$,当电路引入深度负反馈时,即$|1+\dot{A}\dot{F}|\gg1$时,于是

$$\dot{A}_f\approx\frac{1}{\dot{F}} \tag{5.3.1}$$

根据$\dot{A}_f$和$\dot{F}$的定义

$$\dot{A}_f=\frac{\dot{X}_o}{\dot{X}_i}\approx\frac{1}{\dot{F}}=\frac{\dot{X}_o}{\dot{X}_f} \tag{5.3.2}$$

说明$\dot{X}_i\approx\dot{X}_f$,这表明深度负反馈近似计算中,忽略了净输入量,于是在串联反馈中,$\dot{U}_i\approx\dot{U}_f$。在并联反馈中,$\dot{I}_i\approx\dot{I}_f$。然后根据电压放大倍数公式,容易得到反馈电路的放大倍数$\dot{A}_{uuf}$。

在确定输入、输出电阻时,由于$|1+\dot{A}\dot{F}|\gg1$,故串联反馈:$R_{if}\to\infty$;并联反馈:$R_{if}\to0$;电流反馈:$R_{of}\to\infty$;电压反馈:$R_{of}\to0$。

【例5.3.1】 计算图5.3.1中各放大电路的电压放大倍数。

解: 图5.3.1(a)电路是电压串联负反馈。反馈电压为

$$U_f=\frac{U_oR_1}{R_f+R_1},\quad F_{uu}=\frac{U_f}{U_o}=\frac{R_1}{R_f+R_1}$$

于是

$$A_{uf}\approx\frac{1}{F_{uu}}=1+\frac{R_f}{R_1}$$

图5.3.1(b)电路是电压并联负反馈。反馈电流和输入电流为

$$\dot{I}_f=-\frac{\dot{U}_o}{R_f},\quad \dot{I}_i=\frac{\dot{U}_i}{R_1}$$

利用$\dot{I}_i\approx\dot{I}_f$关系得

$$\frac{-\dot{U}_o}{R_f}=\frac{\dot{U}_i}{R_1}$$

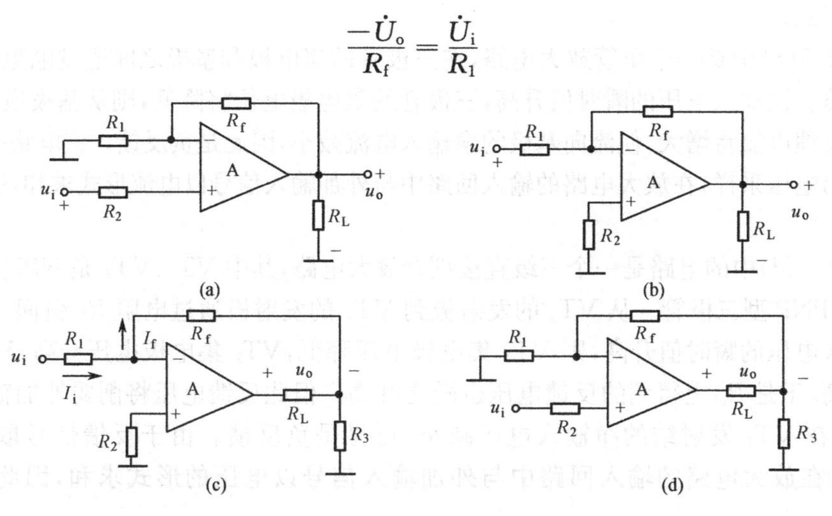

图5.3.1 例5.3.1图

于是
$$\dot{A}_{uuf}=\frac{\dot{U}_o}{\dot{U}_i}=-\frac{R_f}{R_1}$$

图 5.3.1(c)电路是电流并联负反馈。反馈电流为

$$I_f=\frac{-I_oR_3}{R_3+R_f}=-\frac{\dot{U}_o}{R_L}\frac{R_3}{R_3+R_f},\qquad \dot{I}_i=\frac{\dot{U}_i}{R_1}$$

根据
$$\dot{I}_i\approx\dot{I}_f$$

即
$$\frac{\dot{U}_i}{R_1}=-\frac{\dot{U}_o}{R_L}\frac{R_3}{R_3+R_f}$$

于是
$$\dot{A}_{uuf}=\frac{\dot{U}_o}{\dot{U}_i}=-\frac{(R_3+R_f)R_L}{R_1R_3}$$

图 5.3.1(d)电路是电流串联负反馈。反馈电压为

$$\dot{U}_f=\frac{\dot{U}_o}{R_L}\frac{R_3R_1}{R_3+R_1+R_f}=\dot{U}_i$$

于是
$$\dot{A}_{uuf}=\frac{\dot{U}_o}{\dot{U}_i}=\frac{(R_1+R_3+R_f)R_L}{R_1R_3}$$

5.4　负反馈对放大电路性能的影响

如前所述,放大电路引入反馈后,虽然放大倍数有所下降,但是提高了放大电路的稳定性。而且远远不止于此,采用负反馈还能够改善放大电路的其他各项性能,例如,减小非线性失真和抑制干扰,扩展频带以及根据需要灵活地改变放大电路的输入、输出电阻等。下面分别进行介绍。

5.4.1　提高放大倍数的稳定性

在放大电路中,电源电压的波动、温度的变化、器件和元件参数的变化等,都可能引起增益的变化。引入负反馈将提高放大电路增益的稳定性。下面将进一步分析,放大倍数稳定性的提高与反馈深度$(1+\dot{A}\dot{F})$有关。

从前面的分析已得出

$$\dot{A}_f=\frac{\dot{A}}{1+\dot{A}\dot{F}}\tag{5.1.4}$$

在中频段 $\dot{A}$ 为实数,于是有
$$A_f=\frac{A}{1+AF}\tag{5.4.1}$$

$$dA_f=\frac{dA}{(1+AF)^2}\tag{5.4.2}$$

其相对变化率为
$$\frac{dA_f}{A_f}=\frac{1}{1+AF}\frac{dA}{A}\tag{5.4.3}$$

可见,引入负反馈后,放大倍数下降为原来的 $1/(1+AF)$,但放大倍数的稳定性却提高了$(1+AF)$倍。

5.4.2　减小非线性失真和抑制干扰

由于放大器件特性曲线的非线性,当输入信号为正弦波时,输出信号的波形可能不再是一

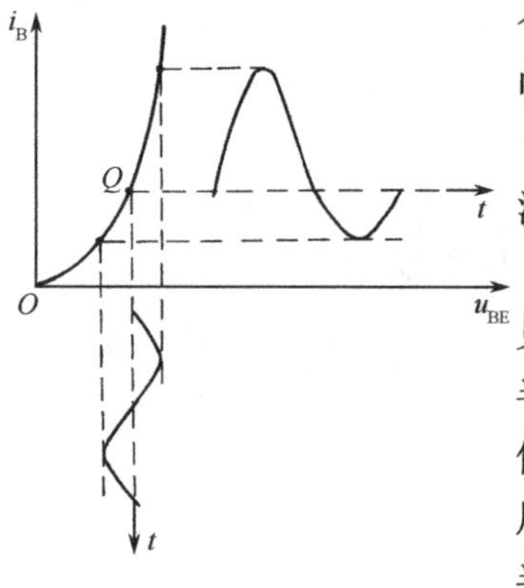

图 5.4.1 i_B 波形的非线性失真

个真正的正弦波，而将产生或多或少的非线性失真。当信号幅度比较大时，非线性失真现象更为明显。

例如，由于三极管输入特性曲线的非线性，当 u_{BE} 为正弦波时，i_B 波形出现了失真，如图 5.4.1所示。

引入负反馈可以减小非线性失真。例如，由图 5.4.2 可见，如果正弦波输入信号 x_i 经过放大后产生的失真波形为正半周大，负半周小。经过反馈后，在 F 为常数的条件下，反馈信号 x_f 也是正半周大，负半周小。但它和输入信号 x_i 相减后得到的净输入信号 $x_d = x_i - x_f$ 的波形却变成正半周小，负半周大。这样就把输出信号的正半周压缩、负半周扩大，结果使正负半周的幅度趋于一致，从而改善了输出波形。

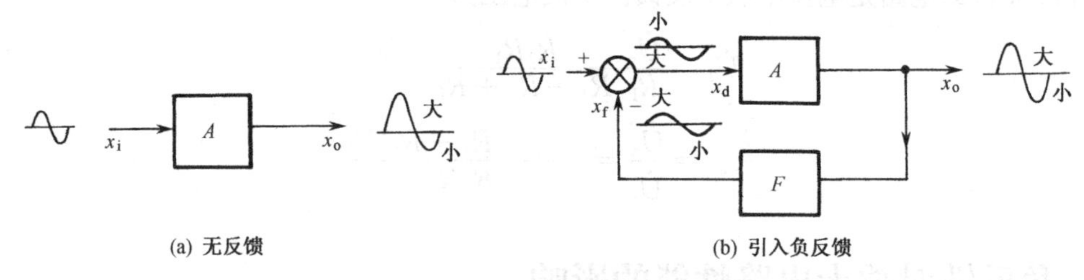

图 5.4.2 利用负反馈减小非线性失真

如果把非线性失真看成为在输出波形中除了基波成分以外，增加了某些谐波成分，则引入负反馈后，在保持基波成分不变的情况下(为此，需增大输入信号)，降低了谐波成分，从而减小了非线性失真。可以证明，在非线性失真不太严重时，输出波形中的非线性失真近似减小为原来的 $1/(1+AF)$。

根据同样的道理，采用负反馈也可以抑制由载流子热运动所产生的噪声，因为可以将噪声看成是放大电路内部产生的谐波电压，因此也可以大致被抑制为原来的 $1/(1+AF)$。

当放大电路受到干扰时，也可以利用负反馈进行抑制。但是，如果干扰是同输入信号同时混入的，则引入负反馈将无济于事。

5.4.3 展宽通频带

从本质上说，放大电路的通频带受到一定限制是由于放大电路对不同频率的输入信号呈现出不同的放大倍数而造成的。而通过前面的分析已经看到，无论何种原因引起放大电路的放大倍数发生变化，均可以通过负反馈使放大倍数的相对变化量减小，提高放大倍数的稳定性。由此可知，对于信号频率不同而引起的放大倍数下降，也可以利用负反馈进行改善。所以，引入负反馈可以展宽放大电路的通频带。

例如，假设反馈系数 $\dot{F}$ 是一固定常数，当输入信号的幅度不变时，随着频率的升高或降低，输出信号的幅度将减小，则引回到放大电路输入回路的反馈信号的幅度也按比例减小，于是净输入信号的幅度增大，使放大电路输出信号的相对下降量比无反馈时少，也就是说，放大电路的通频带展宽了。

由第 3 章增益带宽积的分析得知，当晶体管参数选定后，其共射放大电路的电压放大倍数与通频带的乘积近似等于一个常数。引入负反馈后，电压放大倍数下降了 $1+\dot{A}\dot{F}$ 倍，则频带宽度必须增加$(1+\dot{A}\dot{F})$倍。

下面进一步说明：

假设无反馈时放大电路在高频段的放大倍数为

$$\dot{A}_{H} = \frac{\dot{A}_{m}}{1 + j\dfrac{f}{f_{H}}} \tag{5.4.4}$$

式中，$\dot{A}_{m}$ 和 f_{H} 分别是无反馈时的中频放大倍数和上限频率。

引入负反馈后，设反馈系数为 $\dot{F}$，则此时高频段的放大倍数将成为

$$\dot{A}_{Hf} = \frac{\dot{A}_{H}}{1 + \dot{A}_{H}\dot{F}} = \frac{\dfrac{\dot{A}_{m}}{1 + j\dfrac{f}{f_{H}}}}{1 + \dfrac{\dot{A}_{m}}{1 + j\dfrac{f}{f_{H}}}\dot{F}} = \frac{\dot{A}_{m}}{1 + \dot{A}_{m}\dot{F} + j\dfrac{f}{f_{H}}} = \frac{\dfrac{\dot{A}_{m}}{1 + \dot{A}_{m}\dot{F}}}{1 + j\dfrac{f}{(1 + \dot{A}_{m}\dot{F})f_{H}}} \tag{5.4.5}$$

比较式(5.4.4)和式(5.4.5)可知，引入负反馈后的中频放大倍数 $\dot{A}_{mf}$ 和上限频率 f_{Hf} 分别为

$$\dot{A}_{mf} = \frac{\dot{A}_{m}}{1 + \dot{A}_{m}\dot{F}} \tag{5.4.6}$$

$$f_{Hf} = (1 + \dot{A}_{m}\dot{F})f_{H} \tag{5.4.7}$$

可见引入负反馈后，放大电路的中频放大倍数减小了，等于无反馈时的 $1/(1+\dot{A}_{m}\dot{F})$，而上限频率提高了，等于无反馈时的 $(1+\dot{A}_{m}\dot{F})$ 倍。

同理，可以列出无反馈时低频段的放大倍数为

$$\dot{A}_{L} = \frac{\dot{A}_{m}}{1 - j\dfrac{f_{L}}{f}} \tag{5.4.8}$$

式中，f_{L} 是无反馈时的下限频率。

引入负反馈后，低频段的放大倍数将成为

$$\dot{A}_{Lf} = \frac{\dot{A}_{L}}{1 + \dot{A}_{L}\dot{F}} = \frac{\dot{A}_{m}\Big/\left(1 - j\dfrac{f_{L}}{f}\right)}{1 + \dfrac{\dot{A}_{m}}{1 - j\dfrac{f_{L}}{f}}\cdot\dot{F}} = \frac{\dot{A}_{m}}{1 + \dot{A}_{m}\dot{F} - j\dfrac{f_{L}}{f}} = \frac{\dfrac{\dot{A}_{m}}{1 + \dot{A}_{m}\dot{F}}}{1 - j\dfrac{f_{L}}{(1 + \dot{A}_{m}\dot{F})f}} \tag{5.4.9}$$

比较式(5.4.8)和式(5.4.9)可知，引入负反馈后的下限频率为

$$f_{Lf} = \frac{f_{L}}{1 + \dot{A}_{m}\dot{F}} \tag{5.4.10}$$

即引入负反馈后，放大电路的下限频率降低了，等于无反馈时的 $1/(1+\dot{A}_{m}\dot{F})$。

根据以上分析可知，引入负反馈后，放大电路的上限频率提高了 $(1+\dot{A}_{m}\dot{F})$ 倍，而下限频率降低到原来的 $1/(1+\dot{A}_{m}\dot{F})$，所以，总的通频带得到了展宽。

对于一般阻容耦合放大电路来说，通常有 $f_{H}\gg f_{L}$；而对于直接耦合放大电路，$f_{L}=0$，所以通频带可以近似地用上限频率表示，即认为无反馈时的通频带为

$$BW = f_{H} - f_{L} \approx f_{H}$$

引入负反馈后的通频带为

$$BW_f = f_{Hf} - f_{Lf} \approx f_{Hf}$$

由式(5.4.7)可知 $f_{Hf}=(1+\dot{A}_m\dot{F})f_H$，则可得

$$BW_f \approx (1+\dot{A}_m\dot{F})BW \tag{5.4.11}$$

上式表明，引入负反馈后通频带展宽了$(1+\dot{A}_m\dot{F})$倍，但中频放大倍数下降为无反馈时的$1/(1+\dot{A}_m\dot{F})$，因此，中频放大倍数与通频带的乘积将基本不变，即

$$\dot{A}_{mf}BW_f \approx \dot{A}_m BW \tag{5.4.12}$$

由此可见，负反馈的深度越深，则通频带展得越宽，但同时中频放大倍数也下降得越多。引入负反馈后，通频带和中频放大倍数的变化情况如图5.4.3所示。

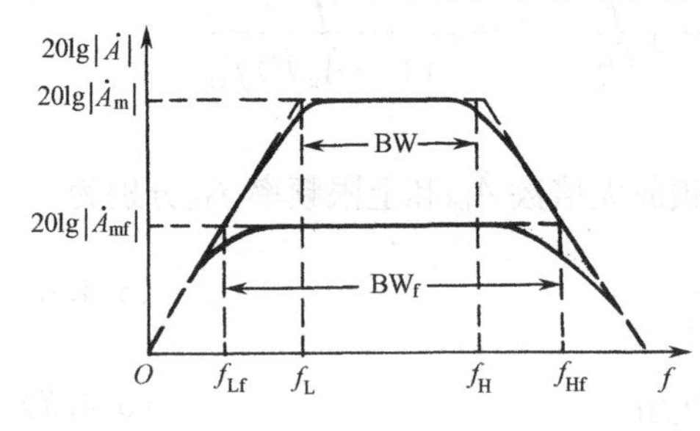

图5.4.3　负反馈对通频带和放大倍数的影响

【例5.4.1】 在图5.3.1(a)所示的电压串联负反馈放大电路中，已知集成运放中频时的开环差模电压放大倍数 $\dot{A}_m=10^5$，上限频率 $f_H=2\text{kHz}$。引入负反馈后，闭环电压放大倍数 $\dot{A}_{mf}=10^2$，试问反馈深度等于多少？此时负反馈放大电路的通频带等于多少？

解： 由式(5.4.4)可知 $\dot{A}_{mf}=\dfrac{\dot{A}_m}{1+\dot{A}_m\dot{F}}$，则反馈深度为

$$1+\dot{A}_m\dot{F}=\frac{\dot{A}_m}{\dot{A}_{mf}}=\frac{10^5}{10^2}=10^3$$

因为下限频率等于零，故通频带就等于上限频率的值，则负反馈放大电路的通频带为

$$BW_f = f_{Hf} = (1+\dot{A}_m\dot{F})f_H = (10^3\times 2)\text{kHz} = 2000\text{kHz} = 2\text{MHz}$$

5.4.4　改变输入电阻和输出电阻

放大电路引入不同组态的负反馈后，对输入电阻和输出电阻将产生不同的影响。人们经常利用各种形式的负反馈来改变输入、输出电阻的数值，以满足实际工作中提出的特定要求。

1. 负反馈对输入电阻的影响

总的来说，反馈信号与外加输入信号在放大电路输入回路中的求和方式不同，将对输入电阻产生不同的影响。串联负反馈将增大输入电阻，而并联负反馈将减小输入电阻。下面进行具体分析。

(1) 串联负反馈使输入电阻增大

图5.4.4是一个串联负反馈放大电路的示意图。由图可见，反馈信号与外加输入信号以电压形式求和，而且反馈电压 $\dot{U}_f$ 将削弱输入电压 $\dot{U}_i$ 的作用，使净输入电压 $\dot{U}_d$ 减小。可见，在同样的外加输入电压之下，输入电流将比无反馈时小，因此输入电阻将增大。

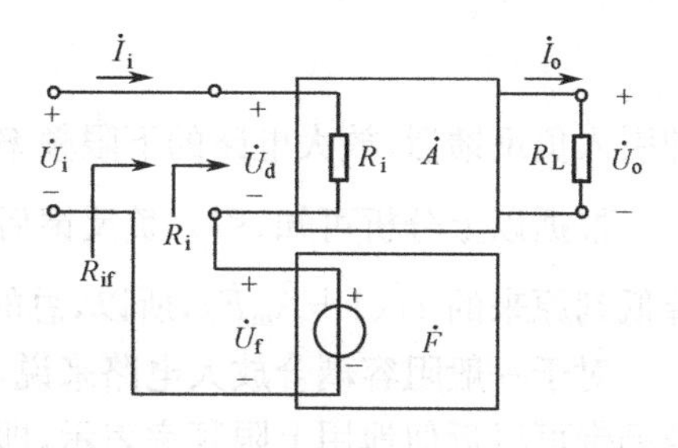

图5.4.4　串联负反馈对 R_i 的影响

在图5.4.4中，无反馈时的输入电阻为

$$R_{\mathrm{i}}=\frac{\dot{U}_{\mathrm{d}}}{\dot{I}_{\mathrm{i}}} \tag{5.4.13}$$

引入串联负反馈后，输入电阻为

$$R_{\mathrm{if}}=\frac{\dot{U}_{\mathrm{i}}}{\dot{I}_{\mathrm{i}}}=\frac{\dot{U}_{\mathrm{d}}+\dot{U}_{\mathrm{f}}}{\dot{I}_{\mathrm{i}}} \tag{5.4.14}$$

上式中的反馈电压 $\dot{U}_{\mathrm{f}}$ 是净输入电压经放大网络放大，再经反馈网络以后得到的，即

$$\dot{U}_{\mathrm{f}}=\dot{A}\dot{F}\dot{U}_{\mathrm{d}} \tag{5.4.15}$$

将上式代入式(5.4.14)，可得

$$R_{\mathrm{if}}=\frac{\dot{U}_{\mathrm{d}}+\dot{A}\dot{F}\dot{U}_{\mathrm{d}}}{\dot{I}_{\mathrm{i}}}=(1+\dot{A}\dot{F})R_{\mathrm{i}} \tag{5.4.16}$$

由此得出结论，只要引入串联负反馈，放大电路的输入电阻都将增大，成为无反馈时的 $(1+\dot{A}\dot{F})$ 倍。无论电压串联负反馈或电流串联负反馈均是如此。

但要注意，引入串联负反馈后，只是将反馈环路内的输入电阻增大 $(1+\dot{A}\dot{F})$ 倍，如图 5.4.5 中 R_{b1} 和 R_{b2} 并不包括在反馈环路内，因此不受影响。该电路总的输入电阻为

$$R'_{\mathrm{if}}=R_{\mathrm{if}}\mathbin{/\mkern-5mu/}R_{\mathrm{b1}}\mathbin{/\mkern-5mu/}R_{\mathrm{b2}}$$

其中，只有 R_{if} 增大了 $(1+\dot{A}\dot{F})$ 倍。如果 R_{b1}、R_{b2} 不够大，则即使 R_{if} 增大很多，总的 R'_{if} 将增大不多。

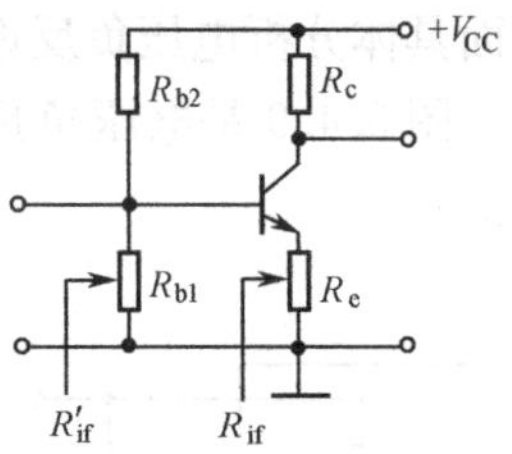

图 5.4.5　R_{if} 与 R'_{if} 的区别

(2) 并联负反馈使输入电阻减小

在图 5.4.6 所示的并联负反馈放大电路的示意图中，反馈信号与外加输入信号以电流形式求和，净输入电流为

$$\dot{I}_{\mathrm{d}}=\dot{I}_{\mathrm{i}}-\dot{I}_{\mathrm{f}}\quad 即\quad \dot{I}_{\mathrm{i}}=\dot{I}_{\mathrm{d}}+\dot{I}_{\mathrm{f}}$$

说明在同样的输入电压之下，输入电流将比无反馈时大，因此输入电阻将减小。

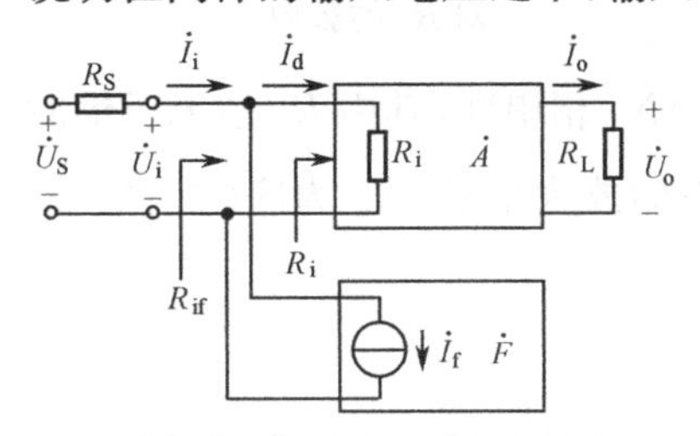

图 5.4.6　并联负反馈对 R_{i} 的影响

在图 5.4.6 中，无反馈时的输入电阻为

$$R_{\mathrm{i}}=\frac{\dot{U}_{\mathrm{i}}}{\dot{I}_{\mathrm{d}}} \tag{5.4.17}$$

引入并联负反馈后，输入电阻为

$$R_{\mathrm{if}}=\frac{\dot{U}_{\mathrm{i}}}{\dot{I}_{\mathrm{i}}}=\frac{\dot{U}_{\mathrm{i}}}{\dot{I}_{\mathrm{d}}+\dot{I}_{\mathrm{f}}} \tag{5.4.18}$$

上式中的反馈电流 $\dot{I}_{\mathrm{f}}$ 是净输入电流经放大网络和反馈网络后得到，即

$$\dot{I}_{\mathrm{f}}=\dot{A}\dot{F}\dot{I}_{\mathrm{d}}$$

将上式代入式(5.4.18)，可得

$$R_{\mathrm{if}}=\frac{\dot{U}_{\mathrm{i}}}{\dot{I}_{\mathrm{d}}+\dot{A}\dot{F}\dot{I}_{\mathrm{d}}}=\frac{R_{\mathrm{i}}}{1+\dot{A}\dot{F}} \tag{5.4.19}$$

由以上分析可知，只要引入并联负反馈，放大电路的输入电阻都将减小，成为无反馈时的 $1/(1+\dot{A}\dot{F})$。无论电压并联负反馈或电流并联负反馈均如此。

2. 负反馈对输出电阻的影响

反馈信号在放大电路输出端的采样方式不同,将对输出电阻产生不同的影响,电压负反馈将减小输出电阻,而电流负反馈将增大输出电阻。

(1) 电压负反馈使输出电阻减小

由图5.4.7可知,电路的输出电阻 R_o 越小,则当负载电阻 R_L 变化时,输出电压 $\dot{U}_o$ 越稳定。理想的恒压源输出电阻 $R_o=0$,则无论 R_L 如何变化,$\dot{U}_o$ 均保持不变。

以上已经知道,放大电路引入电压负反馈后,能在 R_L 变化时使输出电压保持稳定,因此,其效果就是减小了放大电路的输出电阻。

由第2章可知,放大电路的输出电阻 R_o 用图5.4.8所示的方法定义,即令输入信号 $\dot{X}_i=0$(电压源短路,电流源开路),并使负载电阻 R_L 开路,然后在输出端加上一个交流电压 $\dot{U}_o$,再求出由它产生的输出电流 $\dot{I}_o$,即可由下式算出它的输出电阻 R_o 值

$$R_o=\left.\frac{\dot{U}_o}{\dot{I}_o}\right|_{\dot{X}_i=0,R_L=\infty}$$

下面具体分析电压负反馈对输出电阻的影响。

图5.4.9是电压负反馈放大电路的示意图。为了根据定义计算输出电阻,令输入信号 $\dot{X}_i=0$。

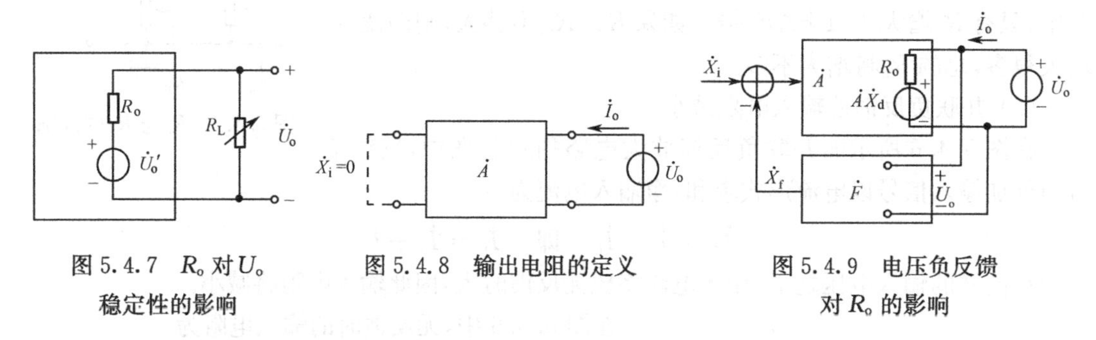

图5.4.7 R_o 对 U_o 稳定性的影响　　图5.4.8 输出电阻的定义　　图5.4.9 电压负反馈对 R_o 的影响

从放大网络的输出端往里看,是 R_o 与一个等效电压源 $\dot{A}\dot{X}_d$ 相串联,其中 R_o 是无反馈时放大网络的输出电阻,$\dot{A}$ 是当负载电阻 R_L 开路时放大网络的放大倍数,$\dot{X}_d$ 为净输入信号。因为外加输入信号 $\dot{X}_i=0$,故

$$\dot{X}_d=\dot{X}_i-\dot{X}_f=-\dot{X}_f$$

上式中 $\dot{X}_f$ 为反馈信号。由于是电压负反馈,即反馈信号从放大电路的输出电压采样,则

$$\dot{X}_f=\dot{F}\dot{U}_o$$

由图5.4.9可知

$$\dot{U}_o=\dot{I}_oR_o+\dot{A}\dot{X}_d=\dot{I}_oR_o-\dot{A}\dot{F}\dot{U}_o$$

整理上式,可得电压负反馈放大电路的输出电阻为

$$R_{of}=\frac{\dot{U}_o}{\dot{I}_o}=\frac{R_o}{1+\dot{A}\dot{F}} \tag{5.4.20}$$

由式(5.4.20)可知,只要引入电压负反馈,放大电路的输出电阻都将减小,成为无反馈时的 $1/(1+\dot{A}\dot{F})$。无论电压串联负反馈或电压并联负反馈均是如此。

(2) 电流负反馈使输出电阻增大

由图 5.4.10 可知，电路的输出电阻 R_o 越大，则当 R_L 变化时输出电流 $\dot{I}_o$ 越稳定。理想的恒流源 $R_o=\infty$，此时无论 R_L 如何变化，$\dot{I}_o$ 始终保持不变。

引入电流负反馈能在负载电阻 R_L 变化时保持输出电流稳定，所以其效果就是增大了放大电路的输出电阻。

图 5.4.11 是电流负反馈放大电路的示意图，为了计算输出电阻，同样令 $\dot{X}_i=0$。

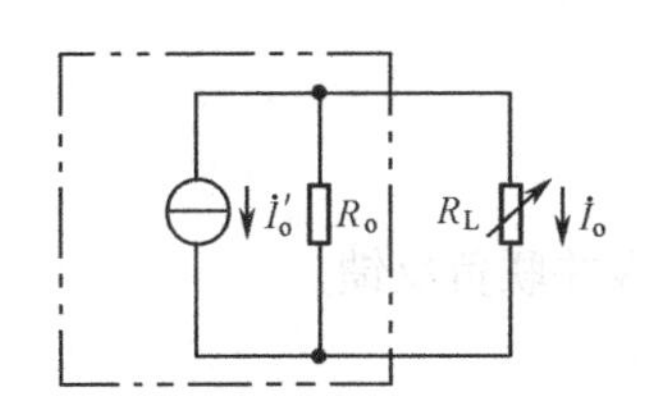

图 5.4.10　R_o 对 I_o 稳定性的影响

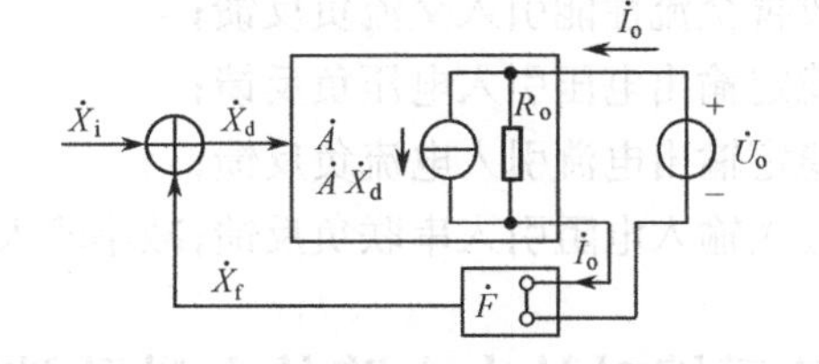

图 5.4.11　电流负反馈对输出电阻的影响

从放大网络输出端往里看，是 R_o 与一个等效电流源 $\dot{A}\dot{X}_d$ 并联。其中 R_o 是无反馈时放大网络的输出电阻，$\dot{A}$ 是负载电阻 R_L 短路时放大网络的放大倍数，$\dot{X}_d$ 仍为净输入信号。由于 $\dot{X}_i=0$，且为电流负反馈，即反馈信号从输出电流采样得到，因此

$$\dot{X}_d=\dot{X}_i-\dot{X}_f=-\dot{X}_f=-\dot{F}\dot{I}_o$$

在图 5.4.11 中，

$$\dot{I}_o=\frac{\dot{U}_o}{R_o}+\dot{A}\dot{X}_d=\frac{\dot{U}_o}{R_o}-\dot{A}\dot{F}\dot{I}_o$$

整理上式，可得电流负反馈放大电路的输出电阻为

$$R_{of}=\frac{\dot{U}_o}{\dot{I}_o}=(1+\dot{A}\dot{F})R_o \tag{5.4.21}$$

由式(5.4.21)可知，只要引入电流负反馈，放大电路的输出电阻都将增大，成为无反馈时的$(1+\dot{A}\dot{F})$倍。无论是电流串联负反馈或电流并联负反馈均如此。

同样必须注意，电流负反馈只能将反馈环路内的输出电阻增大$(1+\dot{A}\dot{F})$倍，如图 5.4.12中的 R_c，由于不包括在电流负反馈环路之内，因此不受影响。该电路总的输出电阻为

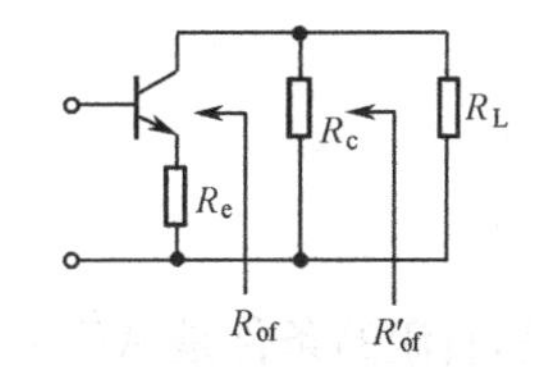

图 5.4.12　R_{of}与 R'_{of}的区别

$$R'_{of}=R_{of}\ /\!/\ R_c$$

一般情况下，因 $R_c \ll R_{of}$，所以即使由于引入电流负反馈而使 R_{of}增大很多，但总的 R'_{of}增加并不多。

综上所述，关于负反馈对放大电路的输入电阻和输出电阻的影响，可以得出以下几点结论：

① 反馈信号与外加输入信号的求和方式不同，将对放大电路的输入电阻产生不同的影响：串联负反馈使输入电阻增大；并联负反馈使输入电阻减小。但是，反馈信号在输出端的采样方式不影响输入电阻。

② 反馈信号在输出端的采样方式不同，或者说反馈网络与放大器的连接方式不同将对放

大电路的输出电阻产生不同的影响;电压负反馈使输出电阻减小;电流负反馈使输出电阻增大。但是,反馈信号在输入端与外加输入信号的求和方式不影响输出电阻。

③ 负反馈对输入电阻和输出电阻影响的程度,均与反馈深度$(1+\dot{A}\dot{F})$有关,或增大为原来的$(1+\dot{A}\dot{F})$倍,或减小为原来的$1/(1+\dot{A}\dot{F})$。

从上述分析可以得出引入负反馈的一般原则:

① 稳定静态工作点引入直流负反馈;

② 改善交流性能引入交流负反馈;

③ 稳定输出电压引入电压负反馈;

④ 稳定输出电流引入电流负反馈;

⑤ 增大输入电阻引入串联负反馈;减小输入电阻引入并联负反馈。

5.5 负反馈对放大电路的自激及消除

5.5.1 自激的原因和产生条件

负反馈对放大电路的影响程度取决于反馈深度$|1+\dot{A}\dot{F}|$。$|1+\dot{A}\dot{F}|$越大,影响的程度也越大。然而,在多级放大电路中,当$|1+\dot{A}\dot{F}|$过大时,由于附加相移的影响,满足了正反馈的相位条件,放大电路不再能稳定的工作,产生振荡,称为自激。自激即是在放大电路没有输入信号时,有一定频率和幅度的输出信号。于是,破坏了放大电路的正常工作。

在前面判别放大电路的正、负反馈实际是在中频特性下得出的,忽略了电路中电抗元件的影响。当电路处于高频段或低频段工作时,电抗元件的影响就不能忽略了。由于电抗元件的影响,反馈闭环将产生相对于中频的附加相移。当附加相移达到±180°时,此时放大器的净输入信号不是被削弱了而是被加强了,发生正反馈。当正反馈足够强时,就产生了自激。具有负反馈环路的闭环放大倍数为

$$\dot{A}_f = \frac{\dot{A}}{1+\dot{A}\dot{F}} \tag{5.5.1}$$

当
$$1+\dot{A}\dot{F}=0, \qquad A_f \to \infty$$

于是,自激的条件是$\dot{A}\dot{F}=-1$。从而得振幅条件

$$|\dot{A}\dot{F}| = 1 \tag{5.5.2}$$

相位条件
$$\arg \dot{A}\dot{F} = \pm(2n+1)\pi \qquad n=0,1,2,3\cdots \tag{5.5.3}$$

5.5.2 利用环路增益波特图判别是否产生自激振荡

因为
$$20\lg|\dot{A}\dot{F}| = 20\lg|\dot{A}| - 20\lg|1/\dot{F}|$$

这里的$\dot{A}$是放大电路的开环放大倍数,当F已知时,根据上式,即可从开环放大电路$\dot{A}$的波特图得出$20\lg|\dot{A}\dot{F}|$的波特图,称为环路增益波特图。其相位的波特图可由$\arg \dot{A}\dot{F}=\varphi_A(f)+\varphi_F(f)$求得。

举例:基本放大电路的波特图如图5.5.1所示,可见基本放大电路的中频放大倍数为80dB。如果$F=0.001$,$20\lg 1/F=60$dB,仅当将基本放大电路的波特图中的横坐标上移60dB,

即得该反馈环路增益的波特图。又因为这里的反馈系数为实数，故相位的波特图与开环时相同。从图 5.5.1 中看出，在 $20\lg|\dot{A}\dot{F}|=0$（对应于 $|\dot{A}\dot{F}|=1$）处的频率为 f_c，相位的波特图对应的相移 180°的频率为 f_o，$f_c<f_o$，说明 f_c 所对应的相移小于 180°，不满足自激条件，反馈放大电路能稳定工作。

当 $F=0.1$ 时，$20\lg\dfrac{1}{F}=20\text{dB}$，此时 $f_c>f_o$，满足自激条件，反馈放大电路将产生自激。

前面已经得出，判别负反馈放大电路稳定性的条件是：

① $f_c<f_o$ 电路稳定。

② $f_c>f_o$ 必然产生自激振荡。

当 $f_c<f_o$ 时，$G_m=20\lg|\dot{A}\dot{F}|_{f=f_o}<0$ 定义 G_m 为幅值稳定裕度。通常认为 $G_m\leqslant-10\text{dB}$，则电路就具有足够的稳定幅值裕度。

设 $f=f_c$ 时的相位为 $|\varphi_A+\varphi_F|_{f=f_c}$，定义 $\varphi_m=180°-|\varphi_A+\varphi_F|_{f=f_c}$ 为**相位裕度**。通常认为 $\varphi_m\geqslant45°$，则电路就具有足够稳定的相位裕度。裕度在波特图上的表示如图 5.5.2 所示。

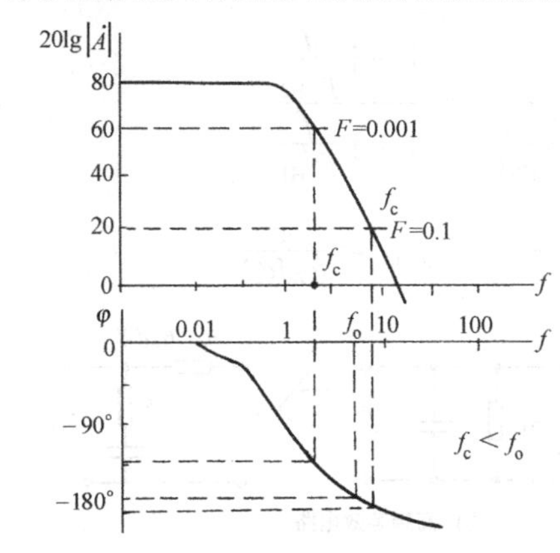

图 5.5.1　利用环路增益波特图判别自激振荡

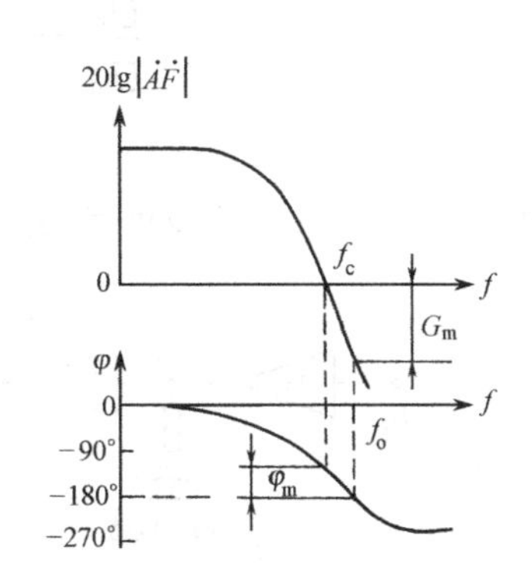

图 5.5.2　裕度在波特图上的表示

5.5.3　负反馈放大电路自激振荡的消除方法

负反馈放大电路自激振荡的消除就是要设法使电路不存在 f_o，或存在 f_o 时，满足 $f_c<f_o$，这时电路必然稳定。常用的补偿方法有滞后补偿和超前补偿。为了分析简单，我们认为反馈网络为纯电阻网络，此时的相移仅是基本放大电路本身产生的。

（1）简单的滞后补偿

在多级放大电路的前两级之间并联上补偿电容 C，如图 5.5.3(a)所示，高频等效电路如图 5.5.3(b)所示，设前级的输出电阻为 R_{o1}，后级的输入电阻为 R_{i2}，后级的输入电容为 C_{i2}，则补偿前的上限频率为

$$f_{H1}=\frac{1}{2\pi(R_{o1}\ /\!/\ R_{i2})C_{i2}} \tag{5.5.4}$$

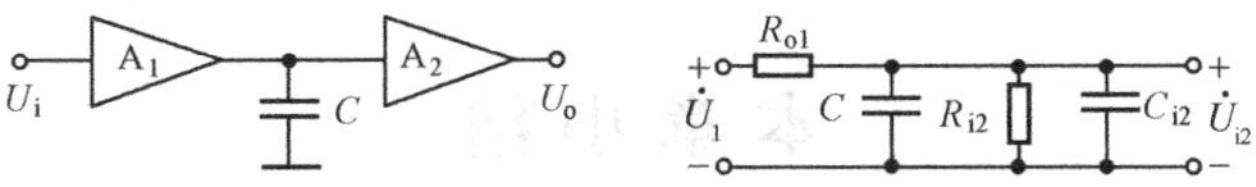

(a) 电路　　(b) 高频等效电路

图 5.5.3　电容 C 补偿

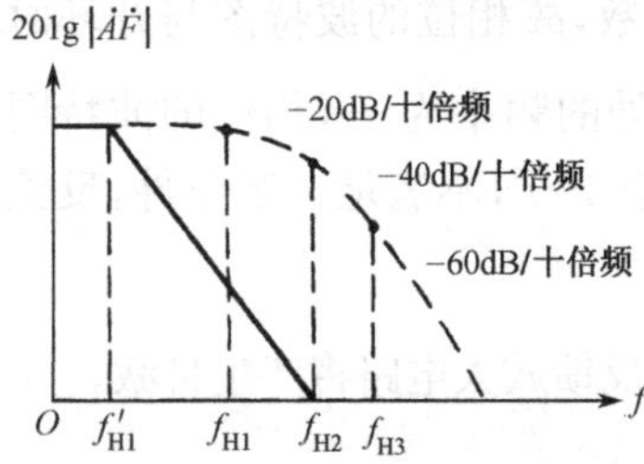

图 5.5.4　电容补偿的波特图

在加入补偿电容 C 后，上限频率为

$$f'_{H1}=\frac{1}{2\pi(R_{o1}\ /\!/\ R_{i2})(C_{i2}+C)} \tag{5.5.5}$$

选择电容 C 使 $f=f_{H2}$ 时

$$20\lg|\dot{A}\dot{F}|_{f=f_{H2}}=0 \tag{5.5.6}$$

且 $f_{H2}\geqslant 10f'_{H1}$，则 $f=f_c$ 时的相位 $|\varphi_A+\varphi_F|_{f=f_c}\to -135°$，于是有足够的相位裕度，不会产生自激。由于补偿使这段频率相位滞后，故称滞后补偿。图 5.5.4 是电容补偿的波特图(补偿后如图中实线所示)。

(2) RC 滞后补偿

简单的滞后补偿是以牺牲带宽为代价的。在这种情况下，通频带变窄。RC 滞后补偿对损失有所补偿。如图 5.5.5(a)所示，根据图 5.5.5(b)中的高频等效电路，设 $C\geqslant C_{i2}$，于是忽略 C_{i2}，利用戴维南定律，可得

$$\frac{\dot{U}_{i2}}{\dot{U}_{o1}}=\frac{R+\dfrac{1}{j\omega C}}{R_{o1}\ /\!/\ R_{i2}+R+\dfrac{1}{j\omega C}}=\frac{1+j\dfrac{f}{f'_{H2}}}{1+j\dfrac{f}{f'_{H1}}} \tag{5.5.7}$$

其中
$$f'_{H1}=\frac{1}{2\pi(R_{o1}\ /\!/\ R_{i2}+R)C},\qquad f'_{H2}=\frac{1}{2\pi RC}$$

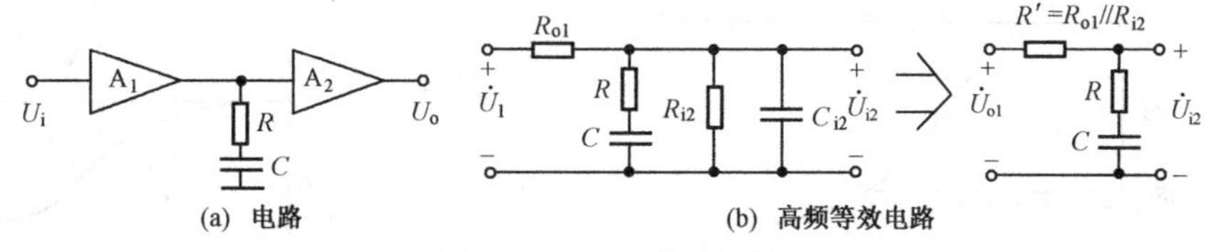

图 5.5.5　RC 滞后补偿

如果补偿前的环路增益为

$$\dot{A}\dot{F}=\frac{\dot{A}_{um}\dot{F}}{(1+j\dfrac{f}{f_{H1}})(1+j\dfrac{f}{f_{H2}})(1+j\dfrac{f}{f_{H3}})}$$

调整 RC 值，使 $f_{H2}=f'_{H2}$，于是补偿后的环路增益为

$$\dot{A}\dot{F}=\frac{\dot{A}_{um}\dot{F}}{(1+j\dfrac{f}{f'_{H1}})(1+j\dfrac{f}{f_{H3}})} \tag{5.5.8}$$

电路中只留下两个拐点，不可能产生振荡。

图 5.5.6 是 RC 滞后补偿的波特图(补偿后如图中实线所示)。

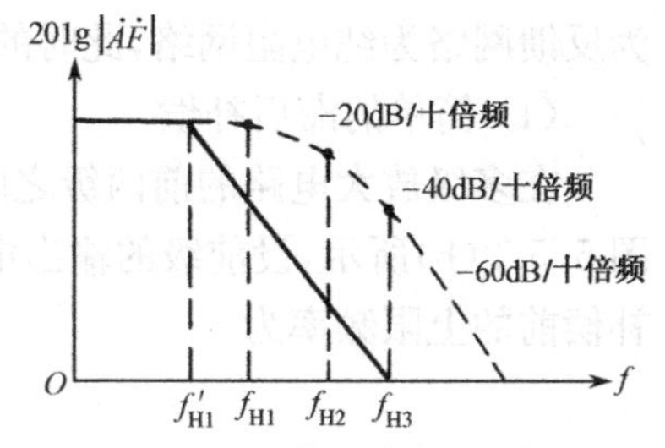

图 5.5.6　RC 滞后补偿的波特图

本章小结

放大电路中的反馈是电子技术课程的重点内容之一。本章介绍了反馈的基本概念，引入

负反馈后对放大电路的性能改善，深负反馈放大电路分析、计算方法以及负反馈放大电路的自激振荡现象和消除方法。

(1) 所谓放大电路中的反馈，通常是指将放大电路的输出量(输出电压或输出电流)或输出量的一部分，通过一定方式，反送到放大电路的输入回路中去。

根据反馈极性的不同，可以分为正反馈和负反馈；

根据反馈信号本身的交、直流性质不同，可分为直流反馈和交流反馈；

根据反馈信号在放大电路输出端采样方式的不同，可以分为电压反馈和电流反馈；

根据反馈信号与输入信号在输入回路中求和形式的不同，可以分为串联反馈和并联反馈。

对于负反馈而言，根据反馈信号在输出端采样方式以及在输入回路中求和形式的不同，共有4种组态，它们分别是：电压串联负反馈、电压并联负反馈、电流串联负反馈和电流并联负反馈。

(2) 正反馈是正弦波振荡器及波形发生器的基础，负反馈是改善放大电路各项技术指标的有效手段。正反馈与负反馈的判断一般采用"瞬时极性法"。

直流负反馈的作用是稳定静态工作点，不影响放大电路的动态性能。

交流负反馈的作用是改善放大电路的各项动态技术指标。本章主要讨论各种形式的交流负反馈。

电压负反馈使输出电压保持稳定，因而降低了放大电路的输出电阻；电流负反馈使输出电流保持稳定，因而提高了输出电阻；串联负反馈提高了电路的输入电阻；并联负反馈则降低了输入电阻。

无论何种极性和组态的反馈放大电路，其闭环放大倍数均可以写成一般表达式

$$\dot{A}_{\mathrm{f}}=\frac{\dot{A}}{1+\dot{A}\dot{F}}$$

引入负反馈后，放大电路的许多性能指标得到了改善，如提高放大倍数稳定性$(1+\dot{A}\dot{F})$倍；减小非线性失真和抑制干扰的程度为$\frac{1}{1+\dot{A}\dot{F}}$；展宽通频带$(1+\dot{A}\dot{F})$倍，改变输入和输出电阻均与$(1+\dot{A}\dot{F})$有关。

(3) 对深负反馈放大电路的分析计算方法可利用近似公式 $\dot{A}_{\mathrm{f}}\approx 1/\dot{F}$ 和 $\dot{X}_{\mathrm{f}}\approx\dot{X}_{\mathrm{i}}$ 很容易估计反馈环路的放大倍数。

(4) 负反馈放大电路在一定条件下可能转化成正反馈，甚至产生自激振荡。负反馈放大电路的自激振荡的条件是

$$\dot{A}\dot{F}=-1$$

即幅度条件为
$$|\dot{A}\dot{F}|=1$$

相位条件为　$\arg\dot{A}\dot{F}=\varphi_{\mathrm{A}}+\varphi_{\mathrm{F}}=\pm(2n+1)\pi \quad (n=0,1,2,\cdots)$

常用的校正措施有电容校正和RC校正等。目的都是为了改变放大电路的开环频率特性，使 $\varphi_{\mathrm{AF}}=180°$时，$|\dot{A}\dot{F}|<1$，从而破坏产生自激的条件，保证放大电路稳定工作。

习　题　五

5.1　填空题：

(1) 判断是正反馈还是负反馈一般采用________法。

(2) 对于交流负反馈，根据输出端采样方式的不同和输入信号与反馈信号在输入回路的

求和形式不同,共有四种组态,它们分别是:________负反馈、________负反馈、________负反馈和________负反馈。

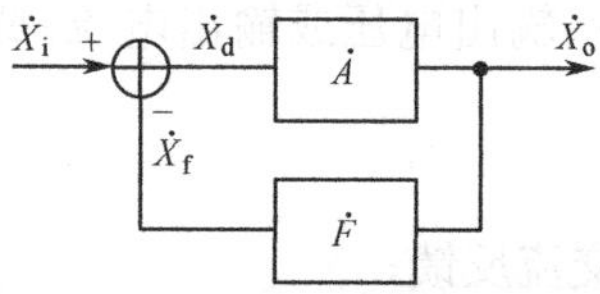

(3) 图 P5.1 是反馈放大电路的方框图,其闭环放大倍数 $\dot{A}_f$ 可表示为

$$\dot{A}_f = \frac{\dot{A}}{1+\dot{A}\dot{F}}$$

图 P5.1 反馈放大电路的方框图

其中 $1+\dot{A}\dot{F}$ 称为________。

(4) 引入负反馈后,放大倍数下降为原来的________,但放大倍数的稳定性提高了________倍。

(5) 引入负反馈后,通频带展宽了________倍。

(6) 在深负反馈条件下,电压串联负反馈放大倍数 $\dot{A}_{uuf}$=________。

(7) 负反馈放大器产生自激振荡的条件是________。即

振幅条件为 $|\dot{A}\dot{F}|$=________,

相位条件为 $\arg \dot{A}\dot{F}$=________________。

(8) 直流负反馈的作用是__________。

5.2 判别图 P5.2 中的电路是正反馈还是负反馈?是交流反馈还是直流反馈?(图中的电容对交流可视为短路)

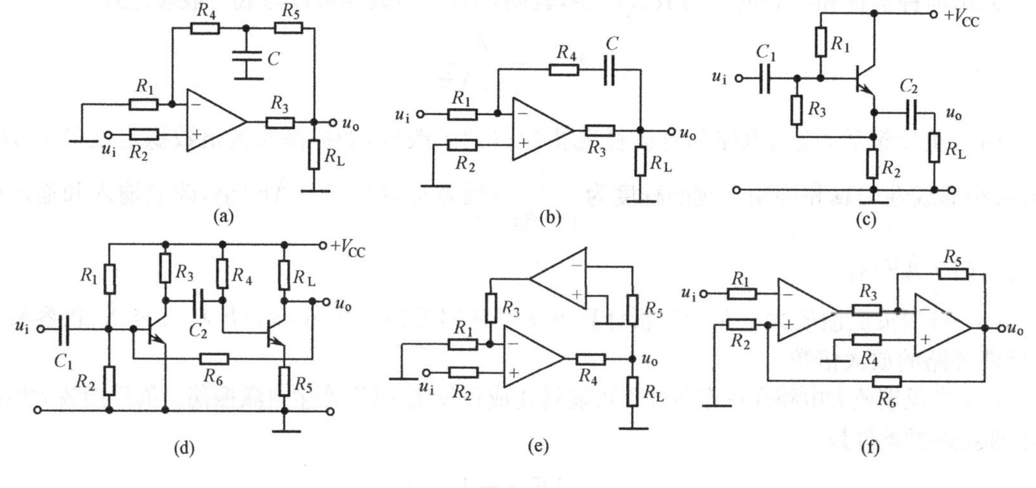

图 P5.2

5.3 电路图如图 P5.3 所示,要求同题 5.2。

5.4 指出图 P5.2 中(b)、(f)所示电路的交流反馈的反馈组态。

5.5 指出图 P5.3 中各电路的交流反馈的反馈组态。

5.6 用深负反馈的估算方法计算图 P5.2 中(b)、(f)所示电路的电压放大倍数。

5.7 用深负反馈的估算方法计算图 P5.3 中各电路的电压放大倍数。

5.8 电路如图 P5.4 所示。

(1) 确定该电路的反馈组态。

(2) 估算电压放大倍数 A_{uf}。

(3) 说明该电路的特点。

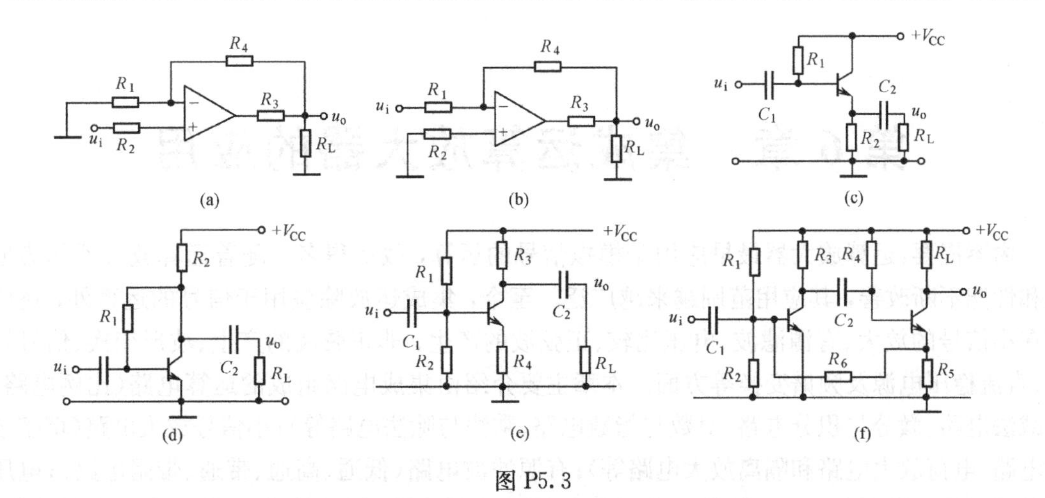

图 P5.3

5.9　由运放组成的放大电路如图 P5.5 所示。为了使 A_u 稳定，R_o 小，应引入什么样的反馈？请在图中画出来。若要求电压放大倍数 $|A_u|=20$，选用元件的数值要多大？

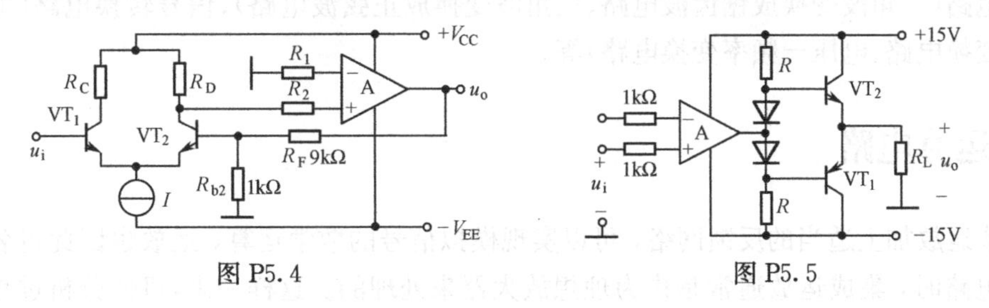

图 P5.4　　　　图 P5.5

5.10　为了得到 $|A_u|=100$ 的放大电路，有以下几种方案。

(1) 由一个无反馈的放大电路组成，$|A_u|=100$。(例如，选两级放大电路)。

(2) 由两级无反馈放大电路串联，$|A_u|=10^4$，并引入反馈，$F=0.01$。

(3) 由两只运放构成两级放大电路，$|A_u|=10^5$，并引入反馈，$F=0.01$。

试比较哪种方案较好些，为什么？

5.11　某电路的 $|\dot{A}\dot{F}|$ 的波特图如图 P5.6(a)所示。试判别电路是否产生振荡？若实际电路如图 P5.6(b)所示，要消除振荡采取什么措施？请在图上定性地画出来。

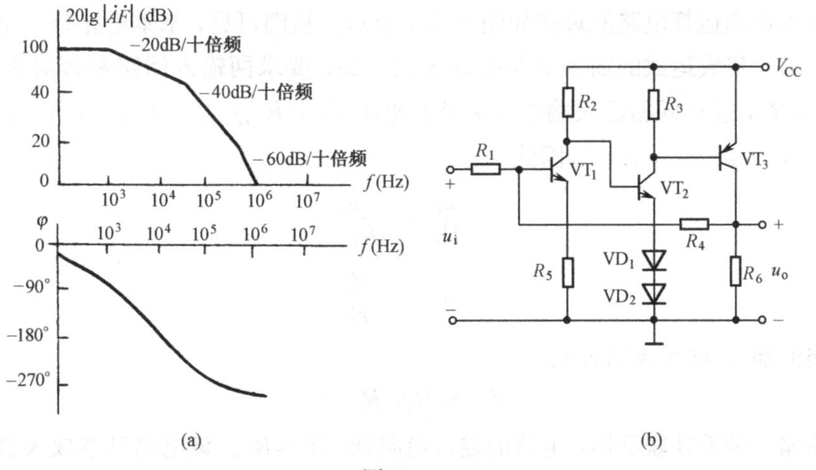

图 P5.6

第 6 章　集成运算放大器的应用

内容提要:运算放大器最早应用于模拟信号的运算，故此得名。随着运算放大器的集成化和性能不断改善，其应用范围越来越广泛。至今，集成运放除应用于信号的运算外，还应用在小信号的放大、有源滤波、电压比较、正弦波的产生、非正弦波的产生、波形变换、信号转换、直流稳压电源及频谱变换等方面。本章主要介绍由集成电路组成的运算电路(比例电路、加减法电路、微分与积分电路、对数与指数电路、乘法与除法电路等);小信号放大电路(精密放大电路、电荷放大电路和隔离放大电路等);有源滤波电路(低通、高通、带通、带阻电路);电压比较器(单限、滞回和窗口比较器);集成乘法器及应用电路;正弦波发生器(RC 正弦振荡器、LC 正弦振荡器、石英晶体振荡器);非正弦波发生器(矩形波、三角波及锯齿波发生电路);波形变换电路(三角波变换成锯齿波电路、三角波变换成正弦波电路);信号转换电路(电流—电压相互变换电路、电压—频率变换电路)等。

6.1　运算电路

集成运放加上适当的反馈网络，可以实现模拟信号的数学运算，运放也因此得名。在分析这类电路时，集成运放通常是作为理想放大器来处理的。这样一来，可使分析过程大为简化。只有在分析误差时，才考虑运放的具体参数。

6.1.1　比例运算电路

输出电压和输入电压成比例关系的电路称为比例运算电路。根据输入接法的不同，比例运算电路有三种基本形式:反相输入、同相输入以及差分输入比例运算电路。

1. 反相输入比例运算电路

(1) 基本电路

反相输入比例运算电路原理图如图 6.1.1 所示。从图可见，基本电路是一个电压并联负反馈电路。由于集成运放的输入级是差动放大电路，要求两输入回路参数对称，$R_N=R_P$，这里 $R_N=R_1/\!/R_F$，故在同相输入端要加上补偿电阻 $R_P=R_1/\!/R_F$。根据“虚短”、“虚断”和“虚地”的概念，$u_-=u_+=0$，$i_i=i_f$，因此

$$\frac{u_i}{R_1}=\frac{-u_o}{R_F}$$

于是有

$$A_{uf}=-\frac{R_F}{R_1} \tag{6.1.1}$$

该电路的输入、输出电阻分别为

$$R_i=R_1,\ R_o=0$$

由于该电路输入端是并联反馈，电路的输入电阻低，$R_i\approx R_1$。该电路基本放大器的共模输入信号电压为零，因此对基本放大电路抑制共模能力要求低。

(2) T 形网络反相比例放大电路

为提高输入电阻,反馈采用 T 形网络，如图 6.1.2 所示。在基本电路中，如果电压放大倍数不变，增加输入电阻，反馈电阻将以放大倍数成倍增加。反馈采用 T 形网络，将降低反馈电阻的数值。

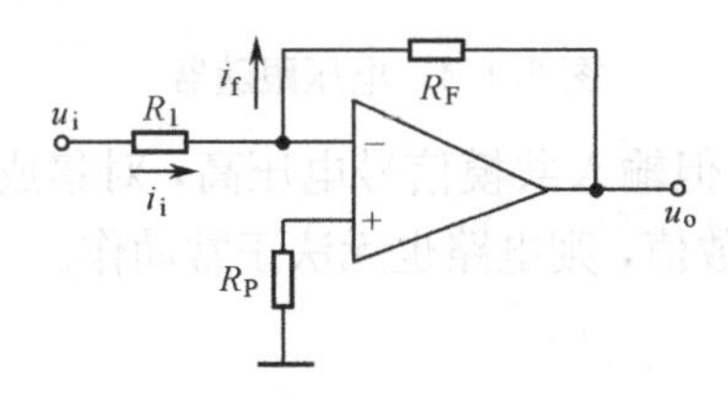

图 6.1.1　反相输入比例运算电路

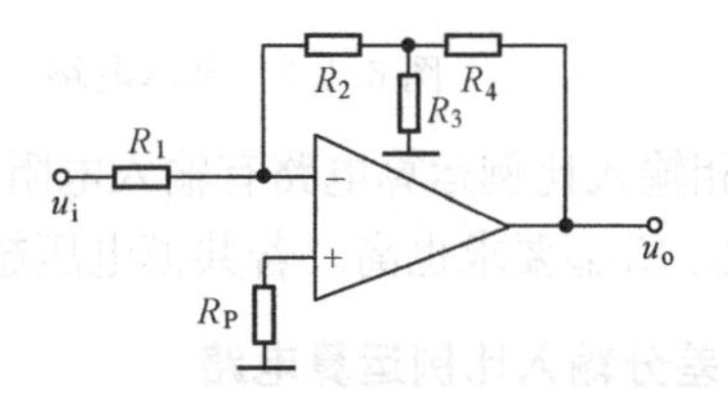

图 6.1.2　T 形网络反相比例放大电路

根据“虚地”的概念

$$i_{R_4} = \frac{u_o}{R_4 + R_2 /\!/ R_3}$$

于是

$$i_{R_2} = \frac{i_{R_4} R_3}{R_2 + R_3} = \frac{u_o}{R_4 + R_2 /\!/ R_3} \frac{R_3}{R_2 + R_3} = -i_i$$

得

$$\frac{u_i}{R_1} = -\frac{u_o}{R_4 + R_2 /\!/ R_3} \frac{R_3}{R_2 + R_3}$$

$$A_{uf} = \frac{u_o}{u_i} = -\frac{R_2R_3 + R_2R_4 + R_3R_4}{R_3R_1} \tag{6.1.2}$$

T 形网络等效为一个反馈电阻

$$R_F = \frac{R_2R_3 + R_2R_4 + R_3R_4}{R_3}$$

显然，改变 R_3 将改变 R_F 的大小。改变 R_3 即改变反馈深度，这就是说通过牺牲反馈深度来换取输入电阻的提高。此时,同相输入端的补偿电阻

$$R_P = R_1 /\!/ (R_2 + R_3 /\!/ R_4)$$

2. 同相输入比例运算电路

(1) 基本电路

同相输入比例运算电路图如图 6.1.3 所示。从图可见，基本电路是一个电压串联负反馈电路。要求两输入回路参数对称，同样有 $R_N = R_P$，即 $R_P = R_1 /\!/ R_F$。

$$A_{uf} = \frac{1}{F} = \frac{1}{\dfrac{R_1}{R_1 + R_F}} = 1 + \frac{R_F}{R_1} \tag{6.1.3}$$

该电路的输入、输出电阻分别为

$$R_i = \infty,\ R_o = 0$$

(2) 电压跟随器

电压跟随器的电路如图 6.1.4 所示，这是设同相输入比例运算电路 $R_1 = \infty$ 的特例。此时有

$$A_{uf} = 1 \tag{6.1.4}$$

值得注意的是，电压跟随器反馈系数 $F=1$，反馈深度深，某些运放，如果相位补偿不当，可能产生自激。

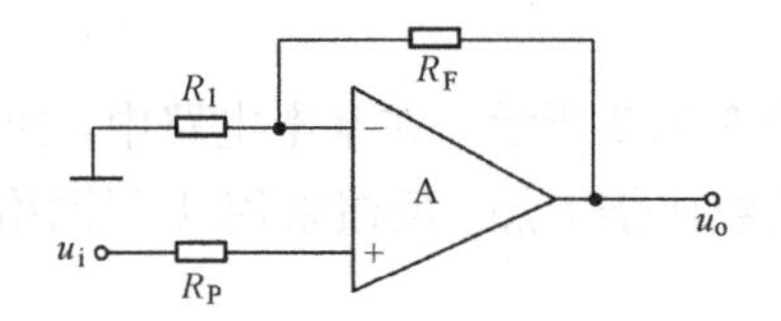

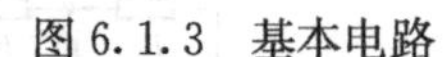
图 6.1.3　基本电路

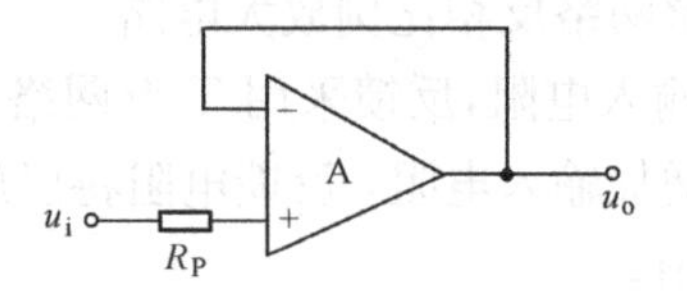

图 6.1.4　电压跟随器

同相输入比例运算电路有输入电阻高的特点，但输入共模信号电压高，对集成运放的共模抑制比 K_{CMR} 要求也高。若共模电压超过容许的数值，则电路也无法正常动作。

3. 差分输入比例运算电路

在图 6.1.5 中，输入电压 u_i 和 u_i' 分别加在集成运放的反相输入端和同相输入端，从输出端通过反馈电阻 R_F 接回到反相输入端。为了保证运放两个输入端对地的电阻平衡，同时为了避免降低共模抑制比，通常要求

$$R_i = R_i'$$

$$R_F = R_F'$$

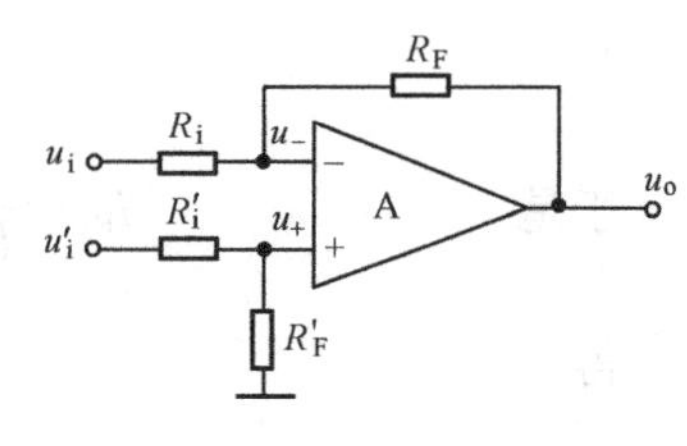

图 6.1.5　差动输入比例运算电路

在理想情况下，由于“虚断”，$i_+ = i_- = 0$，利用叠加定理可求得反相输入端的电压为

$$u_- = \frac{R_F}{R_i + R_F}u_i + \frac{R_i}{R_i + R_F}u_o$$

而同相输入端的电压为

$$u_+ = \frac{R_F'}{R_i' + R_F'}u_i'$$

利用“虚短”的概念，即 $u_- = u_+$，于是得

$$\frac{R_F}{R_i + R_F}u_i + \frac{R_i}{R_i + R_F}u_o = \frac{R_F'}{R_i' + R_F'}u_i'$$

当满足条件 $R_i = R_i'$，$R_F = R_F'$ 时，整理上式，可求得差分输入比例运算电路的电压放大倍数为

$$A_{uf} = \frac{u_o}{u_i - u_i'} = -\frac{R_F}{R_i} \tag{6.1.5}$$

在电路元件参数对称的条件下，差分输入比例运算电路的差模输入电阻为

$$R_{if} = 2R_i \tag{6.1.6}$$

由式(6.1.5)可知，电路的输出电压与两个输入电压之差成正比，实现了差分输入比例运算。其比值 $|A_{uf}|$ 同样取决于电阻 R_F 和 R_i 之比，而与集成运放内部参数无关。由以上分析还可以知道，差分输入比例运算电路中集成运放的反相输入端和同相输入端可能加有较高的共模输入电压，电路中不存在“虚地”现象。

差分输入比例运算电路除了可以进行减法运算以外，还经常被用在测量放大器上。差分输入比例运算电路的缺点是对元件的对称性要求比较高，如果元件失配，不仅在计算中带来附加误差，而且将产生共模电压输出；电路的另一个缺点是输入电阻不够高。

6.1.2　求和电路

求和电路的输出量反映多个模拟输入量相加的结果。

1. 加法电路

(1) 反相输入加法电路

反相输入加法电路如图 6.1.6 所示。根据“虚地”的概念，$u_- = u_+ = 0$。节点 N 的电流方程为 $i_1 + i_2 + i_3 = i_F$，因此

$$\frac{u_{i1}}{R_1} + \frac{u_{i2}}{R_2} + \frac{u_{i3}}{R_3} = -\frac{u_o}{R_F}$$

于是有

$$u_o = -R_F\left(\frac{u_{i1}}{R_1} + \frac{u_{i2}}{R_2} + \frac{u_{i3}}{R_3}\right) \tag{6.1.7}$$

上述结果也可由叠加原理求得。

(2) 同相输入加法电路

同相输入加法电路如图 6.1.7 所示。

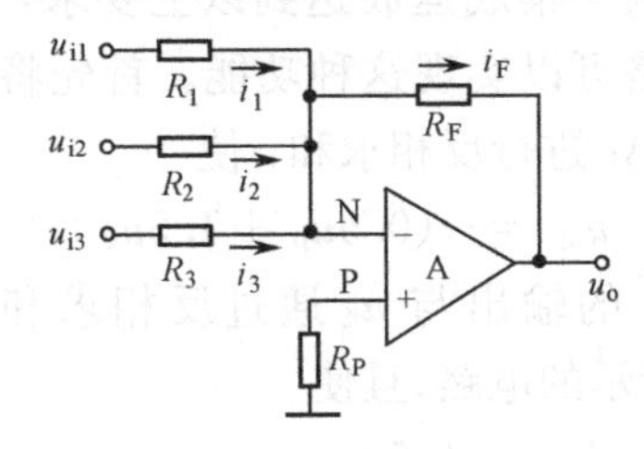

图 6.1.6　反相输入加法电路

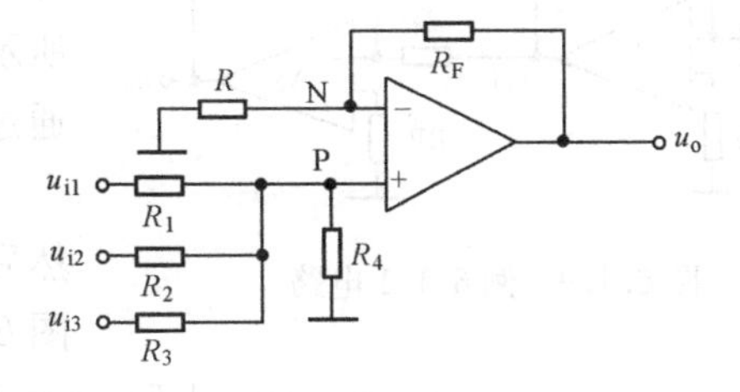

图 6.1.7　同相输入加法电路

要求两输入回路参数对称，同样有 $R_N = R_P$，即 $R_N = R /\!/ R_F$，$R_P = R_1 /\!/ R_2 /\!/ R_3 /\!/ R_4$。根据节点电压法，节点 P 的电压方程为

$$\frac{u_{i1} - u_+}{R_1} + \frac{u_{i2} - u_+}{R_2} + \frac{u_{i3} - u_+}{R_3} = \frac{u_+}{R_4}$$

解上式可得

$$u_+ = \left(\frac{u_{i1}}{R_1} + \frac{u_{i2}}{R_2} + \frac{u_{i3}}{R_3}\right) R_1 /\!/ R_2 /\!/ R_3 /\!/ R_4 = \left(\frac{u_{i1}}{R_1} + \frac{u_{i2}}{R_2} + \frac{u_{i3}}{R_3}\right) R_P$$

于是有

$$u_o = \left(1 + \frac{R_F}{R}\right) u_- = \left(1 + \frac{R_F}{R}\right) u_+ = \left(1 + \frac{R_F}{R}\right) R_P \left(\frac{u_{i1}}{R_1} + \frac{u_{i2}}{R_2} + \frac{u_{i3}}{R_3}\right)$$

$$= R_F \frac{R_P}{R_N}\left(\frac{u_{i1}}{R_1} + \frac{u_{i2}}{R_2} + \frac{u_{i3}}{R_3}\right) = R_F\left(\frac{u_{i1}}{R_1} + \frac{u_{i2}}{R_2} + \frac{u_{i3}}{R_3}\right) \quad (\text{条件 } R_N = R_P) \tag{6.1.8}$$

上述结果同样也可由叠加原理求得。

相对于同相比例加法电路,反相比例加法电路具有输出分量大小独立可调的优点。

2. 减法电路

(1) 单运放减法电路

运放在同相输入时，输出与输入同相；在反相输入时，输出与输入反相。因此多个信号同时作用在同相输入端和反相输入端，就可能形成减法运算。如图 6.1.8 所示，当 $R_1 /\!/ R_2 /\!/ R_F = R_a /\!/ R_b /\!/ R$ 时，仅由同相输入端输入时，输出电压

$$u_{o1} = R_F\left(\frac{u_{ia}}{R_a} + \frac{u_{ib}}{R_b}\right)$$

仅由反相输入端输入时，输出电压

$$u_{o2} = -R_F\left(\frac{u_{i1}}{R_1} + \frac{u_{i2}}{R_2}\right)$$

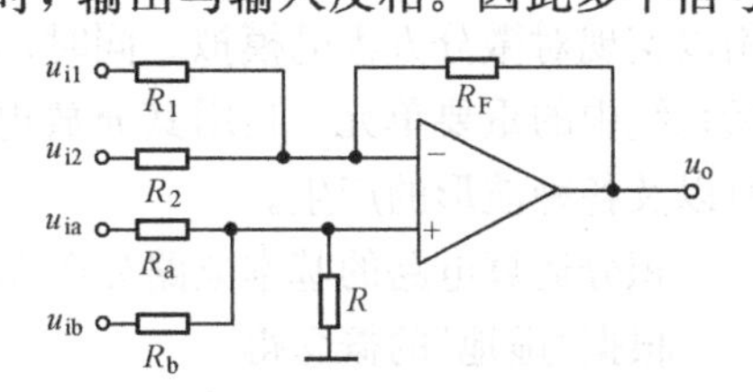

图 6.1.8　单运放减法电路

利用叠加原理，得 $$u_o = R_F\left(\frac{u_{ia}}{R_a} + \frac{u_{ib}}{R_b} - \frac{u_{i1}}{R_1} - \frac{u_{i2}}{R_2}\right) \tag{6.1.9}$$

(2) 双运放减法电路

单运放的减法电路一是调整不方便，二是输入电阻低。为此，可采用两级反相输入求和放大电路。下面举一个实例加以说明。

【例 6.1.1】 试用集成运放实现以下运算关系：

$$u_o = 0.5u_{i1} - 5u_{i2} + 1.5u_{i3}$$

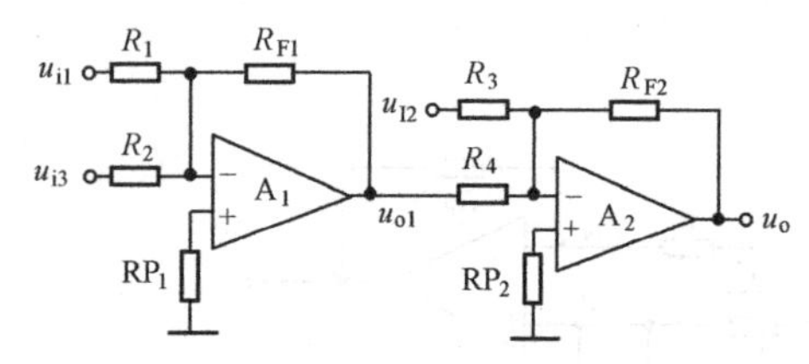

图 6.1.9 例 6.1.1 电路

解： 给定的运算关系中既有加法，又有减法，可以利用两个集成运放达到以上要求，图 6.1.9 所示的电路可以实现这种功能。首先将 u_{i1} 与 u_{i3} 通过运放 A_1 进行反相求和，使

$$u_{o1} = -(0.5u_{i1} + 1.5u_{i3})$$

然后将 A_1 的输出与 u_{i2} 通过反相求和，可得到图 6.1.9所示的电路，且使

$$u_o = -(u_{o1} + 5u_{i2}) = 0.5u_{i1} - 5u_{i2} + 1.5u_{i3}$$

将以上两个表达式分别与式(6.1.7)对比，可得

$$\frac{R_{F1}}{R_1} = 0.5,\ \frac{R_{F1}}{R_2} = 1.5,\ \frac{R_{F2}}{R_4} = 1,\ \frac{R_{F2}}{R_3} = 5$$

可选 $R_{F1} = 20\text{k}\Omega$，则可求得

$$R_1 = R_{F1}/0.5 = \left(\frac{20}{0.5}\right) = 40\text{k}\Omega$$

$$R_2 = \frac{R_{F1}}{1.5} = \left(\frac{20}{1.5}\right) = 13.333\text{k}\Omega$$

若选 $R_{F2} = 100\text{k}\Omega$，则

$$R_4 = \frac{R_{F2}}{1} = 100\text{k}\Omega, \qquad R_3 = \frac{R_{F2}}{5} = \left(\frac{100}{5}\right) = 20\text{k}\Omega$$

还可算得

$$R_{P1} = R_1 \mathbin{/\!/} R_2 \mathbin{/\!/} R_{F1} = 40\text{k}\Omega \mathbin{/\!/} 13.333\text{k}\Omega \mathbin{/\!/} 20\text{k}\Omega \approx 6.667\text{k}\Omega$$

$$R_{P2} = R_3 \mathbin{/\!/} R_4 \mathbin{/\!/} R_{F2} = 20\text{k}\Omega \mathbin{/\!/} 100\text{k}\Omega \mathbin{/\!/} 100\text{k}\Omega \approx 14.286\text{k}\Omega$$

6.1.3 微分和积分电路

1. 积分运算电路

积分电路是一种应用比较广泛的模拟信号运算电路。它是组成模拟计算机的基本单元，用以实现对微分方程的模拟。同时，积分电路也是控制和测量系统中的重要单元，利用其充放电过程可以实现延时、定时以及各种波形的产生。

积分运算电路的基本电路如图 6.1.10 所示。

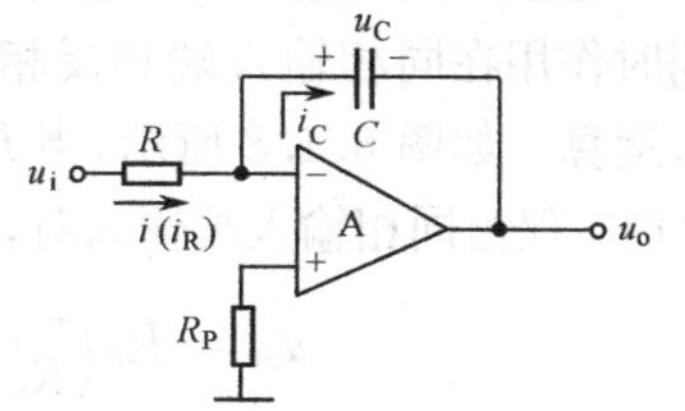

图 6.1.10 积分运算电路

根据“虚地”的概念得

$$u_- = u_+ = 0,\ i_R = i_C = \frac{u_i}{R}$$

输出电压与电容上的电压关系为

$$u_o = -u_C = -\frac{1}{C}\int i_C \mathrm{d}t = -\frac{1}{RC}\int u_i \mathrm{d}t$$

求从时间 t_1 到 t_2 的积分时

$$u_o = -\frac{1}{RC}\int_{t_1}^{t_2} u_i \mathrm{d}t + u_o(t_1) \tag{6.1.10}$$

实际电路中，随着积分时间的无限增大，积分电路的输出最终将达到运放的最大输出值 $+U_{om}$ 或 $-U_{om}$

当 u_i 为常量 U_i 时，如果时间从 0 开始，则

$$u_o = -\frac{1}{RC}\int_0^t U_i \mathrm{d}t + u_o(0) = -\frac{U_i}{RC}t + u_o(0) \tag{6.1.11}$$

若输入阶跃信号，输出是以 $-\frac{U_i}{RC}$ 为斜率的直线；若输入矩形波，输出是三角波或梯形波；若输入正弦波时输出波移相 90°，如图 6.1.11 所示。

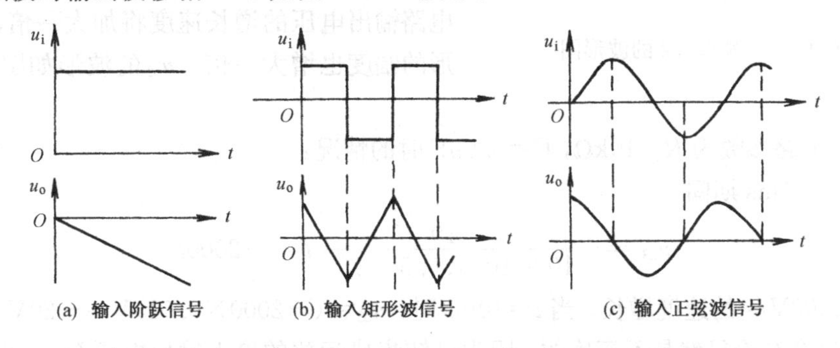

图 6.1.11　输入不同波形时的输出变化

【例 6.1.2】　假设图 6.1.10 基本积分电路的输入电压 u_i 为图 6.1.12(a)所示的矩形波；若积分电路的参数分别为以下三种情况，试分别画出相应的输出电压波形。

① $R=100\text{k}\Omega$，$C=0.5\mu\text{F}$；② $R=50\text{k}\Omega$，$C=0.5\mu\text{F}$；③ $R=10\text{k}\Omega$，$C=0.5\mu\text{F}$。

已知 $t=0$ 时积分电容上的初始电压等于零，集成运放的最大输出电压 $U_{OPP}=\pm 14\text{V}$。

解： ① 积分电路参数为 $R=100\text{k}\Omega$，$C=0.5\mu\text{F}$ 时的情况：

在 $t=0\sim 10\text{ms}$ 期间，输入电压 $u_i=+10\text{V}$，当 $t_0=0$ 时，输出电压的初始值 $U_o(0)=0$，则由式(6.1.11)可得

$$u_{o1} = -\frac{u_1}{RC}(t-t_0) + U_o(0) = \left(-\frac{10}{100\times 10^3 \times 0.5\times 10^{-6}}t\right)\text{V} = (-200t)\text{V}$$

即 u_{o1} 将以 200V/s 的速度，从零开始往负方向增长。当 $t=10\text{ms}$ 时，得

$$u_{o1} = (-200\times 0.01)\text{V} = -2\text{V}$$

在 $t=10\sim 30\text{ms}$ 期间，$u_1=-10\text{V}$，$t_0=10\text{ms}$，$U_o(0)=-2\text{V}$，则由式(6.1.10)可得

$$\begin{aligned} u_{o1} &= \left[-\frac{-10}{100\times 10^3\times 0.5\times 10^{-6}}(t-0.01)-2\right](\text{V}) \\ &= [200(t-0.01)-2]\text{V} \end{aligned}$$

即 u_{o1} 以 200V/s 的速度，从−2V 开始往正方向增长。当 $t=20\text{ms}$ 时，得

$$u_{o1} = [200\times(0.02-0.01)-2](\text{V}) = 0(\text{V})$$

当 $t=30\text{ms}$ 时，得　　$u_{o1}=[200\times(0.03-0.01)-2](\text{V})=2(\text{V})$

在 $t=30\sim 50\text{ms}$ 期间，$u_1=+10\text{V}$，u_{o1} 从+2V 开始，又以 200V/s 的速度往负方向增长，

以后重复上述过程。u_{o1}的波形如图 6.1.12(b)所示。

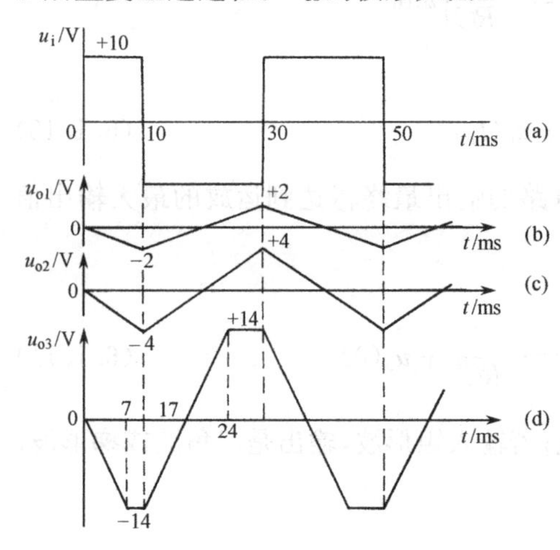

图 6.1.12 例 6.1.2 的波形图

由图可见，当 u_i 为矩形波时，u_o 被变换成三角波，此时积分电路起着**波形变换**的作用。

② 积分电路参数为 $R=50\text{k}\Omega$，$C=0.5\mu\text{F}$ 时的情况：

在 $t=0\sim10\text{ms}$ 期间

$$u_{o2}=\left(-\frac{10}{50\times10^3\times0.5\times10^{-6}}t\right)\text{V}$$
$$=(-400t)(\text{V})$$

即 u_{o2}将以 400V/s 的速度增长。当 $t=10\text{ms}$ 时，$u_{o2}=(-400\times0.01)\text{V}=-4(\text{V})$。

由此可见，若积分时间常数减小一半，则积分电路输出电压的增长速度将加大一倍，输出三角形的幅度也增大一倍。u_{o2}的波形如图 6.1.12(c)所示。

③ 积分电路参数为 $R=10\text{k}\Omega$，$C=0.5\mu\text{F}$ 时的情况：

在 $t=0\sim10\text{ms}$ 期间

$$u_{o3}=-\frac{10}{10\times10^3\times0.5\times10^{-6}}t=-2000t$$

此时 u_{o3}以 2000V/s 的速度增长。当 $t=10\text{ms}$ 时，$u_{o3}=(-2000\times0.01)\text{V}=-20\text{V}$。

但是，这个结论显然是不正确的，因为已知集成运放的最大输出电压 $U_{OPP}=\pm14\text{V}$，所以当积分电路的输出电压增长到$\pm14\text{V}$ 时将达到饱和，不再继续增长。由 u_{o3}的表达式可知，当 u_{o3}达到-14V 时，即

$$u_{o3}=-2000t=-14\text{V}$$

可得

$$t=\left(\frac{-14}{-2000}\right)\text{s}=0.007\text{s}=7\text{ms}$$

即当 $t=7\text{ms}$ 时，u_{o3}增长到-14V，然后 u_{o3}将保持不变。u_{o3}的波形如图 6.1.12(d)所示。

由图可见，当积分时间常数继续减小时，积分电路输出电压的增长速度以及输出电压幅度将继续增大。但是当 u_o达到最大值后，将保持不变，此时输出波形已不再是三角波，而成为梯形波。

2. 微分运算电路

(1) 基本微分运算电路

微分运算的基本电路如图 6.1.13 所示。根据“虚地”的概念

$$u_-=u_+=0,\quad u_C=u_i,\quad i_R=i_C=C\frac{\text{d}u_C}{\text{d}t}$$

输出电压为

$$u_o=-i_RR=-RC\frac{\text{d}u_i}{\text{d}t}=-\tau\frac{\text{d}u_i}{\text{d}t}\qquad(6.1.12)$$

输出和输入之间具有微分关系。其中 $\tau=RC$ 为时间常数。

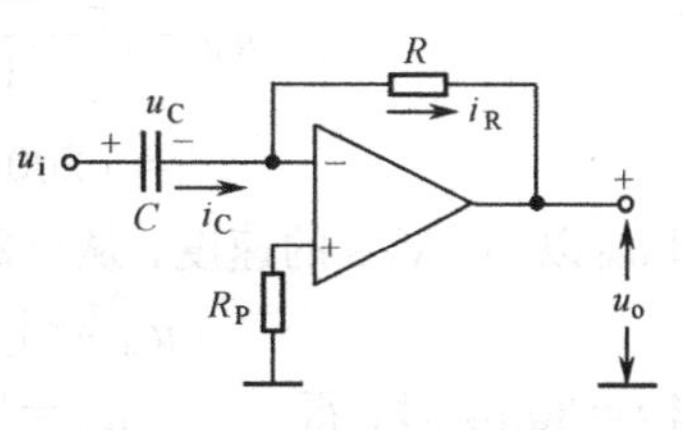

图 6.1.13 基本微分运算电路

(2) 实用微分运算电路

基本微分运算电路无论是输入信号发生阶跃变化或是受大幅值脉冲干扰，都可能使集成运放内部的放大管进入饱和或截止状态，使信号消失，甚至不能脱离原来状态回到放大区。同时由于反馈环节是滞后环节，它与集成放大器内部的滞后环节叠加，很容易满足自激条件，出现自激，造成电路不稳定。因而，基本微分运算电路不能实际应用。

为了克服以上缺点，常采用图 6.1.14 所示的实用微分电路。主要措施是在输入回路中接入一个电阻 R_1 与微分电容 C 串联，在反馈回路中接入一个电容 C_1 与微分电阻 R 并联，并使 $RC_1 \approx R_1C$。在正常的工作频率范围内，使 $R_1 \ll \frac{1}{\omega C}$，而 $\frac{1}{\omega C_1} \gg R$，此时 R_1 和 C_1 对微分电路的影响很小。但当频率高到一定程度时，R_1 和 C_1 的作用使闭环放大倍数降低，从而抑制了高频噪声。同时 RC_1 形成了一个超前环节，对相位进行了补偿，提高了电路的稳定性。此外，在反馈回路中加接两个稳压管，用以限制输出幅度。最后在 R_P 的两端也并联一个电容 C_2，以便进一步进行相位补偿。

图 6.1.15 所示的是输入电压为矩形波时的输出波形图。

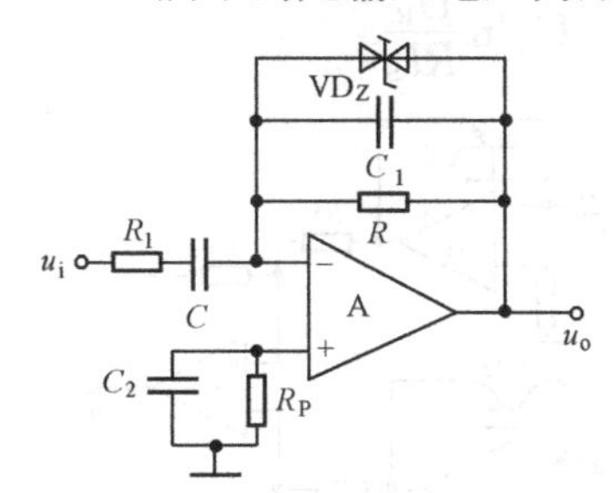

图 6.1.14　实用微分运算电路

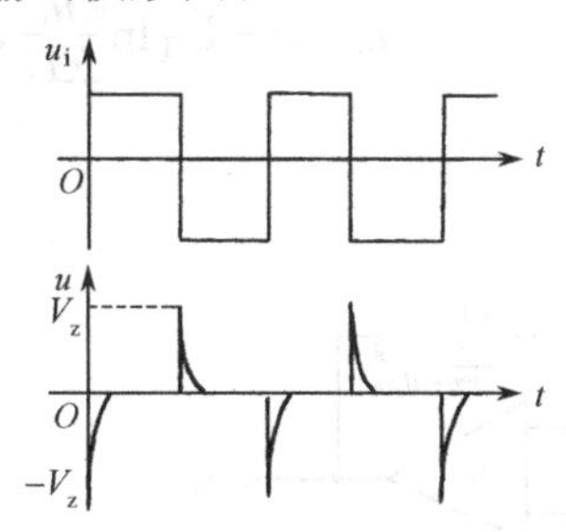

图 6.1.15　输入电压为矩形波时的输出波形图

6.1.4　对数和指数运算电路

对数和指数运算是利用 PN 结的伏安特性具有指数关系来进行的。

1. 对数运算电路

(1) 采用二极管的对数运算电路

采用二极管的对数运算电路如图 6.1.16 所示。在输入电压大于零时，根据 PN 结的方程有

$$i_D \approx I_S e^{\frac{u_D}{U_T}}$$

于是得到

$$u_D = U_T \ln \frac{i_D}{I_S}$$

根据“虚地”的概念，$u_+ = u_- = 0$

$$i_D = i_R = \frac{u_i}{R}$$

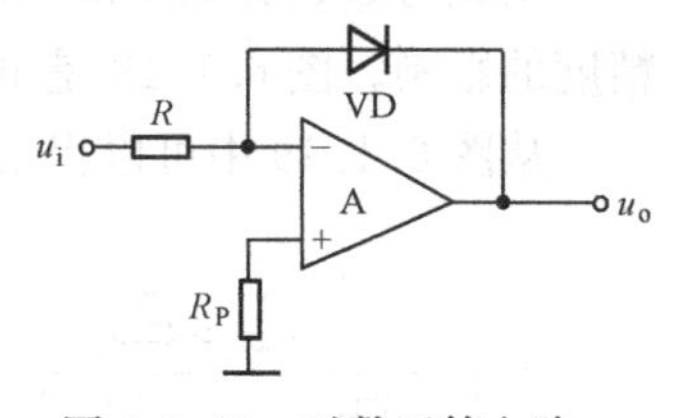

图 6.1.16　对数运算电路

从而可得输出电压

$$u_o = -u_D = -U_T \ln \frac{u_i}{I_S R} \tag{6.1.13}$$

从上式看出，运算精度与 U_T 与 I_S 有关，这两个参数受温度的影响；同时在电流小时，二极管内的载流子复合运动不能忽略；在电流大时，二极管的内阻不能忽略，因此只有在一定

的电流范围内,才满足PN结方程的指数关系。使用中,输入电压范围受到限制。为扩大输入电压范围,使用三极管取代二极管。

(2) 利用三极管的对数运算电路

图6.1.17利用三极管的对数运算电路。根据"虚地"的概念

$$u_{-}=u_{+}=0, \qquad i_C=i_R=\frac{u_i}{R}$$

又

$$i_C \approx i_E \approx I_S e^{\frac{u_{BE}}{U_T}}$$

于是有

$$u_{BE} \approx U_T \ln \frac{i_C}{I_S}$$

$$u_o=-u_{BE} \approx -U_T \ln \frac{u_i}{RI_S} \tag{6.1.14}$$

从这里可以看出,温度的影响并没有改变。为了削弱温度的影响,采用下面由三运放构成的对数运算电路。

在图6.1.18中,运放A_1和A_2的输出分别为

$$u_{o1}=-U_T \ln \frac{u_i}{RI_S}, \qquad u_{o2}=-U_T \ln \frac{U_R}{RI_S}$$

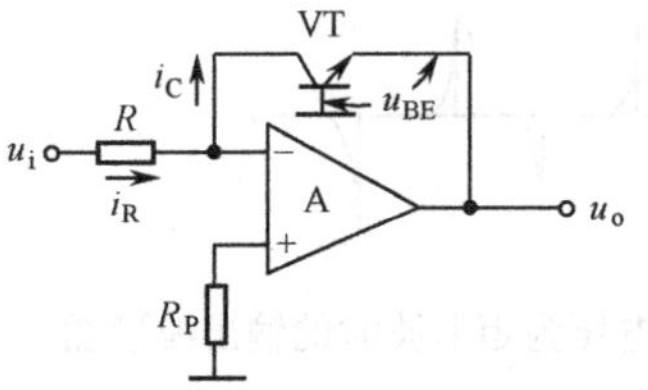

图6.1.17 利用三极管的对数运算电路

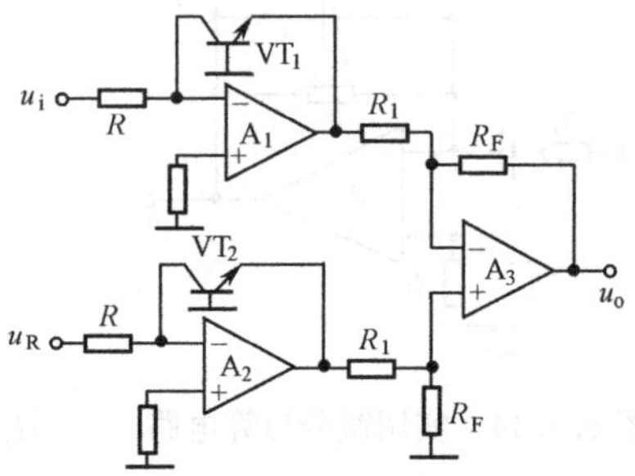

图6.1.18 由三运放构成的对数运算电路

于是A_3的输出为

$$u_o=\frac{R_F}{R_1}(u_{o1}-u_{o2})=\frac{R_F}{R_1}U_T \ln \frac{u_i}{U_R} \tag{6.1.15}$$

可见,消除了反向饱和电流I_S对运算精度的影响。

(3) 集成对数运算电路

集成对数运算电路是利用差动电路的原理,用两只特性相同的晶体管去消除I_S对运算精度的影响。图6.1.19是ICL8048对数运算电路的原理图。

从图6.1.19中可以得出

$$u_{N2}=u_{BE2}-u_{BE1} \quad (\text{很小})$$

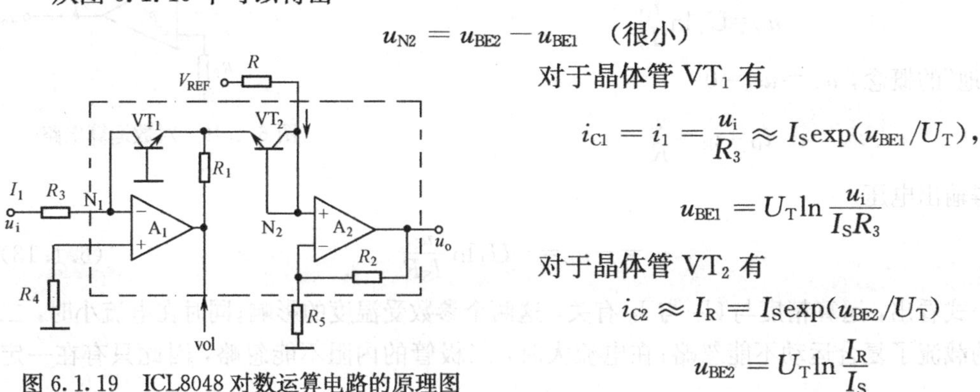

图6.1.19 ICL8048对数运算电路的原理图

对于晶体管VT_1有

$$i_{C1}=i_1=\frac{u_i}{R_3} \approx I_S \exp(u_{BE1}/U_T),$$

$$u_{BE1}=U_T \ln \frac{u_i}{I_S R_3}$$

对于晶体管VT_2有

$$i_{C2} \approx I_R=I_S \exp(u_{BE2}/U_T)$$

$$u_{BE2}=U_T \ln \frac{I_R}{I_S}$$

式中，$I_R=(V_{REF}-u_{N2})/R\approx\frac{V_{REF}}{R}$

于是

$$u_{N2}=-U_T\ln\frac{u_i}{I_RR_3},$$

$$u_o=-\left(1+\frac{R_2}{R_5}\right)U_T\ln\frac{u_i}{I_RR_3}\tag{6.1.16}$$

图 6.1.19 中，R、R_3、R_4、R_5 均为外接电阻。如果外接电阻 R_5 为具有正温度系数的热敏电阻，可补偿 U_T 的温度特性。

2. 指数运算电路

(1) 指数运算基本电路

指数运算基本电路可由二极管构成，也可由三极管构成，如图 6.1.20 所示。

在图 6.1.20(a)中，根据“虚地”的概念，$u_-=u_+=0$，$i_i=i_R=I_S\exp(u_D/U_T)$，又$u_i=u_D$，于是

$$u_o=-i_RR=-I_SR\exp(u_i/U_T)\tag{6.1.17}$$

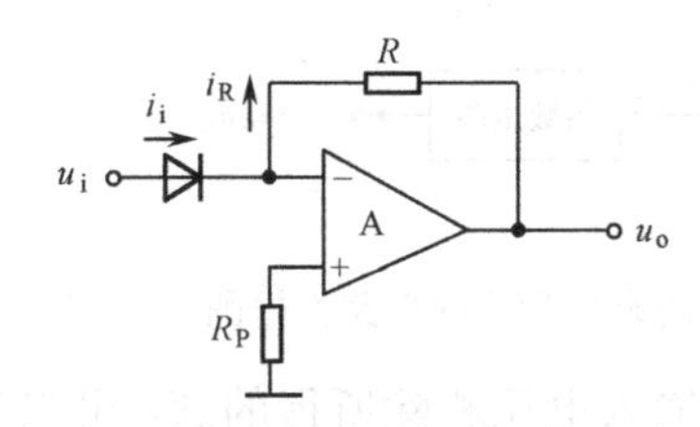

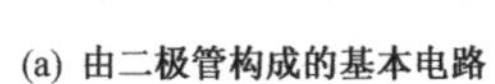
(a) 由二极管构成的基本电路

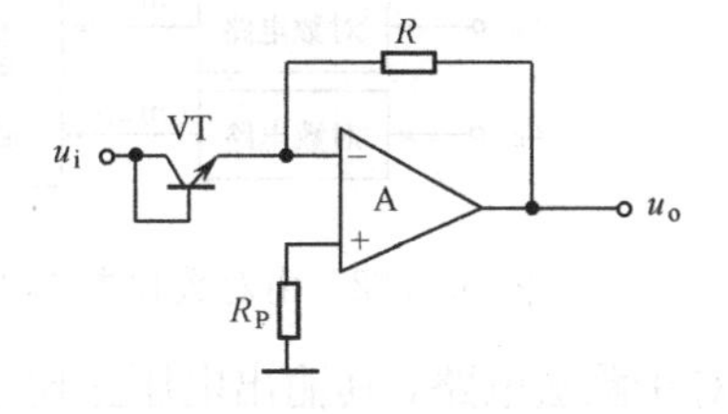

(b) 由三极管构成的基本电路

图 6.1.20　指数运算基本电路

在图 6.1.20(b)中，同样根据“虚地”的概念，$u_-=u_+=0$，$i_i=i_R=I_S\exp(u_{BE}/U_T)$，又$u_i=u_{BE}$，于是

$$u_o=-i_RR=-I_SR\exp(u_i/U_T)\tag{6.1.18}$$

(2) 集成指数运算电路

集成指数运算电路如图 6.1.21 所示。

从图 6.1.21 中可看出，如果忽略 VT_1 的基极电流，则 P 点的电位为

$$u_P\approx\frac{R_3}{R_1+R_3}u_i$$

VT_1 的集电极电流和发射极电压的关系为

$$i_{C1}=I_{REF}=I_S\exp(u_{BE1}/U_T)$$

又 $i_{C2}=I_S\exp(u_{BE2}/U_T)$

$$u_E=u_P-u_{BE1}=-u_{EB2}$$

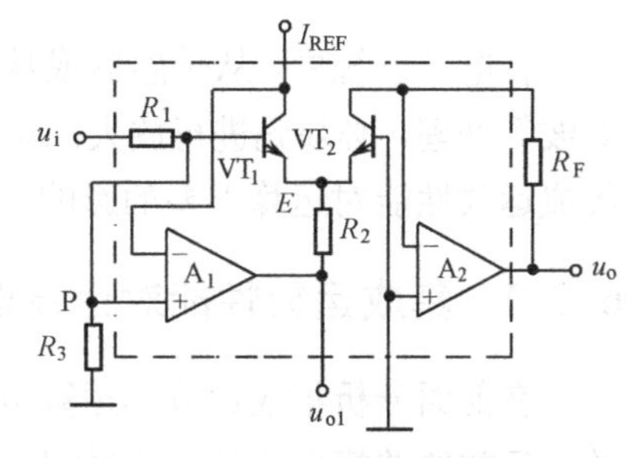

图 6.1.21　集成指数运算电路

于是得

$$\begin{aligned}u_o&=i_{C2}R_F=I_S\exp\left(u_{BE1}/U_T\right)\exp\left(-\frac{R_3}{R_1+R_3}\frac{u_i}{U_T}\right)R_F\\&=I_{REF}R_F\exp\left(-\frac{R_3}{R_1+R_3}\frac{u_i}{U_T}\right)\end{aligned}\tag{6.1.19}$$

6.1.5 乘法与除法电路

乘法与除法电路可以对两个输入模拟信号实现乘法或除法运算。它们可由采用集成运放的对数及指数电路组成，目前常采用单片的集成模拟乘法器。本小节只讨论前者，后者放在6.5节详细介绍。

我们知道，乘法电路的输出电压正比于两个输入电压的乘积，即

$$u_o = u_{i1} u_{i2}$$

将上式取对数，得

$$\ln u_o = \ln(u_{i1} u_{i2}) = \ln u_{i1} + \ln u_{i2}$$

再将上式取指数，可得

$$u_o = \exp(\ln u_{i1} + \ln u_{i2}) \tag{6.1.20}$$

因此，利用对数电路、求和电路和指数电路，可以完成乘法运算。这种乘法运算的方框图如图6.1.22所示。

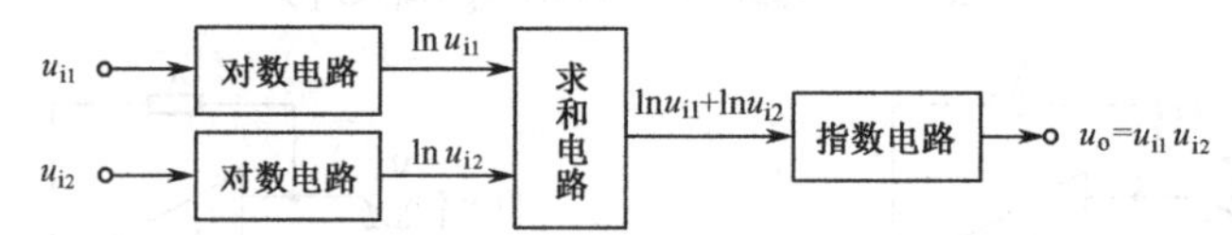

图6.1.22 由对数和指数电路组成的乘法运算的电路方框图

同理，对于除法电路，其输出电压正比于两个输入电压相除所得的商，可以先将两路输入信号取对数、相减再取指数，得

$$u_o = u_{i1}/u_{i2} = \exp(\ln u_{i1} - \ln u_{i2}) \tag{6.1.21}$$

将此式与式(6.1.20)对比，可知二者的差别仅在于表达式指数部分的($\ln u_{i1} + \ln u_{i2}$)变成($\ln u_{i1} - \ln u_{i2}$)。因此，除法的原理方框图只需在图6.1.22的基础上，将求和电路改为减法电路即可。

6.2 信号处理中的放大电路

在电子系统中，从传感器或从接收器采集的信号，通常都很小，一般不能直接进行运算、滤波等处理，必须先进行放大。本节介绍常用的放大电路。在介绍这些电路之前，首先分析集成运放性能对运算误差的影响。

6.2.1 集成运放性能对运算误差的影响

在前面分析集成运放作运算电路时，把运放视做理想模型。而实际运放的参数是有差别的。运放的差模电压放大倍数、K_{CMR}、差模输入电阻不是无穷大而是有限值。其他参数与理想模型也有差别。因此，实际运放运算结果和理想运放的计算值不同。于是，把实际运放运算结果和理想运放计算值的差值定义为绝对误差。绝对误差与理想计算值的百分比称为相对误差。即

$$\delta = \frac{U - U'}{U'} \times 100\% \tag{6.2.1}$$

式中，U是实际测量值，U'是理想值。下面就集成运放参数对误差的影响进行分析。

(1) A_{od}和R_{id}对反相比例运算电路误差的影响

仅考虑A_{od}和R_{id}影响的集成运放的等效电路如图6.2.1所示。

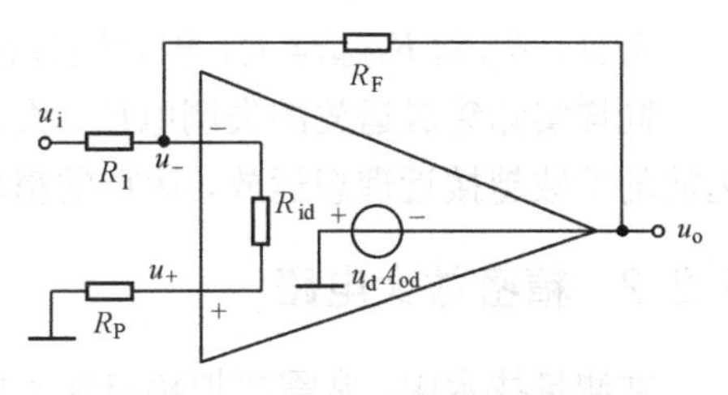

图6.2.1　集成运放的等效电路

因为$R_{id} \gg R_P$，故有

$$u_- = -\frac{u_o}{A_{od}}$$

利用节点电流方程可得

$$\frac{u_i - u_-}{R_1} = \frac{u_- - u_o}{R_F} + \frac{u_-}{R_{id} + R_P}$$

整理得

$$u_o = -\frac{R_F}{R_1}\frac{A_{od}R_N}{R_F + A_{od}R_N}u_i \tag{6.2.2}$$

其中

$$R_N = R_1 /\!/ R_F /\!/ (R_{id} + R_P)$$

理想运放的输出电压为

$$u_o' = -\frac{R_F}{R_1}u_i \tag{6.2.3}$$

将式(6.2.3)和式(6.2.2)代入式(6.2.1)，计算得相对误差为

$$\delta \approx \frac{R_F}{R_F + A_{od}R_N} \times 100\% \tag{6.2.4}$$

可见，A_{od}和R_{id}越大，相对误差越小。

(2) A_{od}和K_{CMR}对同相比例运算电路误差的影响

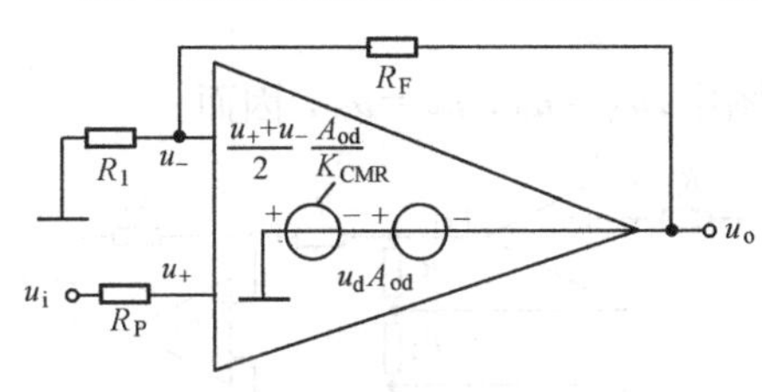

图6.2.2　仅考虑A_{od}和K_{CMR}影响的运放等效电路

仅考虑A_{od}和K_{CMR}影响的运放等效电路如图6.2.2所示。

$$u_{id} = u_+ - u_-, \qquad u_{ic} = \frac{u_+ + u_-}{2}$$

输出电压为　$u_o = A_{od}(u_+ - u_-) + A_c\frac{u_+ + u_-}{2}$

因为　$u_+ = u_i$，　$u_- = \frac{R_1}{R_1 + R_F}u_o = Fu_o$，　$A_c = \frac{A_{od}}{K_{CMR}}$

于是

$$u_o = A_{od}u_i - A_{od}Fu_o + \frac{A_{od}}{K_{CMR}}\frac{u_i}{2} + \frac{A_{od}}{K_{CMR}}\frac{Fu_o}{2}$$

整理得

$$u_o = \left(1 + \frac{R_F}{R_1}\right)\frac{1 + \frac{1}{K_{CMR}}}{1 + \frac{1}{A_{od}F}}u_i \tag{6.2.5}$$

理想运放的输出电压为

$$u_o' = \left(1 + \frac{R_F}{R_1}\right)u_i \tag{6.2.6}$$

将式(6.2.5)和式(6.2.6)代入式(6.2.1)，从而得相对误差为

$$\delta = \left|\frac{1 + \frac{1}{K_{CMR}}}{1 + \frac{1}{A_{od}F}} - 1\right| \times 100\% \tag{6.2.7}$$

可见，A_{od}和K_{CMR}越大，相对误差越小。

同样实际集成运放的失调电压、失调电流、失调温漂都影响运算精度。不难证明，实际运放的参数越接近理想运放，运算的精度就越高。

6.2.2 精密放大电路

在测量技术中，常需要把桥路输出的差模小信号放大并换成单端输出信号。在这种情况下，需要采用精密放大电路。

1. 简单的差动电路

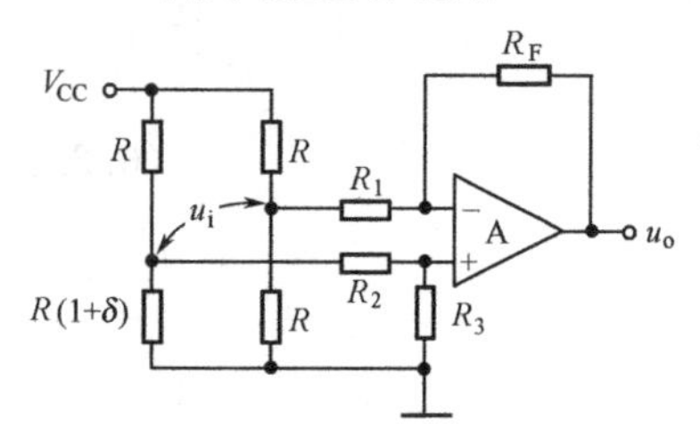

图 6.2.3　简单的差动电路

简单的差动电路如图 6.2.3 所示，在图中，当$R_1=R_2$，$R_3=R_F$时，电路的输出为

$$u_o=\frac{R_F}{R_1}u_i \tag{6.2.8}$$

该电路存在以下缺点：

① 传感器电阻的变化，将影响源电阻的变化，影响放大电路的精度。因为$A_{uS}=\frac{R_i}{R_i+R_S}A_u$，只有当差动放大电路的输入电阻足够大，才有可能达到足够的精度。

② 差动放大电路的输入既包含差模信号，也包含共模成分，因此对放大电路的共模抑制比K_{CMR}要求也高。

为提高输入电阻，于是采用下面的三运放差动电路。

2. 三运放差动电路

三运放差动电路的原理电路如图 6.2.4 所示。在图中，$u_A=u_{i1}$，$u_B=u_{i2}$，因而

$$i_{R2}=\frac{u_{i1}-u_{i2}}{R_2}$$

$$u_{o1}-u_{o2}=\frac{R_2+2R_1}{R_2}(u_{i1}-u_{i2})$$

当$R_3=R_4=R$，$R_5=R_F$时，

$$u_o=-\frac{R_F}{R}\left(1+\frac{2R_1}{R_2}\right)(u_{i1}-u_{i2}) \tag{6.2.9}$$

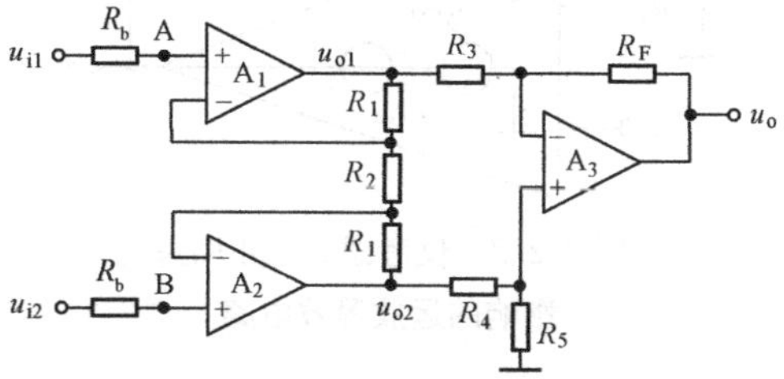

图 6.2.4　三运放差动电路的原理电路

当输入为共模信号时，$u_{i1}=u_{i2}$，$i_{R2}=0$，$u_{o1}-u_{o2}=0$，电路有很强的抑制共模的能力，放大倍数越高，抑制共模能力越强。

注意：$R_b=R_1/\!/\frac{R_2}{2}$，若$R_b\neq R_1/\!/\frac{R_2}{2}$时，会破坏$A_1$与$A_2$外电路的对称性，从而影响$u_o$的精度。另外，$A_1$、$A_2$、$A_3$均应选择高精度运算放大器(如 OP07 等)，否则也会影响输出误差。

3. 集成仪表用的放大器

图 6.2.5 所示是型号为 INA102 型的集成仪表用的放大器。图中，电容均为相位补偿电容，第二级电压放大倍数为 1，改变第一级的输入端口时，可改变第一级的电压增益，分别为 10 倍、100 倍和 1 000 倍。INA102 的输入电阻可达10^4MΩ，K_{CMR}为 100dB，输出电阻为 0.1Ω，带宽为 300kHz。当电源电压为±15V 时，最大共模输入电压为±12.5V。

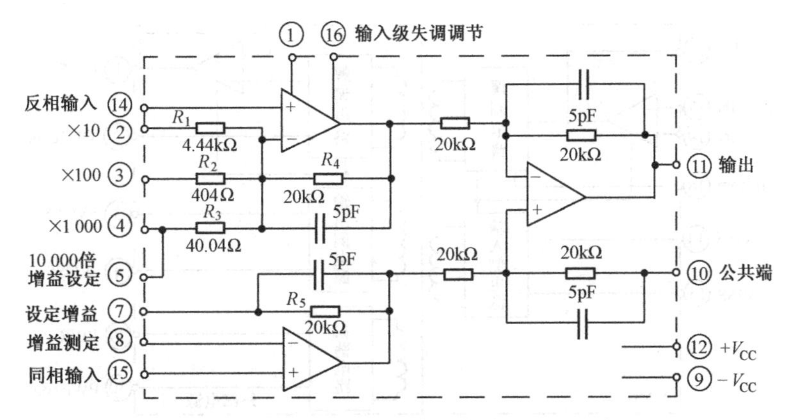

图 6.2.5　INA102 型的集成仪表用的放大器

其他的常用集成仪表放大器有 LH0036、3630B 等。LH0036 是低功耗型的集成仪表用放大器，3630B 型是高精度型的集成仪表用放大器。

6.2.3　电荷放大器

在信号检测中，某些传感器是电容性传感器，如压力传感器、压电式加速传感器等。这类传感器输入阻抗极高呈容性，输出电压很弱，工作时，输出的电荷量与输入物理量成比例。积分运算可以将电荷量转换为电压量。放大电路如图 6.2.6 所示。

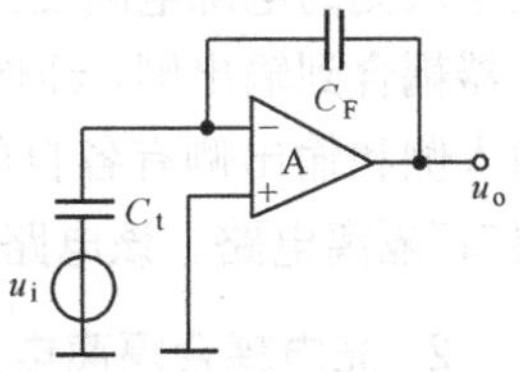

因为电容 C_t 上储存的电荷与电容 C_F 储存的电荷相等，于是有

$$C_t u_i = -C_F u_o, \quad u_o = -\frac{C_t}{C_F} u_i \tag{6.2.10}$$

图 6.2.6　电荷放大器

为了减小传感器输出电缆分布电容的影响，通常将电荷放大器装在传感器内。

*6.2.4　隔离放大器

目前，集成隔离放大器有变压器隔离、光电隔离、电容隔离三种方式，下面仅简单介绍前两种。在远距离传递信号过程中，容易受到强信号的干扰，造成系统无法正常工作，为此需要使输入侧和输出侧在电气上完全隔离，避免输出侧的干扰进入输入侧。同时，要求输入信号能够顺利向输出侧传递。隔离放大器就是用于完成上述任务的。

1. 变压器隔离方式

变压器隔离方式采用了调制—解调技术传递信号。图 6.2.7 所示为 AD210 型的变压器耦合的隔离放大器。其引脚功能见表 6.2.1。

表 6.2.1　AD210 型变压器耦合隔离放大器的引脚功能

引脚号	功　能	引脚号	功　能
16	输入放大器输出端用于引入反馈	1	电路输出端
17	反相输入端	2	输出侧公共端
19	同相输入端	3	输出侧正电源
18	输入侧公共端	4	输出侧负电源
14	输入侧正电端	29	外接电源电压
15	输入侧负电源	30	外接电源公共端

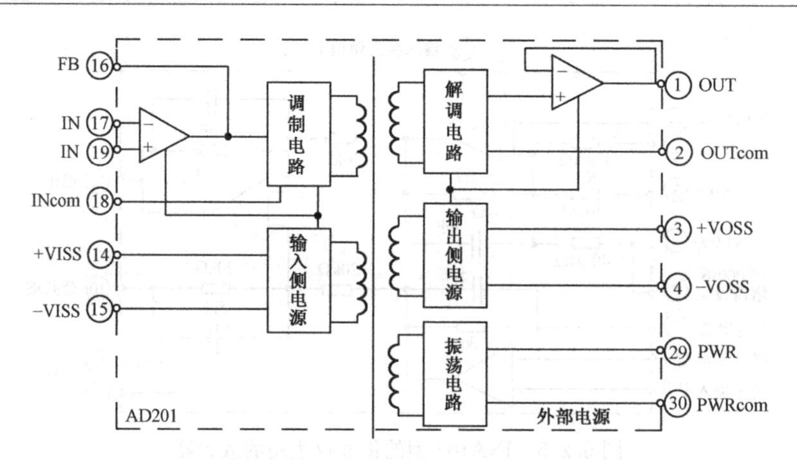

图 6.2.7　AD210 型的变压器耦合的隔离放大器

在该放大器中，首先将慢变化信号放大，通过调制电路对振荡电压信号进行调制，具有调制信号的高频载波经变压器耦合到输出侧，在输出侧再通过解调还原得到信号，为了提高带负载能力，还原的信号通过电压跟随器，再输出到负载。输入侧与输出侧的直流供电和振荡器的供电也是完全隔离的。振荡器由外部供电。振荡器的输出通过变压器耦合到输入侧，经输入侧的电源电路变换成直流，为输入侧放大和调制提供直流。同时，振荡器的输出通过变压器耦合到输出侧，经输出侧的电源电路变换成直流，为输出侧解调和电压跟随器提供直流。输入侧和输出侧有各自的公共端。因为振荡器、输入、输出三者的供电是隔离的，故称为“三端口”隔离电路。该电路的额定隔离电压可达 2500V。

2. 光电耦合隔离电路

图 6.2.8 所示为 ISO100 型的光电耦合隔离放大器原理电路。电路由两只放大器，两个恒流源 I_{REF1}、I_{REF2} 及一个光电耦合器构成。光电耦合器是由一只发光二极管和两只光电二极管构成的，于是输入侧和输出侧之间没有电通路，故有隔离作用。使用时，应使输入侧和输出侧的电源隔离开来。

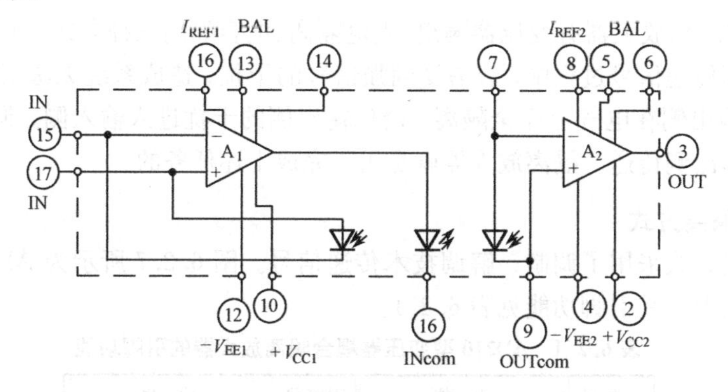

图 6.2.8　ISO100 型的光电耦合隔离放大器原理电路

*6.2.5　放大电路中的干扰和噪声及其抑制措施

在放大弱信号时，干扰和噪声的影响是不能忽视的。

1. 干扰的来源和抑制措施

通常较强的干扰来自于高压电网、电焊机、无线电发射装置、大功率用电设备，以及雷电等。它们产生的电磁波和脉冲信号通常是通过电源线耦合，或传输线间的电容耦合到放大电路中的。抑制干扰通常采用以下措施：

① 电路工作时，尽可能远离干扰源。

② 采用电磁屏蔽。

③ 在电源进入处加上滤波电路；通常是将一只 10～30μF 的钽电容和一只 0.01～0.1μF 的独石电容并联，再接在电源接入处。

④ 对于已知频率的干扰信号可加上适当的有源滤波电路滤出干扰信号。

2. 噪声的来源和抑制措施

电路中存在的噪声有热噪声、散弹噪声和 $1/f$ 噪声。热噪声是电子无序的热运动产生的，散弹噪声是单位时间内 PN 结的载流子数目随机变化导致的，这两种噪声功率谱是均匀的，噪声功率与通频带宽度成比例。$1/f$ 噪声（也称闪烁噪声）主要集中在低频段。晶体管和场效应管三种噪声都存在，电阻中仅存在热噪声和 $1/f$ 噪声。

如果放大电路的输入、输出功率分别为：P_{is}，P_{os}；输入、输出噪声功率分别为：P_{iN}，P_{oN}。则噪声系数的定义为

$$N_F = \frac{P_{is}/P_{iN}}{P_{os}/P_{oN}} \tag{6.2.11}$$

或

$$N_F(\text{dB}) = 10\lg \frac{P_{is}/P_{iN}}{P_{os}/P_{oN}}(\text{dB}) \tag{6.2.12}$$

在电路中为了减小电阻产生的噪声，一是避免大电阻；二是使用金属膜电阻。为了减小放大电路的噪声，应选用低噪声运放。当已知信号频率时，利用滤波器限制带宽。在数据采集系统中，提高采样频率，利用取平均值的方法，剔除异常数据，减小噪声的影响。

6.3 滤波电路

滤波电路是具有对信号频率有选择性的电路。它的功能是让特定频率范围内的信号通过，阻止特定频率范围外的信号通过。

6.3.1 滤波电路的基本知识

1. 滤波电路的种类

滤波电路按照工作通频带分类有：低通滤波电路（LPF），高通滤波电路（HPF），带通滤波电路（BPF），带阻滤波电路（BEF），全通滤波电路（APF）。

设截止频率为 f_p，频率比 f_p低的信号均能通过，频率高于 f_p的信号被衰减的电路称为低通滤波电路。理想的幅频特性如图 6.3.1(a)所示。

设截止频率为 f_p，频率比 f_p高的信号均能通过，频率低于 f_p的信号被衰减的电路称为高通滤波电路。理想的幅频特性如图 6.3.1(b)所示。

设下限截止频率为 f_{p1}，上限截止频率为 f_{p2}，频率比 f_{p1}高而又比 f_{p2}低的信号均能通过，频率在 f_{p1}和 f_{p2}以外的信号被衰减的电路称为带通滤波电路。理想的幅频特性如图 6.3.1(c)所示。

设下限截止频率为 f_{p1}，上限截止频率为 f_{p2}，频率比 f_{p1}低和频率比 f_{p2}高的信号均能通过，频率在 f_{p1}和 f_{p2}范围内的信号被衰减的电路称为带阻滤波电路。理想的幅频特性如

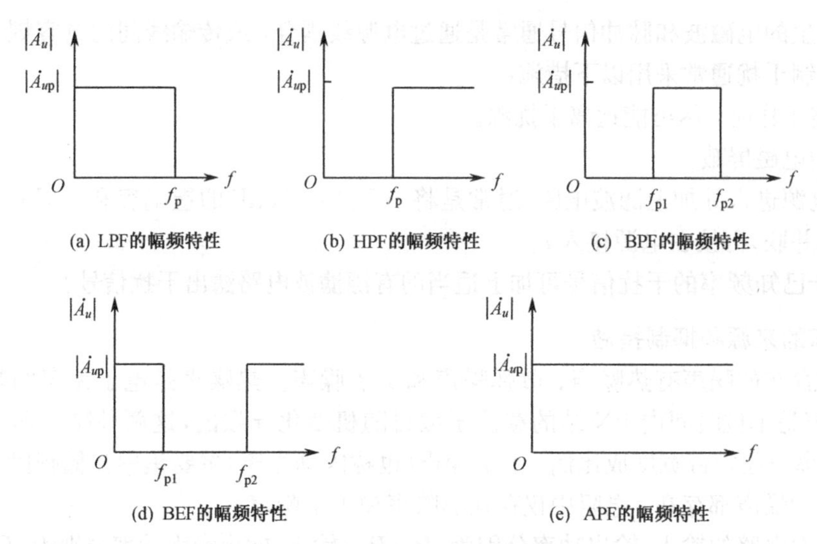

(a) LPF的幅频特性 (b) HPF的幅频特性 (c) BPF的幅频特性

(d) BEF的幅频特性 (e) APF的幅频特性

图 6.3.1 理想滤波电路的幅频特性

图 6.3.1(d)所示。

从低频到高频均能通过的电路称为全通滤波电路。理想的幅频特性如图 6.3.1(e)所示。

实际的滤波电路在截止频率附近总是随频率的变化而逐渐衰减的。即是从截止频率衰减到零有一个过渡区域。过渡区域越小,选频特性越好。

2. 无源滤波电路和有源滤波电路

滤波电路按使用的元件可分为无源滤波电路和有源滤波电路。由无源元件 R、L、C 组成的滤波电路称为无源滤波电路;如果电路除无源元件外还包括有源元件(晶体管或运放)称为有源滤波电路。

(1) 无源低通滤波电路

无源低通滤波电路如图 6.3.2(a)所示。当频率趋于零时,电容 C 的容抗趋于无穷大,通带内的放大倍数

$$\dot{A}_{up}=\frac{\dot{U}_o}{\dot{U}_i}=1$$

随频率变化的放大倍数为

$$\dot{A}_u=\frac{\dot{U}_o}{\dot{U}_i}=\frac{\dfrac{1}{j\omega C}}{R+\dfrac{1}{j\omega C}}=\frac{1}{1+j\omega RC}$$

令 $f_p=\dfrac{1}{2\pi RC}$,代入上式

$$\dot{A}_u=\frac{\dot{U}_o}{\dot{U}_i}=\frac{1}{1+j\dfrac{f}{f_p}} \tag{6.3.1}$$

根据通频带的定义,在截止频率时

$$|\dot{A}_u|=\left|\frac{1}{1+j\dfrac{f}{f_p}}\right|=\frac{1}{\sqrt{2}}\approx 0.7 \tag{6.3.2}$$

于是得截止频率为

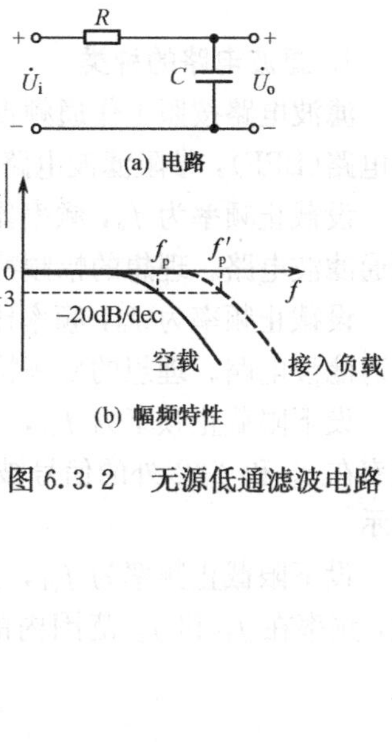

(a) 电路

(b) 幅频特性

图 6.3.2 无源低通滤波电路

$$f = f_{p} = \frac{1}{2\pi RC}$$

无源低通滤波电路的频率特性(波特图)如图 6.3.2(b)所示。从上面的分析看出，无源低通滤波电路的截止频率将随负载变化而变化，这对信号处理是不利的。

(2) 有源滤波电路

为了使截止频率不受负载的影响，在无源滤波电路和负载之间加入输入电阻高输出电阻低的隔离电路，如加入电压跟随器。这样就构成了有源滤波电路，如图 6.3.3 所示。有源滤波电路一般由 RC 滤波网络和集成运放构成，在适当的直流电压偏置下，不仅有滤波作用，而且有放大作用。有源滤波电路不适用大电流电路，仅适合做信号处理。在分析滤波电路中经常使用拉氏变换，在拉氏变换中，将电压、电流用象函数 $U(s)$ 和 $I(s)$ 表示。因此，电阻 $R(s)=R$，电容的容抗 $Z_{C}(s)=\frac{1}{sC}$，电感的感抗 $Z_{L}(s)=sL$。于是传递函数

$$A_{u}(s)=\frac{U_{o}(s)}{U_{i}(s)} \tag{6.3.3}$$

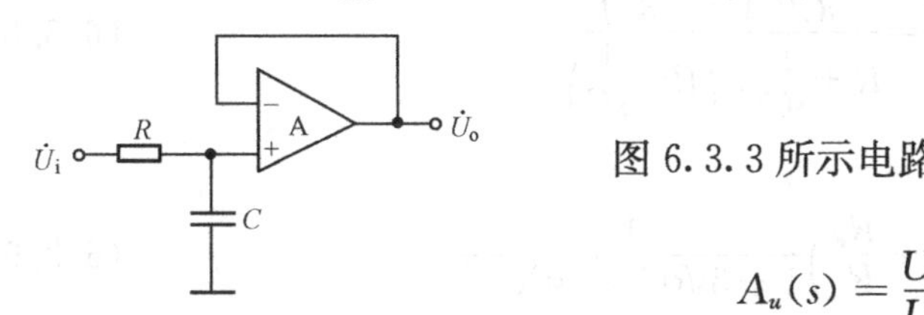

图 6.3.3　有源低通滤波电路

图 6.3.3 所示电路的传递函数为

$$A_{u}(s)=\frac{U_{o}(s)}{U_{i}(s)}=\frac{\frac{1}{sC}}{R+\frac{1}{sC}}=\frac{1}{1+sRC} \tag{6.3.4}$$

传递函数中，分母 s 的最高指数称为滤波器的阶数。如令 $s=j\omega$，代入上式，即得电路随频率变化的放大倍数。

6.3.2　低通滤波电路

1. 一阶低通滤波电路

一阶低通滤波电路如图 6.3.4(a)所示。传递函数为

$$A_{u}(s)=\frac{U_{o}(s)}{U_{i}(s)}=\left(1+\frac{R_{F}}{R_{1}}\right)\frac{1}{1+sRC} \tag{6.3.5}$$

令 $s=j\omega, f_{0}=\frac{1}{2\pi RC}$，得电压放大倍数

$$\dot{A}_{u}=\frac{\dot{U}_{o}}{\dot{U}_{i}}=\left(1+\frac{R_{F}}{R_{1}}\right)\frac{1}{1+j\frac{f}{f_{0}}} \tag{6.3.6}$$

当 $f=0$ 时，得通频带内的放大倍数为

$$\dot{A}_{up}=\frac{\dot{U}_{o}}{\dot{U}_{i}}=1+\frac{R_{F}}{R_{1}} \tag{6.3.7}$$

当 $f=f_{0}$ 时，$|\dot{A}_{u}|=\frac{|\dot{A}_{up}|}{\sqrt{2}}$，故通频带的截止频率为 $f_{p}=f_{0}$，当 $f\gg f_{p}$ 时，曲线按 -20dB/十倍频的斜率下降。幅频特性如图 6.3.4(b)所示。

2. 简单的二阶低通滤波电路

二阶低通滤波电路如图 6.3.5(a)所示。传递函数为

$$A_{u}(s)=\frac{U_{o}(s)}{U_{i}(s)}=\left(1+\frac{R_{F}}{R_{1}}\right)\frac{U_{+}(s)}{U_{i}(s)}=\left(1+\frac{R_{F}}{R_{1}}\right)\frac{U_{+}(s)}{U_{M}(s)}\frac{U_{M}(s)}{U_{i}(s)}$$

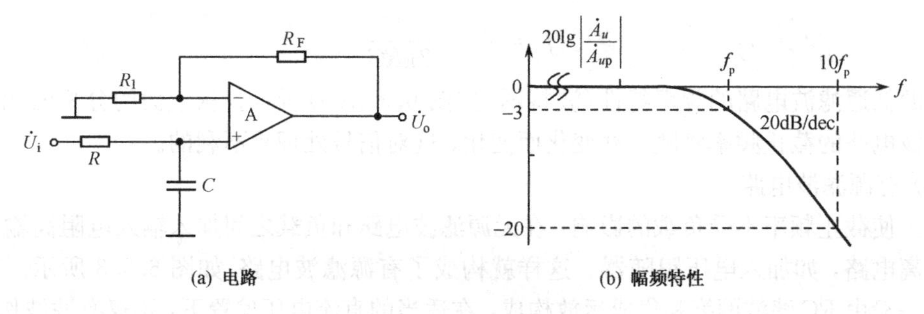

图 6.3.4 一阶低通滤波电路

又
$$\frac{U_+(s)}{U_M(s)}=\frac{1}{1+sRC},$$

$$\frac{U_M(s)}{U_i(s)}=\frac{\frac{1}{sC}/\!/\left(R+\frac{1}{sC}\right)}{R+\frac{1}{sC}/\!/\left(R+\frac{1}{sC}\right)} \tag{6.3.8}$$

整理可得

$$A_u(s)=\left(1+\frac{R_F}{R_1}\right)\frac{1}{1+3sRC+(sRC)^2} \tag{6.3.9}$$

令 $s=j\omega, f_0=\frac{1}{2\pi RC}$，$\dot{A}_{up}=1+\frac{R_F}{R_1}$得电压放大倍数

$$\dot{A}_u=\frac{\dot{U}_o}{\dot{U}_i}=\frac{\dot{A}_{up}}{1-\left(\frac{f}{f_0}\right)^2+j\frac{3f}{f_0}} \tag{6.3.10}$$

令上式分母的模等于$\sqrt{2}$，可解得通频带截止频率为

$$f_p\approx 0.37f_0 \tag{6.3.11}$$

幅频特性如图 6.3.5(b)所示，此时，虽衰减斜率达−40dB/十倍频，但通频带却减小了，从通常进入 40dB/十倍频的衰减有一缓慢的过渡带。

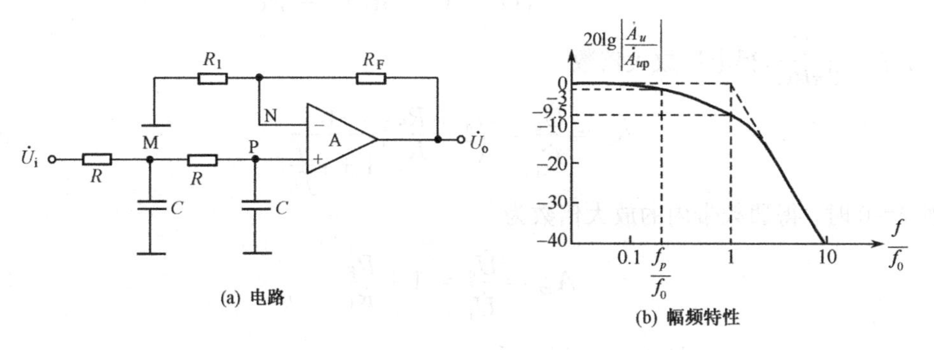

图 6.3.5 二阶低通滤波电路

3. 压控电压源二阶低通滤波电路

二阶低通滤波电路如图 6.3.6(a)所示。传递函数为

$$A_u(s)=\frac{U_o(s)}{U_i(s)}=\left(1+\frac{R_F}{R_1}\right)\frac{U_+(s)}{U_i(s)}=\left(1+\frac{R_F}{R_1}\right)\frac{U_+(s)}{U_M(s)}\frac{U_M(s)}{U_i(s)} \tag{6.3.12}$$

当 $C_1=C_2=C$ 时，根据节点电压法得 M 点的电压为

$$U_M(s)=\left(\frac{U_i(s)}{R}+\frac{U_o(s)}{\frac{1}{sC}}\right)R/\!/\frac{1}{sC}/\!/\left(R+\frac{1}{sC}\right),$$

又
$$\frac{U_M(s)-U_+(s)}{R}=\frac{U_+(s)}{\frac{1}{sC}} \tag{6.3.13}$$

联立解上述两个方程，令 $A_{up}(s)=1+\frac{R_F}{R_1}$,整理可得

$$A_u(s)=\frac{A_{up}(s)}{1+[3-A_{up}(s)]sRC+(sRC)^2} \tag{6.3.14}$$

令 $s=j\omega, f_0=\frac{1}{2\pi RC}$得电压放大倍数

$$\dot{A}_u=\frac{\dot{U}_o}{\dot{U}_i}=\frac{\dot{A}_{up}}{1-\left(\frac{f}{f_0}\right)^2+j\frac{(3-\dot{A}_{up})f}{f_0}} \tag{6.3.15}$$

定义在 $f=f_0$ 时电压放大倍数与通频带放大倍数之比为滤波器的品质因数 Q，则

$$\left.\frac{A_u}{A_{up}}\right|_{f=f_0}=Q=\frac{1}{3-\dot{A}_{up}} \tag{6.3.16}$$

于是
$$|\dot{A}_u|=|Q\dot{A}_{up}| \quad (f=f_0) \tag{6.3.17}$$

当 $2<|\dot{A}_{up}|<3$ 时，$|\dot{A}_u|>|\dot{A}_{up}|$，幅频特性如图 6.3.6(b)所示，带外衰减斜率为 −40dB/十倍频。

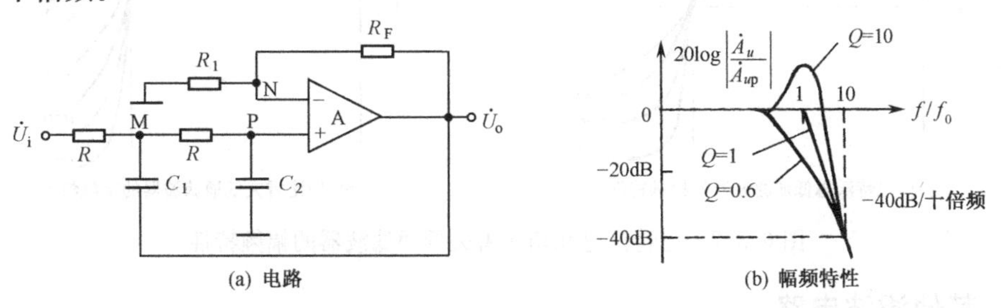

图 6.3.6 压控电压源二阶低通滤波电路

4. 两种典型的低通滤波函数

滤波器的品质因数 Q 也称为截止特性函数。它的值决定了在 $f=f_0$ 附近的频率特性。按照在 $f=f_0$ 附近的频率特性特点，可将滤波器分为巴特沃思(Butterworth)、切比雪夫(Chebyshev)、贝塞尔(Bessel)三种类型。这里仅简要说明前两种的频率特性。

(1) 巴特沃思低通滤波频率特性函数

巴特沃思低通滤波频率特性定义为

$$|A_u|=\frac{A_{up}}{\sqrt{1+\left(\frac{f}{f_p}\right)^{2n}}} \quad (n=1,2,3\cdots) \tag{6.3.18}$$

式中，f_p 为−3dB 通带的截止频率。

巴特沃思低通滤波器的特点是通带范围内频率特性相当平坦，在 $f=f_p$ 附近的边缘阶数越高下降越陡。且在 $f=f_p$ 处，$|A_u(j\omega)|=A_{up}/\sqrt{2}$，即 $Q=1/\sqrt{2}$。其幅频特性如图 6.3.7(a)

所示。如果将 Q 的值代入压控电压源二阶低通滤波电路的频率特性函数式(6.3.15)，得

$$|A_u| = \frac{A_{up}}{\sqrt{\left[1-\left(\frac{f}{f_0}\right)^2\right]^2+\left(\sqrt{2}\frac{f}{f_0}\right)^2}} = \frac{A_{up}}{\sqrt{1+\left(\frac{f}{f_0}\right)^4}} \tag{6.3.19}$$

此时 $f_p=f_0$。可见，压控电压源二阶低通滤波电路属于巴特沃思低通滤波器。

(2) 切比雪夫低通滤波频率特性函数

切比雪夫低通滤波频率特性定义为

$$|A_u| = \frac{A_{up}}{\sqrt{1+\left[\varepsilon C_n\left(\frac{f}{f_0}\right)\right]}} \quad (n=2,3,4\cdots) \tag{6.3.20}$$

式中，ε 为常数，它与通带内的起伏有关。$C_n\left(\frac{f}{f_0}\right)$为切比雪夫多项式。设 $x=\frac{f}{f_0}$，则

$$C_n(x) = \begin{cases} \cos(n\arccos x) & (0 \leqslant x \leqslant 1) \\ \mathrm{ch}(n\mathrm{arch} x) & (x > 1) \end{cases} \tag{6.3.21}$$

切比雪夫滤波器的特点在通带范围内有起伏，在 $f=f_0$ 附近的边缘下降很陡。阶数越高下降越陡，通带范围内起伏越大。其幅频特性如图 4.3.7(b)所示。

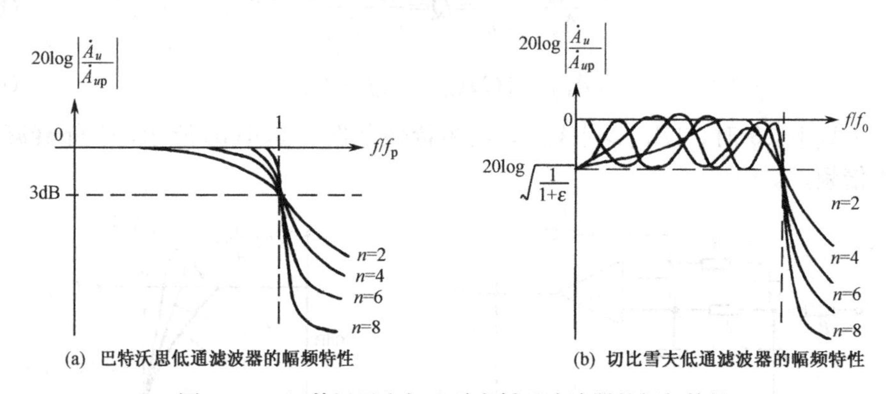

图 6.3.7　巴特沃思和切比雪夫低通滤波器的幅频特性

6.3.3　其他滤波电路

1. 高通滤波电路

(1) 高通滤波电路与低通滤波电路的对偶关系

高通滤波电路与低通滤波电路具有对偶关系。其对偶关系主要表现在频率特性上和电路结构上。

① 频率特性上的对偶性

如果高通滤波电路与低通滤波电路以 $f=f_p$ 对称，显然二者随频率变化是相反的。只要将低通滤波电路频率特性中的 s 换成 $1/s$,并对其系数进行适当的调整，即 $R \to 1/sC, 1/sC \to R$，就变成了高通滤波电路的频率特性。如图 6.3.8(a)所示的低通滤波电路的传递函数为

$$A_u(s) = \frac{U_o(s)}{U_i(s)} = \frac{1}{1+sRC}$$

转换成如图 6.4.8(b)的高通滤波电路，其传递函数为

$$A_u(s) = \frac{U_o(s)}{U_i(s)} = \frac{1}{1+\frac{1}{sRC}} = \frac{sRC}{1+sRC} \tag{6.3.22}$$

显然，只要将低通滤波电路的传递函数中的 sRC 用 $\frac{1}{sRC}$ 取代，即完成了转换。

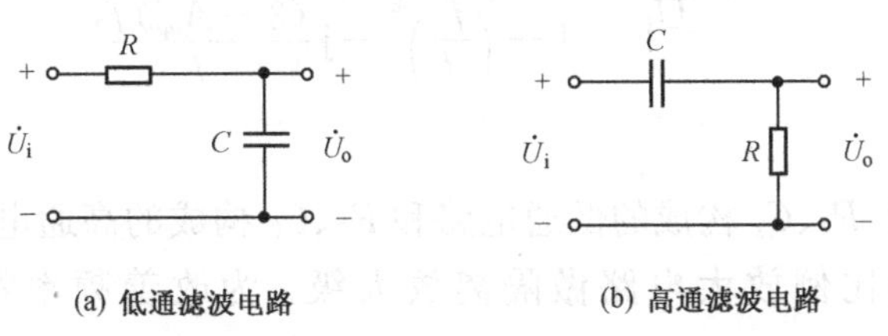

图 6.3.8　低通和高通滤波电路的比较

② 电路上的对偶性

从图 6.3.8 看出，电路上当将电阻和电容交换位置，即用电阻取代低通滤波电路中的电容，用电容取代低通滤波电路中的电阻时，低通滤波电路就转换成了高通滤波电路。滤波电路的传递函数将低通滤波电路的传递函数中的 sCR 换成 $\frac{1}{sCR}$，或者说将 sC 换成 $\frac{1}{R}$，将 R 换成 $\frac{1}{sC}$。例如，我们利用这一方法，可方便地将一阶有源低通滤波电路转换为如图 6.3.9 所示的一阶有源高通滤波电路。

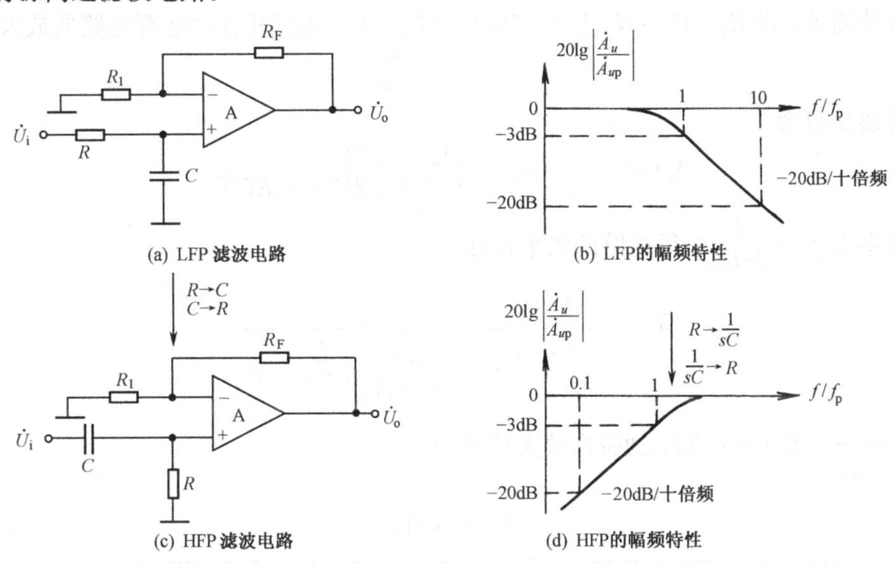

图 6.3.9　一阶低通滤波电路和一阶高通滤波电路的转换

(2) 压控电压源二阶高通滤波电路

压控电压源二阶高通滤波电路根据电路的对称性得出，如图 6.3.10 所示。因为压控电压源二阶低通滤波电路的传递函数为

$$A_u(s)=\frac{A_{up}(s)}{1+[3-A_{up}(s)]sRC+(sRC)^2}$$

根据对偶关系得

$$A_u(s)=\frac{A_{up}(s)}{1+[3-A_{up}(s)]\frac{1}{sRC}+\left(\frac{1}{sRC}\right)^2}\tag{6.3.23}$$

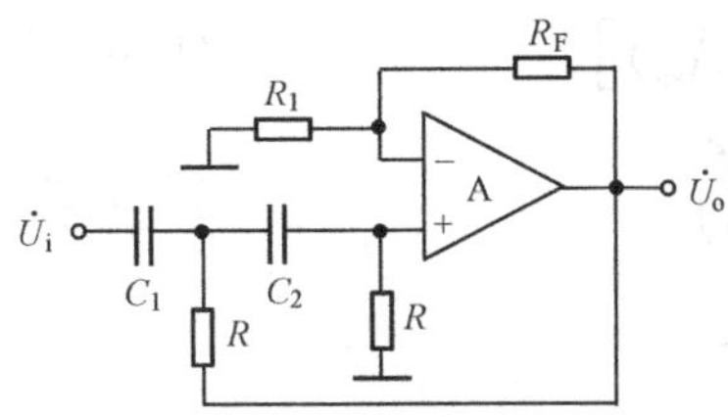

图 6.3.10　压控电压源二阶高通滤波电路

于是频率特性为

$$\dot{A}_u = \frac{\dot{U}_o}{\dot{U}_i} = \frac{\dot{A}_{up}}{1-\left(\frac{f_0}{f}\right)^2 - \mathrm{j}\,\frac{(3-\dot{A}_{up})f_0}{f}} \tag{6.3.24}$$

2. 带通滤波电路

带通滤波电路是由 R_1、C_1 构成的低通电路和 R_2、C_2 构成的高通电路形成的带通滤波电路，利用同相输入的比例放大电路做隔离放大级。为改善频率特性引入正反馈。如图 6.3.11所示。

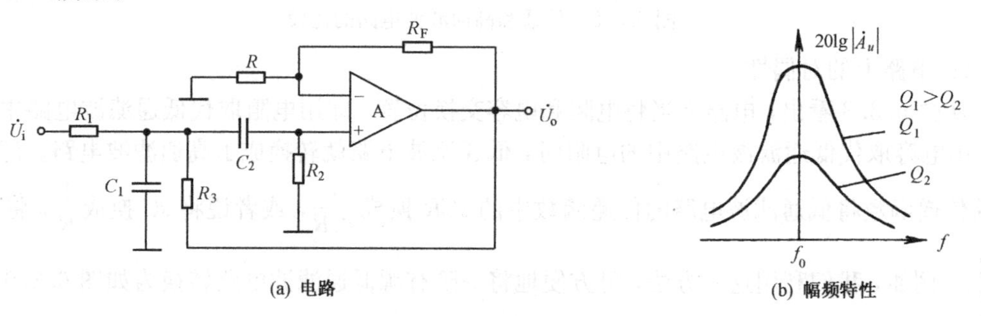

(a) 电路 (b) 幅频特性

图 6.3.11 带通滤波电路

为计算简单，设 $R_1=R_3=R$，$R_2=2R$，$C_1=C_2=C$。则同相比例运算电路的放大倍数为

$$A_{up} = 1 + \frac{R_F}{R}$$

电路的传递函数为

$$A_u(s) = \frac{A_{up}(s)sRC}{1+[3-A_{up}(s)]sRC+(sRC)^2} \tag{6.3.25}$$

令中心频率为 $f_0=\frac{1}{2\pi RC}$，得电路的频率特性

$$\dot{A}_u = \frac{\dot{A}_{up}}{3-A_{up}} \frac{1}{1+\mathrm{j}\,\frac{1}{3-\dot{A}_{up}}\left(\frac{f}{f_0}-\frac{f_0}{f}\right)} \tag{6.3.26}$$

设 $Q=\frac{1}{3-\dot{A}_{up}}$，当 $f=f_0$ 时，通带内放大倍数为

$$\dot{A}_{u0} = Q\dot{A}_{up} \tag{6.3.27}$$

令电路的频率特性表达式的分母等于$\sqrt{2}$，解方程取正根可得上限和下限截止频率，分别为

$$f_{p1} = \frac{f_0}{2}\left[\sqrt{(3-\dot{A}_{up})^2+4}-(3-\dot{A}_{up})\right]$$

$$f_{p2} = \frac{f_0}{2}\left[\sqrt{(3-\dot{A}_{up})^2+4}+(3-\dot{A}_{up})\right] \tag{6.3.28}$$

通频带为

$$\mathrm{BW}=f_{p2}-f_{p1}=(3-\dot{A}_{up})f_0=\frac{f_0}{Q} \tag{6.3.29}$$

可见 Q 值越大，频带越窄。调整 $\dot{A}_{up}$，可以调整频带宽度。

3. 阻带滤波电路

将输入电压同时输入低通和高通滤波电路，再将两个输出电压求和，就构成阻带滤波电路。其中低通滤波电路的截止频率 f_{p1} 应小于高通滤波电路的截止频率 f_{p2}。阻带滤波电路构成的框图如图 6.3.12 所示。

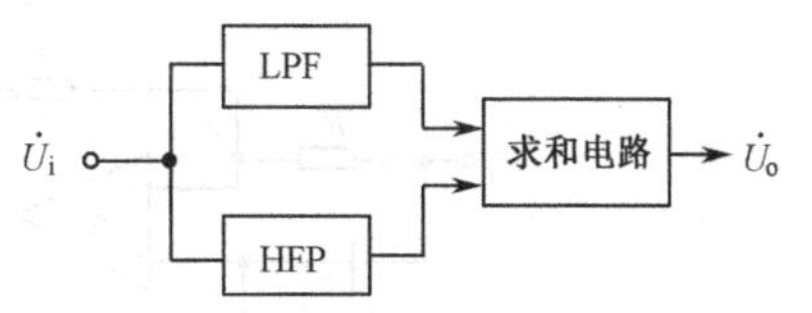

图 6.3.12　阻带滤波电路构成的框图

常用的电路如图 6.3.13 所示。该电路在通频带内的放大倍数为

$$A_{up}=1+\frac{R_F}{R_1}$$

得电路的传递函数为

$$A_u(s)=\frac{A_{up}(s)[1+(sRC)^2]}{1+2[2-A_{up}(s)]sRC+(sRC)^2} \tag{6.3.30}$$

令阻带中心频率为 $f_0=\frac{1}{2\pi RC}$，得电路的频率特性

$$\dot{A}_u=\frac{\dot{A}_{up}\left(1-\frac{f}{f_0}\right)}{1-\left(\frac{f}{f_0}\right)^2+\mathrm{j}2(2-\dot{A}_{up})\frac{f}{f_0}}=\frac{\dot{A}_{up}}{1+\mathrm{j}2(2-\dot{A}_{up})\frac{ff_0}{f_0^2-f_1^2}} \tag{6.3.31}$$

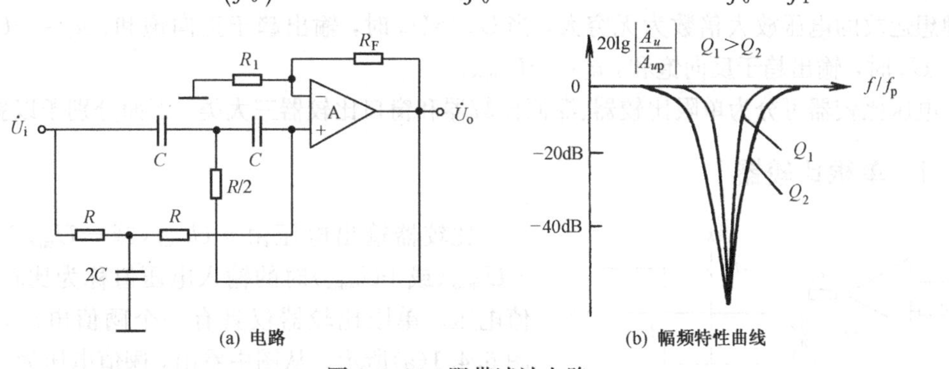

图 6.3.13　阻带滤波电路

令电路的频率特性表达式的分母等于$\sqrt{2}$，解方程取正根可得上限和下限截止频率，分别为

$$f_{p1}=f_0\left[\sqrt{(2-\dot{A}_{up})^2+1}-(2-\dot{A}_{up})\right]$$

$$f_{p2}=f_0\left[\sqrt{(2-\dot{A}_{up})^2+1}+(2-\dot{A}_{up})\right] \tag{6.3.32}$$

设 $Q=\frac{1}{2(2-\dot{A}_{up})}$，阻带宽度为

$$\mathrm{BW}=f_{p2}-f_{p1}=2(2-\dot{A}_{up})f_0=\frac{f_0}{Q} \tag{6.3.33}$$

4. 全通滤波电路

两个一阶全通滤波电路如图 6.3.14 所示。在图 6.3.14(a)中，利用叠加原理得

$$\dot{U}_o=-\frac{R}{R}\dot{U}_i+\left(1+\frac{R}{R}\right)\frac{R}{R+\frac{1}{\mathrm{j}\omega C}}\dot{U}_i$$

于是频率特性为

$$\dot{A}_u=\frac{\dot{U}_o}{\dot{U}_i}=\frac{1-\mathrm{j}\omega RC}{1+\mathrm{j}\omega RC} \tag{6.3.34}$$

从而得幅频特性为 $|\dot{A}_u|=1$，相频特性为 $\varphi=180°-2\arctan f/f_0$。可见信号频率从零到无穷大，输入和输出都相等，相位从 180°趋于零。

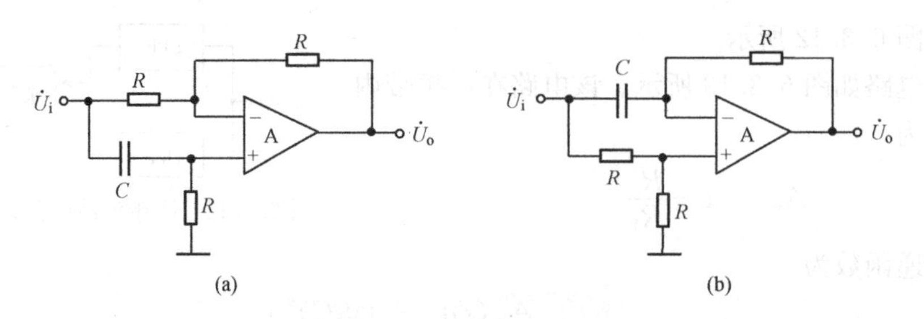

图 6.3.14 一阶全通滤波电路

6.4 电压比较器

电压比较器是用于判别U_1和U_2两个电压相对大小的电路。电路的构成是利用集成运放工作在非线性状态所具有的特性。即集成运放在开环工作状态或处于正反馈工作状态，由于理想运放的电压放大倍数为无穷大，当$U_+>U_-$时，输出趋于正向饱和，$u_o=+U_{omax}$；当$U_+<U_-$时，输出趋于反向饱和，$u_o=-U_{omax}$。

电压比较器可分为单限比较器、滞回比较器和窗口比较器三大类，下面分别予以叙述。

6.4.1 单限比较器

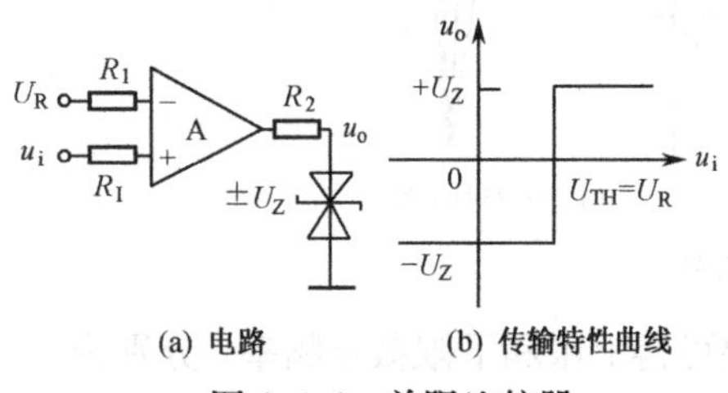

图 6.4.1 单限比较器

比较器输出电压由$+U_{omax}$(或$-U_{omax}$)跳变到$-U_{omax}$(或$+U_{omax}$)时的输入电压值称为比较器的阈值电压。单限比较器仅具有一个阈值电压，电路如图 6.4.1(a)所示。从图中看出，阈值电压为

$$U_{TH}=U_R$$

输出电压最大值

$$u_{omax}=\pm U_Z$$

当$u_i>U_{TH}$时，$u_o=+U_Z$；当$u_i<U_{TH}$时，$u_o=-U_Z$。于是可得到传输特性曲线($u_o=f(u_i)$)，如图 6.4.1(b)所示。

如果$U_{TH}=U_R=0V$，这样的单限比较器称为过零比较器。同时，也不难看出，单限比较器可以采用同相输入，也可以采用反相输入，此时对传输特性应进行相应地改变。

6.4.2 滞回比较器

单限比较器电路简单，但抗干扰能力差。在阈值电压附近任何微小的变化，都会引起输出电压的跳变。滞回比较器具有滞回特性，有抗干扰能力强的特点，但灵敏度比单限比较器低。滞回比较器电路的特点是集成运放引入了正反馈。滞回比较器又称施密特触发器，应用十分广泛。图 6.4.2(a)是一个反相输入的滞回比较器。从图中看出

$$\frac{U_R-u_+}{R_1}=\frac{u_+-u_o}{R_2}$$

整理得

$$u_+=\frac{U_RR_2+u_oR_1}{R_1+R_2} \qquad (6.4.1)$$

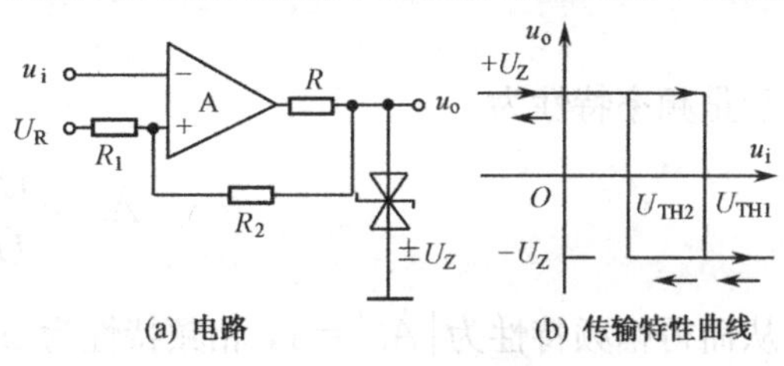

图 6.4.2 滞回比较器

当 $u_i = u_+ = \dfrac{U_R R_2 + u_o R_1}{R_1 + R_2}$ 时，输出发生跳变，于是得

$$U_{TH} = \frac{U_R R_2 + u_o R_1}{R_1 + R_2} \tag{6.4.2}$$

当 $u_o = +U_Z$ 时，阈值电压

$$U_{TH1} = \frac{U_R R_2 + U_Z R_1}{R_1 + R_2} \tag{6.4.3}$$

当 $u_o = -U_Z$ 时，阈值电压

$$U_{TH2} = \frac{U_R R_2 - U_Z R_1}{R_1 + R_2} \tag{6.4.4}$$

上述两个门限之差称为门限宽度或回差，用符号 ΔU_T 表示，即

$$\Delta U_T = U_{TH1} - U_{TH2} = \frac{2R_1}{R_1 + R_2} U_Z$$

由上式说明，门限宽度 ΔU_T 的值取决于稳定电压 U_Z 以及 R_2、R_1 的值，而与 U_R 无关。也就是说，改变 U_R 可使滞回曲线左右移动，但形状不改变。其传输特性曲线如图 6.4.2(b)所示。

6.4.3 窗口比较器

单限比较器和滞回比较器在输入电压单向变化时，输出电压仅发生一次跳变，无法比较在某一特定范围内的电压。窗口比较器(Window Comparator)具有这项功能。窗口比较器的电路如图 6.4.3(a)所示，基本电路是两个输入端并联的单限比较器，且比较电压 $U_{RH} > U_{RL}$。

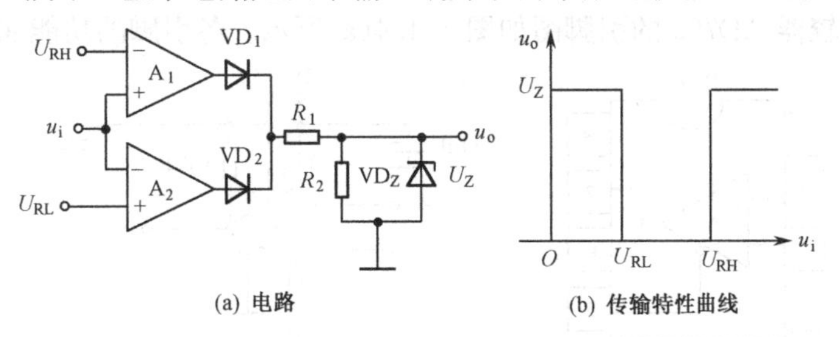

(a) 电路　　(b) 传输特性曲线

图 6.4.3　窗口比较器电路

从图中看出，当 $u_i > U_{RH}$ 时，必有 $u_i > U_{RL}$，集成运放 A_1 处于正向饱和，输出高电平，集成运放 A_2 处于反向饱和，输出低电平。于是二极管 VD_1 导通，VD_2 截止，输出受稳压管 VD_Z 限制，则 $u_o = +U_Z$。当 $U_{RL} < u_i < U_{RH}$ 时，集成运放 A_1 和 A_2 都处于反向饱和，输出低电平。于是二极管 VD_1 和 VD_2 截止，输出电压 $u_o = 0$。当 $u_i < U_{RL}$ 时，必有 $u_i < U_{RH}$，集成运放 A_1 处于反向饱和，输出低电平，集成运放 A_2 处于正向饱和，输出高电平。于是二极管 VD_1 截止，VD_2 导通，输出受稳压管 VD_Z 限制，则 $u_o = +U_Z$。其传输特性如图 6.4.3(b)所示。

6.4.4 集成电压比较器

1. 集成电压比较器的特点和分类

电压比较器可将模拟信号转换成二值信号，因此能用做模拟电路和数字电路的接口电路。集成电压比较器与集成运放相比较，其开环增益低，失调电压大，共模抑制比小。但具有响应速度快，传输时间短，一般不需要外加限幅电路的特点，它能直接驱动TTL、CMOS和ECL等电路。

集成电压比较器按电压比较器的个数分类，可分为：单电压比较器、双电压比较器和四电压比较器等。

集成电压比较器按功能分类，可分为：通用型、高速型、低功耗型、低电压型和高精度型。

集成电压比较器按输出方式分类，可分为：普通输出、集电极开路输出和互补输出三种方式。

有的集成电压比较器带有选通端。当选通在工作状态，集成电压比较器按其电压传输特性工作；当选在禁止状态，从集成电压比较器的输出端看进去，相当于开路状态。

在表6.4.1中给出了几个常用集成电压比较器的参数。

表6.4.1　几个常用集成电压比较器的参数

型号	工作电源(V)	正电源电流(mA)	负电源电流(mA)	响应时间(ns)	输出方式	类型
AD790	+5或±15	10	5	45	TTL/CMOS	通用
LM119	+5或±15	8	3	80	OC，发射极浮动	通用
MC1414	+16和−6	18	14	40	TTL，带选通	通用
MXA900	+5或±15	25	20	15	TTL	高速
TCL374	2～18	0.75		650	漏极开路	低功耗

2. 集成电压比较器的基本接法

以通用型集成电压比较器AD790为例。

集成电压比较器AD790的引脚图如图6.4.4(a)所示。各引脚的功能如下：

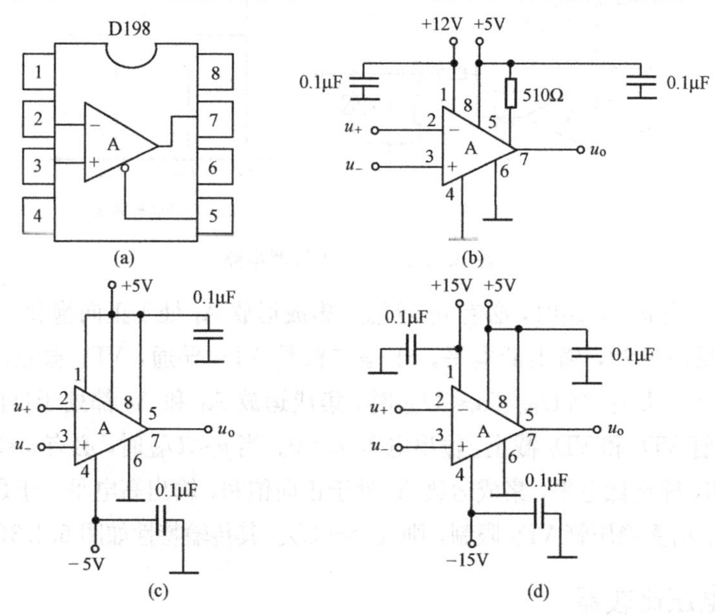

图6.4.4　集成电压比较器AD790的基本接法

①外接正电源；②反相输入端；③同相输入端；④外接负电源；⑤锁存控制端，当该端为低电平时，锁存输出信号；⑥接地端；⑦输出端；⑧逻辑电源端，其取值确定负载所需的高电平。

图6.4.4(b)、(c)、(d)是外接电源的基本接法。图中的电容均为去耦电容，滤去在比较器输出发生跳变时脉冲对电源的影响。在图(b)中510Ω是直接输出使能控制的上拉电阻值。

6.5　乘法器及应用

6.5.1　模拟乘法器简介

乘法器的输出电压 u_o 和两个输入电压 u_x，u_y 的乘积成正比。即有

$$u_o = ku_xu_y \tag{6.5.1}$$

式中，k 为乘积系数，也称乘积增益，其量纲是 V^{-1}。乘法器的电路符号如图 6.5.1 所示。

从相乘的代数性质出发，乘法器有四个工作区域，这四个区域由它的两个输入电压的极性确定，如图 6.5.2 所示。能适应两个输入的四种极性组合的乘法器称为四象限乘法器；如果一个输入端电压能适应两种极性，另一个输入端只能适应一种极性的乘法器，称为二象限乘法器；如果两个输入端电压分别限定在某一极性才能正常工作的乘法器，称为单象限乘法器。

任何一个单象限乘法器增加适当的外部电路，可转换成二象限或四象限的乘法器。

u_x
u_y
u_o

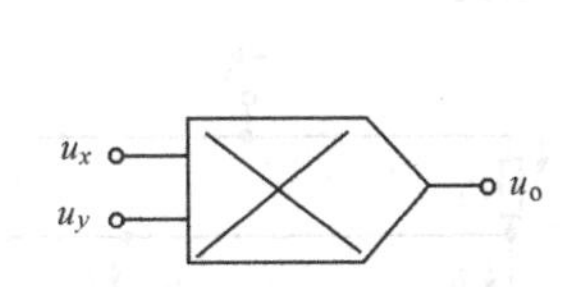

图 6.5.1　乘法器的电路符号

u_y
$u_x<0$ $u_y>0$
$u_x>0$ $u_y>0$
u_x
O
$u_x<0$ $u_y<0$
$u_x>0$ $u_y<0$

图 6.5.2　乘法器的四象限

理想的乘法器必须具备以下条件：

① 输入电阻 R_{i1}、R_{i2} 为无穷大。

② 输出电阻 R_o 为零。

③ k 值不随信号的电压幅值和频率变化。

④ 当输入电压 u_x、u_y 为零时，输出 u_o 等于零，电路没有输出电压、电流和噪声。

本节分析均设模拟乘法器为理想器件。

6.5.2　变跨导模拟乘法器工作原理

1. 差动放大器的差模传输特性

差动放大双端输入双端输出的原理电路如图 6.5.3所示。它的差模电压放大倍数为

$+V_{CC}$
R_C
R_C
VT_1
VT_2
+ u_o −
+
u_x
−
I_0

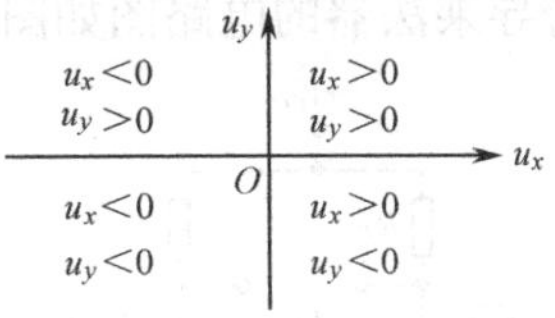

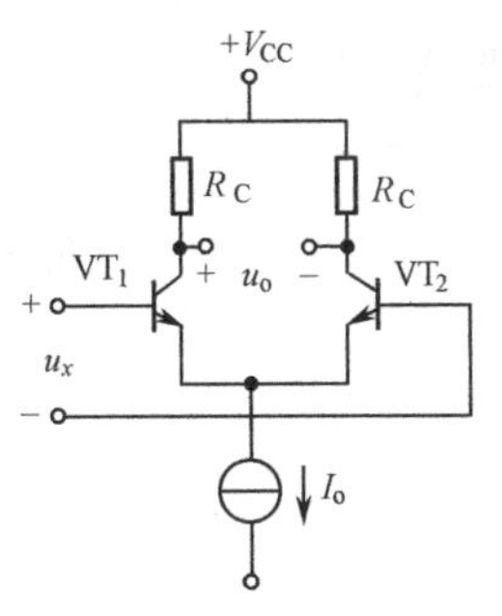

图 6.5.3　差动放大双端输入双端输出的原理电路

$$A_{ud} = -\frac{\beta R_C}{r_{be}} \tag{6.5.2}$$

其中 $$r_{be} = r_{bb'} + r_{b'e} \approx r_{b'e} = (1+\beta)\frac{U_T}{I_E} = 2(1+\beta)\frac{U_T}{I_0} \tag{6.5.3}$$

又差分管的跨导为

$$g_m = \frac{I_E}{U_T} = \frac{I_0}{2U_T},$$

则 $$r_{be} \approx r_{b'e} = \frac{1+\beta}{g_m}。 \tag{6.5.4}$$

将式(6.5.4)代入式(6.5.2)，于是差模电压放大倍数可计为

$$A_{ud} \approx -g_m R_C \tag{6.5.5}$$

输出电压为

$$u_o = -g_m R_C u_x \tag{6.5.6}$$

2. 可控恒流源差动放大电路的乘法特性

可控恒流源差动放大电路如图6.5.4所示。在该电路中。当$u_y \gg u_{be}$时，则

$$I_0 = I_{C3} = \frac{u_y - u_{be}}{R_E} \approx \frac{u_y}{R_E} \tag{6.5.7}$$

于是

$$u_o = -g_m R_C u_x = -\frac{I_0}{2U_T} R_C u_x = -\frac{R_C}{2U_T R_E} u_x u_y = k u_x u_y \tag{6.5.8}$$

从电路中看出，u_x 可正可负，但 u_y 只有大于零才能正常工作，故是二象限乘法器。同时可以看出，电路存在明显的缺点：其一，u_y 越小，误差越大；其二，U_T 是温度的函数，即 k 是温度的函数，受温度的影响大。

3. 四象限变跨导乘法器

四象限变跨导乘法器的电路图如图6.5.5所示。因为

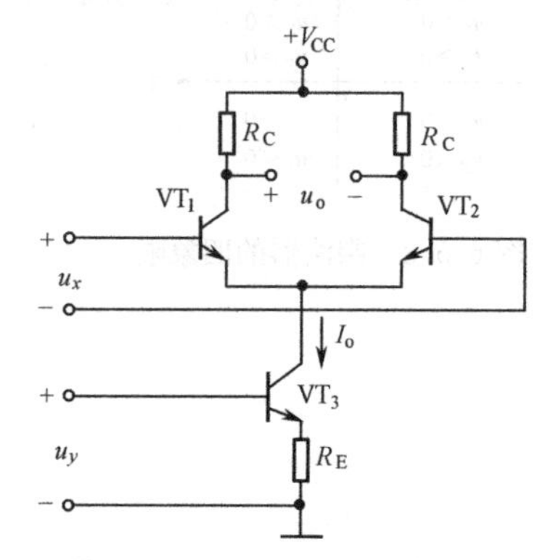

图6.5.4 变跨导式乘法器原理电路

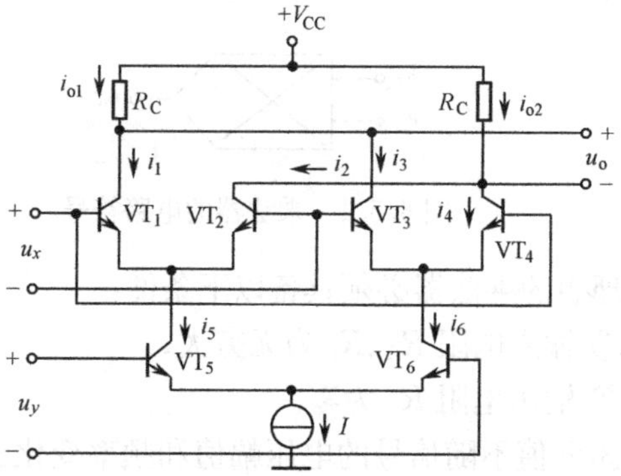

图6.5.5 四象限变跨导乘法器的电路图

$$i_1 = I_S \exp\left(\frac{U_{BE_1}}{U_T}\right) \tag{6.5.9}$$

$$i_2 = I_S \exp\left(\frac{U_{BE_2}}{U_T}\right) \tag{6.5.10}$$

$$i_5 = i_1 + i_2 = I_S \exp\left(\frac{U_{BE_2}}{U_T}\right)\left[1 + \exp\left(\frac{U_{BE_1} - U_{BE_2}}{U_T}\right)\right]$$

$$= I_S \exp\left(\frac{U_{BE_2}}{U_T}\right)\left[1 + \exp\left(\frac{u_x}{U_T}\right)\right] \tag{6.5.11}$$

式中，$u_x = U_{BE1} - U_{BE2}$，将式(6.5.11)代入式(6.5.10)得

$$i_2 = \frac{i_5}{1 + \exp\left(\frac{u_x}{U_T}\right)} \tag{6.5.12}$$

$$i_1 = \frac{i_5}{1 + \exp\left(-\frac{u_x}{U_T}\right)} \tag{6.5.13}$$

于是

$$i_1-i_2=i_5\left[\frac{1}{1+\exp\frac{-u_x}{U_T}}-\frac{1}{1+\exp\left(\frac{u_x}{U_T}\right)}\right] \quad \text{(代入)}$$

$$=i_5\frac{\exp\left(\frac{u_x}{U_T}\right)-\exp\left(\frac{-u_x}{U_T}\right)}{\left[1+\exp\left(\frac{-u_x}{U_T}\right)\right]\left[1+\exp\left(\frac{u_x}{U_T}\right)\right]} \quad \text{(通分)}$$

$$=i_5\frac{\exp\frac{u_x}{U_T}-\exp\frac{-u_x}{U_T}}{2+\exp\left(\frac{u_x}{U_T}\right)+\exp\left(\frac{-u_x}{U_T}\right)} \quad \text{(分母展开)}$$

$$=i_5\frac{2\operatorname{sh}\left(\frac{u_x}{U_T}\right)}{2+2\operatorname{ch}\left(\frac{u_x}{U_T}\right)}=i_5\frac{\operatorname{sh}\left(\frac{u_x}{U_T}\right)}{1+\operatorname{ch}\left(\frac{u_x}{U_T}\right)} \quad \text{(双曲函数定义,化简)}$$

$$=i_5\frac{2\operatorname{ch}\left(\frac{u_x}{2U_T}\right)\operatorname{sh}\left(\frac{u_x}{2U_T}\right)}{2\operatorname{ch}^2\left(\frac{u_x}{2U_T}\right)} \quad \text{(倍角公式)}$$

$$=i_5\operatorname{th}\left(\frac{u_x}{2U_T}\right) \quad (6.5.14)$$

同理，得

$$i_4-i_3=i_6\operatorname{th}\frac{u_x}{2U_T} \quad (6.5.15)$$

$$i_5-i_6=I\operatorname{th}\frac{u_y}{2U_T} \quad (6.5.16)$$

因此

$$i_{o1}-i_{o2}=(i_1+i_3)-(i_4+i_2)=(i_1-i_2)-(i_4-i_3)$$

$$=(i_5-i_6)\operatorname{th}\frac{u_x}{2U_T}=I\left(\operatorname{th}\frac{u_y}{2U_T}\right)\left(\operatorname{th}\frac{u_x}{2U_T}\right) \quad (6.6.17)$$

当 $u_x \ll 2U_T$，$u_y \ll 2U_T$ 时

$$u_o=(i_{o1}-i_{o2})R_C\approx-\frac{I}{4{U_T}^2}u_xu_y=ku_xu_y \quad (6.5.18)$$

6.5.3 模拟集成乘法器

模拟集成乘法器可分为双极性模拟集成乘法器和 MOS 型模拟集成乘法器，这里仅对双极性模拟集成乘法器做简要介绍。关于 MOS 型模拟集成乘法器读者可以去参考有关资料。

1. BG314 双极性模拟集成乘法器

国产的双极性模拟集成乘法器 BG314、CF1595、FZ4 等是一种通用性很强的模拟乘法器，其内部电路和工作原理与国外产品 MC1495/1595、M1495/1595 基本相同，可以互换。下面以 BG314 为例，简述其工作原理和外围电路的选取原则。

(1) BG314 乘法器的内部电路和外围电路

BG314 的内部电路如图 6.5.6 所示。基本电路由四象限变跨导乘法器电路组成，两输入差分对管 VT_5，VT_6，VT_7，VT_8 和 VT_{11}，VT_{12}，VT_{13}，VT_{14} 均采用达林顿管，用以提高放大管增益和输入电阻，VD_4，VT_9，VT_{10} 构成四象限变跨导乘法器的恒流源，VD_1，VD_2 及

VD_3，VT_{15}，VT_{16}恒流源构成线性补偿网络。

外围电路如图6.5.7所示。其中反馈电阻R_x、R_y，负载电阻R_C，偏置电阻R_1、R_3、R_{13}均采用外接元件。

(2) 外围电路元件的选择

设计一个如图6.5.7所示的乘法器。如输入信号范围为$-10\text{V}\leqslant u_x\leqslant+10\text{V}$，$-10\text{V}\leqslant u_y\leqslant+10\text{V}$；输出电压范围为$-10\text{V}\leqslant u_o\leqslant+10\text{V}$。

从输入信号范围和输出信号范围可知，乘法器的增益$K=\frac{1}{10}\text{V}^{-1}$。

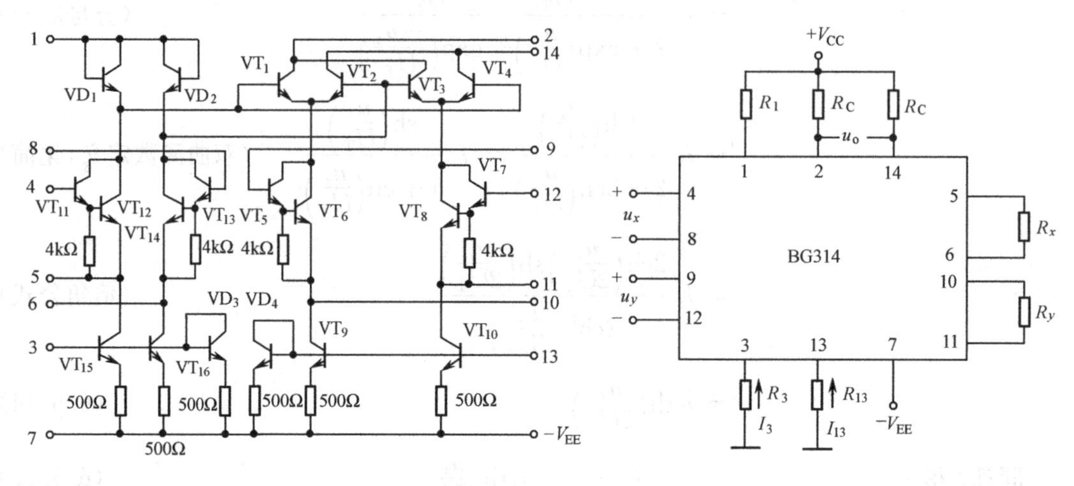

图6.5.6 BG314的内部电路　　　　图6.5.7 外围电路

① 负电源的选取

根据图6.5.6在电路维持正常工作时，$U_{BE5}=U_{BE6}\approx0.7\text{V}$，取恒流源管$VT_9$集电极至发射极之间电压降和射极电阻上的电压降之和大于2V，即$U_{CE9}+U_{RE9}\geqslant2\text{V}$，以确保$VT_9$线性工作，于是要求的负电源电压以$u_y$为例，应为

$$V_{EE}-|u_{ym}|+U_{BE5}+U_{BE6}+U_{CE9}+U_{RE9}\geqslant10+0.7+0.7+2=13.4\text{V}$$

因此取$-V_{EE}=-15\text{V}$。

② R_3，R_{13}的计算

恒流源偏置电阻应提供合适的恒流电流，使三极管工作在特性曲线良好的指数部分，恒流电流一般在0.5～2mA范围内，现在取$I_3=I_{13}=1\text{mA}$，设$U_{D3}=U_{D13}=0.7\text{V}$，根据图6.5.6得

$$R_{13}\approx\frac{V_{EE}-U_{D4}}{I_{13}}-R_{RE10}=\frac{15-0.7}{1}-0.5=13.8(\text{k}\Omega)$$

同理可求得：$R_3=13.8\text{k}\Omega$。

③ R_x，R_y的计算

通常取$I_{R_x\max}=\frac{u_{x\max}}{R_x}\leqslant\frac{2}{3}I_3$，$I_{R_y\max}=\frac{u_{y\max}}{R_y}\leqslant\frac{2}{3}I_{13}$，故分别求得$R_x$，$R_y$。

$$R_x=\frac{u_{x\max}}{I_{R_x\max}}\geqslant\frac{u_{x\max}}{\frac{2}{3}I_3}=\frac{10}{\frac{2}{3}\times1}=15(\text{k}\Omega)$$

同理可求得$R_y=15(\text{k}\Omega)$。

④ R_C 的计算

因为相乘增益 K 为

$$K=\frac{2R_C}{I_3R_xR_y}=\frac{1}{10}$$

故
$$R_C=\frac{1}{2}KI_3R_xR_y=\frac{1}{2}\times\frac{1}{10}\times15\times15=11.25\text{k}\Omega$$

⑤ 正电源的计算

正电源应确保输入信号 u_x，u_y 为最大值时，电路仍能正常工作。放大电路工作在线性区，通常要求 $U_{CB}\geqslant3\text{V}$。在本例中，$u_{ymax}=+10\text{V}$，要求 $u_{C5}=U_{CB5}+u_{ymax}=3+10=13\text{V}$，$u_{C1}=u_{C5}+U_{CB1}+U_{BE1}=13+3+0.7=16.7\text{V}$。又乘法器差动输出电压要求有 10V 的变化范围，$VT_1\sim VT_4$ 集电极的电位应为：$16.7+\frac{10}{2}=21.7\text{V}$。计入恒流源电流 I_{13} 在 R_C 上引起的电压降为：$I_{13}R_C=1\times11=11\text{V}$，正电源 $V_{CC}=21.7+11=32.7\text{V}$。取电源系列值，$V_{CC}=32\text{V}$。

⑥ R_1 的计算

已知：$V_{CC}=32\text{V}$，$u_{C11}=u_{B5}=13.7\text{V}$，$U_{D1}=0.7\text{V}$，$I_{R1}=2I_3=2\text{mA}$，于是 $R_1=\frac{32-(13.7+0.7)}{2}=8.8\text{k}\Omega$。取电阻的标称值，$R_1=9.1\text{k}\Omega$。

2. AD532 和 AD534 型双极性模拟集成乘法器

BG314、MC1495/MC1595 等电路属于第一代变跨导乘法器。AD530、AD532、AD533、MC1594、BB4205 等电路属于第二代变跨导乘法器。AD534、AD632、BB4214 等电路属于第三代变跨导乘法器。

(1) AD532 型集成乘法器

AD532 型集成乘法器是在第一代变跨导乘法器基础上发展而来的。其典型的框图如图 6.5.8 所示。从图中看出，它除了包含第一代变跨导乘法器——线性化双平衡模拟乘法单元的核心部分外，还增设了单端输出的放大单元和其他附加电路，如附加输入、调零输入等。与第一代相比，具有以下特点：

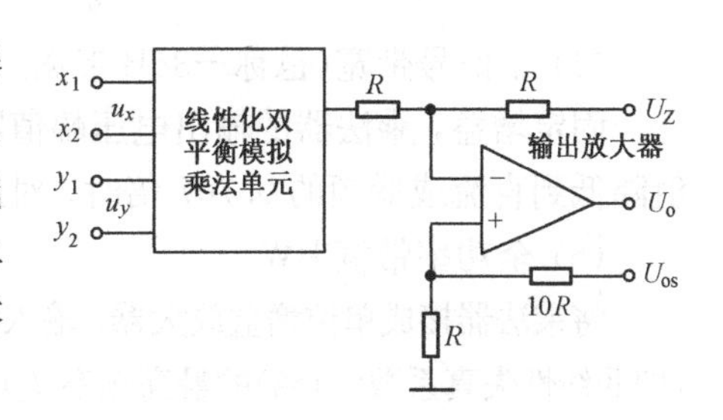

图 6.5.8　AD532 电路框图

① 采用了稳定的电流源或电压源，温度稳定性高。

② x 通道和 y 通道的输入级阻抗高(大于 10MΩ)，具有 60～70dB 的共模抑制比；内设深负反馈电阻 R_x、R_y，使输入级线性良好，失真小。

③ 用先进制作工艺，输入端的输入失调几乎已调到零，故只需对乘法器输出放大器引入 U_{os} 进行补偿。

④ 放大器增设了附加输入端，可实现功能扩展。

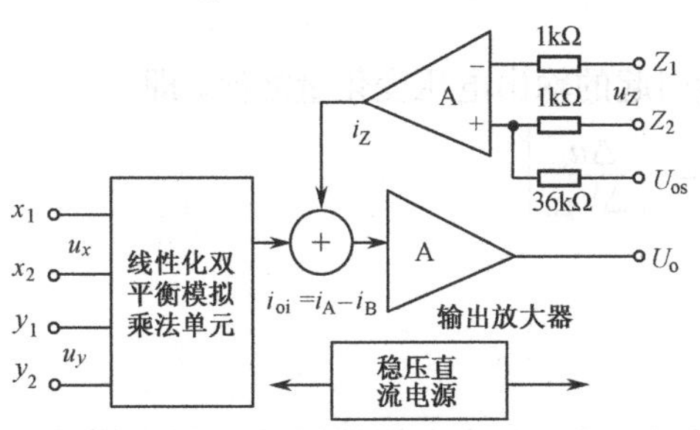

图 6.5.9　AD534 电路框图

(2) AD534 型集成乘法器

AD534 型集成乘法器属于第三代变跨导乘法器，它是在第二代变跨导乘法器基础上发展而来的，电路框图如图 6.5.9 所示。该乘法器在 z 通道增设了与 x 通道相似的多输入端的电压/电流变换电路，其输出电流 i_Z 与线性化双平衡模拟乘法

单元输出电流 i_{od}混合后再由输出放大器放大并输出。放大器Z除了可用于输出放大器调零电压引入外，还可用做输出放大器差模负反馈有源网络及扩展乘法器功能电路。

第三代乘法器同第二代乘法器比较，有精度更高、温漂更小和性能扩展更方便的特点。

6.5.4 乘法器的主要参数

乘法器有些参数和集成运放相似。例如，输入失调电流、输入偏置电流、输入电阻、输出电阻、共模输入电压范围、共模抑制比等。现选择几个参数介绍如下。

(1) 输出失调电压 U_{os}

当乘法器输入电压 $u_x = u_y = 0$ 时，输出电压 $u_o \neq 0$，存在的误差电压称为输出失调电压 U_{os}。

(2) 满量程输出精度(又称总精度)ε_Σ

当乘法器输入额定最大电压 $|u_x|_{max}$，$|u_y|_{max}$时，实际输出电压 u_o' 和理想输出电压 u_o 的最大相对误差定义为满量程输出精度 ε_Σ，即

$$\varepsilon_\Sigma = \frac{u_o' - u_o}{u_o} \times 100\%$$

(3) 输出精度(又称线性误差)ε_x，ε_y

输出精度是指输出失调误差、增益误差的误差电压经调整后，在一个输入端加满刻度固定直流电压，另一个输入端加满刻度正负电压时，实际输出电压 u_o' 和理想输出电压 u_o 偏差的最大值 Δu 所带来的相对误差。即

$$\varepsilon_x = \frac{\Delta u_x}{u_o} \times 100\%,\ \varepsilon_y = \frac{\Delta u_y}{u_o} \times 100\%$$

(4) 小信号带宽(也称−3dB带宽)

固定增益，乘法器的输出电压幅值随输入信号频率的增高而降低，当频率变化，输出幅值降低到直流或低频的0.707倍时，对应的带宽称为小信号带宽。

(5) 全功率带宽BW

将乘法器接成单位增益放大器，输入满量程正弦信号电压，乘法器输出电压不产生明显失真(即非线性失真系数≤1%)的最高频率 f_p(称满功率响应频率)对应的带宽称为全功率带宽BW。

(6) 转换速率 S_R

转换速率又称为上升速率或压摆率，是指输出电压的最大变化速率。它与正弦波信号测试时输出电压幅度 U_{om}与满功率响应频率 f_p 之间的关系为

$$S_R = 2\pi U_{om} f_p$$

(7) 电源灵敏度 S_+，S_-

电源灵敏度 S_+，S_- 是指电源电压变化量与其所引起的输出电压变化量之比，即

$$S_+ = \left|\frac{\Delta u_o}{\Delta V_{CC}}\right|,\qquad S_- = \left|\frac{\Delta u_o}{\Delta V_{EE}}\right|$$

6.5.5 乘法器的应用举例

1. 乘法器应用于模拟运算

模拟乘法器本身可做乘法和乘方运算，也可做除法、开方和均方根等运算。因模拟乘法器用做乘法运算已介绍较多,这里就不再重复,下面只介绍模拟乘法器用做其他运算的情况。

(1) 乘方运算电路

利用四象限模拟乘法器，不难实现乘方运算。

因为 $u_o = ku_xu_y$，设 $u_x = u_y = u_i$，得

$$u_o = ku_i^2 \tag{6.5.19}$$

如图 6.5.10(a)所示。如果多个乘法器串联，可分别构成 3 次、4 次方运算电路，分别参见图 6.5.10(b)和(c)，它们的表达式分别为

$$u_o = k_2u_i^3, \quad u_o = k_3u_i^4$$

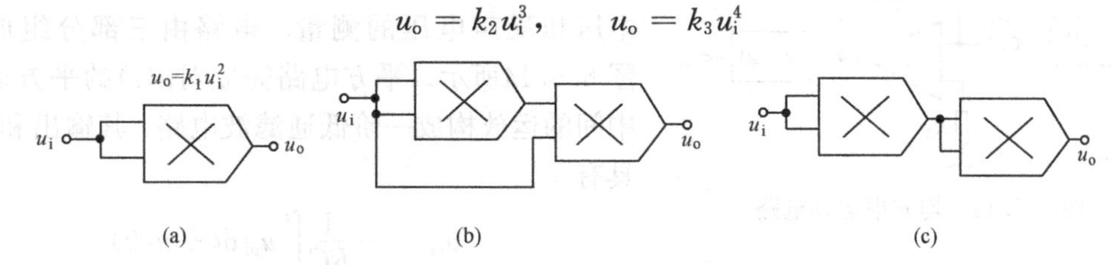

图 6.5.10　多个乘法器构成的乘方运算电路

上述电路由于运算误差的积累，使计算的精度变差。在高次幂的计算中，可利用乘法器和对数运算电路与指数运算电路共同来完成，如图 6.5.11 所示。从图中看出

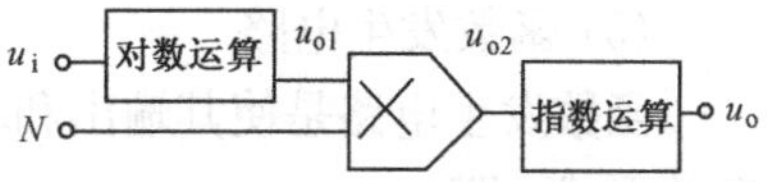

$$u_{o1} = k_1 \ln u_i$$

$$u_{o2} = k_1k_2N \ln u_i$$

$$u_o = k_3 u_i^{k_1k_2N} = k_3 u_i^{kN} \tag{6.5.20}$$

图 6.5.11　对数和指数电路构成乘方运算

(2) 除法电路

除法电路如图 6.5.12 所示。根据"虚地"的概念，有 $i_1 = i_2$，则得

$$\frac{u_{i1}}{R_1} = -\frac{u_o'}{R_2} = -\frac{ku_ou_{i2}}{R_2}$$

于是有

$$u_o = -\frac{R_2}{kR_1}\frac{u_{i1}}{u_{i2}} \tag{6.5.21}$$

为保证电路处于负反馈状态工作，要求 u_o 和 u_o' 同极性，当 $k<0$ 时，必须 $u_{i2}<0$；当 $k>0$ 时，必须 $u_{i2}>0$。

(3) 平方根运算电路

电路如图 6.5.13 所示。根据"虚地"的概念，有 $i_1 = i_2$，则得

$$\frac{u_i}{R_1} = -\frac{u_o'}{R_2} = -\frac{ku_o^2}{R_2}$$

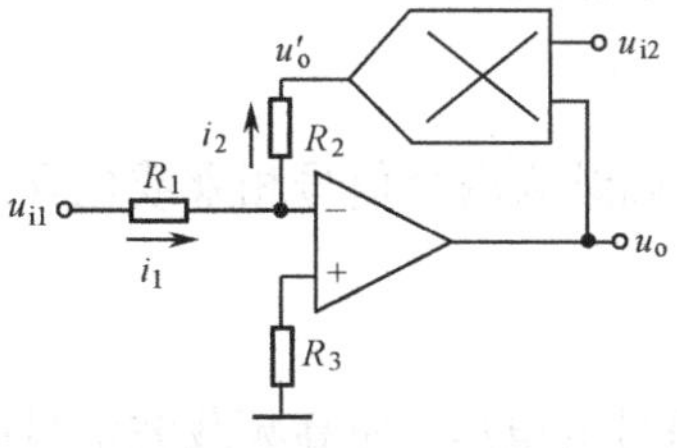

图 6.5.12　除法电路

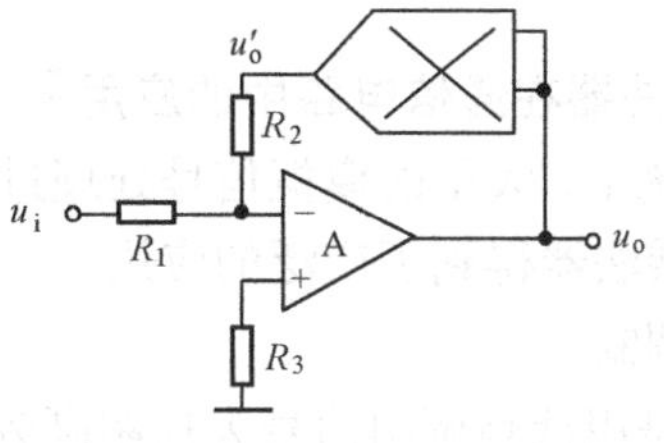

图 6.5.13　平方根运算电路

于是有

$$u_o = \sqrt{-\frac{R_2u_i}{kR_1}} \tag{6.5.22}$$

为保证电路正常工作，$u_o>0$，又 u_o 与 u_i 反极性，故必须 $u_i<0, k>0$。

(4) 均方根运算

对于任意波形的交变电压 $u(t)$ 的均方根定义为

$$U_{\mathrm{rms}}=\sqrt{\lim_{T\to\infty}\frac{1}{T}\int_0^{\infty}u^2(t)\mathrm{d}t} \tag{6.5.23}$$

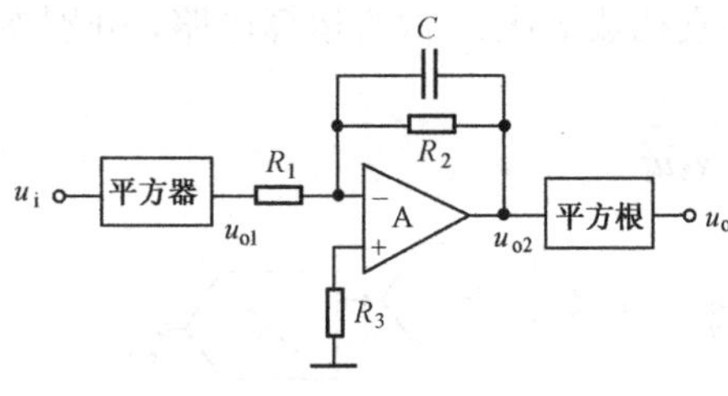

图 6.5.14 均方根运算电路

式中，T 是取平均值的间隔时间。均方根又称为有效值，它反映了电压的能量关系，常用于信号电压和噪声电压的测量。电路由三部分组成，如图 6.5.14所示。平方电路完成对 $u(t)$ 的平方运算；中间的运放构成一阶低通滤波电路，其输出和输入具有

$$u_{o2}=-\frac{1}{RC}\int_0^t u_{o1}\mathrm{d}t+u(0)$$

的函数关系，完成取平均值;再由平方根电路完成对均方值的求解。

(5) 函数发生电路

函数发生电路是使其输出和输入之间有特定的函数关系。通常任意函数可以展开为幂级数的形式，即

$$f(t)=a_0+a_1x+a_2x^2+a_3x^3+\cdots \tag{6.5.24}$$

不难看出，这样的运算可以通过加、减、乘、除、平方等运算来组合。

例如，正弦函数 $f(t)=\sin x$，要完成这样一个函数发生器，可先将它展开为幂级数

$$\sin x=x-\frac{x^3}{3!}+\frac{x^5}{5!}-\frac{x^7}{7!}+\cdots\approx x-\frac{x^3}{6}+\frac{x^5}{120}$$

于是可以组合成图 6.5.15 的电路来完成。图中各个乘法器的增益均为 $K=\frac{1}{10}$。

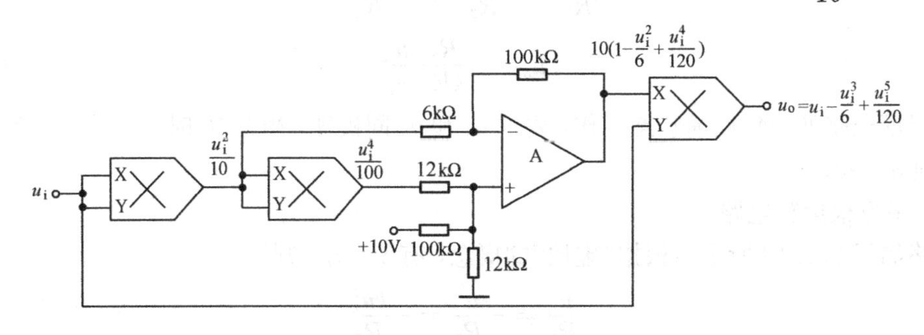

图 6.5.15 正弦函数发生器

2. 模拟乘法器在通信电路中的应用①

在通信系统中，大量的模拟信号处理过程可以归结为两个信号相乘或包含两个信号相乘的过程，因此乘法器得到了广泛的应用。

(1) 振幅调制

振幅调制是用低频调制信号去控制高频载波信号的电压，使高频载波信号的振幅随低频调制波规律变化。

设调制信号为

$$u_{\Omega}=U_{\Omega\mathrm{m}}\cos\Omega t \tag{6.5.25}$$

① 开设高频电路课的专业，这部分内容可放在高频电路课讲更合适。

高频载波为
$$u_s=U_{sm}\cos\omega_s t \tag{6.5.26}$$
式中，$\omega_s \gg \Omega$。可以得到集中形式的调幅信号。

① 普通调幅波信号

$$\begin{aligned} u_o &= U_{sm}(1+m\cos\Omega t)\cos\omega_s t \\ &= U_{sm}\cos\omega_s t+\frac{1}{2}mU_{sm}\cos(\omega_s+\Omega)t+\frac{1}{2}mU_{sm}\cos(\omega_s-\Omega)t \end{aligned} \tag{6.5.27}$$

式中，$m=\frac{U_{\Omega m}}{U_{sm}}$，称为调制系数。图6.5.16(a)示出了普通调制的波形。可见输出包含三个频率成分：载波频率ω_s，上边频$\omega_s+\Omega$，下边频$\omega_s-\Omega$。频谱图如图6.5.16(b)所示。

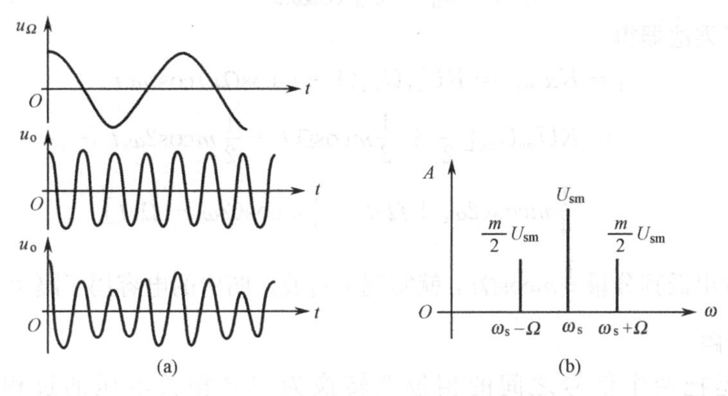

图6.5.16 普通调制的波形和频谱图

实际通信系统的调制频率并不是单一的正弦波，而是包含频率范围在$\Omega_{min}\sim\Omega_{max}$的所有频率。于是形成上下边带，则频谱特性如图6.5.17所示。实现普通调幅的电路如图6.5.18所示。载波和调制波分别加在乘法器的X和Y端，以带通滤波器作为乘法器的负载，滤波器的中心频率设在ω_s，带宽为$2\Omega_{max}$，作用是滤出不需要的频率成分，以免引起信号失真。

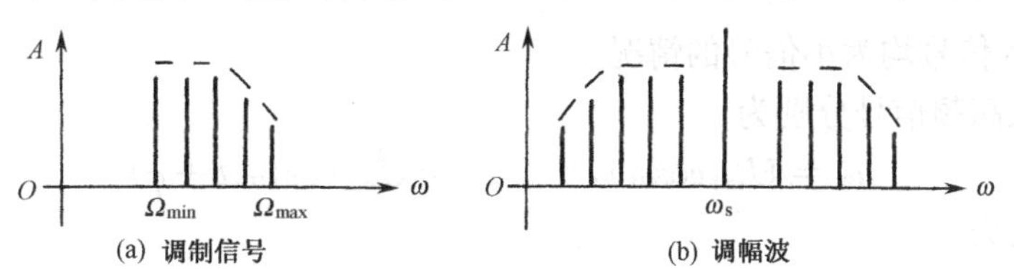

图6.5.17 频谱特性

② 抑制载波双边带调幅波信号

$$u_o=mU_{sm}\cos\Omega t\cos\omega_s t=\frac{1}{2}mU_{sm}\cos(\omega_s+\Omega)t+\frac{1}{2}mU_{sm}\cos(\omega_s-\Omega)t \tag{6.5.28}$$

可见，输出只保留了上下边频分量。电路如图6.5.19所示，同图6.5.18比较，电路一样，只是输入信号略有不同，带通滤波器的中心频率仍取在ω_s，带宽仍然为$2\Omega_{max}$。

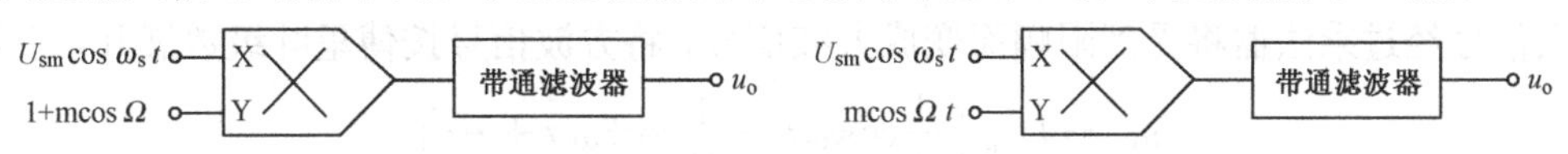

图6.5.18 普通调幅的电路　　图6.5.19 单边带调制的电路

③ 单边带调幅信号

$$u_{o1}=\frac{1}{2}mU_{sm}\cos(\omega_s+\Omega)t \tag{6.5.29}$$

或
$$u_{o2}=\frac{1}{2}mU_{sm}\cos(\omega_s-\Omega)t \tag{6.5.30}$$
可见，在图6.5.19电路上，修改带通滤波器的中心频率和带宽，即可实现单边带调幅。

(2) 同步检波

同步检波是振幅调制的逆过程。把调幅波中的低频调制信号恢复出来。电路如图6.5.20所示。输入信号为调幅波
$$u_i=U_{sm}(1+m\cos\Omega t)\cos\omega_s t$$
经限幅器后的输出获得同步参考信号
$$u_{i1}=U_{rm}\cos\omega_s t$$
上述两个信号经乘法器得
$$\begin{aligned}u_{o1}=Ku_iu_{i1}&=KU_{rm}U_{sm}(1+m\cos\Omega t)\cos^2\omega_s t\\&=KU_{sm}U_{rm}\Big[\frac{1}{2}+\frac{1}{2}m\cos\Omega t+\frac{1}{2}m\cos2\omega_s t+\\&\quad\frac{1}{4}m\cos(2\omega_s+\Omega)t+\frac{1}{4}m\cos(2\omega_s-\Omega)t\Big]\end{aligned} \tag{6.5.31}$$
利用滤波器提取出低频分量$\frac{1}{2}m\cos\Omega t$，就实现了检波。图中的电容用于隔离直流分量。

(3) 鉴相电路

鉴相电路是把两个信号之间的相位差转换为与之相关电压的过程。原理电路如图6.5.21所示。下面简述其三个工作状态。

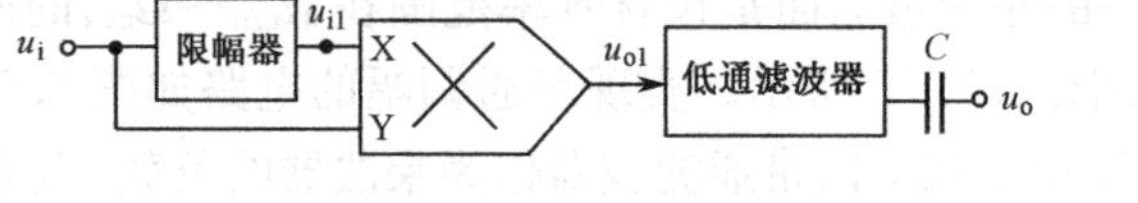

图6.5.20 同步检波电路

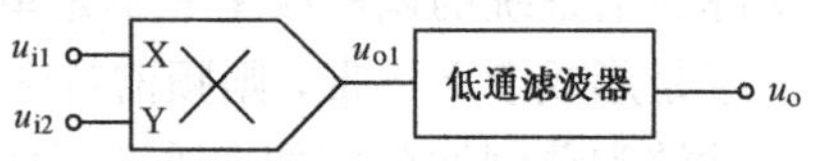

图6.5.21 鉴相器原理电路

① 两个输入信号均为小信号的情况

设两个输入高频信号分别为
$$u_{i1}=U_{sm1}\cos\omega_s t,\qquad u_{i2}=U_{sm2}\cos(\omega_s t+\varphi)$$
经乘法器的输出为
$$u_{o1}=KU_{sm1}U_{sm2}\cos\omega_s t\cos(\omega_s t+\varphi)=\frac{1}{2}KU_{sm1}U_{sm2}[\cos\varphi+\cos(2\omega_s t+\varphi)]$$
经低通滤波器后，只余下直流分量
$$u_o=\frac{1}{2}KU_{sm1}U_{sm2}\cos\varphi \tag{6.5.32}$$
可见，当两个信号同相或反相时，输出电压的绝对值最大；两个信号正交时，输出电压为零。

② 两个输入信号之一为大信号

大信号经过乘法器将受到限幅而变成方波信号，将方波信号按傅里叶级数展开，于是有
$$u_{i1}=U_{sm1}\Big[\frac{4}{\pi}\cos\omega_s t-\frac{4}{3\pi}\cos3\omega_s t+\cdots\Big]$$
上述信号同$u_{i2}=U_{sm2}\cos(\omega_s t+\varphi)$在乘法器上相乘，可确定直流分量为
$$u_o=\frac{2}{\pi}KU_{sm1}U_{sm2}\cos\varphi \tag{6.5.33}$$
可见，仍属于余弦鉴相电路。

③ 两个输入信号均为大信号

当两个信号均为大信号时，可将两个信号都按傅里叶级数展开，然后相乘。可以证明有如图 6.5.22 所示的鉴相特性。

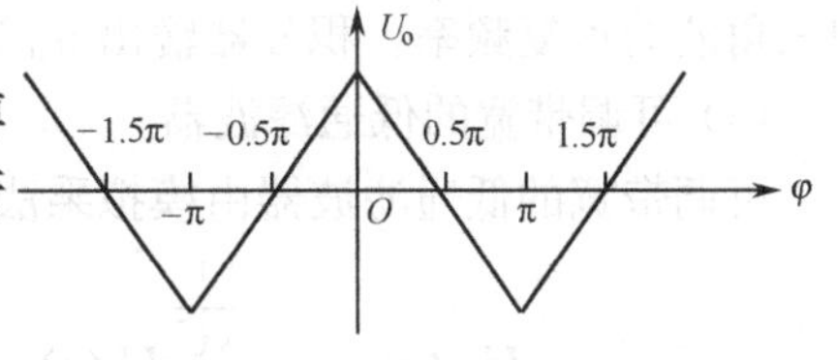

图 6.5.22　两个大信号输入的鉴相特性

(4) 变频和倍频

① 变频：变频是把高频调幅信号变换为中频调幅信号，并保持调制规律不变。电路如图 6.5.23所示。如果将高频调幅信号 $u_i = U_{sm}(1+m\cos\Omega t)\cos\omega_s t$ 加在乘法器的 X 端，在 Y 端加上本地振荡信号 $u_l = U_{1m}\cos\omega_l t$，则乘法器的输出为

$$
\begin{aligned}
u_{o1} &= KU_{sm}U_{1m}(1+m\cos\Omega t)\cos\omega_s t\cos\omega_l t \\
&= \frac{1}{2}KU_{sm}U_{1m}(1+m\cos\Omega t)\cos(\omega_l-\omega_s)t + \frac{1}{2}KU_{sm}U_{1m}(1+m\cos\Omega t)\cos(\omega_l+\omega_s)t
\end{aligned}
$$

选择带通滤波器的中心频率为 $\omega_l - \omega_s$，带宽大于 2Ω，则输出信号为

$$u_o = \frac{1}{2}KU_{sm}U_{1m}(1+m\cos\Omega t)\cos(\omega_l-\omega_s)t \tag{6.5.34}$$

显然其载波频率已降为中频 $\omega_l - \omega_s$。

② 倍频：如果输入信号为 $u_i = U_{sm}\cos\omega_s t$，从乘法器的 X 和 Y 端同时输入，则有

$$u_{o1} = KU_{sm}{}^2\cos^2\omega_s t = \frac{1}{2}KU_{sm}^2(1+\cos 2\omega_s t) \tag{6.5.35}$$

将该信号通过高通滤波器，除去直流分量，就得到二倍频输出信号，电路如图 6.5.24 所示。

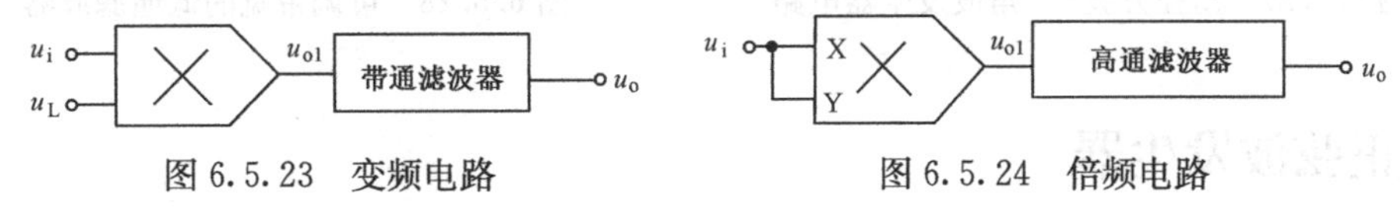

图 6.5.23　变频电路　　　　图 6.5.24　倍频电路

3. 乘法器在其他方面的应用举例

(1) 可控增益放大电路

在乘法器的一个输入端接上直流电源 E，就变成可变增益放大电路 KE。当 E 可调时，放大电路的增益就随着 E 的调节而改变，如图 6.5.25 所示。

(2) 绝对值电路

绝对值电路(也称整流电路)，电路如图 6.5.26 所示。图中的运放用做比较器把交变信号变成方波，于是乘法器的输出信号为输入信号的绝对值。

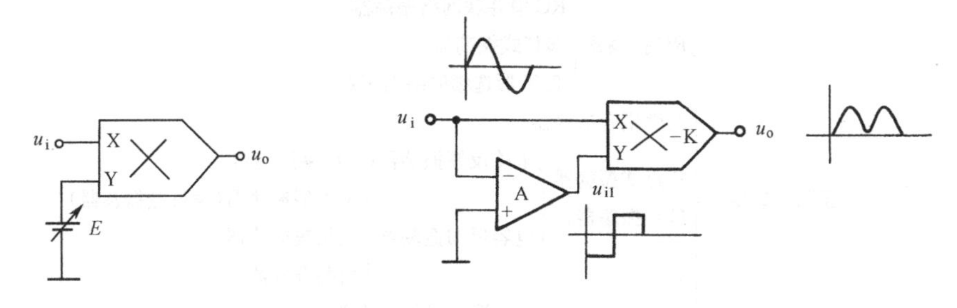

图 6.5.25　可控增益放大电路　　　　图 6.5.26　绝对值电路

(3) 压控方波-三角波发生器

压控方波-三角波发生器电路如图 6.5.27 所示。该电路由模拟乘法器、积分电路、滞回比较器构成。图中 U_C 为控制电压，改变 U_C 可改变积分电容 C 的充放电速率，从而改变方波

和三角波的重复频率。积分器输出 u_{o1} 为三角波，滞回比较器输出 u_o 为方波。

(4) 可调带宽的低通滤波器

可调带宽的低通滤波器由模拟乘法器和反相积分器组成，如图 6.5.28 所示。由图可知

$$U_{o1}(s)=-\frac{\frac{1}{sC}}{R_1}U_i(s)-\frac{\frac{1}{sC}}{R_2}U_o(s),\qquad U_o(s)=KU_{o1}(s)U_C$$

由上两式可得电压增益传递函数

$$A_u(s)=\frac{U_o(s)}{U_i(s)}=-\frac{R_2}{R_1}\frac{I}{1+s\Big/\frac{KU_C}{R_2C}}\tag{6.5.36}$$

上式表明，当 $U_C>0$ 时，图中电路表现为一个低通滤波器，其 -3dB 截止频率为

$$\omega=\frac{KU_C}{R_2C}\tag{6.5.37}$$

显然，改变 U_C 即可改变低通滤波器的带宽。

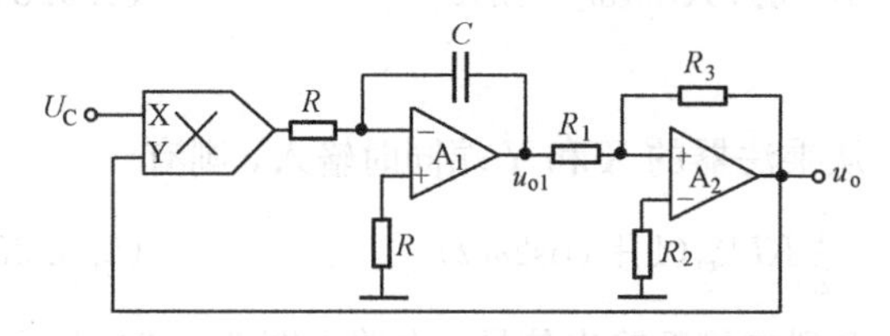

图 6.5.27　压控方波-三角波发生器电路

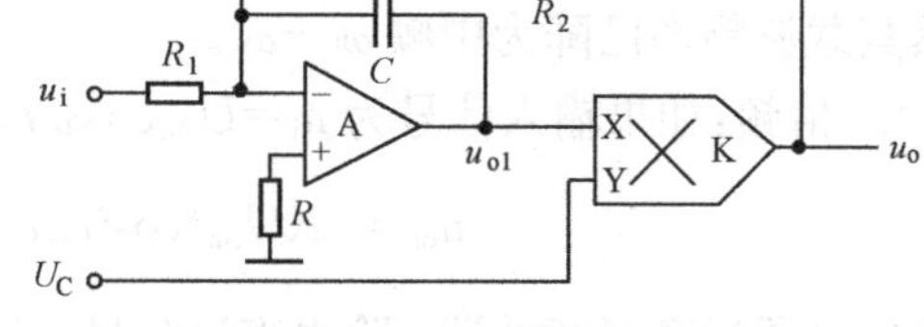

图 6.5.28　可调带宽的低通滤波器

6.6 正弦波发生器

振荡器是自动地将直流能量转换为一定波形参数的交流振荡信号的装置。和放大器一样，它也是一种能量转换器。它与放大器的区别是不需要外加信号的激励，其输出信号的频率、幅度和波形仅仅由电路本身的参数决定。

根据波形的不同，可将振荡器分为正弦波振荡器及非正弦波振荡器(能产生具有矩形、三角形、锯齿形的振荡电压)。

正弦波振荡器形式多种多样，一般可以分为：

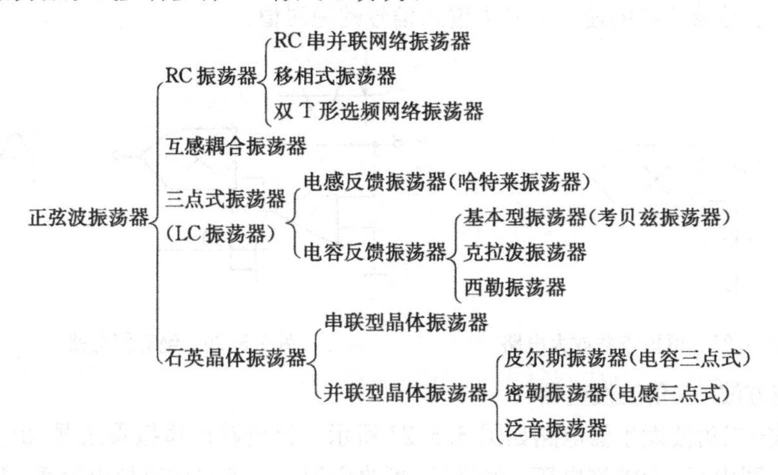

6.6.1　反馈振荡器的原理

振荡器实际上也属于反馈控制电路，不妨先回顾一下负反馈放大器的原理。图 6.6.1示出了负反馈放大器的方框图，由图可知

$$\dot{U}_o = \dot{A}\dot{U}_d = \dot{A}(\dot{U}_i - \dot{U}_F) = \dot{A}(\dot{U}_i - \dot{F}\dot{U}_o) = \dot{A}\dot{U}_i - \dot{A}\dot{F}\dot{U}_o$$

移项得

$$\dot{U}_o(1+\dot{A}\dot{F}) = \dot{A}\dot{U}_i$$

于是

$$\dot{A}_{uf} = \frac{\dot{U}_o}{\dot{U}_i} = \frac{\dot{A}}{1+\dot{A}\dot{F}} \tag{6.6.1}$$

式(6.6.1)是负反馈放大器闭环放大倍数的一般表示式。当 $\dot{A}\dot{F}=-1$ 时，负反馈变成了自激振荡器。其振荡条件为 $|\dot{A}\dot{F}|=1$，相位条件为 $\arg\dot{A}\dot{F}=\pm(2n+1)\pi$，其中 $n=0,1,2,\cdots$。而实际振荡器往往引入正反馈，如图 6.6.2 所示。此时式(6.6.1)变为

$$\dot{A}_{uf} = \frac{\dot{A}}{1-\dot{A}\dot{F}} \tag{6.6.2}$$

当其 $\dot{A}\dot{F}=1$ 时，就会产生自激振荡。其振荡振幅平衡条件为

$$|\dot{A}\dot{F}|=1$$

相位平衡条件为　$\arg\dot{A}\dot{F}=\varphi_A+\varphi_F=\pm 2n\pi \quad (n=0,1,2,\cdots)$　(6.6.3)

要使振荡器能自行起振，在刚接通电源后，$|\dot{A}\dot{F}|$ 必须大于 1。所以反馈振荡器的起振条件为

$$\begin{cases} |A_0F|>1 \\ \varphi_{A0}+\varphi_F=\pm 2n\pi \quad (n=0,1,2,\cdots) \end{cases} \tag{6.6.4}$$

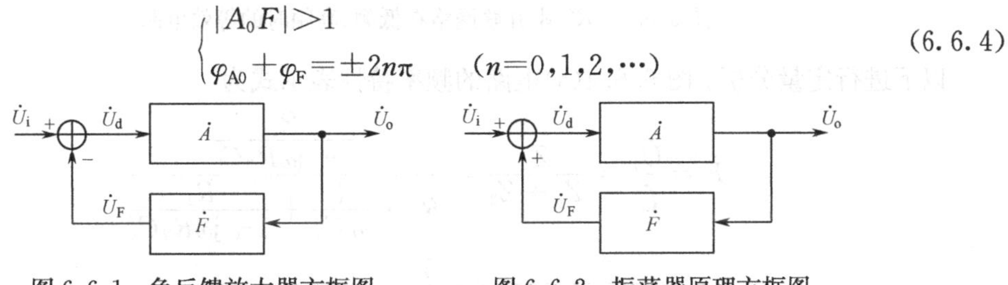

图 6.6.1　负反馈放大器方框图　　　图 6.6.2　振荡器原理方框图

6.6.2　RC 正弦波振荡电路

1. RC 串并联网络振荡电路

RC 串并联网络振荡电路用以产生低频正弦波信号，是一种使用十分广泛的 RC 振荡电路。

振荡电路的原理图如图 6.6.3 所示。其中集成运放 A 作为放大电路，它的选频网络是一个 RC 元件组成的串并联网络，R_F 和 R' 支路引入一个负反馈。由图可见，串并联网络中的 R_1、C_1 和 R_2、C_2 以及负反馈网络中的 R_F 和 R' 正好组成一个电桥的 4 个臂，因此这种电路又称为文氏电桥振荡电路。

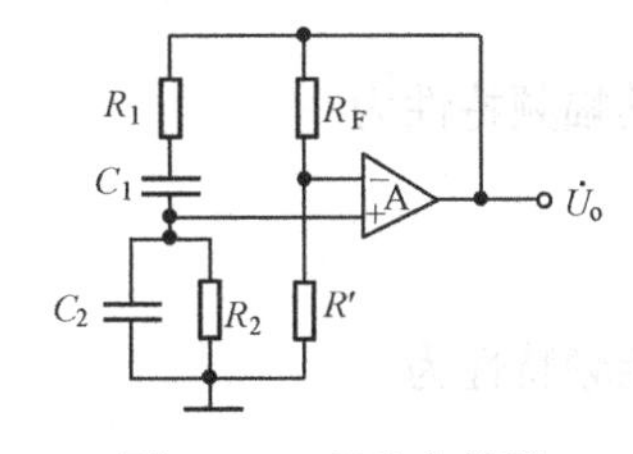

图 6.6.3　RC 串并联网络振荡电路

以下首先分析 RC 串并联网络的选频特性，并由相位平衡条件和幅度平衡条件估算电路的振荡频率和起振条件。然后介绍如何利用负反馈改善振荡电路的输出波形。

(1) RC串并联网络的选频特性

首先定性讨论RC串并联网络的频率特性。在图6.6.4(a)中，假设输入一个幅度恒定的正弦电压$\dot{U}$，当其频率逐渐变化时，观察R_2C_2并联支路两端电压$\dot{U}_f$的变化情况。在频率比较低的情况下，由于$1/\omega C_1 \gg R_1$，$1/\omega C_2 \gg R_2$，此时可将R_1和$1/\omega C_2$忽略，则图6.6.4(a)的低频等效电路如图6.6.4(b)所示。ω越低，则$1/\omega C_1$越大，$\dot{U}_f$的幅度越小，且其相位超前于$\dot{U}$越多。当ω趋近于零时，$|\dot{U}_f|$趋近于零，φ_F接近$+90°$。而当频率较高时，由于$1/\omega C_1 \ll R_1$，$1/\omega C_2 \ll R_2$，此时可将$1/\omega C_1$和R_2忽略，则图6.6.4(a)的高频等效电路如图6.6.4(c)所示。ω越高，则$1/\omega C_2$越小，$\dot{U}_f$的幅度也越小，而其相位滞后于$\dot{U}$越多。当ω趋近于无穷大时，$|\dot{U}_f|$趋近于零，φ_F接近$-90°$。由此可见，只有当角频率为某一中间值时，有可能得到$|\dot{U}_f|$的值较大，且$\dot{U}_f$与$\dot{U}$同相。

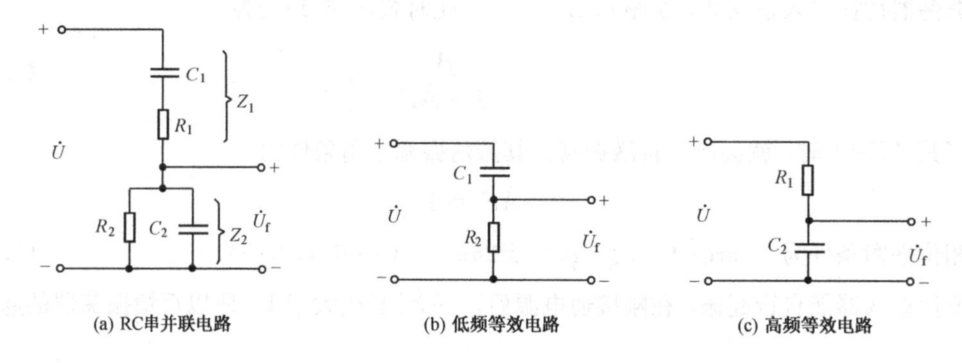

图6.6.4 RC串并联网络在低频、高频时的等效电路

以下进行定量分析。图6.6.4(a)电路的频率特性表示式为

$$\dot{F}=\frac{\dot{U}_f}{\dot{U}}=\frac{Z_2}{Z_1+Z_2}=\frac{\dfrac{R_2}{1+j\omega R_2C_2}}{R_1+\dfrac{1}{j\omega C_1}+\dfrac{R_2}{1+j\omega R_2C_2}}$$

$$=\frac{1}{\left(1+\dfrac{R_1}{R_2}+\dfrac{C_2}{C_1}\right)+j\left(\omega C_2R_1-\dfrac{1}{\omega C_1R_2}\right)}$$

为了调节振荡频率的方便，通常取$R_1=R_2=R$，$C_1=C_2=C$。此时如令$\omega_0=\dfrac{1}{RC}$，则上式可化简为

$$\dot{F}=\frac{1}{3+j\left(\dfrac{\omega}{\omega_0}-\dfrac{\omega_0}{\omega}\right)} \tag{6.6.5}$$

其幅频特性为

$$|\dot{F}|=\frac{1}{\sqrt{3^2+\left(\dfrac{\omega}{\omega_0}-\dfrac{\omega_0}{\omega}\right)^2}} \tag{6.6.6}$$

相频特性为

$$\varphi_F=-\arctan\left(\frac{\dfrac{\omega}{\omega_0}-\dfrac{\omega_0}{\omega}}{3}\right) \tag{6.6.7}$$

由式(6.6.6)及式(6.6.7)可知，当$\omega=\omega_0=\dfrac{1}{RC}$时，$\dot{F}$的幅值为最大，此时

$$|\dot{F}|_{\max}=\frac{1}{3}$$

而 $\dot{F}$ 的相位角为零，即

$$\varphi_{F}=0$$

这就是说，当 $f=f_{o}=1/2\pi RC$ 时，$\dot{U}_{f}$ 的幅值达到最大，等于 $\dot{U}$ 幅值的 1/3，同时 $\dot{U}_{f}$ 与 $\dot{U}$ 同相，RC 串并联网络的幅频特性和相频特性分别示于图 6.6.5(a)和(b)中。

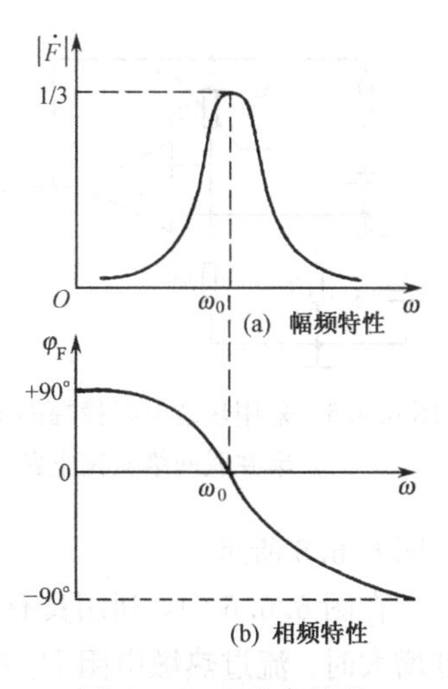

图 6.6.5　RC 串并联网络的频率特性

(2) 振荡频率与起振条件

① 振荡频率

为了满足振荡的相位平衡条件，要求 $\varphi_{A}+\varphi_{F}=\pm 2n\pi$。以上分析说明，当 $f=f_{o}$ 时，串并联网络的 $\varphi_{F}=0$，如果在此频率下能使放大电路的 $\varphi_{A}=\pm 2n\pi$，即放大电路的输出电压与输入电压同相，即可达到相位平衡条件。在图 6.6.3所示的 RC 串并联网络振荡电路原理图中，放大部分是集成运放，采用同相输入方式，则在中频范围内图 φ_{A} 近似等于零。因此，电路在 f_{o} 时 $\varphi_{A}+\varphi_{F}=0$，而对于其他任何频率，则不满足振荡的相位平衡条件，所以电路的振荡频率为

$$f_{o}=\frac{1}{2\pi RC} \tag{6.6.8}$$

② 起振条件

已经知道，当 $f=f_{o}$ 时，$|\dot{F}|=1/3$。为了满足振荡的幅度平衡条件，必须使 $|\dot{A}\dot{F}|>1$，由此可以求得振荡电路的起振条件为

$$|\dot{A}|>3 \tag{6.6.9}$$

因同相比例运算电路的电压放大倍数为 $A_{uf}=1+\frac{R_{F}}{R'}$，为了使 $|\dot{A}|=A_{uf}>3$，图 6.6.3 所示振荡电路中负反馈支路的参数应满足以下关系

$$R_{F}>2R' \tag{6.6.10}$$

(3) 振荡电路中的负反馈

根据以上分析可知，RC 串并联网络振荡电路中，只要达到 $|\dot{A}|>3$，即可满足产生正弦波振荡的起振条件。如果 $|\dot{A}|$ 的值过大，由于振荡幅度超出放大电路的线性放大范围而进入非线性区，输出波形将产生明显的失真。另外，放大电路的放大倍数因受环境温度及元件老化等因素影响，也要发生波动。以上情况都将直接影响振荡电路输出波形的质量，因此，通常都在放大电路中引入负反馈以改善振荡波形。在图 6.6.3 所示的 RC 串并联网络振荡电路中，电阻 R_{F} 和 R' 引入了一个电压串联负反馈，它的作用不仅可以提高放大倍数的稳定性，改善振荡电路的输出波形，而且能够进一步提高放大电路的输入电阻，降低输出电阻，从而减小了放大电路对 RC 串并联网络选频特性的影响，提高了振荡电路的带负载能力。

改变电阻 R_{F} 或 R' 阻值的大小可以调节负反馈的深度。R_{F} 越小，则负反馈系数 $F=\frac{R'}{R_{F}+R'}$ 越大，负反馈深度越深，放大电路的电压放大倍数越小；反之，R_{F} 越大，则负反馈系数 F 越小，即负反馈越弱，电压放大倍数越大。如电压放大倍数太小，不能满足 $|\dot{A}|>3$ 的条件，则振荡电路不能起振；如电压放大倍数太大，则可能输出幅度太大，使振荡波形产生明显

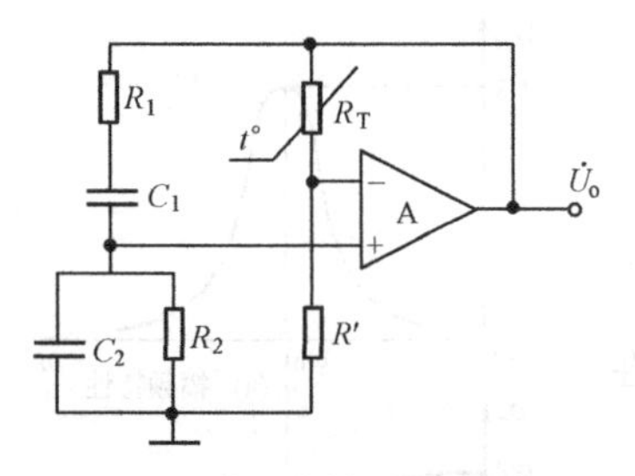

图 6.6.6 采用热敏电阻稳幅的 RC 串并联网络振荡电路

的非线性失真，应调整 R_F 和 R' 的阻值，使振荡电路产生比较稳定而失真较小的正弦波信号。

在实际工作中，希望电路能够根据振荡幅度的大小自动地改变负反馈的强弱，以实现自动稳幅。例如，若振荡幅度增大，要求负反馈系数 F 随之增大，加强负反馈，限制输出幅度继续增长;反之，若振荡幅度减小，要求负反馈系数 F 也随之减小，削弱负反馈，避免输出幅度继续减小，甚至无法起振。

可以在负反馈支路中采用热敏电阻来实现自动稳幅，如图 6.6.6 所示。

在图 6.6.6 中，利用具有负温度系数的热敏电阻 R_T 代替原来的反馈电阻 R_F。当振荡幅度增大时，流过热敏电阻 R_T 的电流也增大，于是温度升高，使 R_T 的阻值减小，则负反馈系数 F 增大，即负反馈得到加强，使放大电路的电压放大倍数降低，结果抑制了输出幅度的增长;反之，若振荡幅度减小，则流过 R_T 的电流也减小，温度降低，R_T 的阻值增大，则负反馈系数 F 减小，即负反馈被削弱，使电压放大倍数升高，阻止输出幅度继续减小，从而达到自动稳幅的效果。

根据同样的原理，也可以在图 6.6.6 中采用具有正温度系数的热敏电阻代替原来的电阻 R'，来达到自动稳幅的目的。

(4) 振荡频率的调节

由式(6.6.8)可知，RC 串并联网络正弦波振荡电路的振荡频率为

$$f_o=\frac{1}{2\pi RC}$$

因此，只要改变电阻 R 或电容 C 的值，即可调节振荡频率。例如，在 RC 串并联网络中，利用波段开关换接不同容量的电容对振荡频率进行粗调，利用同轴电位器对振荡频率进行细调，如图 6.6.7 所示。采用这种办法可以很方便地在一个比较宽广的范围内对振荡频率进行连续调节。

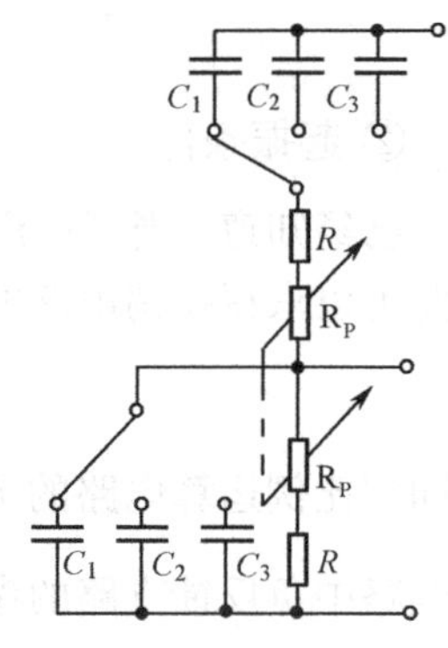

图 6.6.7 振荡频率的调节

【例 6.6.1】 一台由文氏电桥振荡电路组成的正弦波信号发生器，采用图 6.6.7 所示的方法调节输出频率。切换不同的电容作为频率粗调，调节同轴电位器作为细调。已知电容 C_1，C_2，C_3 分别为 $0.25\mu F$，$0.025\mu F$，$0.0025\mu F$；固定电阻 $R=3k\Omega$；电位器阻值 $R_P=30k\Omega$。试估算该仪器三挡频率的调节范围。

解: 在低频挡，$C=0.25\mu F$。当电位器调至最大时，$R+R_P=(3+30)k\Omega$，此时

$$f=\frac{1}{2\pi\times 33\times 10^3\times 0.25\times 10^{-6}}=19Hz$$

当电位器调至零时，$R+R_P=3k\Omega$，此时

$$f=\frac{1}{2\pi\times 3\times 10^3\times 0.25\times 10^{-6}}=212Hz$$

在中频挡，$C=0.025\mu F$。当 R_P 阻值调至最大时，此时

$$f=\frac{1}{2\pi\times 33\times 10^3\times 0.025\times 10^{-6}}=190Hz$$

当 R_P 阻值调至零时，此时

$$f=\frac{1}{2\pi\times3\times10^3\times0.025\times10^{-6}}=2.12\times10^3\,\text{Hz}=2.12\text{kHz}$$

在高频挡，$C=0.0025\mu\text{F}$。当 R_P 阻值调至最大值时，此时

$$f=\frac{1}{2\pi\times33\times10^3\times0.0025\times10^{-6}}=1.9\times10^3\,\text{Hz}=1.9\text{kHz}$$

当 R_P 阻值调至零时，此时

$$f=\frac{1}{2\pi\times3\times10^3\times0.0025\times10^{-6}}=2.12\times10^4\,\text{Hz}=21.2\text{kHz}$$

综合以上估算结果，可得三挡频率的调节范围为：19～212Hz；190Hz～2.12kHz；1.9～21.2kHz。可见三挡的频率均在音频范围内，且三挡之间互相有一部分覆盖，故能在 19Hz～21.2kHz 的全部频率范围内连续可调，实际上这是一台频率可调的音频信号发生器。

除了文氏电桥振荡电路以外，其他常用的 RC 振荡电路有移相式振荡电路和双 T 形选频网络振荡电路等。

2. 移相式振荡电路

移相式振荡电路由一个反相输入比例电路和三节 RC 移相电路组成，如图 6.6.8 所示。

由于集成运放采用反相输入方式，故放大电路的相位移 $\varphi_A=180°$。如反馈网络再移相 180°，此电路即可满足产生正弦波振荡的相位平衡条件。

已知一节 RC 电路的移相范围为 0～90°，不可能满足振荡的相位条件。两节 RC 电路的移相范围为 0～180°，但在接近 180°时，输出电压已接近于零，无法同时满足振荡的幅度平衡条件和相位平衡条件。三节 RC 电路的移相范围为 0～270°，当 $f\to0$ 时，$\varphi=270°$，当 $f\to\infty$ 时，$\varphi\to0$，其移相特性如图 6.6.9 所示。由图可见，其中必定存在一个频率 f_o，其相移为 $\varphi=180°$，此时电路满足振荡的相位平衡条件。

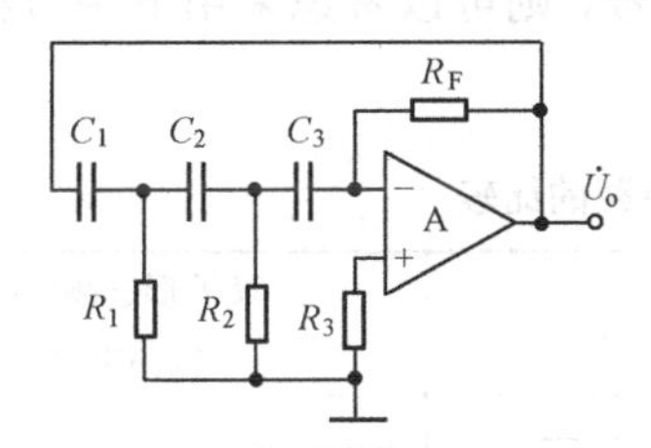

图 6.6.8　移相式振荡电路

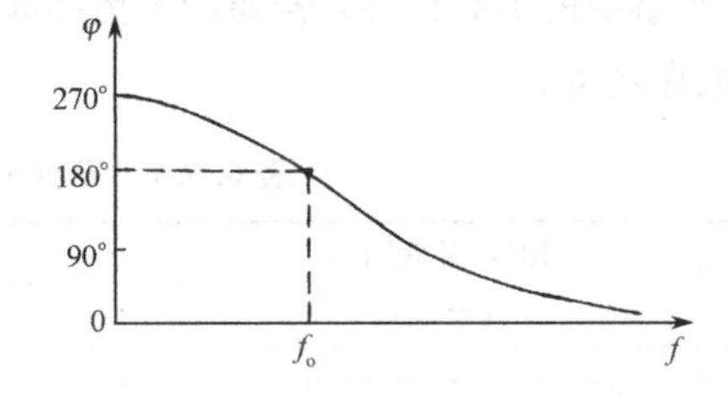

图 6.6.9　三节 RC 电路的移相频特性

由以上分析可知，在移相式振荡电路中，至少要用三节 RC 电路（RC 超前移相电路或 RC 滞后移相电路均可）才能满足振荡的相位平衡条件。在图 6.6.8 中，采用三节 RC 超前移相电路，它的第三节 RC 电路由 C_3 和放大电路的输入电阻组成。

在图 6.6.8 所示的移相式振荡电路中，通常选择 $C_1=C_2=C_3=C$，且 $R_1=R_2=R$。此时，根据振荡的相位平衡条件和幅度平衡条件，可求得电路的振荡频率为

$$f_o=\frac{1}{2\sqrt{3}\pi RC} \tag{6.6.11}$$

起振条件为

$$R_F>12R \tag{6.6.12}$$

RC 移相式振荡电路具有结构简单、经济等优点。缺点是选频作用较差，频率调节不方

便，输出幅度不够稳定，输出波形较差。一般用于振荡频率固定且稳定性要求不高的场合，其频率范围为几赫兹到几十千赫兹。

3. 双T形选频网络振荡电路

我们已经知道，由RC元件组成的双T形网络具有选频特性，因此可以利用这个特点组成正弦波振荡电路。双T形网络振荡电路的原理电路如图6.6.10所示。

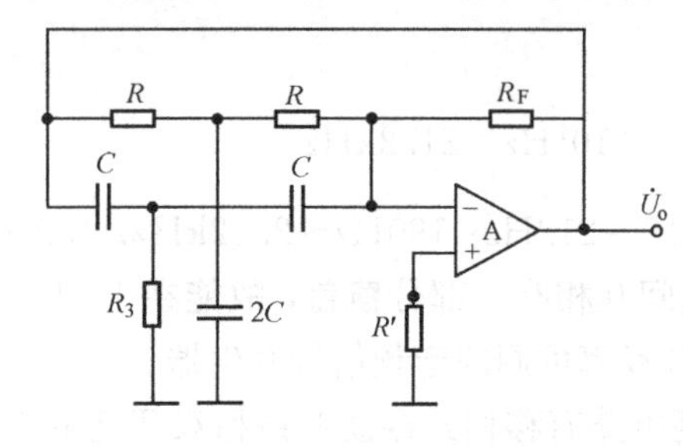

图6.6.10　双T形网络振荡电路

若双T形网络中元件的参数如图所示，即两个电阻R之间的电容的容值为$2C$，而两个电容C之间的电阻为R_3，但R_3应略小于$R/2$。此时双T形网络振荡电路的振荡频率比$\frac{1}{2\pi RC}$稍高，可近似表示为

$$f_o \approx \frac{1}{5RC} \tag{6.6.13}$$

当$f=f_o$时，双T形网络的相位移$\varphi_F=180°$，而反向输入比例电路的相位移$\varphi_A=180°$，因此能够满足振荡的相位平衡条件。因此时选频网络的幅频特性的值很低，为了同时满足幅度平衡条件，放大电路的放大倍数必须足够大，以便达到$|\dot{A}\dot{F}|>1$。

由于双T形网络本身比RC串并联网络具有更好的选频特性，因此双T形网络振荡电路输出信号的频率稳定性较高，输出波形的非线性失真较小，所以双T形网络振荡电路得到了比较广泛的应用。但其缺点是频率调节比较困难，因此，比较适用于产生单一频率的正弦波信号。

三种RC振荡电路的比较列于表6.6.1中。由表可见，各种RC振荡电路的振荡频率均与电阻、电容的乘积成反比，如果需要产生振荡频率很高的正弦波信号，势必要求电阻或电容的值很小，这在制造上和电路实现上将有较大的困难，因此RC振荡器一般用来产生几赫兹到几百千赫兹的低频信号，若要产生更高频率的信号，则可以考虑采用下一节将要介绍的LC正弦波振荡器。

表6.6.1　三种RC振荡电路的比较

名称	RC串并联网络振荡电路	移相式振荡电路	双T形选频网络振荡电路
电路形式			
振荡频率	$f_o=\frac{1}{2\pi RC}$	$f_o=\frac{1}{2\sqrt{3}\pi RC}$	$f_o\approx\frac{1}{5RC}$
起振条件	$R_F>2R'$	$R_F>12R$	$R_3<\frac{R}{2}$，$\lvert\dot{A}\dot{F}\rvert>1$
电路特点及应用场合	可方便地连续调节振荡频率，便于加负反馈稳幅电路，容易得到良好的振荡波形	电路简单，经济方便，适用于波形要求不高的轻便测试设备中	选频特性好，适用于产生单一频率的振荡波形

6.6.3　LC 正弦振荡器

LC 正弦振荡器又叫三点式振荡器。所谓三点式振荡器就是对于交流等效电路而言，由 LC 回路引出三个端点分别与双极型晶体管(或场效应管，或电子管，或集成运放电路)三个电极相连的振荡器。

依靠电容产生反馈电压构成的振荡器则称为电容三点式振荡器，又称考毕兹振荡器。

依靠电感产生反馈电压构成的振荡器则称为电感三点式振荡器，又称哈特莱振荡器。

构成三点式的基点是如何取出满足振荡相位条件的正反馈电压。

LC 正弦振荡器在高频电子线路中应用十分广泛。对于开设《高频电子线路》课的专业，这一节内容可放在“高频电子线路”课中进行学习。对于不开设“高频电子线路”的各专业，学习这一节内容时，应预习“电路分析基础”中双口网络的等效电路以及晶体管(或场效应管)Y 参数等效电路。

1. LC 谐振回路的频率特性

在 LC 谐振电路中，大多使用 LC 并联谐振回路，其等效电路如图 6.6.11(a)所示。电路的电导为

$$Y = j\omega C + \frac{1}{R + j\omega L} = \frac{R}{R^2 + (\omega L)^2} + j\left[\omega C - \frac{\omega L}{R^2 + (\omega L)^2}\right] \tag{6.6.14}$$

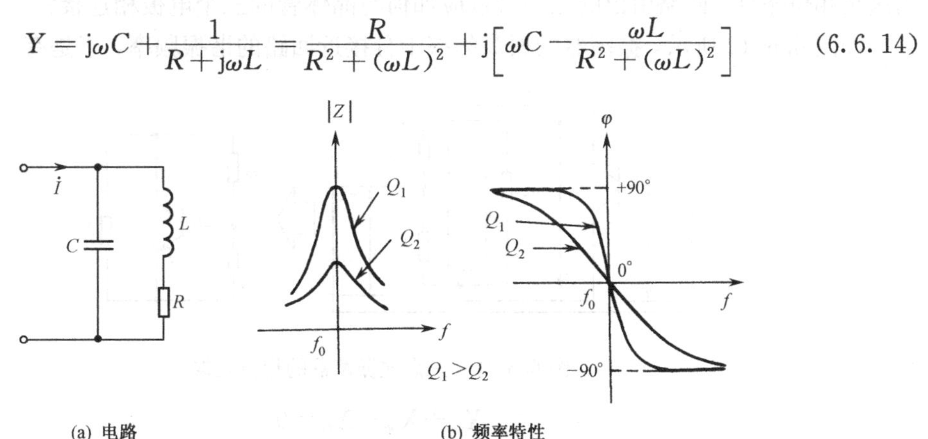

图 6.6.11　LC 并联谐振回路

令虚部为零，可求得谐振频率

$$\omega_0 = \frac{1}{\sqrt{1+\left(\frac{R}{\omega_0 L}\right)^2}}\frac{1}{\sqrt{LC}} = \frac{1}{\sqrt{1+\frac{1}{Q^2}}}\frac{1}{\sqrt{LC}} = \frac{1}{\sqrt{LC}}\sqrt{1-\frac{1}{Q^2}} \tag{6.6.15}$$

其中 $Q=\omega_0 L/R$，它不仅与 LC 有关，还与 R 有关。Q 称为谐振回路品质因数，是 LC 电路的一项重要指标。一般 LC 谐振回路的 Q 值约为几十至几百。

当 $Q\gg 1$ 时，$\omega_0 \approx 1/\sqrt{LC}$。于是谐振频率为

$$f_0 \approx \frac{1}{2\pi\sqrt{LC}} \tag{6.6.16}$$

品质因数

$$Q = \frac{\omega_0 L}{R} \approx \frac{1}{R}\sqrt{\frac{L}{C}} \tag{6.6.17}$$

谐振时的导纳，从式(6.6.14)得出

$$Y_0=\frac{R}{R^2+(\omega_0 L)^2} \tag{6.6.18}$$

谐振时的阻抗

$$Z_0=\frac{1}{Y_0}=\frac{R^2+(\omega_0 L)^2}{R}=R+Q^2R=(1+Q^2)R \tag{6.6.19}$$

在 $Q\gg1$ 时，$Z_0\approx Q^2R$，代入 Q 的值后求得

$$Z_0=\frac{L}{RC} \tag{6.6.20}$$

阻抗是频率的函数，其频率特性如图 6.6.11(b)所示。

2. 构成三点式振荡器的原则(相位判据)

下面以双极型晶体管为例，介绍构成三点式振荡器的原理。

假设：① 不计晶体管的电抗效应；

② LC 回路由纯电抗元件组成，即

$$\begin{cases} Z_{ce}=jX_{ce} \\ Z_{be}=jX_{be} \\ Z_{cb}=jX_{cb} \end{cases} \tag{6.6.21}$$

为满足相位条件，回路引出的三个端点应如何与晶体管的三个电极相连接?

如图 6.6.12 所示，振荡器的振荡频率十分接近回路的谐振频率，于是有

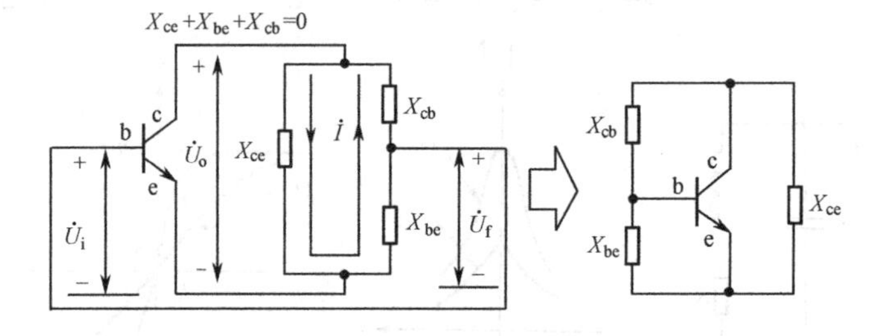

图 6.6.12 三点式振荡器的相位判据

$$X_{ce}+X_{be}+X_{cb}=0 \tag{6.6.22}$$

即

$$X_{ce}+X_{be}=-X_{cb} \tag{6.6.23}$$

因放大器已经倒相，即 $\dot{U}_o$ 与 $\dot{U}_i$ 差 180°，所以要求反馈电压 $\dot{U}_f$ 必须与 $\dot{U}_o$ 反相才能满足相位条件，如图 6.6.12 所示。

$$\dot{F}=\frac{\dot{U}_f}{\dot{U}_o}=\frac{-\dot{I}jX_{be}}{\dot{I}jX_{ce}}=-\frac{X_{be}}{X_{ce}} \tag{6.6.24}$$

因此，X_{be}必须与 X_{ce}同性质，才能保证 $\dot{U}_f$ 与 $\dot{U}_o$ 反相。

由式(6.6.23)和式(6.6.24)，归结起来，**X_{be}与 X_{ce}性质相同，X_{cb}和 X_{ce}性质相反。这就是三点式振荡器的相位判据**。也可以这样来记忆，与发射极相连接的两个电抗性质相同，另一个电抗则性质相反，简单地说，**射同余反**。例如，电感三点式如图 6.6.13(a)所示，其中，X_{ce}、X_{be}为感抗，X_{cb}则为容抗。电容三点式如图 6.6.13(b)所示，其中，X_{ce}、X_{be}为容抗，X_{cb}为感抗。

3. 电容三点式振荡器——考毕兹振荡器

图 6.6.14 所示电路是电容三点式的典型电路。LC 回路的三个端点分别与三个电极相

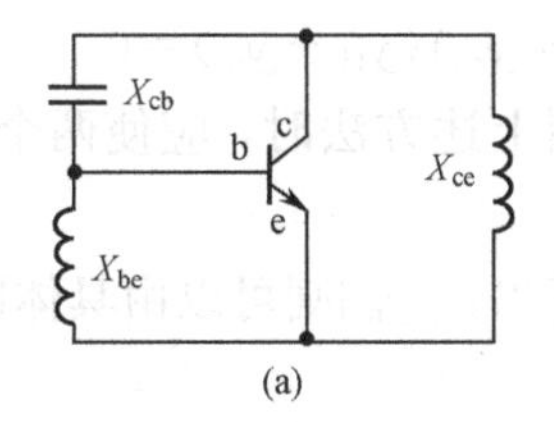

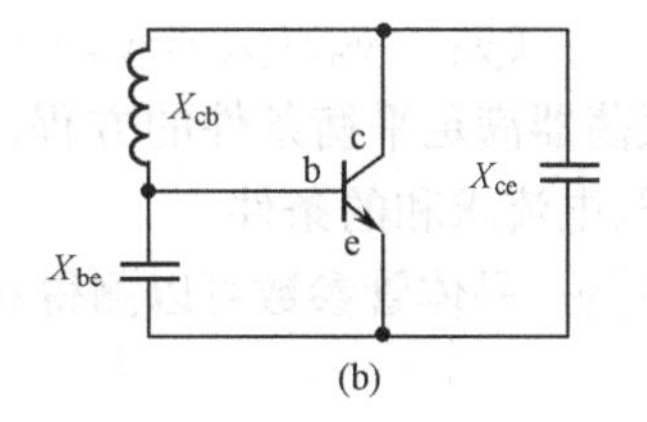

图 6.6.13　电感三点式和电容三点式等效电路

连，且 X_{ce}和 X_{be}为容抗，X_{cb}为感抗。故属电容反馈三点式振荡器，又称考毕兹振荡器。图中 ZL 为高频扼流圈，防止高频交流接地。R_{b1}、R_{b2}、R_e 为偏置电阻。

下面分析该电路的振荡条件。图 6.6.15(a)画出了交流等效电路，图(b)为 y 参数等效电路。容易判断振荡器属电压并联反馈放大器。设其信号源电流为 $\dot{I}_S$，负载电流为 $\dot{I}_L$，显然

$$\dot{I}_S = y_i\dot{U}_i + y_r\dot{U}_o, \qquad \dot{I}_L = y_f\dot{U}_i + y_o\dot{U}_o \tag{6.6.25}$$

式中，y_i——网络 aa′-bb′的大信号输入导纳；

y_r——网络 aa′-bb′的大信号反向传输导纳；

y_f——网络 aa′-bb′的大信号正向传输导纳；

y_o——网络 aa′-bb′的大信号输出导纳。

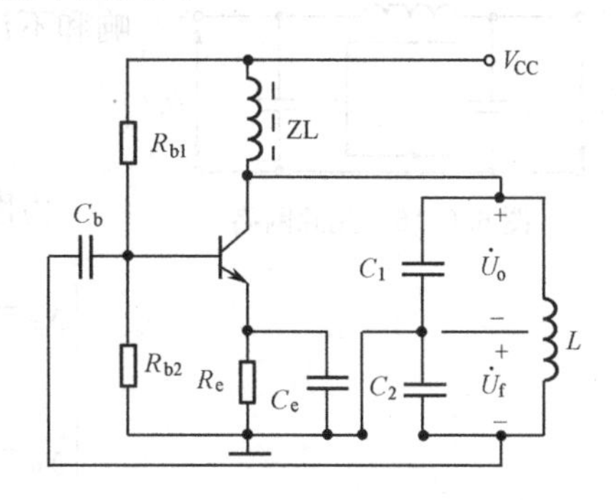

图 6.6.14　电容三点式振荡器典型电路

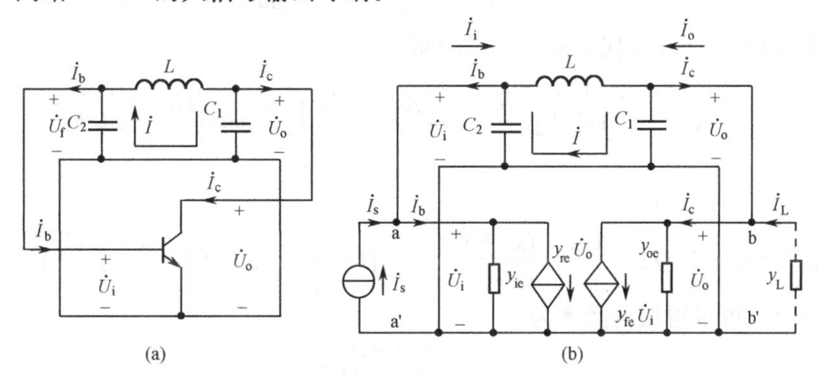

图 6.6.15　电容三点式振荡器等效电路

实际上 $\dot{I}_S=0$，$\dot{I}_L=0$，这只不过是虚构的。而 $\dot{U}_i\neq0$，$\dot{U}_o\neq0$，意味着式(6.6.25)是线性齐次方程，即

$$y_i\dot{U}_i + y_r\dot{U}_o = 0, \qquad y_f\dot{U}_i + y_o\dot{U}_o = 0 \tag{6.6.26}$$

其系数行列式为 0，即

$$\begin{vmatrix} y_i & y_r \\ y_f & y_o \end{vmatrix} = 0 \tag{6.6.27}$$

因网络 $aa'-bb'$是两个网路(有源和无源)并一并连接，所以

$$\begin{vmatrix} y_i & y_r \\ y_f & y_o \end{vmatrix} = \begin{vmatrix} y_{iT} & y_{rT} \\ y_{fT} & y_{oT} \end{vmatrix} + \begin{vmatrix} y_{in} & y_{rn} \\ y_{fn} & y_{on} \end{vmatrix} = \begin{vmatrix} y_{iT}+y_{in} & y_{rT}+y_{rn} \\ y_{fT}+y_{fn} & y_{oT}+y_{on} \end{vmatrix} = 0 \tag{6.6.28}$$

式中，下角标 T 表示晶体管，n 表示无源网络。即

$$(y_{iT}+y_{in})(y_{oT}+y_{on})-(y_{rT}+y_{rn})(y_{fT}+y_{fn})=0 \tag{6.6.29}$$

这就是反映振荡器满足平衡条件的方程。使用上述方法时，应使两个网络的电压、电流方向符合电压取样、电流求和的条件。

式(6.6.29)中$[y_T]$晶体管参数可以测得和计算出，$[y_n]$则可以由具体网络根据 y 参数的定义求得。

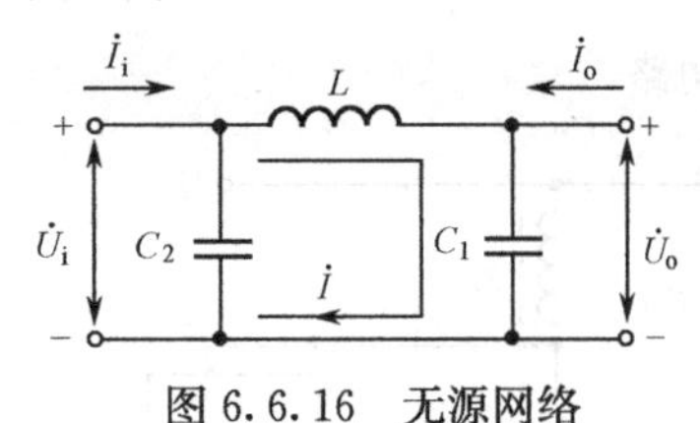

图 6.6.16　无源网络

假设，振荡器的工作频率远低于 f_T，且忽略内部反馈的影响和不计晶体管的电抗效应，有

$$|y_T|=\begin{vmatrix} G_{ie} & 0 \\ G_m & G_{oe} \end{vmatrix} \tag{6.6.30}$$

由图 6.6.16，根据 y 参数的定义，可求得无源网络$|y_n|$为

$$\begin{cases} y_{in}=\left.\dfrac{\dot{I}_i}{\dot{U}_i}\right|_{\dot{U}_o=0}=j\omega C_2+\dfrac{1}{j\omega L} \\ y_{rn}=\left.\dfrac{\dot{I}_i}{\dot{U}_o}\right|_{\dot{U}_i=0}=-\dfrac{1}{j\omega L} \\ y_{fn}=\left.\dfrac{\dot{I}_o}{\dot{U}_i}\right|_{\dot{U}_o=0}=-\dfrac{1}{j\omega L} \\ y_{on}=\left.\dfrac{\dot{I}_o}{\dot{U}_o}\right|_{\dot{U}_i=0}=j\omega C_1+\dfrac{1}{j\omega L} \end{cases} \tag{6.6.31}$$

将式(6.6.30)和式(6.6.31)代入式(6.6.29)得

$$\left[G_{ie}+\left(j\omega C_2+\frac{1}{j\omega L}\right)\right]\left[G_{oe}+\left(j\omega C_1+\frac{1}{j\omega L}\right)\right]+\frac{1}{j\omega L}\left(G_m-\frac{1}{j\omega L}\right)=0$$

整理得

$$\omega\left(C_1G_{ie}+C_2G_{oe}-\frac{G_m+G_{ie}+G_{oe}}{\omega^2 L}\right)-j\left(G_{ie}G_{oe}-\omega^2C_1C_2+\frac{C_1+C_2}{L}\right)=0 \tag{6.6.32}$$

令其虚部等于0，可求得振荡频率为

$$\omega_g=\sqrt{\frac{1}{LC}+\frac{G_{ie}G_{oe}}{C_1C_2}} \tag{6.6.33}$$

式中

$$C=\frac{C_1C_2}{C_1+C_2}$$

可见，电容三点式振荡器的振荡频率略高于回路的谐振频率，且与晶体管的参数有关。令其实部等于0，并近似认为，$\omega\approx\dfrac{1}{\sqrt{LC}}$，可求得其振荡平衡条件

$$G_m=\frac{C_2}{C_1}G_{oe}+\frac{C_1}{C_2}G_{ie} \tag{6.6.34}$$

用微变参数代替平均参数，可求得起振时所要求的最小跨导$(g_m)_{min}$，其起振条件为

$$g_m>(g_m)_{min}=\frac{C_2}{C_1}g_{oe}+\frac{C_1}{C_2}g_{ie} \tag{6.6.35}$$

因

$$F=\left|\frac{\dot{U}_f}{\dot{U}_o}\right|\approx\left|\frac{\dot{I}/j\omega C_2}{\dot{I}/j\omega C_1}\right|=\frac{C_1}{C_2} \tag{6.6.36}$$

代入上式得
$$g_{m}>(g_{m})_{min}=\frac{1}{F}g_{oe}+Fg_{ie} \tag{6.6.37}$$

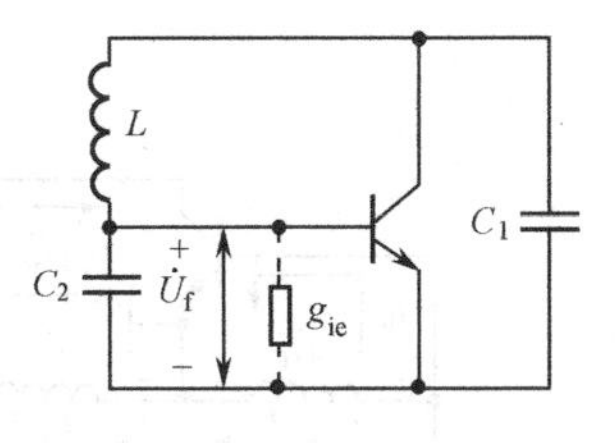

图 6.6.17　影响起振的因素

从图 6.6.17 可以看出，反馈电压 $\dot{U}_f$ 不仅取决于电容 C_2，还与晶体管的输入导纳 g_{ie} 有关。当 g_{ie} 较小时，g_{ie} 的分流作用可以忽略，此时第一项起主要作用，$(g_m)_{min}\approx\frac{g_{oe}}{F}$，当 $C_2\downarrow\rightarrow F\uparrow\rightarrow(g_m)_{min}\downarrow$，利于起振。

当 g_{ie} 较大时，g_{ie} 的分流作用不能忽略，此时第二项起主要作用，$(g_m)_{min}\approx Fg_{ie}$，$C_2\downarrow\rightarrow F\uparrow\rightarrow(g_m)_{min}\uparrow$，难于起振。所以不能简单地认为反馈系数越大，就越易起振，而应该有一定范围。另外反馈系数的大小还会影响振荡波形的好坏，反馈系数过大会产生较大的波形失真。通常 $F\approx0.01\sim1$，且一般取得较小。

以上的讨论，没有考虑线圈的损耗，如考虑到 r 的影响，则起振条件应该修正，如图 6.6.18所示。将 r 经过两次折算，折算到 ce 两端和 g_{oe} 并联，所以起振条件应修正为
$$g_{m}>(g_{m})_{min}=\frac{C_2}{C_1}(g_{oe}+g_L)+\frac{C_1}{C_2}g_{ie}=\frac{1}{F}(g_{oe}+g_L)+Fg_{ie} \tag{6.6.38}$$

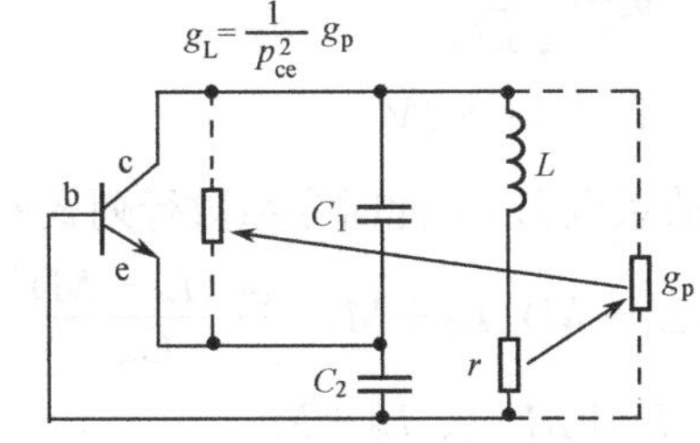

图 6.6.18　起振条件的修正

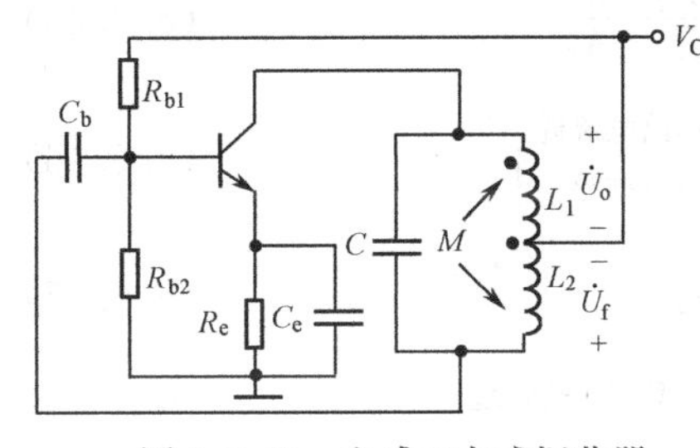

图 6.6.19　电感三点式振荡器

4. 电感三点式振荡器——哈特莱振荡器

电感三点式振荡器电路如图 6.6.19 所示。$\dot{U}_f$ 是从 L_2 取得的，故称为电感反馈三点式振荡器。通常 L_1、L_2 同绕在一个骨架上，它们之间存在着互感，且耦合系数 $M\approx1$。

下面利用基尔霍夫定律列出网孔方程来分析其振荡条件。由图 6.6.20(c)写出回路方程为
$$\frac{1}{G_{ie}}\dot{I}_b+j\omega L_2(\dot{I}_b-\dot{I})-j\omega M(\dot{I}_c+\dot{I})=0$$

整理得
$$\left(\frac{1}{G_{ie}}+j\omega L_2\right)\dot{I}_b-j\omega\dot{M}I_c-(j\omega L_2+j\omega M)\dot{I}=0 \tag{6.6.39}$$

同理可得
$$-\left(j\omega M+\frac{G_m}{G_{ie}G_{oe}}\right)\dot{I}_b+\left(\frac{1}{G_{oe}}+j\omega L_1\right)\dot{I}_c+(j\omega L_1+j\omega M)\dot{I}=0 \tag{6.6.40}$$

$$-(j\omega M+j\omega L_2)\dot{I}_b+(j\omega M+j\omega L_1)\dot{I}_c+\left(j\omega L_1+j\omega L_2+j\omega 2M+\frac{1}{j\omega C}\right)\dot{I}=0 \tag{6.6.41}$$

令式(6.6.39)、式(6.6.40)和式(6.6.41)组成的方程组系数行列式 D 的虚部等于零，得
$$\frac{1}{G_{ie}G_{oe}}\left(\omega L_1+\omega L_2+2\omega M-\frac{1}{\omega C}\right)+\frac{\omega}{C}(L_1L_2-M^2)=0$$

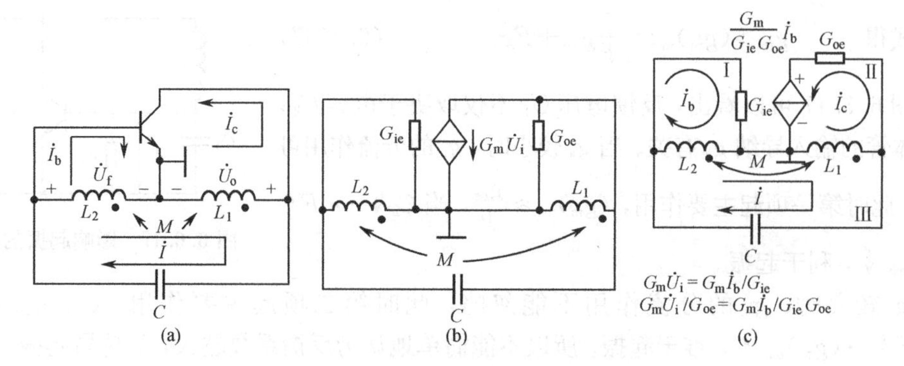

图 6.6.20 电感三点式等效电路

求得

$$\omega_g = \frac{1}{\sqrt{(L_1+L_2+2M)C+G_{ie}G_{oe}(L_1L_2-M^2)}} \tag{6.6.42}$$

可见，ω_g 略低于回路谐振角频率 ω_0，且振荡频率与晶体管参数有关。

通常情况 $$C(L_1+L_2+2M) \gg G_{ie}G_{oe}(L_1L_2-M^2)$$

故

$$\omega_g \approx \frac{1}{\sqrt{LC}} \tag{6.6.43}$$

式中 $$L=L_1+L_2+2M$$

为求起振条件，设式(6.6.41)方程中 $\dot{I}$ 的系数为0，此时令系数行列式的实部等于0，即

$$\frac{\omega^2(L+M)^2}{G_{ie}} - \frac{G_m}{G_{ie}G_{oe}}\omega^2(L_1+M)(L_2+M) + \frac{\omega^2(L_2+M)^2}{G_{oe}} = 0$$

可得振荡平衡条件

$$G_m = G_{oe}\frac{L_1+M}{L_2+M} + G_{ie}\frac{L_2+M}{L_1+M} \tag{6.6.44}$$

因此起振条件是

$$g_m > (g_m)_{min} = G_{oe}\frac{L_1+M}{L_2+M} + G_{ie}\frac{L_2+M}{L_1+M} \tag{6.6.45}$$

因

$$F = \frac{\dot{U}_f}{\dot{U}_o} \approx \frac{L_2+M}{L_1+M} = \frac{N_2}{N_1} \quad \left(\begin{matrix}\text{利用振荡回路电流近}\\ \text{似相等来进行推导}\end{matrix}\right) \tag{6.6.46}$$

故起振条件可写成

$$g_m > (g_m)_{min} = \frac{1}{F}g_{oe} + Fg_{ie} \tag{6.6.47}$$

至于反馈系数的选取，为兼顾振荡的振荡波形，通常取 $F=0.1\sim0.5$。

5. 电容三点式与电感三点式振荡器比较

电容三点式振荡器的优点有：输出波形好，接近于正弦波；因晶体管的输入、输出电容与回路电容并联，可适当增加回路电容提高稳定性；工作频率可以做得较高(利用极间电容)。

缺点是：调整频率困难，起振困难。

电感三点式振荡器的优点有：起振容易、调整方便。

缺点是：输出波形不好；在频率较高时，不易起振。

6. 改进型电容三点式振荡器

前面研究的两种振荡器，其振荡频率 ω 不仅取决于 LC 回路参数，还与晶体管内部参数(G_{oe}、G_{ie}、C_{oe}、C_{ie})有关，而晶体管的参数又随环境温度、电源电压的变化而变化，因此其频率稳定度不高。以电容三点式为例，如图 6.6.21 所示，C_{ie}和 C_{oe}分别与回路电容并联，其振荡频率可近似写成

$$\omega_g \approx \frac{1}{\sqrt{L(C_1+C_{oe})(C_2+C_{ie})/(C_1+C_{oe}+C_2+C_{ie})}} \quad (6.6.48)$$

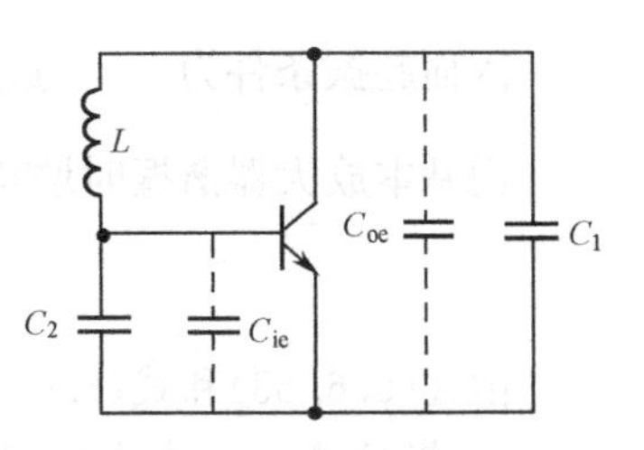

图 6.6.21　晶体管电容 C_{oe}、C_{ie} 对振荡频率的影响

如何减小晶体管电容 C_{oe}、C_{ie} 对频率的影响呢？

① 加大回路电容 C_1 和 C_2 的值，但它限制了振荡频率的提高，同时为确保 ω 不变，减小了 L 的值，随之带来 Q 值下降，使振荡幅度下降甚至停振。这种方法只适用频率不高的场合。

② 同时减小接入系数 p_{ce} 和 p_{be}，而又不改变反馈系数，这就是图 6.6.22 所示的克拉泼(Clapp)振荡器。这种电路就是在 L 支路中串接一个可变的小电容器 C_3，所以又叫做串联型电容三点式反馈振荡器。它是在电容三点式的基础上进行了改进，所以可采用电容三点式的分析方法。

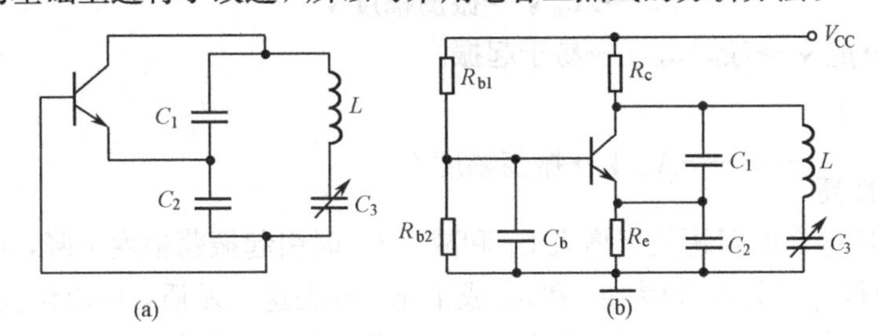

图 6.6.22　克拉泼振荡器

因为

$$C_1 \gg C_3, \quad C_2 \gg C_3$$

故

$$\omega_g \approx \omega_0 = \frac{1}{\sqrt{LC}} \quad (6.6.49)$$

式中

$$C = \frac{C_1C_2C_3}{C_1C_2+C_2C_3+C_1C_3} \approx C_3 \quad (6.6.50)$$

故

$$\omega_g = \omega_0 \approx \frac{1}{\sqrt{LC_3}} \quad (6.6.51)$$

可见，ω_g 只取决于 L、C_3 大小，而与 C_1、C_2 基本上无关。于是可以增加 C_1、C_2(不必减小 L)以减小晶体管电容对频率的影响，提高了频率稳定度。改变 C_3 可改变振荡频率而不影响反馈系数，改变 C_1、C_2 可调节反馈系数而不会影响振荡频率。

起振条件可以利用式(6.6.38)

$$g_m > (g_m)_{min} = \frac{C_2}{C_1}(g_{oe}+g_L) + \frac{C_1}{C_2}g_{ie} = \frac{1}{F}(g_{oe}+g_L) + Fg_{ie}$$

求得，问题是如何求得 g_L，由图 6.6.23 可知

$$g_L = \frac{g_p}{p_{ce}^2}$$

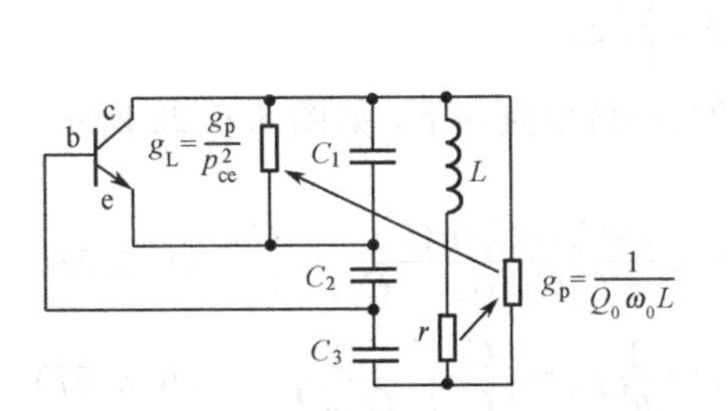

图 6.6.23　克拉泼振荡器的起振条件

$$p_{ce} = \frac{C_2C_3/(C_2+C_3)}{C_1+C_2C_3/(C_2+C_3)} \approx \frac{C_3}{C_1}$$

故

$$g_L = \frac{g_p}{p_{ce}^2} = \left(\frac{C_1}{C_3}\right)^2 \frac{1}{Q_0\omega_0 L} = \frac{C_1^2}{(1/\omega_0^2 L)^2}\frac{1}{Q_0\omega_0 L} = \frac{\omega_0^3 C_1^2 L}{Q_0} \quad (6.6.52)$$

因而起振条件为 $$g_m > (g_m)_{min} = \frac{C_2}{C_1}\left(g_{oe} + \frac{\omega_0^3 C_1^2 L}{Q_0}\right) + \frac{C_1}{C_2} g_{ie} \tag{6.6.53}$$

而基本放大器谐振时增益

$$A_{uo} = \frac{g_m}{g_{oe} + g_L} \tag{6.6.54}$$

由式(6.6.53)和式(6.6.54)可见：

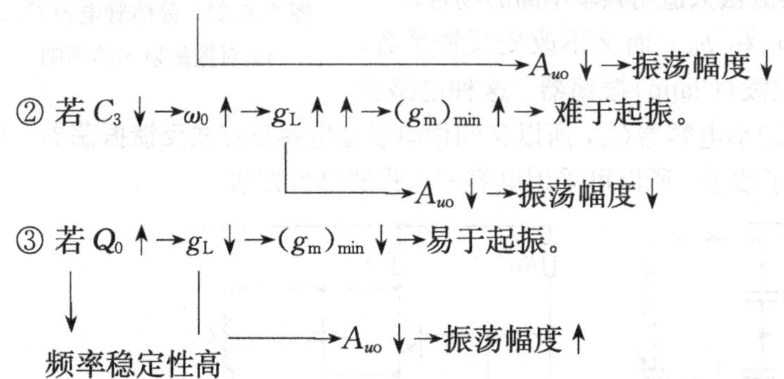

① 若 $C_1\uparrow \to g_L\uparrow\uparrow$(分路作用增加)$\to (g_m)_{min}\uparrow \to$ 难于起振。
$\to A_{uo}\downarrow \to$ 振荡幅度 $\downarrow$
② 若 $C_3\downarrow \to \omega_0\uparrow \to g_L\uparrow\uparrow \to (g_m)_{min}\uparrow \to$ 难于起振。
$\to A_{uo}\downarrow \to$ 振荡幅度 $\downarrow$
③ 若 $Q_0\uparrow \to g_L\downarrow \to (g_m)_{min}\downarrow \to$ 易于起振。
频率稳定性高
$\to A_{uo}\downarrow \to$ 振荡幅度 $\uparrow$

克拉泼振荡器存在的问题是当增大 C_1 和减小 C_3 时引起振荡幅度下降，难于起振。原因在于 p_{ce} 下降，使得 g_L 增大，因为 g_L 和 ω_0^3 成正比，解决这一矛盾，可以保持 C_3 不变，而在电感 L 两端并联一个小的可变电容，用以改变振荡频率。这就是西勒(Seiler)振荡器。因为 C_4 与 L 并联，所以又成为并联型电容三点式振荡器，如图 6.6.24 所示。

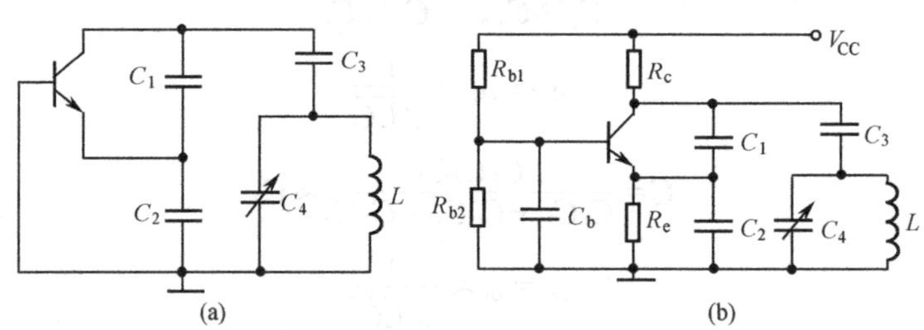

图 6.6.24 西勒振荡器电路原理图

由于 C_1、C_2 远大于 C_4，所以回路电容

$$C = C_4 + \frac{1}{1/C_1 + 1/C_2 + 1/C_3} \approx C_4 + C_3$$

所以 $$\omega_g \approx \omega_0 = \frac{1}{\sqrt{L(C_3 + C_4)}} \tag{6.6.55}$$

再看起振条件，利用式(6.6.38)

$$g_m > (g_m)_{min} = \frac{C_2}{C_1}(g_{oe} + g_L) + \frac{C_1}{C_2} g_{ie}$$

将图 6.6.24(a)再变换一下，如图 6.6.25 所示，求出 g_L。

$$p_{ce} = \frac{C_2 C_3/(C_2 + C_3)}{C_1 + C_2 C_3/(C_2 + C_3)} \approx \frac{C_3}{C_1} \tag{6.6.56}$$

$$g_L = \frac{1}{p_{ce}^2} g_p = \left(\frac{C_1}{C_2}\right)^2 \frac{1}{Q_o \omega_o L} \tag{6.6.57}$$

图 6.6.25 西勒振荡器的起振条件

可见：

① p_{ce}与 C_4 无关，改变 C_4 不会影响 p_{ce}，也不会影响 g_L。

② $C_4\downarrow\rightarrow\omega_o\uparrow\rightarrow g_L\downarrow\rightarrow(g_m)_{min}\downarrow\rightarrow$ 利于起振。

$\quad\quad\quad\quad\quad\quad\rightarrow A_{uo}\uparrow\rightarrow$振荡幅度$\uparrow$

这样，可以补偿由于频率增加引起 G_m 下降，使振荡幅度变化不大的情形。因此，作为波段振荡器的波段覆盖可较宽，$k_\alpha\approx1.6\sim1.8$，且在波段内幅度较均匀，其工作频率也较高，可达到数百兆赫。这是一种性能较好的振荡器。

③ C_3 的选取应综合考虑波段覆盖系数、频率稳定度和起振，在保证起振的条件下，C_3 应选得小一点好。

6.6.4 石英晶体振荡器

如上所述，LC 振荡器的频率稳定度主要取决于回路的标准性和品质因数。由于 L、C 元件的标准性比较差，而且回路的 Q 值也不可能做得很高，一般不超过 300，因此 LC 振荡器的日频率稳定度一般为 $10^{-2}\sim10^{-3}$ 数量级，某些经过改进的电路也只能达到 10^{-4} 数量级。但是，在很多实际应用中，对频率稳定度的要求越来越高。如广播发射机的日频率稳定度应优于 1.5×10^{-5} 数量级；单边带发射机的日频率稳定度应优于 10^{-6} 数量级；作为频率标准的振荡器其频率稳定度要高达 $10^{-8}\sim10^{-9}$ 数量级甚至更高。显然，LC 振荡器对此是无能为力的。由于石英谐振器具有可贵的压电效应、极高的稳定性和极高的品质因数，用它来控制振荡器的频率就容易使频率稳定度提高到 $10^{-5}\sim10^{-6}$ 数量级，若采用恒温措施，则可达 $10^{-7}\sim10^{-9}$ 数量级，双层恒温可做得更高。这种用石英谐振器来控制振荡频率的振荡器称为晶体振荡器（简称晶振）。

一般晶体振荡器只能点频工作，不能大范围变化频率。但是随着频率合成技术的发展，这个问题已得到较好的解决。

1. 石英谐振器的性能和等效电路

(1)石英晶体的物理性能

石英是矿物质硅石的一种(现在也能人工制造)，其化学成分是 SiO_2，形状为结晶的六棱锥体。

为便于研究，根据石英晶体的物理特性，在晶体内部画出三种几何对称轴，即 ZZ 轴——光轴；XX 轴——电轴；YY 轴——机械轴。

石英谐振器中的石英片或石英棒都是按一定的方位从石英晶体中切割出来的。切割的方位不同，所得晶体片或晶体棒的特性也各异。主要是使用频率、温度特性以及等效电路各项参数(L_q、C_q、C_o)不同。按照一定方位切割出来的石英片或石英棒称“××切型”。广泛应用的有 AT、BT、CT、DT、ET、GT、NT 和 X+5°等切型。其中用得最多的是 AT 切型($\varphi=35°$)。其频率温度特性较好，温度从$-55℃\sim+85℃$变化时频率变化较小，一般不超过$(0.2\sim0.6)\times10^{-6}$/℃，且频率温度特性呈三次方曲线。特别是在 60℃左右的范围内，频率基本上与温度无关(所以 AT 切型高精度谐振器的恒温槽一般都将温度控制在 50℃～60℃之间的某一点上)。AT 切型加工容易，体积较小，所以，它是应用最广泛的一种切型。

(2) 石英晶体的压电效应

石英晶体所以能作为谐振系统，是因为它具有正压电效应和逆压电效应。所谓正压电效应是指当晶体受到应力作用时，在它的某些表面出现电荷，而且应力与面电荷密度之间存在线性关系。逆压电效应是指当晶体受到电场作用时，在它的某些方向出现应变，而且电场强度与应变之间存在线性关系。当交流电压加到晶体两端，晶体先随电压变化产生应变。然后机械振动反过来又在晶片表面产生交变电荷。当晶片的几何尺寸和结构一定时，它本身有一个固有的机械振动频率。当外加交流电压的频率等于晶片固有的机械振动频率时，晶体片的机械振动最大，晶片两面的电荷量最多，在外电路中的交流电流最大，便产生了谐振。

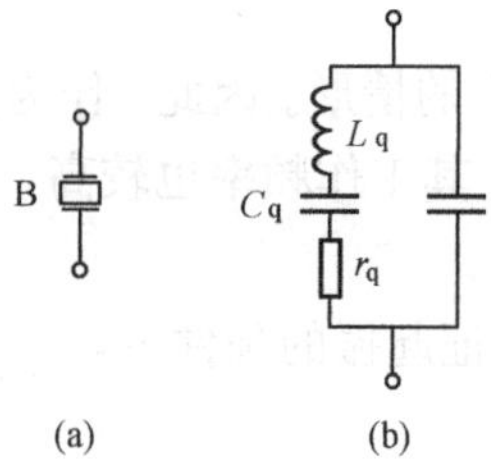

图 6.6.26 石英谐振器的符号及等效电路

(3) 石英谐振器的等效电路及电抗特性

上述压电效应，使得石英晶片具有谐振系统的特性，可以认为具有串联谐振特性，因为当外加交变电压与石英晶片发生谐振时，电极上产生的交变电荷最多，通过石英晶片的交变电流也就最大。因此，可等效为一个串联谐振电路。考虑石英晶片的安装电容，则石英谐振器的等效电路如图 6.6.26(b)所示。图中，L_q 为动态电感，L_q 较大，约为 $10^{-3}\sim10^{2}$ H；C_q 为动态电容，C_q 很小，约 $10^{-4}\sim10^{-1}$ pF；r_q 为动态电阻，r_q 很小，约一至几十欧姆；C_o 为静态电容，它是两敷银层电极、支架电容和引线电容的总和，约几个皮法。图 6.6.26(a)是石英谐振器的电路符号。

由上述参数可以看出：

① 石英谐振器的品质因数 Q_q 非常高，可高达几万到几百万。因为 L_q 很大，而 C_q、r_q 非常小，所以 $Q_q=\dfrac{\sqrt{L_q/C_q}}{r_q}$是非常高的。

② 因为 $C_q\ll C_o$，石英谐振器的接入系数很小，即

$$p=\frac{C_q}{C_o+C_q}\approx\frac{C_q}{C_o}=10^{-4}\sim10^{-3}$$

所以，外电路参数不稳定，对石英谐振器的影响很小。

③ 由图 6.6.26(b)可以看出，石英谐振器有两个谐振频率。其串联谐振频率为

$$\omega_q=\frac{1}{\sqrt{L_qC_q}} \tag{6.6.58}$$

并联谐振频率为

$$\omega_p=\frac{1}{\sqrt{L_q[C_qC_o/(C_q+C_o)]}}=\omega_q\frac{1}{\sqrt{C_o/(C_q+C_o)}}=\omega_q\sqrt{1+\frac{C_q}{C_o}}\approx\omega_q\sqrt{1+p}$$

因为 $p\ll1$，用二项式定理展开，取其前两项，则上式为

$$\omega_p\approx\omega_q\left(1+\frac{p}{2}\right)=\omega_q\left(1+\frac{C_q}{2C_o}\right) \tag{6.6.59}$$

因为接入系数很小，即 $p\approx10^{-4}\sim10^{-3}$，所以 ω_p 与 ω_q 相差很小。

下面讨论石英谐振器的电抗特性。为了简化分析，不计动态电阻 r_q，等效电路可画成如图 6.6.27 所示的电路，由图可明显地看出其等效阻抗为

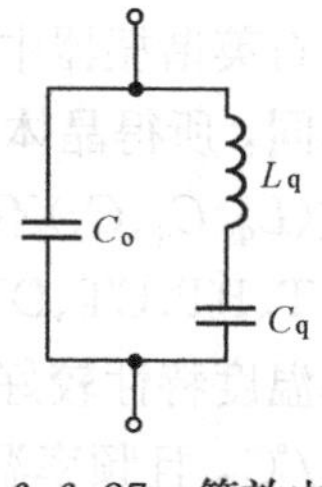

图 6.6.27 等效电路

$$Z_e=\mathrm{j}X_e=\frac{(-\mathrm{j}/\omega C_o)(\mathrm{j}\omega L_q-\mathrm{j}/\omega C_q)}{\mathrm{j}\omega L_q-\mathrm{j}/\omega C_q-\mathrm{j}/\omega C_o}$$

$$=\mathrm{j}\left[-\frac{1}{\omega C_o}\cdot\frac{\omega L_q(1-1/\omega^2L_qC_q)}{\omega L_q\left(1-\dfrac{1}{\omega^2L_qC_qC_o/(C_q+C_o)}\right)}\right]$$

$$=\mathrm{j}\left[-\frac{1}{\omega C_o}\frac{1-\omega_q^2/\omega^2}{1-\omega_p^2/\omega^2}\right] \tag{6.6.60}$$

分析式(6.6.60)可得：

当 $\omega>\omega_p$ 时，电抗呈容性；

当 $\omega_q<\omega<\omega_p$ 时，电抗呈感性，且有

$$L_e=-\frac{1}{\omega^2 C_o}\frac{1-\omega_q^2/\omega^2}{1-\omega_p^2/\omega^2} \tag{6.6.61}$$

当 $\omega<\omega_q$ 时，电抗呈容性；

当 $\omega=\omega_p$ 时，$Z_e\to\infty$，并联谐振；

当 $\omega=\omega_q$ 时，$Z_e=0$，串联谐振。

因此，可画出如图 6.6.28 所示的石英谐振器的电抗曲线。其特点是串联谐振频率与并联谐振频率之间间隔很小，约几十赫兹到几百赫兹，如 BA12 为 2.5MHz 晶体，$\Delta f=50\text{Hz}$；因为 ω_q 与 ω_p 之间间隔很小，而在此区间又呈感性，因而电抗曲线是非常陡峭的，石英谐振器通常工作在这段频率范围狭窄的电感区。曲线的斜率大，利于稳频。如外因使 ω 增大，由于 L_e 是频率的函数，ω 增大必然使等效电感 L_e 增大较多，从而使 ω 降低趋近于原来的频率。某些场合也可用在串联谐振上。

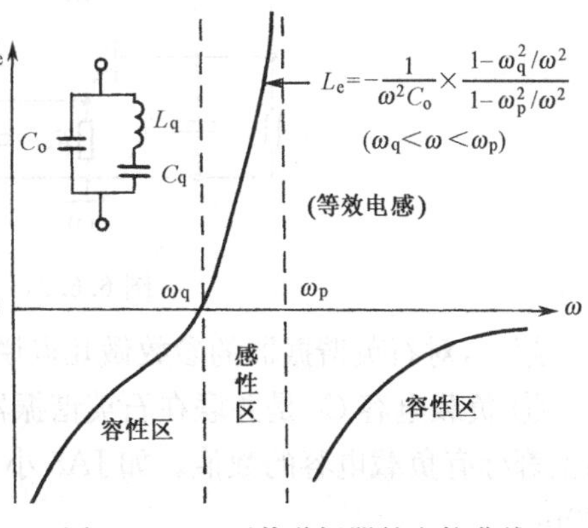

图 6.6.28　石英谐振器的电抗曲线

2. 石英晶体振荡器

根据石英谐振器在振荡电路中的作用原理，石英晶体振荡器可分为两类，一类是石英谐振器在回路中作为等效电感元件来使用，这类振荡器称为并联型晶体振荡器，其中又可分为皮尔斯(Pierce)振荡器、密勒(Miller)振荡器和并联泛音晶体振荡器。另一类是把石英谐振器作为串联谐振元件来使用，使之工作在串联谐振频率上，称为串联谐振型晶体振荡器，其中又分为基音和串联泛音晶体振荡器。

(1) 并联型晶体振荡器

并联型晶体振荡器的工作原理和一般反馈式 LC 振荡器相同，只是把石英谐振器置于反馈网络的振荡回路之中，作为一个感性元件，并与其他回路元件一起按照三点式振荡器的构成原则组成三点式振荡器。根据这一原理，在理论上可以构成三种类型的基本电路，而实际应用中只是如图 6.6.29(a)、(b)所示的两种基本电路。

图 6.6.29(a)称为皮尔斯振荡器，因为石英谐振器接在晶体管的 c、b 端之间，所以又称 CB 型振荡器，它相当于电容三点式振荡器。图 6.6.29(b)称为密勒振荡器。因为石英谐振器接在晶体管 b、e 端之间，又称 BE 型振荡器，它相当于电感三点式振荡器。这种电路由于晶体管 b、e 端之间输入阻抗小，影响回路的标准性，所以有源器件常用输入阻抗高的场效应管，如图 6.6.30 所示。

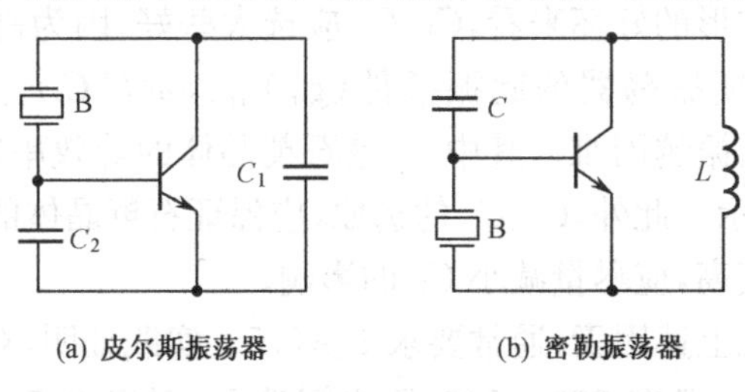

图 6.6.29　并联型晶体振荡器的两种基本形式

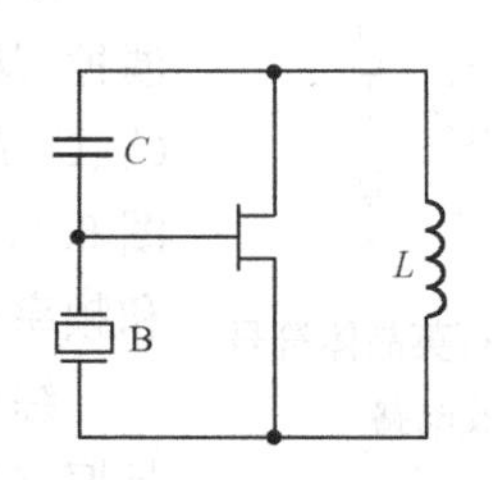

图 6.6.30　密勒振荡器

上述两种电路形式和三点式相同,三点式的振荡条件我们已经分析过。下面以皮尔斯电路为例(见图 6.6.31)说明几个问题。

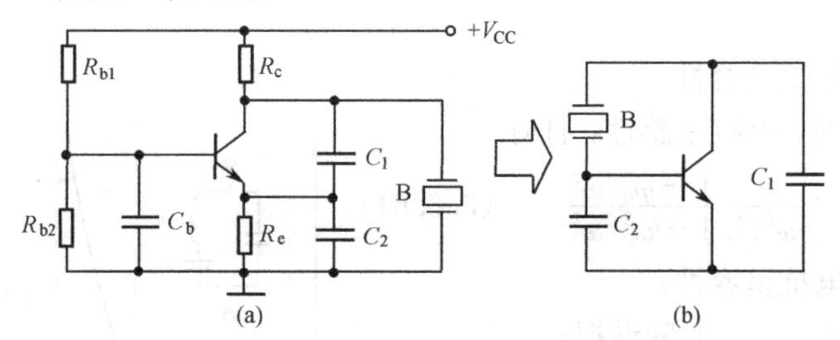

图 6.6.31　皮尔斯振荡器及等效电路

第一,对石英谐振器的参数做几点说明。

① 负载电容 C_L 是并联在石英谐振器两端的外电路电容,是由生产厂家给定的,产品说明书上都标有负载电容的数值。如 JA5 小型金属壳高频晶体的 C_L=30pF。而低频晶体的 C_L=100pF。

② 有关石英谐振器及晶体振荡器频率的含义,如图 6.6.32 所示。图中:f_q 为石英谐振器的串联谐振频率;f_p 为石英谐振器的并联谐振频率;f_N 为考虑负载电容后,晶体振荡器的标称频率。

③ 微调电容 C_t 是在图 6.6.31(b)的基础上增加微调电容,如图 6.6.33 所示。用 C_t 调整 C_L,使振荡频率正好等于标称频率 f_N。此外,晶体的物理、化学性能虽然稳定,但温度变化仍然影响其参数,振荡频率 f_N 不免有缓慢地变化,也需要调节。

$$\frac{1}{C_L}=\frac{1}{C_1}+\frac{1}{C_2}+\frac{1}{C_t} \tag{6.6.62}$$

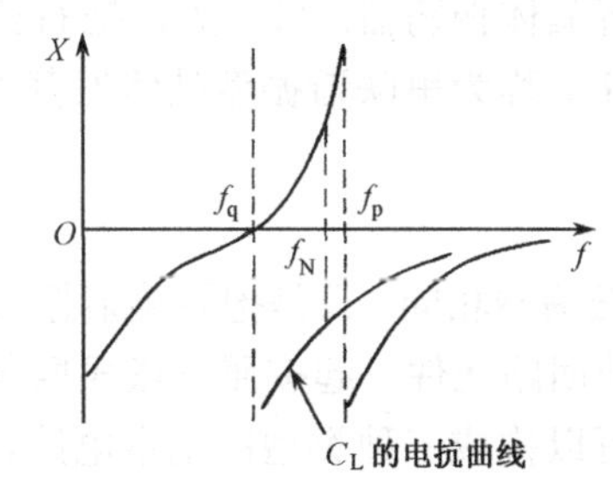

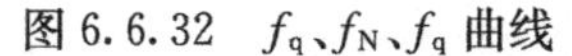

图 6.6.32　f_q、f_N、f_q 曲线

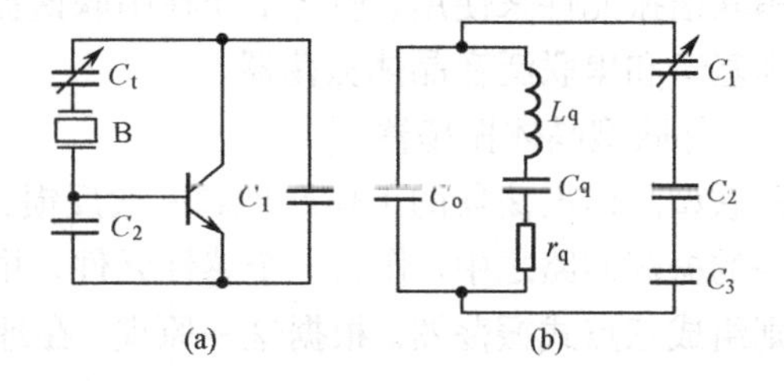

图 6.6.33　用微调电容调整 C_L 的电路

测量出 C_t 两端的高频电压有效值 U_{ef},可得晶体的激励电流 $I_{qef}=\omega C_t U_{ef}$。由于加了微调电容 C_t,减弱了石英谐振器与晶体管之间的耦合,有利于提高频率稳定度。

第二,讨论一下晶体振荡器 C_1、C_2 的选择。

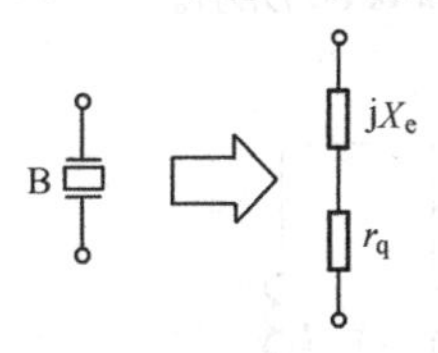

图 6.6.34　石英晶体符号及等效电路

从振荡波形的好坏来看,C_1、C_2 应选大些好,因为高次谐波易滤掉,从皮尔斯振荡器的起振条件$(g_m)_{min}>\omega^2 C_1 C_2 r_q$,可以看出 C_1、C_2 越大起振越困难。其中 r_q 是石英晶体的等效串联电阻,如图 6.6.34 所示。此外,C_1、C_2 的选取,应保证石英晶体的激励电平和频率稳定度高,应尽量减小 C_L 的影响。

综合考虑上述因素,通常要求 $F\geqslant0.5$。实践证明,对于 5MHz 晶振,C_1、C_2 一般在 250～500pF 之间选取;对于 2.5MHz 晶振,

C_1、C_2 一般在 650～1100pF 之间选取。

第三，对石英谐振器在电路中的稳频原理做如下说明：

① 石英谐振器参量具有高度的稳定性。皮尔斯振荡器的等效电路如图 6.6.35 所示。忽略晶体管极间参数的影响及 r_q 的影响，近似认为振荡频率等于回路的谐振频率。

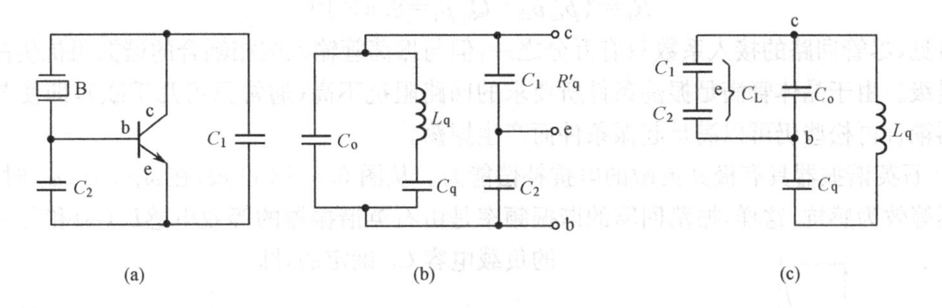

图 6.6.35　皮尔斯振荡器等效电路

$$\omega_0=\frac{1}{\sqrt{L_qC_q(C_o+C_L)/(C_q+C_o+C_L)}}=\omega_q\sqrt{1+\frac{C_q}{C_o+C_L}}$$

因为 $C_q/(C_o+C_L)\ll 1$，用二项式定理展开，取前两项，则上式为

$$\omega_0\approx\omega_q\left[1+\frac{1}{2}\frac{C_q}{C_o+C_L}\right] \tag{6.6.63}$$

式中
$$C_L=\frac{C_1C_2}{C_1+C_2}$$

由式(6.6.63)可以看出，由于石英谐振器的参量具有高度的稳定性，晶体回路的标准性很高；串联谐振频率 ω_q 也就非常稳定。又因 $C_o+C_L\gg C_q$，因此，由于 C_L 的不稳定而引起频率的变化也就很小。当然 C_L 应选温度系数小、性能稳定、损耗小的优质电容，如云母电容 D 组。这是石英晶体具有高稳频能力的因素之一。

②振荡回路与晶体管之间的耦合很弱。将图 6.6.35(b)变换一下可得图 6.6.35(c)所示电路。对石英谐振器而言，外电路只与 C_o 相耦合，故晶体管 c、b 两端的接入系数为

$$p=\frac{C_q}{C_o+C_L+C_q}<10^{-3}\sim 10^{-4}$$

式中
$$C_o+C_L+C_q\gg C_q$$

这就大大减小了外电路中不稳定参量对石英谐振器等效参量的影响，从而提高了回路的标准性。这是石英晶体具有高稳频能力的因素之二。

振荡管与回路的耦合极其微弱，那么，是否满足振幅平衡条件呢？我们知道，石英谐振器的 Q_q 和特性阻抗 $\rho_q=(L_q/C_q)^{1/2}$ 都很大。这样，即使接入系数很小，在振荡管的集电极和发射极之间仍呈现很大的阻抗。由图 6.6.35(b)的 c、e 端看进去的谐振阻抗为

$$R'_p=p_{ce}^2p_{cb}^2Q_q\rho_q \tag{6.6.64}$$

式中，$p_{ce}=C_L/C_1=C_2/(C_1+C_2)$ 为振荡管 c、e 端对回路 c、b 端的接入系数；$p_{cb}=C_q/(C_o+C_L+C_q)$ 为外电路对谐振器回路的接入系数。

【例 6.6.2】 BA12 型 2.5MHz 精密石英谐振器，其参数 $L_q=19.5$H，$C_q=2.1\times10^{-4}$pF，$r_q\leqslant110\Omega$，$C_o=5$pF。假定振荡管输出端对谐振器回路的接入系数 $p=p_{ce}p_{cb}=10^{-4}$，求与振荡管相耦合的谐振阻抗 R'_p。

解:因
$$Q_q=\frac{2\pi f L_q}{r_q}=2.8\times10^6$$
$$\rho_q=\sqrt{\frac{L_q}{C_q}}=3.04\times10^8$$
故
$$R_p'=(p_{ce}p_{cb})^2Q_q\,\rho_q=8.5\times10^6$$

可见,尽管回路的接入系数只有万分之一,但与振荡管输入端相耦合的谐振阻抗仍高达兆欧数量级。由于晶体管满足振荡条件所要求的回路阻抗不高(通常只需几千欧),即使与石英谐振器耦合再松些仍可以满足起振条件而产生振荡。

③ 石英谐振器具有极其灵敏的电抗补偿能力。从图6.6.28可知,在$\omega_q<\omega<\omega_p$时,石英谐振器等效为感抗,这样,振荡回路的谐振频率是由石英谐振器的等效电感$L_e(\omega)$和与其并联的负载电容C_L确定的,即

$$\omega_0=\frac{1}{\sqrt{L_e(\omega)C_L}} \qquad (6.6.65)$$

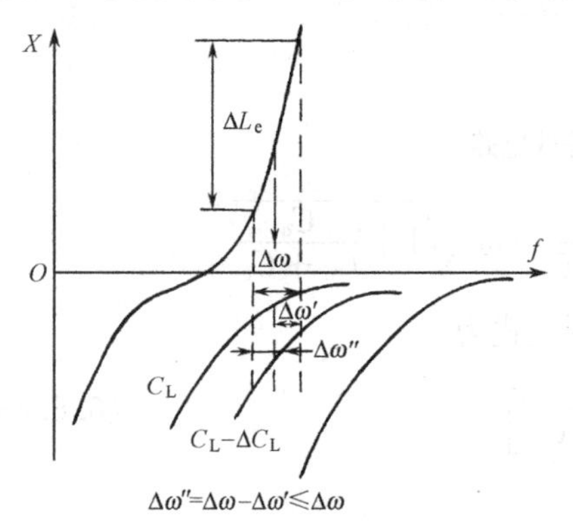

图6.6.36 晶振的稳频原理

$L_e(\omega)$与一般电感不同,它是频率的函数,当频率ω从$\omega_q\sim\omega_p$时,L_e则从0变到∞。在这样十分稳定而又狭窄的$\omega_q\sim\omega_p$之间,存在着一条极其陡峭的感抗曲线。而振荡频率又被限定在此频率范围内工作,由于该感抗曲线对频率具有极大的变化速率。因此具有很高的稳频能力。由图6.6.36可知,若由于某种原因C_L减小了ΔC_L,则频率由ω_0增加为$\omega_0+\Delta\omega$,使得等效电感L_e增加ΔL_e,从而频率下降维持在原来ω_0附近,即$\Delta\omega''\leqslant\Delta\omega$,所以,尽管电路中电容有较大的变化,但对工作频率的影响却是十分微小的。

可见,一旦外因有所变化而影响到石英谐振器,它有力图使频率保持不变的极其灵敏的电抗补偿能力。这是晶体振荡器频率稳定度高的原因之三。

由于皮尔斯振荡器的频率稳定度高,因此,在频率稳定度要求较高的场合,几乎都采用皮尔斯回路。至于抑制其他谐波,可用LC回路代替C_1,只是该回路的固有谐振频率应略低于振荡频率,LC回路呈容性。

然后介绍密勒(BE型)振荡器。

石英谐振器连接在晶体管的基极和发射极之间,由于正向偏置时发射结电阻较小,对石英谐振器的分路作用大,影响频率稳定度,所以密勒振荡器常用场效应管。

如图6.6.37所示,在图(a)的等效电路中由于石英谐振器等效为一电感,所以L_1C_1回路也应等效为一电感。读者可自行分析振荡频率和回路固有频率之间的关系。这种振荡器类似于电感三点式振荡器,因此振荡条件的分析就无需重复了。

下面讨论一下并联型泛音晶体振荡器。

之所以采用泛音晶体,是因为石英谐振器的频率越高要求晶片越薄,如$f=1.615$MHz的AT切型的晶片厚1mm。频率越高,切片越薄,机械强度越差,容易振碎。为了提高晶振频率,可使电路工作在晶体机械振动的泛音上(3～7次)。工作在泛音上的晶体叫泛音晶体,它是一种特制的晶体。当工作频率高于20MHz时都采用泛音晶振,它的频率可高达200MHz。泛音晶体易加工,老化效应小,稳定性高。

并联型泛音晶振如图6.6.38(a)所示,图中用L_1C_1代替C_1,因此L_1C_1应呈容性(即$\omega_1<$

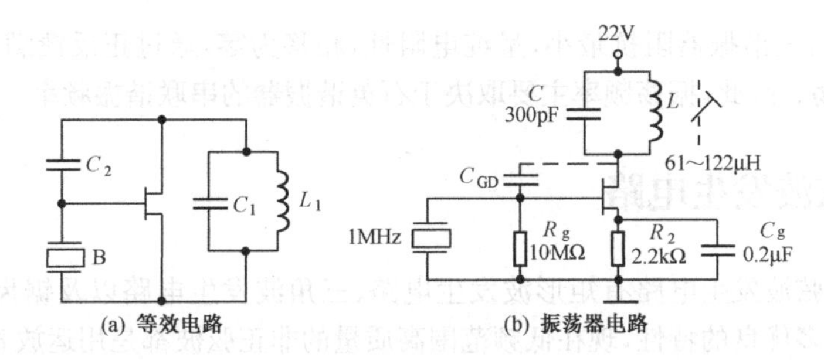

图 6.6.37　密勒振荡器

ω_g)。对于 5MHz 晶振，f_0=5MHz(5 次泛音)则 L_1C_1 就应调谐在 3～5 次泛音频率之间(最好略低于 4 次)。

由图 6.6.38(b)可见：当 f=5MHz 时，$X_{L_1C_1}$ 呈容性，能振荡；当 f=3MHz 时，$X_{L_1C_1}$ 呈感性，不能振荡；当 f=7MHz 时，$X_{L_1C_1}$ 呈容性，等效 C_e 较大，容抗较小，故不能振荡。

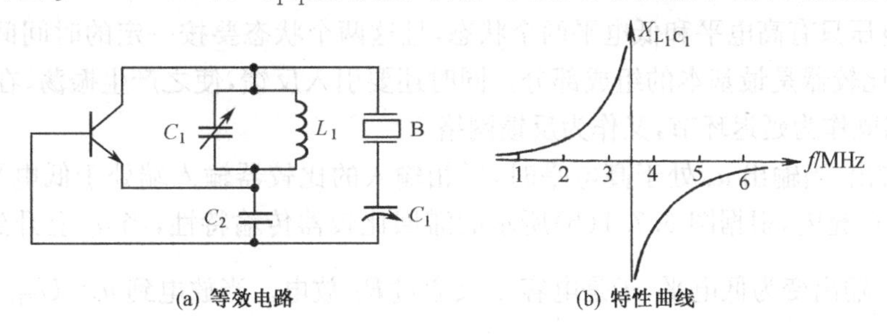

图 6.6.38　并联型泛音晶体振荡器及 $X_{L_1C_1}$

这种电路中 L_1C_1 回路是不可缺少的，而且必须调谐在 n 和($n-2$)次泛音之间(n 为标称泛音次数)，电路才能振荡在 n 次泛音频率上。

(2) 串联型晶体振荡器

如上所述，并联型晶体振荡器，石英谐振器等效为电感 L_e，它与外接电抗元件及晶体管组成皮尔斯、密勒振荡器，标称频率略低于晶体的并联谐振频率，晶体呈现高阻抗。而串联型晶体振荡器，石英谐振器工作在串联谐振频率附近，呈现低阻抗，构成正反馈通路，如图 6.6.39(a)所示。图 6.6.39(b)是其交流等效电路。

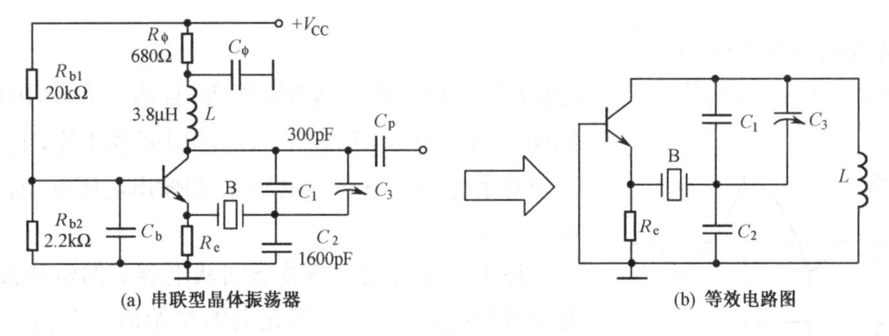

图 6.6.39　串联型晶体振荡器

这种振荡器类似于三点式振荡器，区别就是两个分压电容 C_1、C_2 的中间抽头通过石英谐振器接到晶体管的发射极，完成正反馈的作用。

L、C_1、C_2、C_3 组成并联谐振回路，调谐在振荡频率上。当振荡频率等于石英谐振器的串联谐振频率时,石英谐振器阻抗最小,呈纯电阻性,相移为零,通过正反馈满足振幅和相位条件,电路产生振荡。因此,振荡频率主要取决于石英谐振器的串联谐振频率。

6.7 非正弦波发生电路

常用的非正弦波发生电路有矩形波发生电路、三角波发生电路以及锯齿波发生电路等。因集成运放有许多优良的特性,现在低频范围高质量的非正弦波都是用运放直接产生。

6.7.1 矩形波发生电路

矩形波发生电路是其他非正弦波发生电路的基础。典型的矩形波发生电路如图 6.7.1(a)所示。

1. 电路工作原理

矩形波电压只有高电平和低电平两个状态,且这两个状态要按一定的时间间隔交替地转换,显然滞回比较器是最基本的组成部分。同时还要引入反馈,使之产生振荡,在图 6.7.1(a)中的 RC 回路既作为延迟环节,又作为反馈网络。

从图中看出,当输出 u_o 处于高电平时,反相输入的比较器输入端处于低电平,u_o 通过电阻 R_3 向电容 C 充电,根据图 6.7.1(b)所示的滞回比较器传输特性,当 u_c 上升到$u_c=U_{TH1}=\dfrac{R_1}{R_1+R_2}U_Z$ 时,输出变为低电平,于是电容 C 又通过 R_3 放电。当放电到 $u_c=U_{TH2}=\dfrac{-R_1}{R_1+R_2}U_Z$ 时,输出电平转回高电平。如此反复,输出矩形波电压。

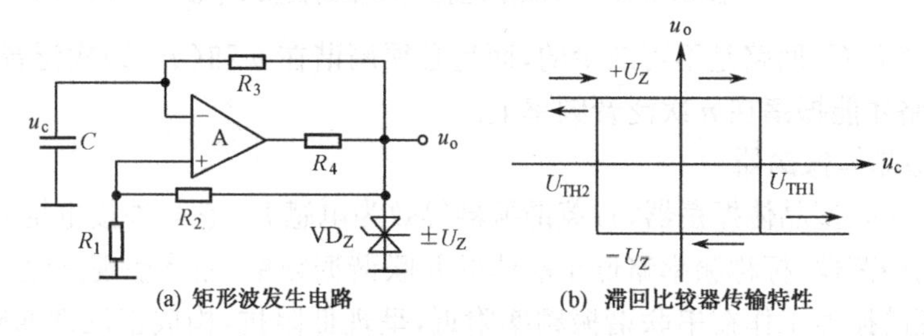

图 6.7.1 矩形波发生电路及比较器传输特性

2. 波形和参数分析

在图 6.7.1(a)中,电容 C 正向充电和反向放电的时间常数相等,且均为 R_3C,因此在一个周期中,$u_o=+U_Z$ 和$u_o=-U_Z$ 的时间也相等,于是输出 u_o 为对称的方波。电容上电压 u_c 和输出电压 u_o 的波形如图 6.7.2 所示。

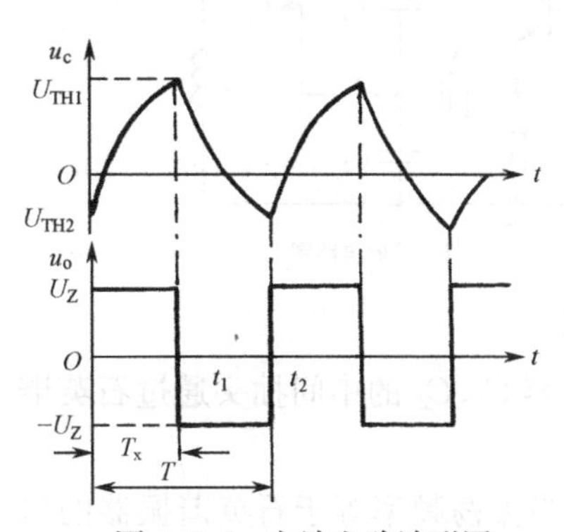

图 6.7.2 方波电路波形图

图 6.7.2 方波电路波形图从电容上的电压波形可知,在半周期内,t_1 时刻电容充电的初始值为 U_{TH1},t_2 时刻的电压值为 U_{TH2},当时间 t 趋于无穷大时的稳态值为$-U_Z$,时间常数为 R_3C,按照三要素法有方程

$$f(t)=f(\infty)+[f(0_+)-f(\infty)]e^{-\frac{t}{\tau}}$$

于是得

$$U_{TH2}=-U_Z+(U_{TH1}+U_Z)e^{-\frac{\Delta t}{R_3C}}$$

因为

$$U_{TH1}=\frac{R_1}{R_1+R_2}U_Z,\quad U_{TH2}=-\frac{R_1}{R_1+R_2}U_Z$$

代入上式，得

$$\Delta t=R_3C\ln\left(1+\frac{2R_1}{R_2}\right)\tag{6.7.1}$$

即是方波段的脉冲宽度。方波的周期

$$T=2\Delta t=2R_3C\ln\left(1+\frac{2R_1}{R_2}\right)\tag{6.7.2}$$

方波的占空比

$$q=\frac{\Delta t}{T}=\frac{1}{2}\tag{6.7.3}$$

可见，改变正反向充电的时间常数，就可得到不同占空比的矩形脉冲系列。图 6.7.3 是占空比可调的矩形波发生电路。

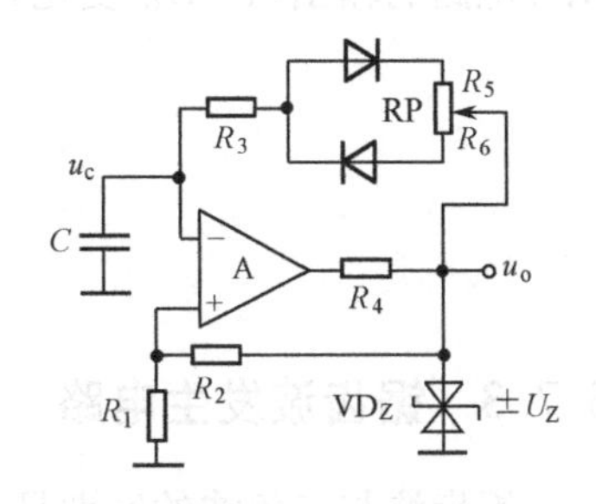

图 6.7.3　占空比可调的矩形波发生电路

电路中正反向充电的时间常数分别是 $\tau_1=(R_3+R_6)C$ 和 $\tau_2=(R_3+R_5)C$。占空比为

$$q=\frac{\Delta t}{T}=\frac{\tau_1}{\tau_1+\tau_2}$$

6.7.2　三角波发生电路

三角波发生电路可由滞回比较器和积分电路构成。其中滞回比较器起开关作用，积分电路起延迟作用。实际电路如图 6.7.4 所示。

1. 电路工作原理

设滞回比较器在某时刻 $u_{o1}=+U_Z$，则对电容 C 充电，积分电路的输出电压 u_o 按线性规律下降，于是 A_1 同相输入端的电压 u_+ 下降，当下降到 $u_+=u_-=0$ 时，滞回比较器输出电压 u_{o1} 跳变到 $-U_Z$，u_+ 下降到比 0 电压低得多的数值，于是电容放电，u_o 按线性规律上升，当回到 $u_+=u_-=0$ 时，滞回比较器输出电压 u_{o1} 又跳回到 $+U_Z$，重复前面的过程。由于电容的充放电时间相同，积分电路的输出电压成三角波。图 6.7.5 是三角波发生电路的波形图。

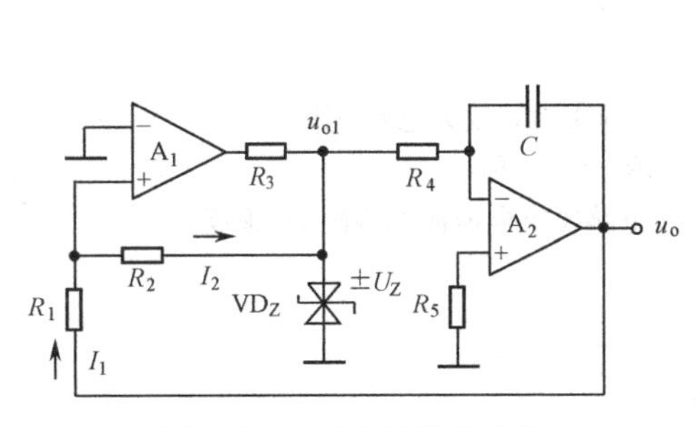

图 6.7.4　三角波发生电路

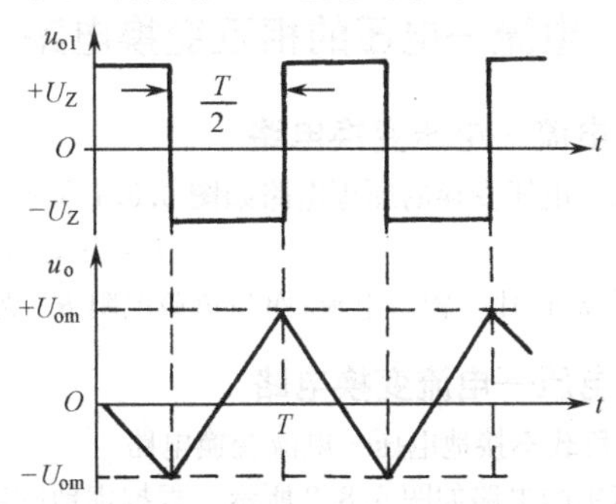

图 6.7.5　三角波发生电路的波形图

2. 输出电压峰值和振荡周期

滞回比较器输出电压发生跳变时,$u_+ = u_- = 0$,因此 R_1 和 R_2 上流过的电流相等。于是得电流及输出电压峰值

$$I_1 = I_2 = \frac{U_Z}{R_2}$$

$$U_{om} = -I_1 R_1 = -\frac{R_1}{R_2} U_Z \tag{6.7.4}$$

积分电路的输出从 $+U_{om}$ 变化到 $-U_{om}$ 的时间是 $\frac{T}{2}$,于是

$$\frac{1}{C}\int_0^{\frac{T}{2}} \frac{U_Z}{R_4} dt = |2U_{om}|$$

$$T = 4R_4 C \frac{U_{om}}{U_Z} = \frac{4R_1 R_4}{R_2} C \tag{6.7.5}$$

6.7.3 锯齿波发生电路

锯齿波与三角波的区别是三角波上升和下降的斜率相等,锯齿波上升和下降的斜率不等。因此只要改变三角波的上升和下降斜率,即改变三角波发生电路的上升和下降时间常数,就得到锯齿波发生电路。电路如图 6.7.6 所示。从图中看出,充电回路的等效电阻为 $R' = r_{d1} + R'_P$,充电时间常数为 $\tau_1 = R'C$;放电回路的等效电阻为 $R'' = r_{d2} + R_P - R'_P$,放电时间常数为 $\tau_2 = R''C$。输出电压上升和下降的时间比为

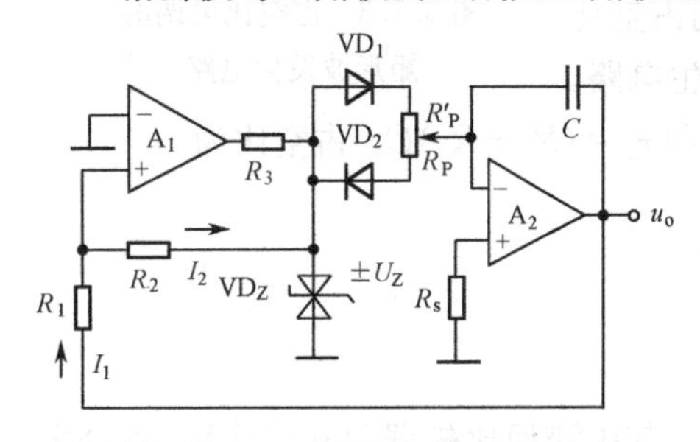

图 6.7.6 锯齿波发生电路

$$\frac{R'}{R''} = \frac{r_{d1} + R'_P}{r_{d2} + R_P - R'_P} \tag{6.7.6}$$

*6.8 利用集成运放实现信号变换的电路

信号转换电路是将一种信号转换成另外一种信号的电路。例如,在控制系统和测量设备中,通常要用到电流—电压之间的互相转换,在遥控遥测系统和数字测量中,常常要进行电压—频率之间的相互转换。利用集成运放可较方便地实现上述信号转换。

6.8.1 电流—电压的相互变换电路

1. 电流—电压变换电路

电流—电压变换的原理电路如图 6.8.1 所示。设 A 为理想运算放大电路,则

$$i_f = i_s, \quad u_o \approx -i_f R_F \approx -i_s R_F \tag{6.8.1}$$

输出电压 u_o 正比于输入电流,而与负载电阻 R_L 无关。该电路要求电流源的内阻 R_s 很高。

2. 电压—电流变换电路

(1) 负载不接地电压—电流变换电路

最简单的电路如图 6.8.2 所示。根据虚地的原理有

$$i_L \approx i_1 \approx \frac{u_i}{R_1} \tag{6.8.2}$$

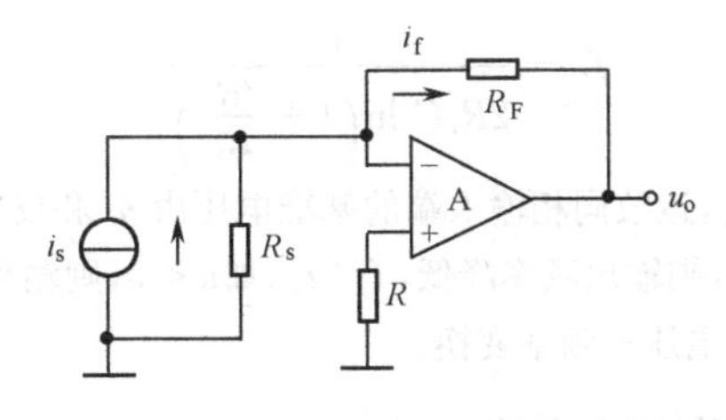

图 6.8.1　电流—电压变换的原理电路

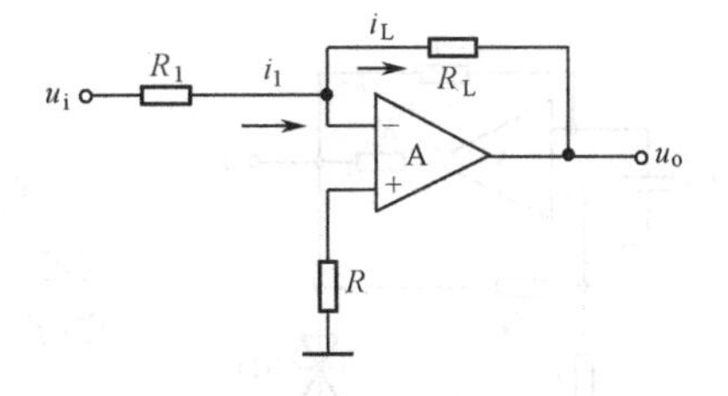

图 6.8.2　电压—电流变换电路

该电路最大负载电流受运放的最大输出电流的限制，最小电流受运放的输入电流 I_B 限制，输出电压 u_o 不得超出运放的最大输出电压。

(2) 负载不接地电压—电流变换电路(恒流源型)

图 6.8.3 也是两种负载不接地电压—电流变换电路，由于输入信号改成直流电压 E，故称为恒流源。显然在图 6.8.3(a)中，负载电流为

$$I_L = I_R = E/R \tag{6.8.3}$$

在图 6.8.3(b)中，负载电流为

$$I_L=\beta I_B=\alpha(E/R) \tag{6.8.4}$$

运放输出电流

$$I_o=I_L/\beta$$

因此输出恒电流 I_L 比 I_o 扩大了 β 倍。

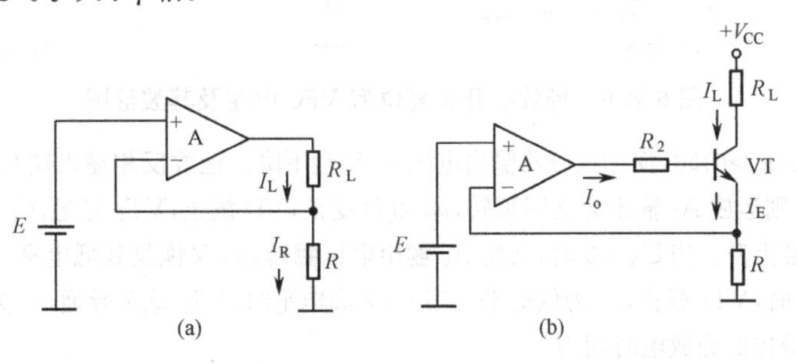

图 6.8.3　两种负载不接地电压—电流变换电路

(3) 负载接地电压—电流变换电路

图 6.8.4 所示为负载接地恒流源。如设 A 为理想运放，则输出电压为

$$U_o = E+I_L R_L = I_L(R+R_L) \tag{6.8.5}$$

从上式可解得恒流源输出电流 I_L 为

$$I_L = \frac{E}{R} \tag{6.8.6}$$

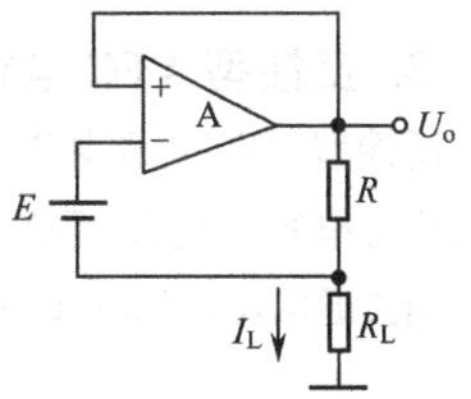

图 6.8.4　负载接地恒流源

6.8.2　电压—频率变换电路

电压—频率变换电路(VFC)是把电压信号变成相应的频率信号。该电路通常是由积分电路、电压比较器和自动复位开关电路三部分组成。各种类型的 VFC 电路只是复位方法及复位时间不同而已。下面讨论由运放构成的各种电路。

1. 简单的 VFC 电路

简单的 VFC 电路如图 6.8.5 所示。从图可知，当外信号 $u_i=0$ 时，电路为方波发生器，振荡频率为

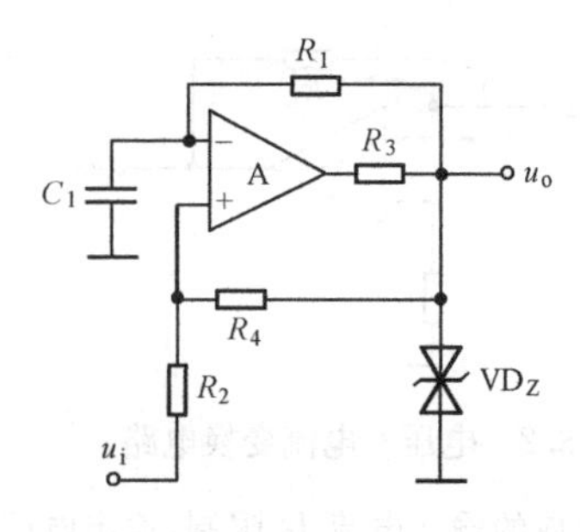

图 6.8.5 简单的VFC电路

$$f_o=\frac{1}{2R_1C_1\ln\left(1+\frac{2R_2}{R_4}\right)} \tag{6.8.7}$$

当 $u_i\neq0$ 时，运放同相输入端的基准电压由 u_i 和反馈电压 F_uu_o 确定。如 $u_i>0$，则输出频率降低，$f<f_0$；如 $u_i<0$，则输出频率升高，$f>f_0$。实现了电压—频率变换。

2. 复位型VFC电路

复位型VFC电路采用各种不同的模拟电子开关对VFC电路中的积分器进行复位。下面以场效应开关复位型VFC电路为例来说明该类电路的工作原理。

图6.8.6为场效应开关复位型VFC电路及波形图。从图看出，接通电源后，由于运放 A_2 反相输入端受 U_B($U_B>0$)的作用，其输出反向饱和，输出 $u_{o2}<0$ 为低电平 u_{o2L}，复位开关管 VT_1 的栅极钳位在很大的负电平上而截止，此时输出管也截止，输出 u_o 为低电平 u_{oL}。VFC电路处于等待状态。

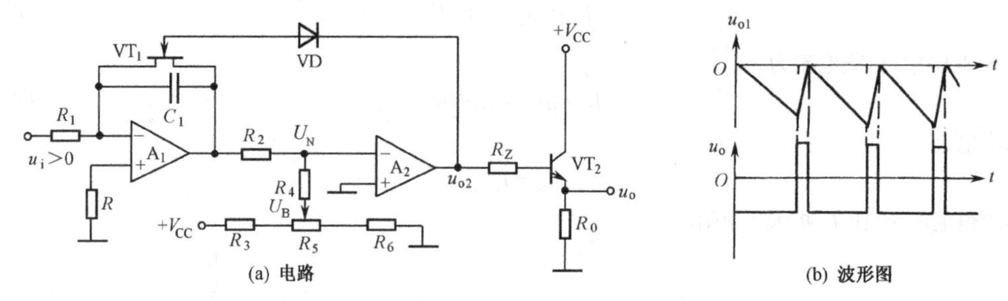

图 6.8.6 场效应开关复位型VFC电路及其波形图

当输入正电压 $u_i(u_i>0)$时，反相积分器输出电压 u_{o1} 线性下降。运放反相输入端 U_N 受 U_B 和 u_{o1} 共同作用(叠加)，若 $U_N<0$，则运放 A_2 输出会立即翻转，u_{o2} 由负变正，VD截止，VT_1 导通，C_1 通过 VT_1 迅速放电，使 u_{o1} 的电位迅速线性上升。当 $U_N>0$ 时，又使 A_2 输出电压翻转，u_{o2} 又恢复到低电平。这个过程反复进行。另外，当 u_{o2} 为低电平时，VT_2 截止，u_o 为低电平。当 u_{o2} 为高电平时，VT_2 饱和导通，u_o 为高电平。

由电路可知，积分器的充放电时间为

$$t_1\approx R_1C_1\frac{U_B}{u_i},\qquad t_2=r_{dc}C_1$$

因为 $t_1\gg t_2$，所以脉冲系列的频率为

$$f\approx\frac{1}{t_1}=\frac{1}{R_1C_1U_B}u_i \tag{6.8.8}$$

可见输出脉冲频率与输入正电压大小成正比。

3. 反馈型VFC电路

反馈型VFC电路如图6.8.7所示。它是由积分器 A_1、比较器 A_2 和开关管VT构成的。开关管VT不再与积分电容 C 连接，而是连接在运放输入的反相输入端和地之间。

当接通电源，且 $u_i=0$ 时，由于 U_R 影响，A_2 反向饱和，使得开关管VT截止，输出电压

$$u_o=u_{oL}=\frac{R_2+R_7}{R_2+R_3+R_7}U_R$$

电路处于等待状态。

当输入正电压 $u_i>0$ 时，积分电路 C_1 充电，其输出电压 u_{o1} 在负方向线性增加。当 $u_{o1}\leqslant u_{oL}$ 时，A_2 由反向饱和转入正向饱和。开关管VT饱和导通，输出电压

$$u_o=u_{oH}=0$$

开关管VT饱和导通后，积分电容 C 通过开关管VT迅速放电，u_{o1} 迅速上升。当 u_{o1} 大于二极管的正向导通电压 U_D(~0.6V)时，A_2 跳回反向饱和，输出 u_o 为低电平 u_{oL}。开始重复上述过程，如此反复。u_o 保持低电平

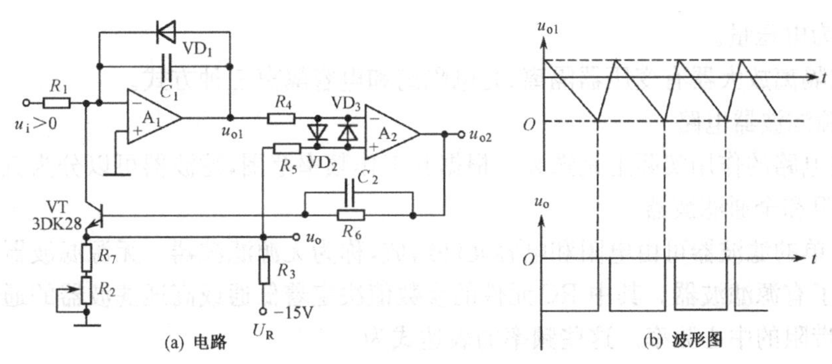

图 6.8.7　反馈型 VFC 电路

的时间可从积分器电容 C_1 的充电时间求得

$$t_1=\left[\left(\frac{R_2+R_7}{R_2+R_3+R_7}\mid U_R\mid+U_D\right)R_1C_1\right]u_i^{-1}$$

由于电容 C_1 的放电时间 $t_2\ll t_1$，故输出电压脉冲的频率为

$$f=t_1^{-1}=u_i\left[\left(\frac{R_2+R_7}{R_2+R_3+R_7}\mid U_R\mid+U_D\right)R_1C_1\right]^{-1}\tag{6.8.9}$$

输出信号频率与输入电压大小成比例变化，从而完成了电压—频率的转换。

本 章 小 结

集成运算放大器加上适当的反馈网络，可以实现模拟信号的数学运算，运放因此得名。目前运放已得到非常广泛的应用。本章只列举了运放应用的一部分，它像双极型三极管和场效应管一样作为一个器件被应用到各个领域中。

(1) 由于运放电路工作在线性区，在分析运算电路的输入、输出关系时，一定要牢记理想运放工作在线性区时的两个特点，即“虚短”和“虚断”。通常从这两个特点出发进行分析。

① 比例运算电路是最基本的信号运算电路，在此基础上可以扩展、演变成为其他运算电路。比例运算电路有三种输入方式：反相输入、同相输入和差分输入。当输入方式不同时，电路的性能和特点各有不同。

② 在求和电路中，着重介绍了应用比较广泛的反相输入求和电路，这种电路实际上是利用“虚地”和“虚断”的特点，通过将各输入回路求和的方法实现各路输入电压求和。

③ 积分和微分互为逆运算，这两种电路是在比例电路的基础上分别将反馈回路或输入回路中的电阻换成电容而构成的。其原理主要是利用电容两端的电压与流过电容的电流之间存在着积分关系。

④ 对数和指数电路是利用二极管的电流和电压之间存在指数关系，在比例运算电路的基础上，将反馈回路或输入回路中的电阻换为二极管(或三极管)而组成的。

⑤ 乘法和除法电路可以由对数和指数电路组成。

(2) 信号处理中的放大电路也属于集成运放工作在线性区的另一类应用电路。

本节主要介绍精密放大电路、电荷放大电路、隔离放大电路等电路。

① 在测量技术中，常需要把桥路输出的差模小信号放大并换成单端输出信号，在这种情况下，需要采用精密放大电路。

② 在信号检测中，某些传感器(如压力传感器，压电式加速传感器等)其输入阻抗极高且呈容性，输出电压很弱，工作时，输出的电荷量与输入的物理量成比例。积分运算电路可以将

电荷量转换为电压量。

③ 集成隔离放大器有变压器隔离、光电隔离和电容隔离三种方式。

(3) 有源滤波器电路

① 滤波电路的作用实际上是选频。根据其工作频率范围,滤波器可以分为五类:低通、高通、带通、带阻和全通滤波器。

② 最简单的滤波器可由电阻和电容元件组成,称为无源滤波器。无源滤波器和集成运放结合就构成了有源滤波器。其中RC元件的参数值决定着低通或高通滤波器的通带截止频率以及带通和带阻的中心频率。这些频率的表达式为

$$f_o = \frac{1}{2\pi RC}$$

在有源滤波器中,集成运放的作用是提高电压放大倍数和带负载的能力。由于它起放大作用,必须工作在线性区,且引入一个深度负反馈。

③ 为了改善滤波特性,可将两级或更多级的RC电路串联,组成二阶或更高阶滤波器。在二阶有源低通滤波器电路中,常常在滤波器的输出端至两级RC电路之间引出一个反馈,此反馈的极性在高频段是负反馈,故使高频电压放大倍数急剧衰减,而在接近f_o但又低于f_o的频率范围内,该反馈基本上是正反馈,因此幅频特性得到补偿而不致下降过快,从而改善了滤波器的对数幅频特性,使之接近于理想特性。

④ 将一个RC低通电路和一个RC高通电路串联或并联在一起,可以分别构成带通滤波器或带阻滤波器。

(4) 电压比较器电路

① 电压比较器的输入信号是连续变化的模拟量,输出信号只有高电平或低电平两种状态,因此可以认为是模拟电路和数字电路"接口"。

电压比较器的集成运放常常工作在非线性区。运放处于开环状态,有时还引入一个正反馈。

② 常用的比较器有单限比较器、滞回比较器及窗口比较器(双限比较器)等。单限比较器只有一个门限电平。若门限电平为零称为过零比较器。滞回比较器具有滞回形状的传输特性,两个门限电平之间的差值称为门限宽度或回差。双限比较器有两个门限电平:上门限电平和下门限电平,传输特性呈窗口状,故又称窗口比较器。

(5) 模拟乘法器电路

模拟乘法器常采用变跨导式模拟乘法器,其输出电压与两个输入电压之乘积成正比(即$u_o = k u_x u_y$)。

模拟乘法器应用十分广泛。不仅可以用于乘除运算,还可以用于乘方运算、平方根运算、均方根运算、函数的生成等。除了运算方面的应用外,在通信电路中也得到极广泛的应用,如调幅波的调制与解调;抑制载波双边带调制、单边带调制和解调、鉴频鉴相、混频、倍频等。

(6) 正弦波发生器

① 一般来说,正弦波振荡电路由四部分组成:放大电路、反馈网络、选频网络和稳幅环节。

② 电路接成正反馈时,产生正弦波振荡的条件是

$$\dot{A}\dot{F} = 1$$

或分别用幅度平衡条件和相位平衡条件表示为

$$|\dot{A}\dot{F}| = 1$$

$$\varphi_A + \varphi_F = \pm 2n\pi \ (n = 0, 1, 2 \cdots)$$

在判断电路能否产生正弦波振荡时,可首先判断电路是否满足相位平衡条件。其判断常

用方法是瞬时极性判别法。

③ 若选频网络由 RC 组成，则称 RC 正弦振荡器。RC 振荡电路的振荡频率一般与 RC 的乘积成反比，这种振荡器可产生几赫至几百千赫的低频信号。常用的 RC 振荡电路有 RC 串并联网络(又称文氏桥式)振荡电路，移相式振荡电路和双 T 形选频网络振荡电路等。

④ 若选频网络由 LC 组成，则称 LC 正弦振荡器。LC 振荡电路的振荡频率主要取决于 LC 并联回路的谐振频率。一般与 $\sqrt{LC}$ 成反比，通常 f_0 可达一百兆赫以上。常用的 LC 振荡器有电感三点式振荡器，电容三点式振荡器和电容改进型三点振荡器。

⑤ 石英晶体振荡器相当于一个高 Q 值的 LC 振荡器。当要求正弦波振荡电路具有很高的频率稳定度时，可以采用石英晶体振荡器，其振荡频率决定于石英晶体的固有频率，频率稳定度可达 $10^{-5} \sim 10^{-8}$ 的数量级。

(7) 非正弦波发生电路

常见的非正弦波发生电路有矩形波发生电路、三角波发生电路和锯齿波发生电路等。非正弦波发生电路中的运放一般工作在非线性区。

① 矩形波发生电路可以由滞回比较器和 RC 充放电回路组成。利用比较器输出的高电平或低电平使 RC 电路充电或放电，又将电容上的电压作滞回比较器的输入，控制其输出端状态发生跳变，从而产生一定周期的矩形波输出电压。矩形波的周期与 RC 充放电的时间常数成正比，也与滞回比较器的参数有关。图 6.7.1(a)所示电路振荡周期的表达式为

$$T = 2R_3 C\ln\left[1 + \frac{2R_1}{R_2}\right]$$

使电容充电和放电的时间常数不同，即可得到占空比可调的矩形波信号。

② 将矩形波进行积分即可得到三角波，因此，三角波发生电路可由滞回比较器和积分电路组成，图 6.7.4 所示电路输出电压峰值为

$$U_{OM} = \frac{R_1}{R_2} U_E$$

振荡周期为

$$T = \frac{4R_1 R_4}{R_2} C$$

使积分电容充电和放电的时间常数不同，且相差悬殊，在输出端即可得到锯齿波信号。也可以说三角波是锯齿波的一个特例。

(8) 信号转换电路

信号转换电路是将一种信号转换成另外一种信号的电路。

例如，在控制系统和测量系统设备中，通常要用到电流—电压之间的相互转换，在遥控遥测系统中，常常要进行电压—频率之间的相互转换。利用集成运放可较方便实现上述信号转换。

习　题　六

6.1　填空题

(1) 为了抑制漂移，集成运放的输入级一般是__________放大电路，因此对于由双极型三极管构成输入级的集成运放，两个输入端的外接电阻应__________。

(2)“虚地”是__________的特殊情况。

(3) 反相比例运算电路中集成运放反相输入端为__________点，而同相比例电路中集成

运放两个输入端对地的电压基本上等于________电压。

(4) 反相求和电路中集成运放的反相输入端为虚地点，流过反馈电阻的电流等于各输入电流的________。

(5) 对数和指数电路是利用二极管的电流与电压之间存在________。

(6) 滤波电路的作用实际上是________。在有源滤波器中，集成运放的作用是提高电压放大倍数和________。

(7) 电压比较器的集成运放常常工作在________。常用的比较器有________比较器、________比较器和________比较器。

(8) 模拟乘法器常采用________模拟乘法器，其输出电压与两个输入电压的________成正比。

(9) 若选频网络由RC组成，则称为________正弦振荡器。RC振荡器的振荡频率一般与RC的乘积成________。常用的RC振荡器有RC________网络振荡电路，________振荡电路和________振荡电路等。

(10) 常见的非正弦波发生电路有________发生电路、________发生电路和________发生电路等。非正弦波发生电路一般工作在运放的________。

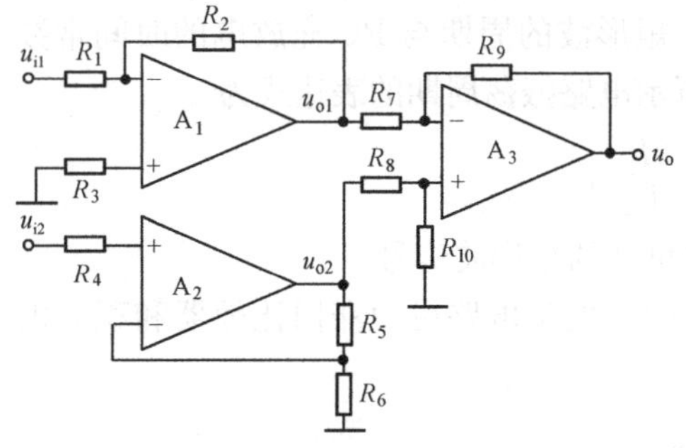

图 P6.1 题6.2电路图

6.2 在图P6.1所示的放大电路中，已知$R_1=R_2=R_5=R_7=R_8=10\text{k}\Omega$，$R_6=R_9=R_{10}=20\text{k}\Omega$。

(1) 试问R_3和R_4分别应选用多大的电阻；

(2) 列出u_{o1}、u_{o2}和u_o的表达式；

(3) 设$u_{i1}=0.3\text{V}$，$u_{i2}=0.1\text{V}$，则输出电压$u_o=?$

6.3 设图P6.2各电路中的集成运放是理想的，分别求出它们输出电压与输入电压的函数关系式，并指出哪个电路对运放的共模拟抑制比要求不高？为什么？

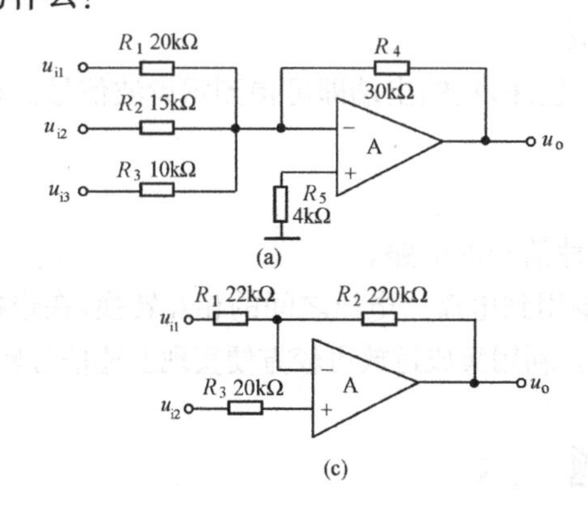

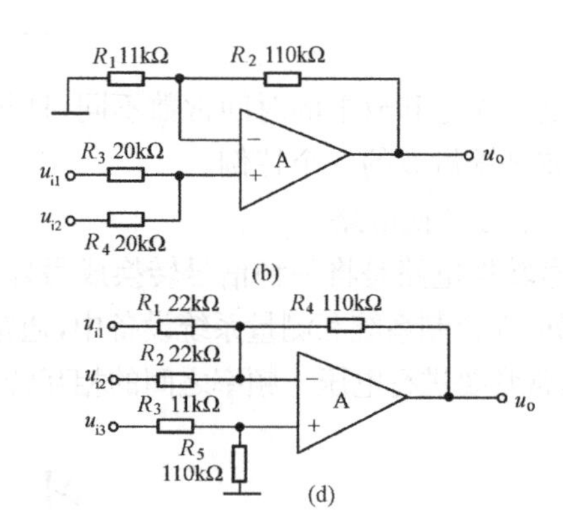

图 P6.2 题6.3电路图

6.4 设计一个加减运算电路，使$u_o=12u_{i1}+6u_{i2}-8u_{i3}$。选定反馈电阻$R_F=120\text{k}\Omega$。

6.5 在图P6.3(a)电路中，已知$R_1=100\text{k}\Omega$，$R_2=R_F=200\text{k}\Omega$，$R'=51\text{k}\Omega$，$u_{i1}$和$u_{i2}$的波形如图P6.3(b)所示，试画出输出电压$u_o$的波形，并在图上标明相应电压的数值。

6.6 图P6.4是一种恒流源电路。试分析它的工作原理，并写出负载电流I_L的表达式。

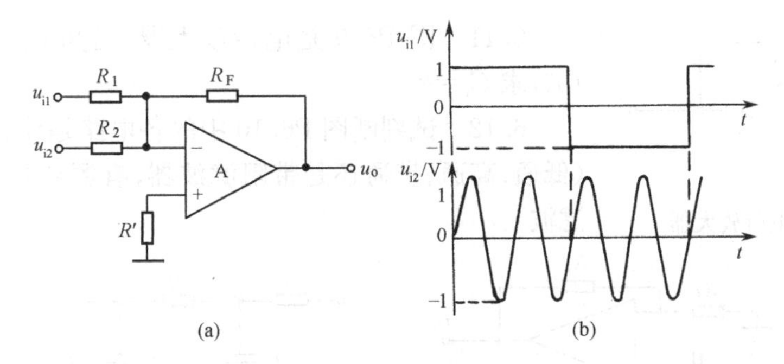

图 P6.3 题 6.5 电路图及波形图

6.7 设图 P6.5 所示电路中的集成运放具有理想特性，试求电路的输入电阻 $R_i=u_i/I_i$。

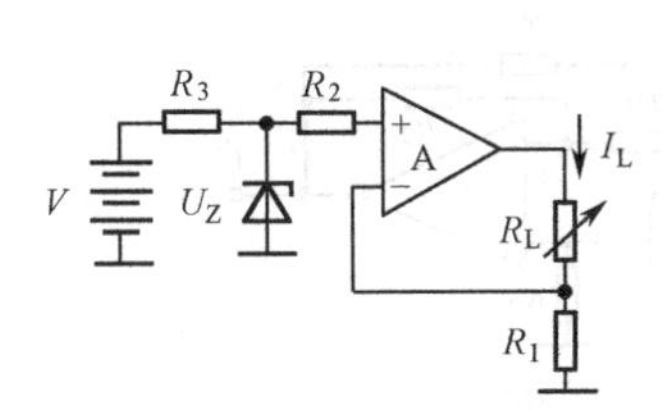

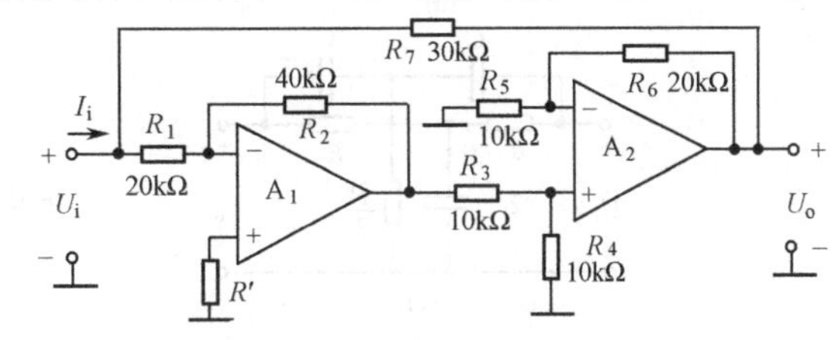

图 P6.4 题 6.6 电路图

图 P6.5 题 6.7 电路图

6.8 图 P6.6(a)电路中输入电压的波形如图 P6.6(b)所示，且 $t=0$ 时 $u_o=0$，试画出理想情况下输出电压的波形，并标出其幅值。

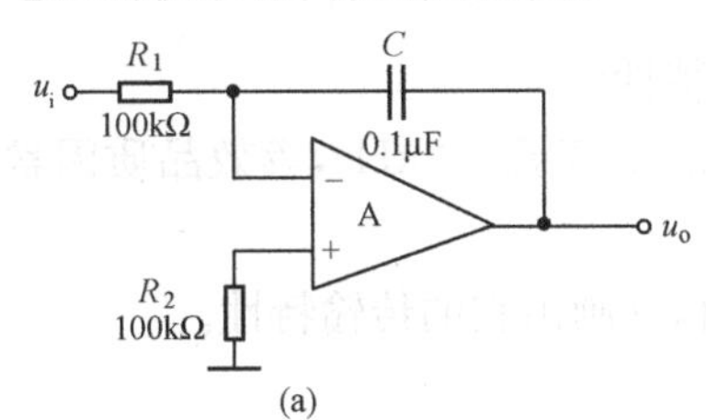

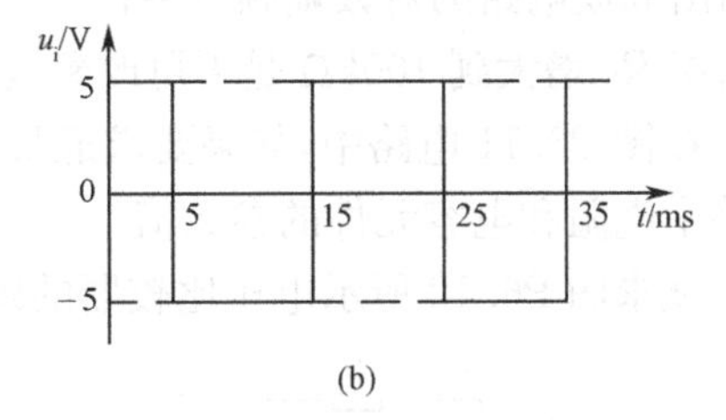

图 P6.6 题 6.8 电路图

6.9 写出图 P6.7 所示电路输出电压与输入信号 u_1、u_2 的运算关系。

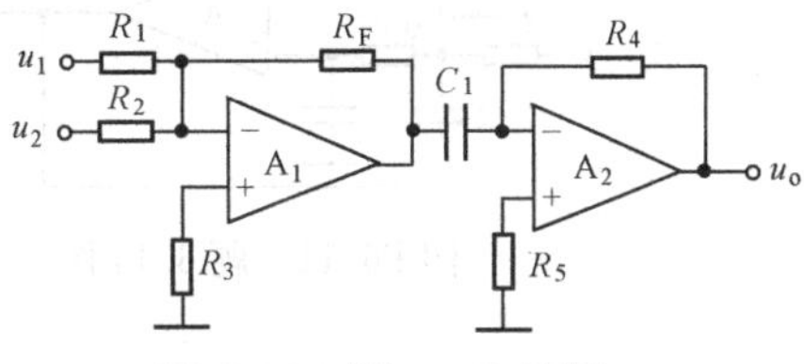

图 P6.7 题 6.9 电路图

6.10 设图 P6.8(a)和(b)电路中三极管的参数相同，各输入信号均大于零。

(1) 试说明各集成运放组成何种基本运算电路；

(2) 分别列出两个电路的输出电压与其输入电压之间关系的表达式。

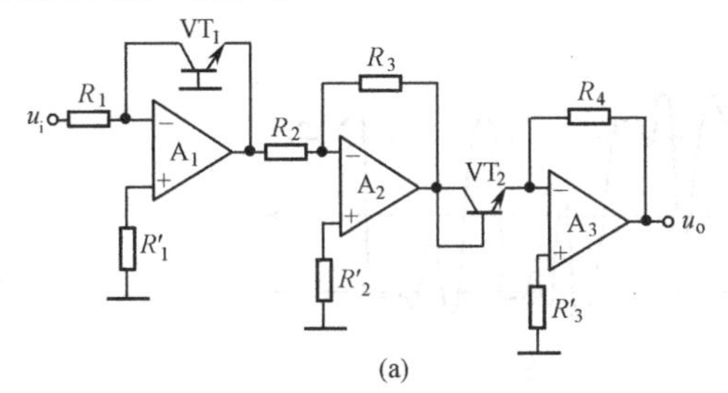

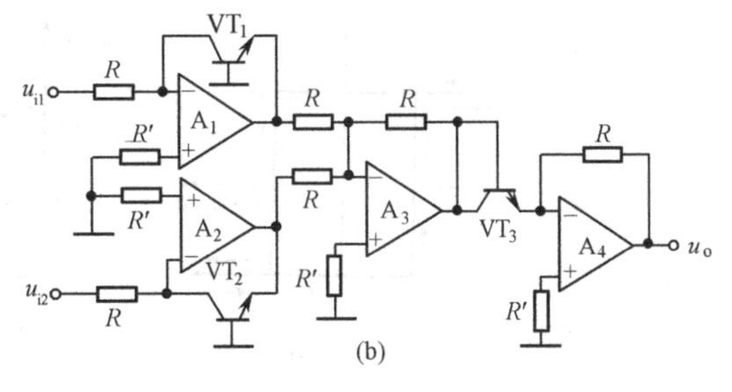

图 P6.8 题 6.10 电路图

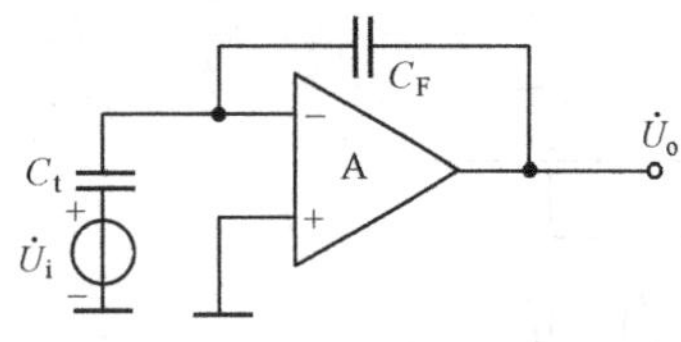

图 P6.9 电荷放大器

6.11 图 P6.9 是电荷放大器,已知 $C_F=1000\text{pF}$,$A_u=100$,求 $C_t=$?

6.12 试判断图 P6.10 中的各电路是什么类型的滤波器(低通、高通、带通还是带阻滤波器,有源还是无源滤波,几阶滤波)?

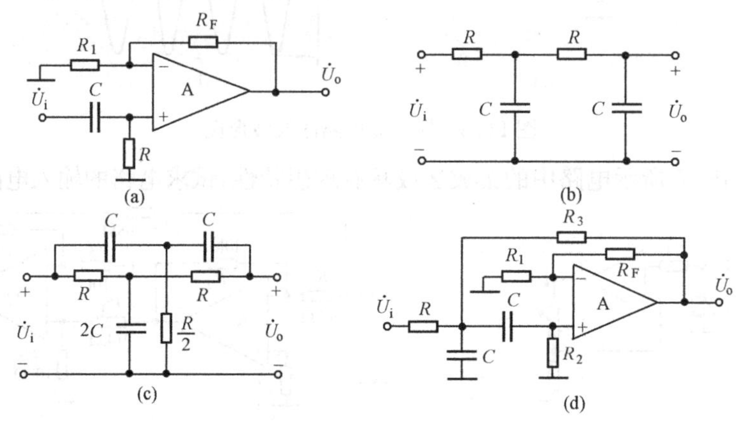

图 P6.10 题 6.12 电路图

6.13 在图 P6.11 所示的二阶低通滤波器电路中,设 $R=R_1=10\text{k}\Omega$,$C=0.1\mu\text{F}$,$R_F=10\text{k}\Omega$。

(1) 试估算通带截止频率 f_o 和通带电压放大倍数 A_{up};

(2) 画出滤波电路的对数幅频特性;

(3) 如将 R_F 增大到 100kΩ 是否可改善滤波特性?

6.14 在图 P6.11 电路中,如果要求通带截止频率 $f_p=2\text{kHz}$,等效品质因素 $Q=0.707$,试确定电路中电阻和电容元件的参数值。

6.15 试求图 P6.12 所示电压比较器的阈值,并画出它的传输特性。

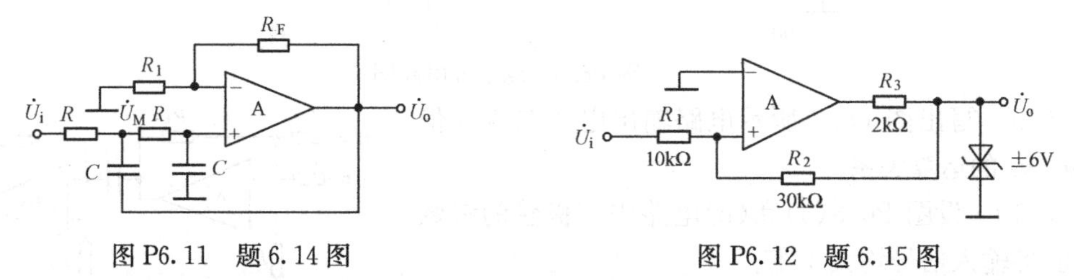

图 P6.11 题 6.14 图　　　　图 P6.12 题 6.15 图

6.16 设滞回比较器的传输特性和输入电压波形分别如图 P6.13(a)和(b)所示,试画出它的输出电压波形。

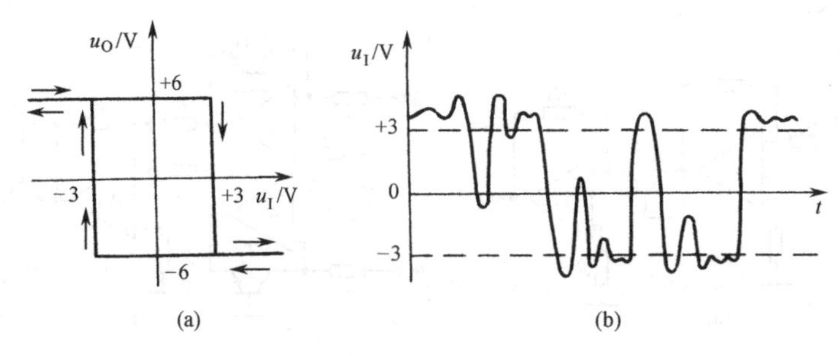

图 P6.13 题 6.16 图

6.17　若将正弦信号 $u_I = U_m \sin\omega t$ 加在图 P6.14 所示的输入端，并设 $U_A = +10V$，$U_B = -10V$，集成运放 A_1、A_2 的最大输出电压 $U_{OPP} = \pm 12V$，二极管的正向导通电压 $U_D = 0.7V$。试画出对应的电压波形。

6.18　在图 P6.14 中，若 $U_A < U_B$，能否实现双限比较，试画出此时的输入、输出关系曲线。

6.19　在图 P6.15 电路中：

(1) 将图中 A、B、C、D 4 点正确连接，使之成为一个正弦振荡电路，请将连线画在图上；

(2) 根据图中给定的电路参数，估算振荡频率 f_o；

(3) 为保证电路起振，R_2 应为多大？

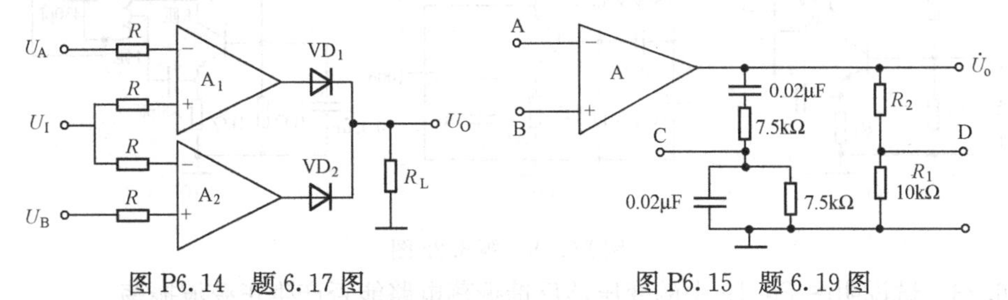

图 P6.14　题 6.17 图　　图 P6.15　题 6.19 图

6.20　实验室自制一台由文氏电桥振荡电路组成的音频信号发生器，要求输出频率共四挡，频率范围分别为 20～200Hz，200Hz～2kHz，2～20kHz 以及 20～200kHz。各挡之间频率应略有覆盖。可采用图 P6.16，所示的方案对频率进行粗调和细调。已有 4 种电容，其容值分别为 0.1μF，0.01μF，0.001μF 和 0.0001μF，试选择固定电阻 R 和电位器 RP 的值。

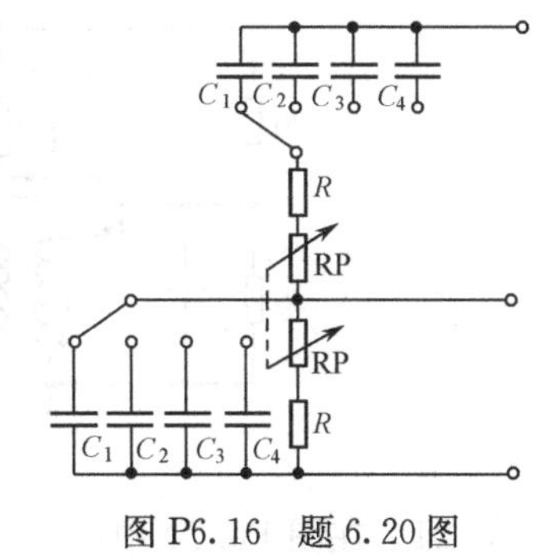

图 P6.16　题 6.20 图

*6.21　在图 P6.17 中：

(1) 判断电路是否满足正弦波振荡的相位平衡条件。如果不满足，修改电路接线使之满足(画在图上)。

(2) 在图示参数下能否保证起振条件？如不能，应调节哪个参数，调到什么值？

(3) 起振以后，振荡频率 $f_0 = ?$

(4) 如果希望提高振荡频率 f_0，可以改变哪些参数，增大还是减小？

(5) 如果要求改善输出波形，减小非线性失真，应调节哪个参数，增大还是减小？

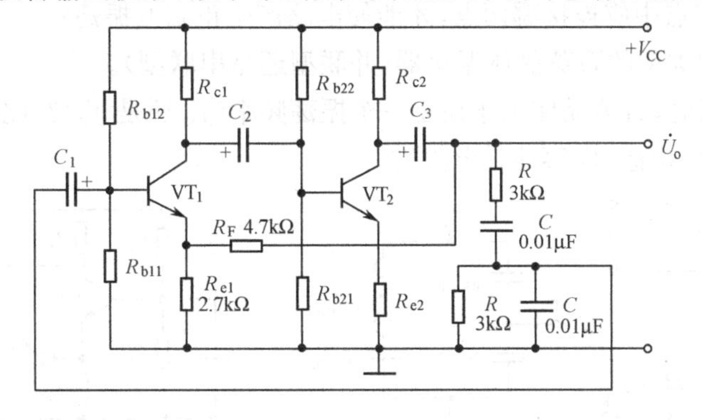

图 P6.17　题 6.21 图

6.22　试用相位平衡条件判断图 P6.18 所示电路中，哪些可能产生正弦波振荡？哪些不能？简单说明理由？

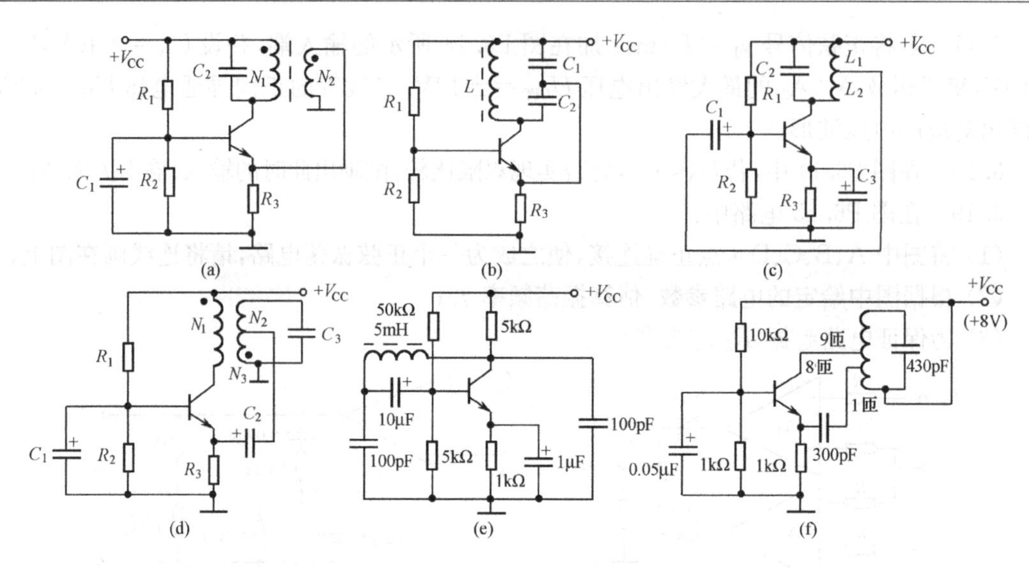

图 P6.18 题 6.22 图

*6.23 试说明图 P6.19 中的变压器反馈振荡电路能否产生正弦波振荡。

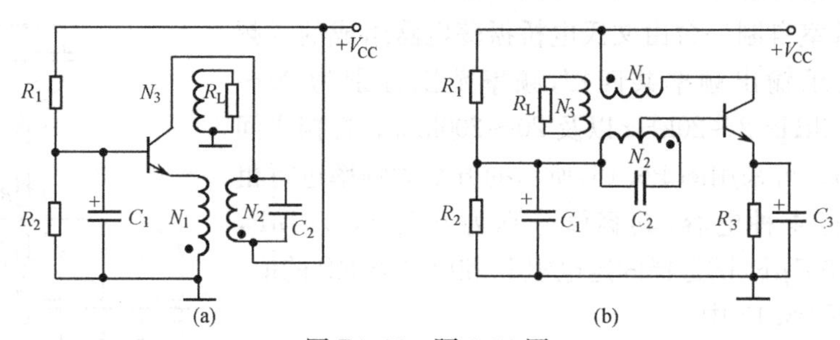

图 P6.19 题 6.23 图

6.24 在图 P6.20 中：

(1) 将图中左右两部分正确连接起来，使之能够产生正弦波振荡。

(2) 估算振荡频率 f_0。

(3) 如果电容 C_3 短路，此时 f_0＝?

6.25 在图 P6.21 的石英晶体振荡电路中：

(1) 在 j，k，m 三点中应连接哪两点，才能使电路产生正弦波振荡?

(2) 电路属何种类型的石英晶体振荡器(并联型还是串联型)。

(3) 当产生振荡时，石英晶体工作在哪一个振荡频率(f_q 还是 f_p)? 此时石英晶体在电路中等效于哪一种元件(电感、电容还是电阻)?

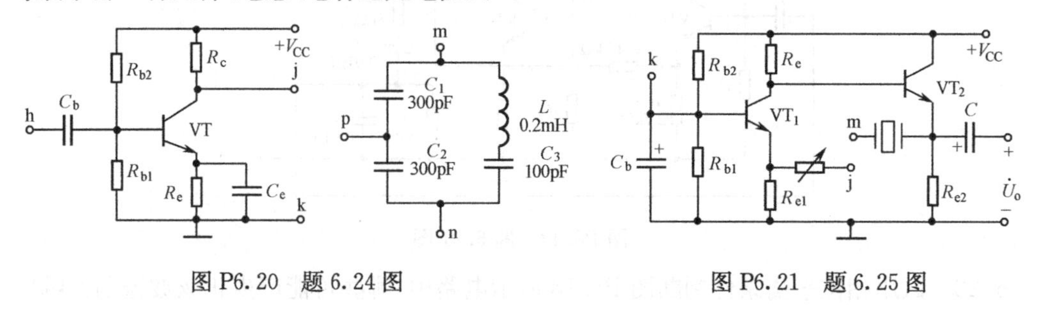

图 P6.20 题 6.24 图　　　　图 P6.21 题 6.25 图

6.26 在图 P6.22 所示的矩形波发生电路中，假设集成运放和二极管均为理想的，已知

电阻 $R=10\text{k}\Omega$，$R_1=12\text{k}\Omega$，$R_2=15\text{k}\Omega$，$R_3=2\text{k}\Omega$，电位器阻值 $R_P=100\text{k}\Omega$，电容 $C=0.01\mu\text{F}$，稳压管的稳压值 $U_Z=\pm6\text{V}$。如果电位器的滑动端调在中间位置：

(1) 画出输出电压 u_o 和电容上电压 u_C 的波形。

(2) 估算输出电压的振荡周期 T。

(3) 分别估算输出电压和电容上电压的峰值 U_{om} 和 U_{cm}。

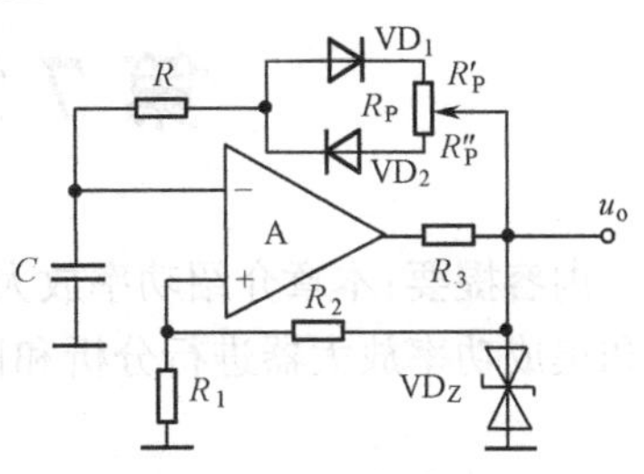

图 P6.22　题 6.26 图

6.27　在图 P6.22 电路中：

(1)当电位器的滑动端分别调至最上端和最下端时，电容的充电时间 T_1、放电时间 T_2，输出波形的振荡周期 T 以及占空比 D 各等于多少？

(2) 试画出当电位器滑动端调至最上端时的输出电压 u_o 和电容上电压 u_C 的波形图，在图上标出各电压的峰值以及 T_1、T_2 和 T 的数值。

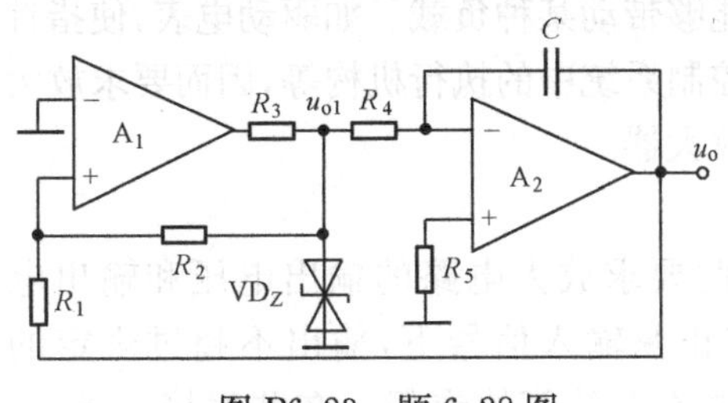

图 P6.23　题 6.28 图

6.28　在图 P6.23 所示的三角波发生电路中，设稳压管的稳压值 $U_Z=\pm4\text{V}$，电阻 $R_2=20\text{k}\Omega$，$R_3=2\text{k}\Omega$，$R_4=R_5=100\text{k}\Omega$。

(1) 若要求输出三角波的幅值 $U_{om}=3\text{V}$，振荡周期 $T=1\text{ms}$，试选择电容 C 和电阻 R_1 的值。

(2) 试画出电压 u_{o1} 和 u_o 的波形图，并在图上标出电压的幅值以及振荡周期的值。

第7章　功率放大电路

内容提要：本章介绍功率放大电路的基本要求、设计原则，并对各种功率放大器的典型电路和集成功率放大器进行分析和比较。

7.1　概述

7.1.1　对功率放大电路的一般要求

在一些电子设备中，常常要求放大电路的输出级能够带动某种负载。如驱动电表，使指针偏转；驱动扩音机的扬声器，使之发出声音；驱动自动控制系统中的执行机构等，因而要求放大电路有足够大的输出功率，这种放大电路通称为功率放大器。

对功率放大电路的要求主要有以下几方面：

① 根据负载要求，提供所需要的输出功率。为此要求放大电路的输出电压和输出电流都有足够大的变化量。所谓最大输出功率是指在正弦输入信号下，输出不超过规定的非线性指标时，放大电路最大输出电压和最大输出电流有效值的乘积。在共射接法下

$$P_{\mathrm{omax}}=\frac{U_{\mathrm{cem}}}{\sqrt{2}}\frac{I_{\mathrm{cm}}}{\sqrt{2}}=\frac{1}{2}U_{\mathrm{cem}}I_{\mathrm{cm}} \tag{7.1.1}$$

式中，U_{cem}和I_{cm}分别为集电极正弦电压和电流的幅值。

② 具有较高的效率。放大电路输出给负载的功率是由直流电源提供的。在输出功率比较大的情况下，效率问题尤为突出。如果功率放大电路的效率不高，不仅将造成能量的浪费，而且消耗在电路内部的电能将转换成为热量，使晶体管、元件等温度升高，因而要求选用较大容量的放大管和其他设备，很不经济。放大电路的效率为

$$\eta=\frac{P_{\mathrm{omax}}}{P_{\mathrm{E}}} \tag{7.1.2}$$

式中，P_{E} 为直流电源 E_{c} 提供的功率。

③ 尽量减小非线性失真。由于功率放大电路的工作点在大范围内变化，使晶体管特性曲线的非线性问题充分表现出来，因此，输出波形的非线性失真比小信号放大电路要严重得多。应根据负载的要求来规定允许的失真度范围。

④ 半导体三极管的散热问题。在功率放大器中，有相当大的功率消耗在晶体管的集电结上，使结温和管壳温度升高。为了充分利用允许的管耗而使晶体管输出足够大的功率，半导体三极管的散热就成为一个重要问题。

此外，在功率放大器中，为了输出较大的信号功率，晶体管承受的电压高，通过的电流大，功率管损坏的可能性也就比较大，所以功率管的损坏与保护问题也不可忽视。

在分析方法上，由于晶体管处于大信号下工作，故通常采用图解法。

7.1.2　功率放大器提高效率的主要途径

从前面的讨论可知，在电压放大器中，输入信号在整个周期内都有电流流过三极管，这种

工作方式我们通常称为甲类放大。甲类放大的典型工作状态如图7.1.1(a)所示，此时$i_C \geq 0$，在甲类放大电路中，电源始终不断地输送功率，在没有信号输入时，这些功率全部消耗在晶体管和电阻上，并转化为热量的形式耗散出去。当有信号输入时，其中一部分转化为有用的输出功率，信号越大，输送给负载的功率越多。可以证明，即使在理想情况下，甲类放大器的效率最高也只能达到50%。

怎样才能使电源供给的功率大部分转化为有用的信号输出功率呢？从甲类放大电路中我们知道，静态电流是造成晶体管功耗的主要因素。如果把静态工作点Q向下移动，使信号等于零时电源输出的功率也等于零(或很小)，信号增大时电源供给的功率也随之增大，这样电源供给功率及管耗都随着输出功率的大小而变，也就改变了甲类放大时效率低的状况。利用图7.1.1(b)、(c)所示工作情况就可实现上述设想。在图7.1.1(b)中，有半个周期以上$i_C > 0$；图7.1.1(c)中，一周期内只有半个周期$i_C > 0$，它们分别称为甲乙类和乙类放大。甲乙类和乙类放大主要用于功率放大器中。

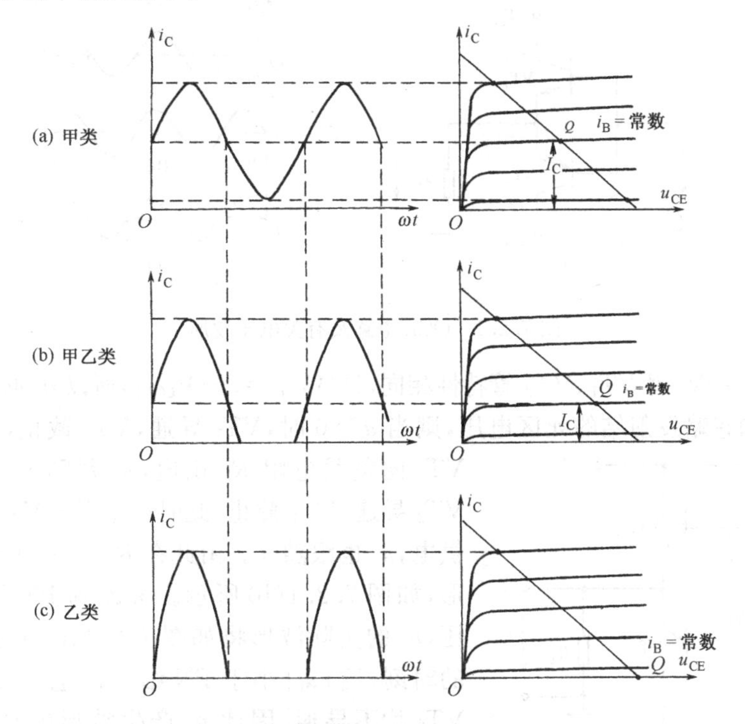

图7.1.1 静态工作点Q向下移动对放大器工作状态的影响

甲乙类和乙类放大，虽然减小了静态功耗，提高了效率，但都出现了严重的波形失真，因此，既要保持静态时管耗小，又要使失真不太严重，这就需要在电路结构上采取措施。

传统的功率放大输出级常常采用变压器耦合方式，其优点是便于实现阻抗匹配，但是，由于变压器体积庞大，比较笨重，消耗有色金属，而且在低频和高频部分产生相移，使放大电路在引入负反馈时容易产生自激振荡，所以目前的发展趋势倾向于采用无输出变压器的功率放大电路(OTL)，或无输出电容的功率放大电路(OCL)。本章主要介绍这一类功率放大电路的特点和性能。

7.2 互补对称式功率放大器

如果取两个类型不同(NPN型和PNP型)但特性相同的晶体管 VT_1、VT_2 串接在电路中,使其中一个晶体管工作在输入信号的正半周期,而另一个晶体管工作在输入信号的负半周期,则称这种工作方式为互补对称式。下面介绍两种互补对称式功率放大器。

7.2.1 无输出电容的互补对称式功率放大器(OCL电路)

OCL(Output Capacitorless)电路的原理电路图如图7.2.1(a)所示。它是一种由双电源供电的互补对称电路,电源电压 $|V_{CC1}|=|-V_{CC2}|$,负载接于两管的发射极,输入信号接于两管的基极。该电路实质上是一个复合的射极跟随器。

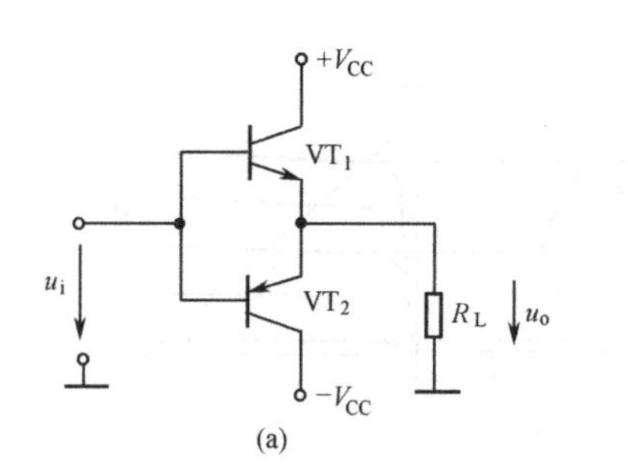

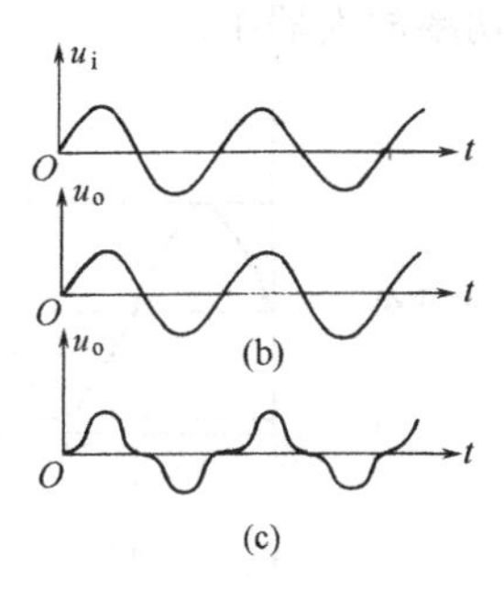

图7.2.1 OCL电路及有关电压波形

静态时:$u_i=0V$,因 VT_1、VT_2 管特性相同,且 $|V_{CC1}|=|-V_{CC2}|$,所以 u_o 必为0V。

动态时:如忽略发射结的死区电压,则当 $u_i>0$ 时,VT_1 导通,VT_2 截止,由电源 V_{CC1} 经 VT_1 向负载电阻 R_L 供电,u_o 跟随 u_i。当 $u_i<0$ 时,VT_2 导通,VT_1 截止,此时由电源 $-V_{CC2}$ 经 VT_2 向 R_L 供电,u_o 也跟随 u_i。由此在 R_L 上得到与 u_i 相近的波形,如图7.2.1(b)所示。考虑到PN结存在死区电压,u_o 的实际波形将如图7.2.1(c)所示。在 u_i 过零的时刻,当 $|u_i|$ 小于PN结死区电压 U_T 时,VT_1 与 VT_2 均不导通,因此 u_o 产生波形失真,此失真称为"交越失真"。为了克服"交越失真"可采用图7.2.2电路。

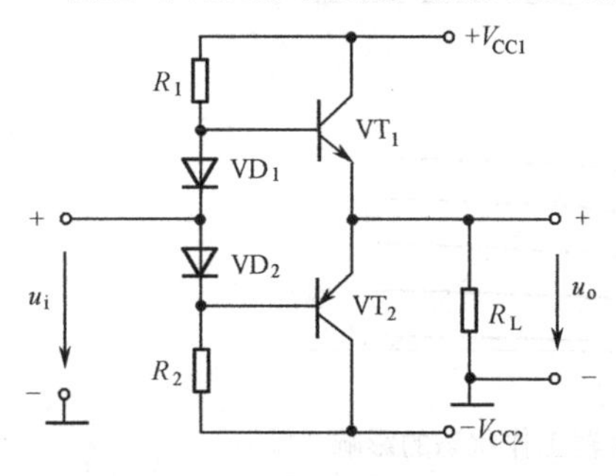

图7.2.2 OCL原理电路

静态时:$u_i=0$,$u_o=0$,但由于二极管正向压降的存在,使 $|U_{BE1}|=|U_{BE2}|=0.7V$,因此 VT_1、VT_2 都处于导通状态。

动态时:当 $u_i>0$,使 u_{b1}、u_{b2} 电位都升高,从而使 VT_1 继续导通,VT_2 趋于截止。当 $u_i<0$ 时,u_{b1}、u_{b2} 都下降,从而使 VT_2 继续导通,VT_1 趋于截止。这样,在输出端便得到完整的信号波形。因为不论 u_i 数值为多大,VT_1、VT_2 管中总有一个导通;从而避免了"交越失真"。

实际OCL电路在功放前面总要加一级推动级,起电压放大作用,如图7.2.3所示。

图7.2.3所示电路中 VT_1、VT_3 与 VT_2、VT_4 组成两个复合管,用来构成互补对称OCL电路,运算放大器作为OCL电路的推动级。复合管的工作原理见4.5节。

在图 7.2.3 实际 OCL 电路中，VT_1、VT_3 组成 NPN 型复合管，VT_2、VT_4 组成 PNP 型复合管。运放和功放组成两级放大。由输出端 u_o 经 R_F 引至输入端的负反馈使两端放大工作在反相比例放大状态下。当 $A_u \to \infty$ 时，两级的总放大倍数 $A_{uF} \approx -\frac{R_F}{R_1}$。当输入信号 $u_i = 0$ 时，u_{o1} 和 u_o 均为零，因此输出功率放大级工作在乙类状态下。"交越失真"是靠负反馈来减小的，且负反馈可以减小非线性失真。不难理解，功放输入端的死区电压 U_T 折合到运算放大器的输入端是 U_T/A_u。由于 A_u 很大，所以输入电压只要略高（或低）于 0V，死区便可以被克服。

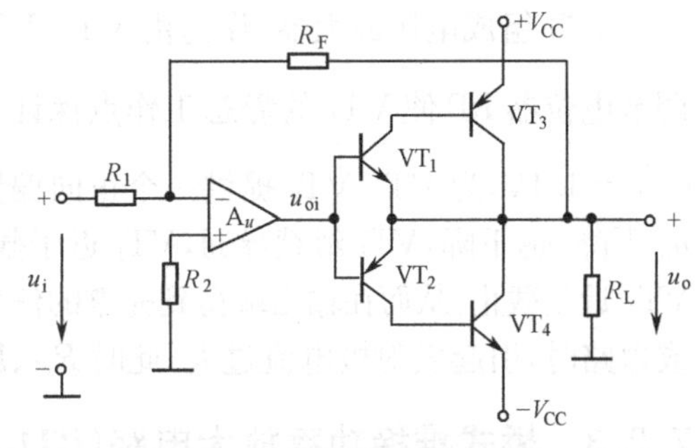

图 7.2.3　实际 OCL 电路

7.2.2　无输出变压器的互补对称式功率放大器（OTL 电路）

OTL（Output Transformerless）电路也是互补对称式电路，但用单电源供电，在输出端接一个大容量的电解电容，代替 OCL 电路中的另一电源。电路原理如图 7.2.4 所示。负载电阻 R_L 通过电容 C 接在两管的发射极。调节输入端的直流电位，使得静态时：$U_i = \frac{V_{CC}}{2}$，U_A 也等于$\frac{V_{CC}}{2}$，于是电容两端电压 $U_C = \frac{V_{CC}}{2}$。当输入信号以$\frac{V_{CC}}{2}$为平均值而上下起伏时：如 $u_i > \frac{V_{CC}}{2}$，则 VT_1 导通，VT_2 截止，输出回路中电流 i_1 从 $V_{CC} \to VT_1 \to C \to R_L$ 流回电源；如 $u_i < \frac{V_{CC}}{2}$，则 VT_2 导通，VT_1 截止，输出回路中电流 i_2 由电容所充电压$\frac{V_{CC}}{2}$供给，它流经 VT_2 并以反方向流过 R_L。于是在 R_L 上便合成完整的输出波形 $i_L = i_1 - i_2$。当 VT_1 导通时电容 C 处于充电状态，VT_2 导通时处于放电状态。只要 C 选得足够大（可到几百微法），使充放电时间常数远大于信号周期，在信号变化的过程中电容两端电压便基本不变，$U_C = \frac{V_{CC}}{2}$。换句话说，在工作频率范围内容抗值 $x_c = \frac{1}{\omega C} \approx 0$，因此能够将信号无衰减地传递给负载。$VT_1$、$VT_2$ 工作时回路中电源电压的实际值均为$\frac{V_{CC}}{2}$。由于该电路输出端无变压器，故称此电路为 OTL 互补对称电路。实用电路如图 7.2.5 所示。

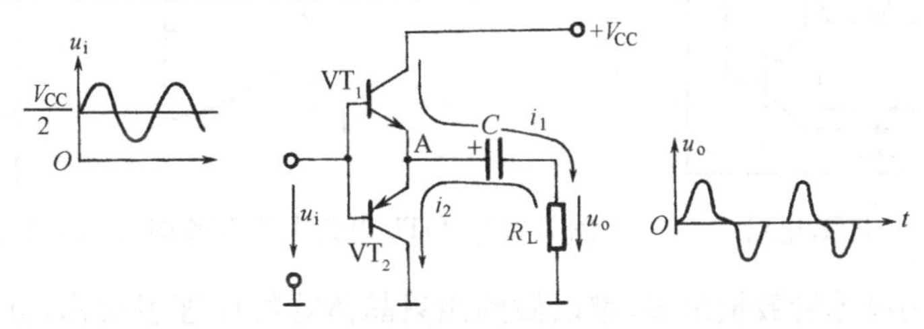

图 7.2.4　OTL 电路及输入/输出电压波形

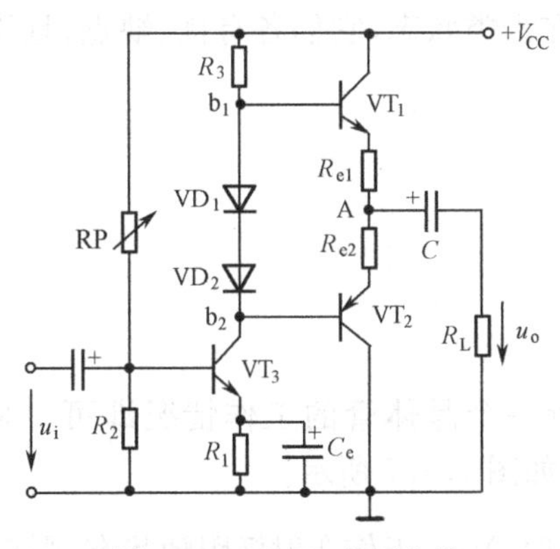

图 7.2.5　OTL 实用电路

VT_3 组成电压放大器,作为由 VT_1、VT_2 组成的互补对称功率放大器的推动级。静态时:调节电位器 RP 使 VT_3 的静态工作点保证 $U_A=\frac{1}{2}V_{CC}$,即 VT_1、VT_2 平分 V_{CC},此时 $U_C=\frac{V_{CC}}{2}$,$U_{b1b2}=1.4V$,为 VT_1、VT_2 提供一个正向偏置,以消除"交越失真"。加入信号后:如 u_i 为正,则 u_{b1} 下降、u_{b2} 下降,VT_2 继续导通,VT_1 近于截止;反之,如 u_i 为负,则 u_{b1} 上升、u_{b2} 上升,VT_1 导通,VT_2 近于截止,从而在输出端得到完整的信号波形。图中 R_{e1}、R_{e2} 起限流保护作用:当 R_L 过小或短路时,引起发射极电流过大,此时 R_{e1}、R_{e2} 上的压降增加,从而起到限流保护作用。

7.2.3 桥式推挽功率放大电路(BTL)

在 OCL 电路中采用了双电源供电,虽然就功放而言没有了变压器和大电容,但是在制作负电源时仍需用变压器或带铁心的电感、大电容等,所以就整个电路系统而言未必是最佳方案。为了实现单电源供电,且不用变压器和大电容,可采用桥式推挽功率放大电路,简称 BTL (Balanced Transformerless)电路,如图 7.2.6 所示。

图中四只晶体管特性对称,静态时均处于截止状态,负载上电压为零。设晶体管 b、e 极之间的开启电压可忽略不计;输入电压为正弦波,假设正方向如图中所标注。当 $u_i>0$ 时,VT_1 和 VT_4 导通,VT_2 和 VT_3 截止,电流如图 7.2.7 中实线所示,负载上获得正半周电压;当 $u_i<0$ 时,VT_2 和 VT_3 导通,VT_1 和 VT_4 截止,电流如图 7.2.7中虚线所示,负载上获得负半周电压,因而负载上获得交流功率。

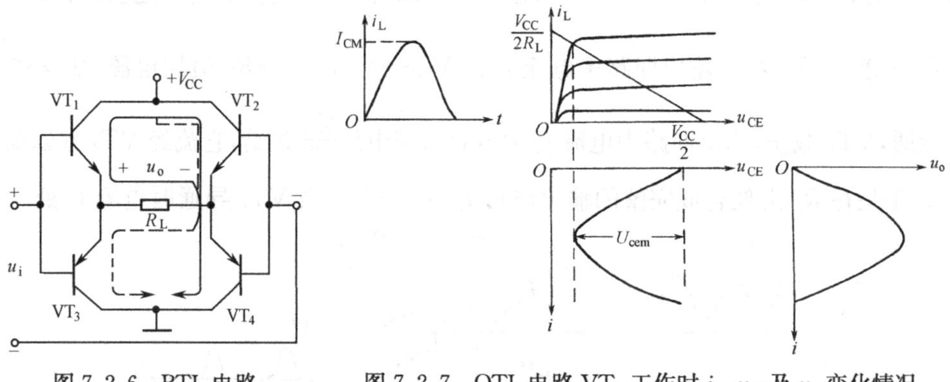

图 7.2.6　BTL 电路　　图 7.2.7　OTL 电路 VT_1 工作时 i_L、u_{CE} 及 u_o 变化情况

BTL 电路所用晶体管数量最多,难以做到四只晶体管特性理想对称;且晶体管的总损耗大,必然使得转换效率降低;电路的输入和输出均无接地点,因此有些场合不适用。

综上所述,OTL、OCL 和 BTL 电路中晶体管均工作在乙类状态,它们各有优、缺点,且均有集成电路,使用时应根据需要合理选择。

7.2.4 互补对称式功率放大器的效率

功率放大器的效率公式(7.1.2)所示

$$\eta=\frac{P_{omax}}{P_E}$$

互补对称式电路的两管工作情况相同,所以只分析一个晶体管的工作情况即可。对图 7.2.4的 OTL 电路,VT_1 工作时,i_L、u_{CE} 及 u_o 变化情况如图 7.2.7 所示。

静态时,$U_{CE}=\frac{V_{CC}}{2}$,$I_C=0$,$U_o=0$。当信号正半周输入时,VT_1 工作在射极跟随状态,则有

$$u_{i}=-u_{ce}=u_{o}$$

由此可知,在负载电阻 R_L 上能获得信号不发生明显失真的最大功率为

$$P_{omax}=\frac{U_{o}^{2}}{R_{L}}=\frac{\left(\frac{U_{cem}}{\sqrt{2}}\right)^{2}}{R_{L}}=\frac{U_{cem}^{2}}{2R_{L}} \tag{7.2.1}$$

式中,U_o 是输出电压的有效值,U_{cem} 是 u_{CE} 的最大值,$U_{cem}\approx\frac{V_{CC}}{2}$。

再求电源供给的功率 P_E。因为电源 V_{CC} 只在 VT_1 工作时供给电流,因此流过电源的电流是正弦半波,其最大值

$$I_{cm}=\frac{U_{cem}}{R_{L}}$$

平均值

$$I_{au}=\frac{1}{2\pi}\int_{0}^{\pi}\frac{U_{cem}}{R_{L}}\sin\omega t\ \mathrm{d}\omega t=\frac{U_{cem}}{\pi R_{L}}$$

可见

$$P_{E}=V_{CC}I_{au}=\frac{U_{cem}}{\pi R_{L}}V_{CC} \tag{7.2.2}$$

将式(7.2.1),式(7.2.2)代入式(7.1.2)中,得

$$\eta=\frac{P_{omax}}{P_{E}}=\frac{\pi}{2}\frac{U_{cem}}{V_{CC}}$$

理想情况下 $U_{cem}=\frac{V_{CC}}{2}$,此时效率最高

得

$$\eta_{max}=\frac{\pi}{4}=78.5\%$$

类似分析可以证明 OCL 电路的效率也是 $\eta_{max}=78.5\%$。

7.2.5　OTL 电路中晶体管的选择

在功率放大电路中,应根据晶体管所承受的最大管压降、集电极最大电流和最大功耗来选择晶体管。

1. 晶体管承受的最大管压降的确定

根据 OTL 电路工作原理可知,互补的两只晶体管处于截止状态将承受较大的管压降。当输入信号为正半周时,VT_2 不仅要承受直流电压 $V_{CC}/2$,同时还要承受由 VT_1 导通从其射极输出信号电压峰值的作用,信号输出的最大峰值电压为 $U_{omax}=V_{CC}/2-U_{CES}$,因此 VT_2 承受的最高电压为

$$U_{ce2\max}=\frac{V_{CC}}{2}+\left(\frac{V_{CC}}{2}-U_{CES}\right)\approx V_{CC}$$

于是晶体管集电极到射极的击穿电压必须满足

$$U_{CEO(BR)}>V_{CC} \tag{7.2.3}$$

2. 集电极的最大电流

因为 $I_{omax}=\frac{U_{omax}}{R_{L}}=\frac{\frac{V_{CC}}{2}-U_{CES}}{R_{L}}$,所以选择晶体管的集电极电流必须满足

$$I_{CM}>I_{omax}\approx\frac{V_{CC}}{2R_{L}} \tag{7.2.4}$$

3. 集电极最大功耗

根据能量守恒原则晶体管的功耗可以认为是$P_T \approx P_E - P_O$。即晶体管上的功耗是电源提供功率和输出功率的差值。当输入电压为零,集电极功耗显然为零。当输入电压到达峰值时,集电极到射极的管压降很低,功耗也很小。可见集电极功耗最大是发生于输入电压从零到最大的某一时刻。

管压降和集电极电流的瞬时值可以分别表示为

$$U_{ce} = \left(\frac{V_{CC}}{2} - U_{om}\sin\omega t\right), \qquad i_c = \frac{U_{om}}{R_L}\sin\omega t$$

对于每只晶体管的平均管耗可表示为

$$P_T = \frac{1}{2\pi}\int_0^{\pi}\left(\frac{V_{CC}}{2} - U_{om}\sin\omega t\right)\cdot\frac{U_{om}}{R_L}\sin\omega t\,\mathrm{d}\omega t = \frac{1}{R_L}\left(\frac{V_{CC}U_{om}}{2\pi} - \frac{U_{om}^2}{4}\right)$$

令$\frac{\mathrm{d}P_T}{\mathrm{d}U_{om}}=0$,可得

$$U_{om} = \frac{V_{CC}}{\pi}, \qquad P_{Tmax} = \frac{V_{CC}^2}{4\pi R_L} \tag{7.2.5}$$

从式(7.2.1)知

$$P_{omax} = \frac{U_{cem}^2}{4R_L}$$

又$U_{cem} \approx \frac{V_{CC}}{2}$得

$$P_{omax} = \frac{V_{CC}^2}{8R_L} \tag{7.2.6}$$

将上式代入式(7.2.4)得

$$P_T = \frac{2}{\pi^2}P_{omax} \approx 0.2P_{omax} \quad \left(U_{cem} = \frac{V_{CC}}{2}\right) \tag{7.2.7}$$

这就要求选用的晶体管集电极最大功耗必须满足

$$P_{CM} > 0.2P_{omax} \tag{7.2.8}$$

除晶体管的最大集电极—射极击穿电压、最大集电极电流和最大功耗分别满足式(7.2.3)、式(7.2.4)和式(7.2.8)三个不等式外,还必须严格按照手册要求安装散热片。

7.3 集成功率放大电路

7.3.1 集成功率放大器LM386简介

LM386是一种音频集成功放,具有自身功率低、电压增益可调整、电源电压范围大、外接元件少和总谐波失真小等优点,广泛应用于录音机和收音机之中。

1. LM386内部电路

LM386内部电路原理图如图7.3.1所示,与通用型集成运放相类似,它是一个三级放大电路,如点划线所划分。

第一级为差分放大电路,VT_1和VT_3、VT_2和VT_4分别构成复合管,作为差分放大电路的放大管;VT_5和VT_6组成镜像电流源作为VT_1和VT_2的有源负载;信号从VT_3和VT_4的基极输入,从VT_2的集电极输出,为双端输入单端输出差分电路。根据前面关于镜像电流源作为差分放大电路有源负载的分析可知,它可使单端输出电路的增益近似等于双端输出电路的增益。

第二级为共射放大电路,VT_7为放大管,恒流源作有源负载,以增大放大倍数。

第三级中的VT_8和VT_9复合成PNP型管,与NPN型管VT_{10}构成准互补输出级。二极

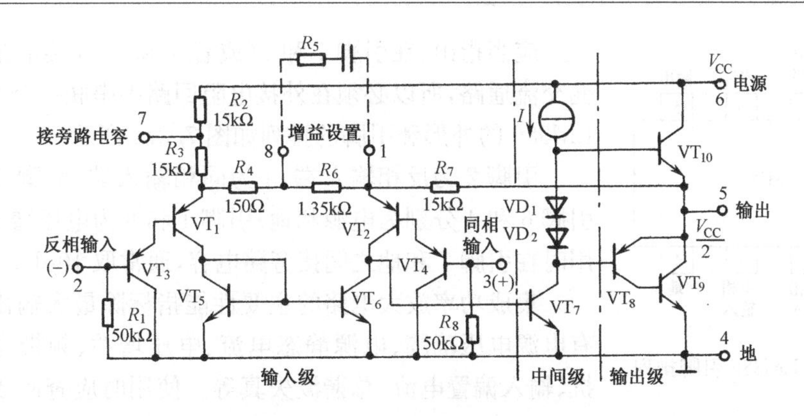

图 7.3.1　LM386 内部电路原理图

管 VD_1 和 VD_2 为输出级提供合适的偏置电压，可以消除交越失真。

利用瞬时极性法可以判断出，引脚 2 为反相输入端，引脚 3 为同相输入端；电路由单电源供电，故为 OTL 电路。输出端(引脚 5)应外接输出电容后再接负载。

电阻 R_7 从输出端连接到了 VT_2 的发射极，形成反馈通路，并与 R_4 和 R_6 构成反馈网络，从而引入了深度电压串联负反馈，使整个电路具有稳定的电压增益。

2. LM386 的电压放大倍数

当引脚 1 和 8 之间开路时，由于在交流通路中 VT_1 发射极近似为地，R_4 和 R_6 上的动态电压为反馈电压，近似等于同相输入端的输入电压。即为二分之一差模输入电压，于是可写出表达式为

$$\dot{U}_f = \dot{U}_{R_4} + \dot{U}_{R_6} \approx \frac{\dot{U}_i}{2}$$

反馈系数

$$F=\frac{\dot{U}_f}{\dot{U}_o}=\frac{R_4+R_6}{R_4+R_6+R_7}\approx\frac{\dot{U}_i}{2\dot{U}_o}$$

所以电路的电压放大倍数

$$A_u=\frac{\dot{U}_o}{\dot{U}_i}\approx 2\left(1+\frac{R_7}{R_4+R_6}\right) \tag{7.3.1}$$

因为 $R_7 \gg (R_4+R_6)$，所以

$$A_u \approx \frac{2R_7}{R_4+R_6} \tag{7.3.2}$$

将 R_4、R_6 和 R_7 的数据代入，可得 $A_u \approx 20$。

设引脚 1 和 8 之间外接电阻为 R_5，则

$$A_u \approx \frac{2R_7}{R_4+R_6 /\!/ R_5} \tag{7.3.3}$$

当引脚 1 和 8 之间对交流信号相当于短路时，有

$$A_u \approx \frac{2R_7}{R_4} \tag{7.3.4}$$

将 R_4 和 R_7 的数据代入，$A_u \approx 200$。所以，当引脚 1 和 8 之间外接不同阻值的电阻时，A_u 的调节范围为 20～200，因而增益 $20\lg|A_u|$ 约为 26～46dB。

实际上，在引脚 1 和 5(即输出端)之间外接电阻也可改变电路的电压放大倍数。设引脚 1 和 5 之间外接电阻为 R，则

$$A_u \approx \frac{2(R_7 /\!/ R)}{R_4+R_6} \tag{7.3.5}$$

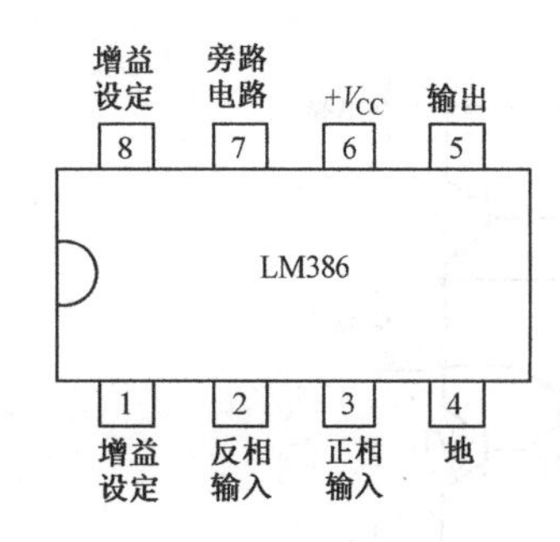

图 7.3.2　LM386 引脚排列

应当指出,在引脚 1 和 8(或者 1 和 5)外接电阻时,应只改变交流通路,所以必须在外接电阻回路中串联一个大容量电容。LM386 的外形和引脚的排列如图 7.3.2 所示。

引脚 2 为反相输入端,3 为同相输入端;引脚 5 为输出端;引脚 6 和 4 分别为电源和地;引脚 1 和 8 为电压增益设定端;使用时在引脚 7 和地之间接旁路电容,通常取 10μF。

集成功率放大电路的主要性能指标除最大输出功率外,还有电源电压范围、电源静态电流、电压增益、频带宽度、输入阻抗、输入偏置电流、总谐波失真等。使用时应查阅手册,以便获得确切的数据。

7.3.2　集成功率放大电路的应用

1. 集成 OTL 电路的应用

图 7.3.3 所示为 LM386 的一种基本用法,也是外接元件最少的一种用法,C_1 为输出电容。由于引脚 1 和 8 开路,集成功放的电压增益为 26dB,即电压放大倍数为 20。利用电位器 R_P 可调节扬声器的音量。R 和 C_2 串联构成校正网络用来进行相位补偿。

静态时输出电容上电压为 $V_{CC}/2$,LM386 的最大不失真输出电压的峰-峰值约为电源电压 V_{CC}。设负载电阻为 R_L,最大输出功率表达式为

$$P_{omax} \approx \frac{\left(\frac{V_{CC}/2}{\sqrt{2}}\right)^2}{R_L} = \frac{V_{CC}^2}{8R_L} \qquad (7.3.6)$$

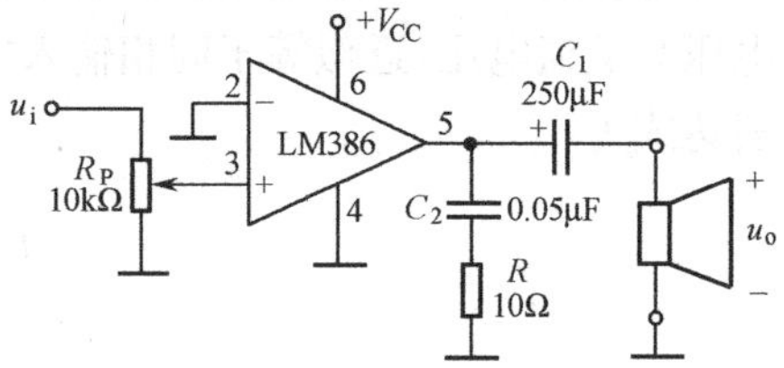

图 7.3.3　LM386 外接元件最少的一种用法

此时的输入电压有效值的表达式为

$$U_{im} = \frac{\frac{V_{CC}}{2}\Big/\sqrt{2}}{A_u} \qquad (7.3.7)$$

当 $V_{CC}=16$V 及 $R_L=32\Omega$ 时,$P_{omax}\approx 1$W,$U_{im}\approx 283$mV。

图 7.3.4 所示为 LM386 电压增益最大时的用法,C_1 使引脚 1 和 8 在交流通路中短路,使 $A_u\approx 200$;C_4 为旁路电容;C_5 为去耦电容,滤掉电源的高频交流成分。当 $V_{CC}=16$V、$R_L=32\Omega$ 时,与图 3.2.1 所示电路相同,$P_{omax}\approx 1$W;但是,输入电压的有效值 U_{im} 却仅需 28.3mV。

图 7.3.5 所示为 LM386 的一般用法,R_p 改变了 LM386 的电压增益,读者可自行分析其 A_u、P_{omax} 和 U_{im}。这里不赘述。

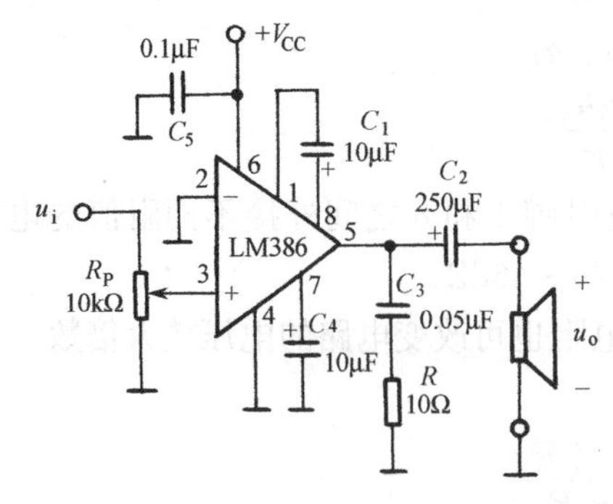

图 7.3.4　LM386 电压增益最大的用法

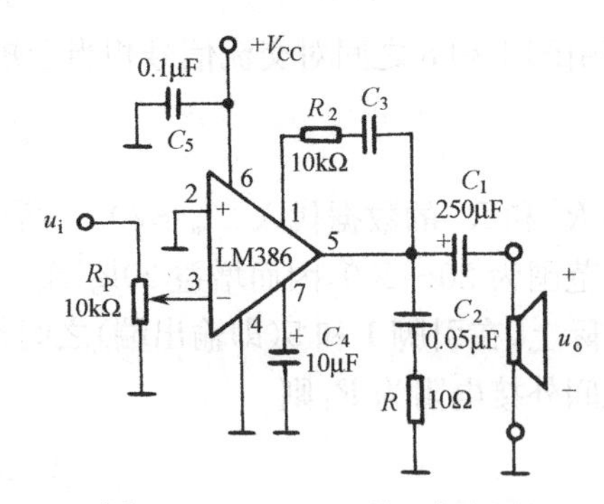

图 7.3.5　LM386 的一般用法

由 LM386 组成的 BTL 电路如图 7.3.6 所示。其中 LM386(1)接成同相放大器，LM386(2)接成反相放大器。因①、⑧脚均开路，所以每片 LM386 的电压增益为 20 倍，电路总增益为 40 倍。因两片 OTL 功放的静态输出都是电源电压 $+V_{CC}$ 的一半，所以负载上无静态电压。当两片 OTL 的输入端同时加一对大小相等、极性相反的信号时，负载得到的电压为单个 OTL 驱动时的两倍，从而使最大输出功率增大到单个 OTL 驱动的 4 倍。

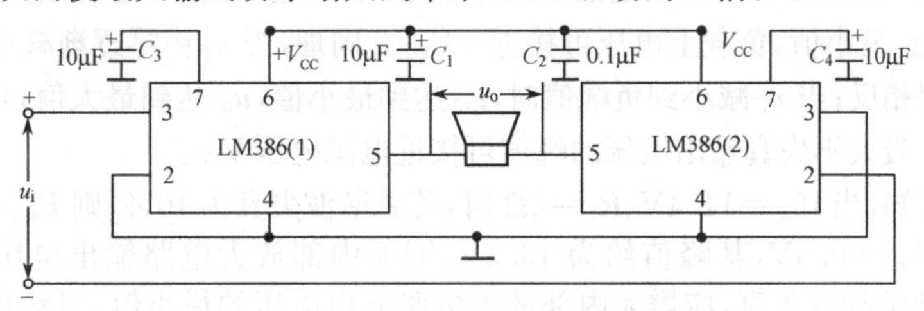

图 7.3.6　由两片 OTL 组成的 BTL 音频放大电路

2. 集成 OCL 电路的应用

图 7.3.7 所示为 TDA1521 的基本用法。TDA1521 为 2 通道 OCL 电路，可作为立体声扩音机左、右两个声道的功放。其内部引入了深度电压串联负反馈，闭环电压增益为 30dB，并具有待机、静噪功能以及短路和过热保护等。

查阅手册可知，当 $\pm V_{CC}=\pm 16V$、$R_L=8\Omega$ 时，若要求总谐波失真为 0.5%，则 $P_{omax}\approx$ 12W。由于最大输出功率的表达式为

$$P_{omax}=\frac{U_{om}^2}{R_L}$$

可得最大不失真输出电压 $U_{om}\approx 9.8V$，其峰值约为 13.9V，可见功放输出电压的最小值约为 2.1V。当输出功率为 P_{omax} 时，输入电压有效值 $U_{im}\approx 327mV$。

3. 集成 BTL 电路的应用

TDA1556 为二通道 BTL 电路，与 TDA1521 相同，也可作为立体声扩音机左右两个声道的功放。图 7.3.8 所示为其基本用法，两个通道的组成完全相同。TDA1556 内部具有待机、静噪功能，并有短路、电压反向、过电压、过热和扬声器保护等。内部的每个放大电路的电压放大倍数均为 10，当输入电压为 u_i 时，A_1 的净输入电压：$u_{i1}=u_{P1}-u_{P2}=u_i$，$u_{o1}=A_{u1}u_i$；A_2 的净输入电压 $u_{i2}=u_{P2}-u_{P1}=-u_i$，$u_{o2}=-A_{u2}u_i$；因此，电压放大倍数

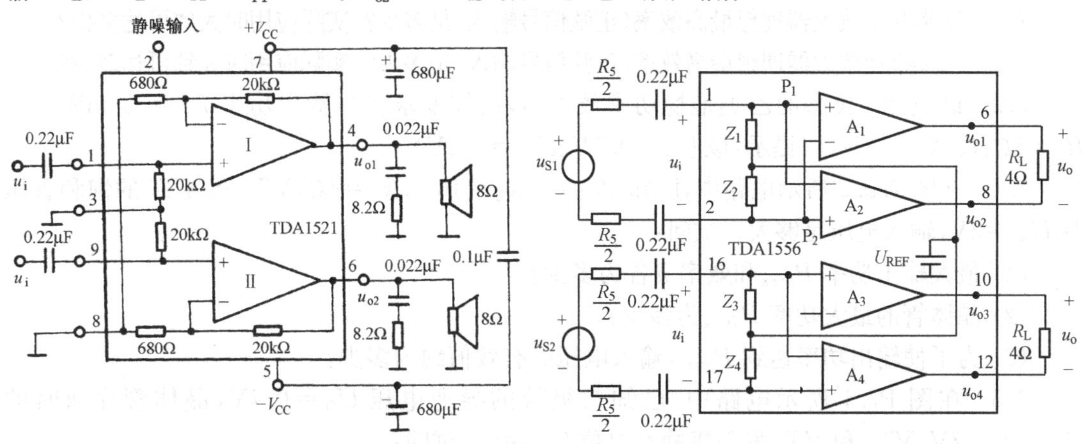

图 7.3.7　TDA1521 的基本用法　　　　图 7.3.8　TDA1556 的基本用法

$$A_u = \frac{u_{o1} - u_{o2}}{u_i} = \frac{\dot{A}_{u1} u_i - (-\dot{A}_{u2} u_i)}{u_i} = 2A_u = 20$$

为了使最大不失真输出电压的峰值接近电源电压 V_{CC}，静态时，应设置放大电路的同相输入端和反相输入端电位均为 $V_{CC}/2$，输出端电位也为 $V_{CC}/2$，因此内部提供的基准电压 U_1 为 $V_{CC}/2$；当 u_i 由零逐渐增大时，u_{o1} 从 $V_{CC}/2$ 逐渐增大，u_{o2} 从 $V_{CC}/2$ 逐渐减小；当 u_i 增大到峰值时，u_{o1} 达到最大值，u_{o2} 达到最小值，负载上电压可接近 $+V_{CC}$。同理，当 u_i 由零逐渐减小时，u_{o1} 和 u_{o2} 的变化与上述过程相反；当 u_i 减小到负峰值时，u_{o1} 达到最小值，u_{o2} 达到最大值，负载上电压可接近 $-V_{CC}$。因此，最大不失真输出电压的峰值可接近电源电压 V_{CC}。

查阅手册可知，当 $V_{CC}=14.4\text{V}$、$R_L=4\Omega$ 时，若总谐波失真为10%，则 $P_{om}=22\text{W}$。最大不失真输出电压 $U_{om}=9.8\text{V}$，其峰值约为13.3V，因而内部放大电路输出电压的最小值约为1.1V。为了减小非线性失真，应增大内部放大电路输出电压的最小值，当然势必减小电路的最大输出功率。

本章小结

本章主要介绍功率放大电路的组成，最大输出功率和效率的估算以及集成功放的应用。以互补型电路为例进行分析：

(1) 常用的互补型功率放大电路有OTL电路和OCL电路。

(2) OTL互补对称电路省去了输出变压器，但输出端需要一个大电容和用一个NPN管和一个PNP管接成对称形式。当输入电压为正弦波时，两管轮流导电，二者互补，使负载上的电压基本上是一个正弦波。

(3) OCL互补对称电路将输出端的大电容也省去，改善了电路的低频响应，且有利于实现集成化。

(4) OTL和OCL电路均可工作在甲乙类状态和乙类状态。

(5) 集成功率放大器具有温度稳定性好，电源利用率高，功耗较低，非线性失真小等优点，目前已得到广泛应用。

习 题 七

7.1 甲类功率放大器理想最高效率(正弦信号输入)是多少？实际应用时大致可达多少？

7.2 乙类推挽放大器理想最高效率(正弦信号输入)是多少？实际应用时大致可达多少？

7.3 试设计一典型的乙类推挽功率放大器，已知要求：(1)输出功率 $P_L=200\text{mW}$；(2) $R_L=8\Omega$；(3) $V_{CC}=6\text{V}$。(提示：取 $U_{be}=0.5\text{V}$、$U_{ces}=0.5\text{V}$)。

7.4 在图7.2.2所示电路中，已知 $V_{CC1}=V_{CC2}=16\text{V}$，$R_L=4\Omega$，$VT_1$ 和 VT_2 的饱和管压降 $U_{ces}=2\text{V}$，输入电压足够大。试问：

(1) 最大输出功率 P_{omax} 和效率 η 各为多少？

(2) 晶体管的最大功率 P_{Tmax} 为多少？

(3) 为了使输出功率达到 P_{omax}，输入电压的有效值约为多少？

7.5 在图P7.1所示电路中，已知二极管的导通电压 $U_D=0.7\text{V}$，晶体管导通时的 $|U_{BE}|=0.7\text{V}$，VT_2 和 VT_3 发射极静态电位 $U_{EQ}=0$。试问：

(1) VT_1、VT_3 和 VT_5 基极的静态电位各为多少？

(2) 设 $R_2=10\text{k}\Omega$，若 VT_1 和 VT_3 基极的静态电流可忽略不计。则 VT_5 集电极静态电流约为多少？静态时 u_i 为多少？

(3) 若静态时 $i_{B1}>i_{B3}$，则应调节哪个参数可使 $i_{B1}=i_{B3}$？如何调节？

(4) 电路中二极管的个数可以是 1、2、3、4 吗？你认为哪个最合适？为什么？

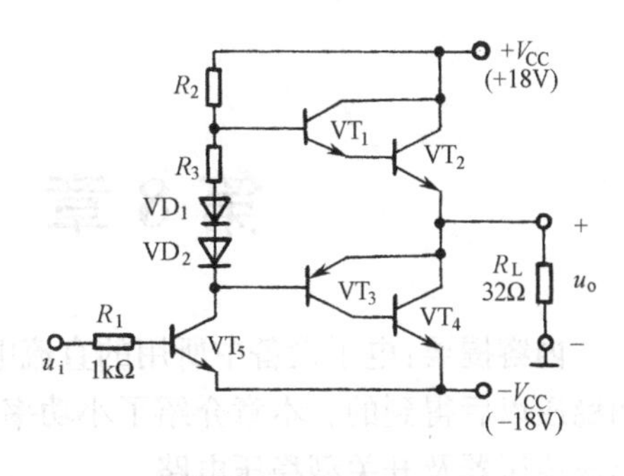

图 P7.1　题 7.5 图

7.6　在图 P7.1 所示电路中，已知 VT_2 和 VT_4 的饱和管压降 $U_{ces}=2\text{V}$，静态时电源电流可忽略不计。试问负载上可能获得的最大输出功率 P_{omax} 和效率 η 各为多少？

7.7　为了稳定输出电压，减小非线性失真，请通过电阻 R_f 在图 P7.1 所示电路中引入合适的负反馈；并估算在电压放大倍数数值约为 10 的情况下，R_f 的取值。

7.8　OTL 电路如图 P7.2 所示。

(1) 为了使得最大不失真输出电压幅值最大，静态时 VT_2 和 VT_4 的发射极电位应为多少？若不合适，则一般应调节哪个元件参数？

(2) 若 VT_2 和 VT_4 的饱和管压降 $|U_{CE}|=3\text{V}$，输入电压足够大，则电路的最大输出功率 P_{omax} 和效率 η 各为多少？

(3) VT_2 和 VT_4 的 I_{CM}、$U_{(BR)CEO}$ 和 P_{CM} 应如何选择？

7.9　已知图 P7.3 所示电路中 VT_1 和 VT_2 的饱和管压降 $|U_{CES}|=2\text{V}$，导通时的 $|U_{BE}|=0.7\text{V}$，输入电压足够大。

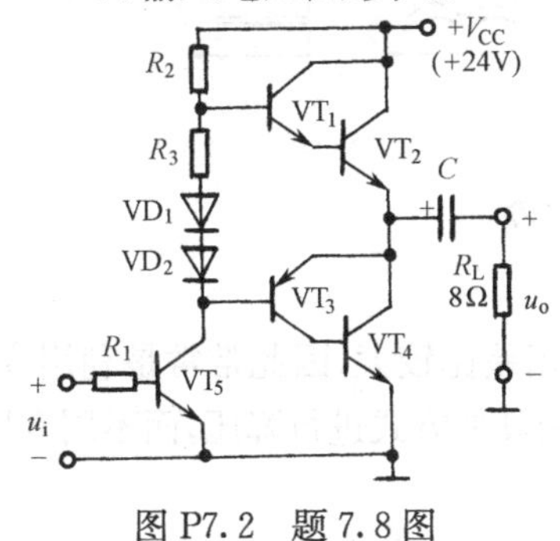

图 P7.2　题 7.8 图

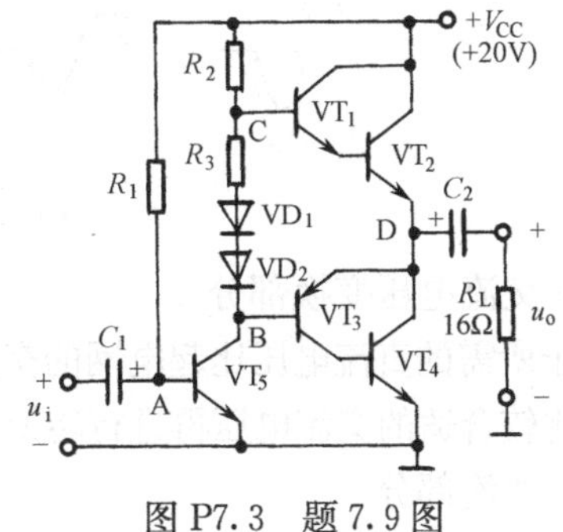

图 P7.3　题 7.9 图

(1) A、B、C、D 点的静态电位各为多少？

(2) 为了保证 VT_2 和 VT_4 工作在放大状态，管压降 $|U_{CE}|\geqslant 3\text{V}$，电路的最大输出功率 P_{omax} 和效率 η 各为多少？

第 8 章　直流稳压电源

内容提要：电子设备中所用的直流电源，通常是由市电提供的交流电经过变压、整流、滤波和稳压以后得到的。本章介绍了小功率整流滤波电路、硅稳压管稳压电路、串联型稳压电路、集成稳压器及开关型稳压电路。

前面各章中介绍的电子电路都需要有电压稳定的直流电源提供能量。虽然有些情况下可用化学电池作为直流电源，但大多数情况是利用电网提供的交流电源经过转换而得到直流电源的。本章所介绍的单相小功率（通常在 1000W 以下）的直流电源，它的任务是将有效值通常为 220V，50Hz 的交流电压转换成幅值稳定的直流电压（如几伏或几十伏），同时提供一定的直流电流（如几安甚至几十安）。

8.1　直流电源的组成

小功率稳压电源的组成如图 8.1.1 所示，它是由电源变压器、整流、滤波和稳压电路组成。

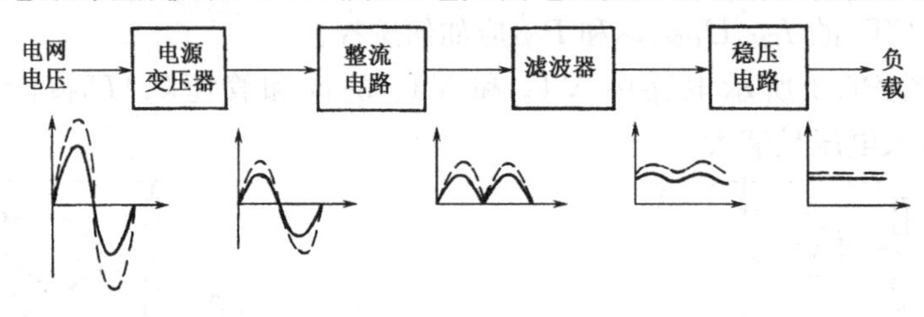

图 8.1.1　直流电源的组成

（1）交流电压变换部分

由于所需的直流电压比起电网的交流电压在数值上相差比较大，因此常常是利用变压器降压得到比较合适的交流电压再进行转换。也有些电源利用其他方式进行降压，而不用变压器。

（2）整流部分

经过变压器降压后的交流电通过整流电路变成了单方向的直流电。但这种直流电幅值变化很大，若作为电源去供给电子电路时，电路的工作状态也会随之变化而影响性能。我们把这种直流电称为脉动大的直流电。

（3）滤波部分

将脉动大的直流电处理成平滑的脉动小的直流电，需要利用滤波电路将其中的交流成分滤掉，只留下直流成分，显然，这里需要利用截止频率低于整流输出电压基波频率的低通滤波电路。

（4）稳压部分

一般地说，经过整流电路后就得到了较平滑的直流电，可以充当某些电子电路的电源。然而此时的电压值还受电网电压波动和负载变化（指电子电路索取电流的大小不同）的影响。这样的直流电源是不稳定的。因此，针对以上的情况又增加了稳压电路部分。最后得到基本上不受外界影响的、稳定的直流电。

8.2　小功率整流滤波电路

8.2.1　单相桥式整流电路

整流电路的任务是将交流电变换成直流电。完成这一任务主要是靠二极管的单向导电作用，因此二极管是构成整流电路的关键元件。在小功率整流电路中（1kW 以下），常见的几种整流电路有单相半波、全波、桥式和倍压整流电路。本节主要研究单相桥式整流电路。对倍压整流电路及全波整流电路，读者可通过习题来掌握。

以下分析整流电路时，为简单起见，二极管用理想模型来处理，即正向导通电阻为零，反向电阻为无穷大。

1. 工作原理

单相桥式整流电路如图 8.2.1(a)所示，图中 Tr 为电源变压器，它的作用是将交流电网电压 u_1 变成整流电路要求的交流电压 $u_2=\sqrt{2}U_2\sin\omega t$，$R_L$ 是要求直流供电的负载电阻，四只整流二极管 $VD_1 \sim VD_4$ 接成电桥的形式，故有桥式整流电路之称。图 8.2.1(b)是它的简化画法。

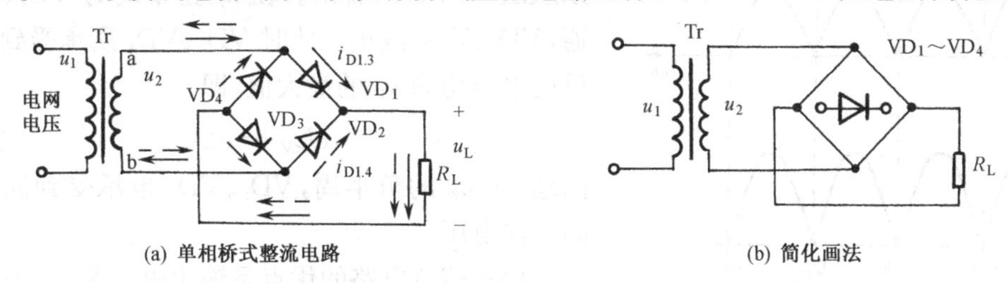

(a) 单相桥式整流电路　　(b) 简化画法

图 8.2.1　单相桥式整流电路图

在电源电压 u_2 的正、负半周（设 a 端为正，b 端为负时是正半周）内电流通路分别用图 8.2.1(a)中实线和虚线箭头表示。

通过负载 R_L 的电流 i_L 以及电压 u_L 的波形如图 8.2.2 所示。显然，它们都是单方向的全波脉动波形。

2. 负载上的直流电压 U_L 和直流电流 I_L 的计算

用傅里叶级数对图 8.2.2 中 u_L 的波形进行分解后可得

$$u_L=\sqrt{2}U_2\left(\frac{2}{\pi}-\frac{4}{3\pi}\cos2\omega t-\frac{4}{15\pi}\cos4\omega t-\frac{4}{35\pi}\cos6\omega t-\cdots\right) \tag{8.2.1}$$

式中，恒定分量即为负载电压 u_L 的平均值，因此有

$$U_L=\frac{2\sqrt{2}U_2}{\pi}\approx0.9U_2 \tag{8.2.2}$$

直流电流为

$$I_L=\frac{0.9U_2}{R_L} \tag{8.2.3}$$

由式(8.2.1)看出，最低次谐波分量的幅值为 $\frac{4\sqrt{2}U_2}{3\pi}$，角频率为电源频率的两倍，即 2ω。其他交流分量的角频率为 4ω、6ω 等偶次谐波分量。这些谐波分量总称为纹波，它叠加于直流分量之上。常用纹波系数 K_γ 来表示直流输出电压中相对纹波电压的大小，即

$$K_{\gamma}=\frac{U_{L\gamma}}{U_{L}}=\frac{\sqrt{U_{2}^{2}-U_{L}^{2}}}{U_{L}} \tag{8.2.4}$$

式中,$U_{L\gamma}$为谐波电压总的有效值,它表示为

$$U_{L\gamma}=\sqrt{U_{L2}^{2}+U_{L4}^{2}+\cdots}$$

由式(8.2.2)和式(8.2.4)得出桥式整流电路的纹波系数 $K_{\gamma}=\sqrt{\left(\frac{1}{0.9}\right)^{2}-1}=0.483$。由于 u_L 中存在一定的纹波,故需用滤波电路来滤除纹波电压。

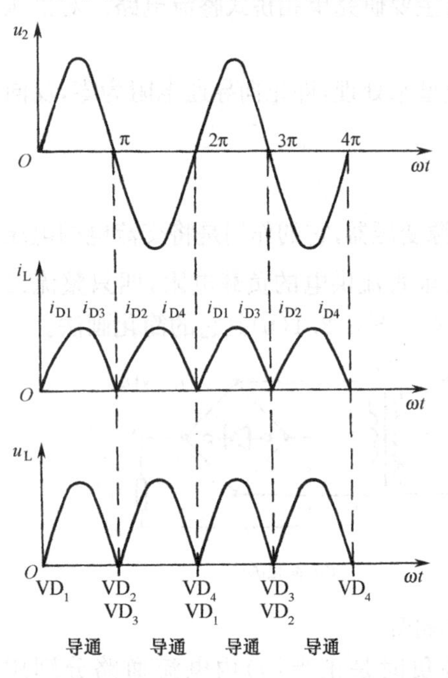

图 8.2.2 单相桥式整流电路波形图

3. 整流元件参数的计算

在桥式整流电路中,二极管 VD_1、VD_3 和 VD_2、VD_4 是两两轮流导通的,所以流经每个二极管的平均电流为

$$I_{D}=\frac{1}{2}I_{L}=\frac{0.45U_{2}}{R_{L}} \tag{8.2.5}$$

二极管在截止时晶体管两端承受的最大反向电压可以从图 8.2.1(a)看出。在 u_2 正半周时 VD_1、VD_3 导通,VD_2、VD_4 截止。此时 VD_2、VD_4 所承受到的最大反向电压均为 u_2 的最大值,即

$$U_{RM}=\sqrt{2}U_{2} \tag{8.2.6}$$

同理,在 u_2 的负半周,VD_1、VD_3 也承受到同样大小的反向电压。

桥式整流电路的优点是输出电压高,纹波电压较小,晶体管所承受的最大反向电压较低,同时因电源变压器在正、负半周内部有电流供给负载,电源变压器得到了充分的利用,效率较高。因此,这种电路在半导体整流电路中得到了颇为广泛的应用。电路的缺点是二极管用得较多,但目前市场上已有整流桥堆出售,如 QL51A～G,QL62A～L 等,其中 QL62A～L 的额定电流为 2A,最大反向电压为25～1000V。

8.2.2 滤波电路

滤波电路用于滤去整流输出电压中的纹波,一般由电抗元件组成,如在负载电阻两端并联电容器 C,或与负载串联电感器 L,以及由电容,电感组合而成的各种复式滤波电路。常用的结构如图 8.1.3 所示。

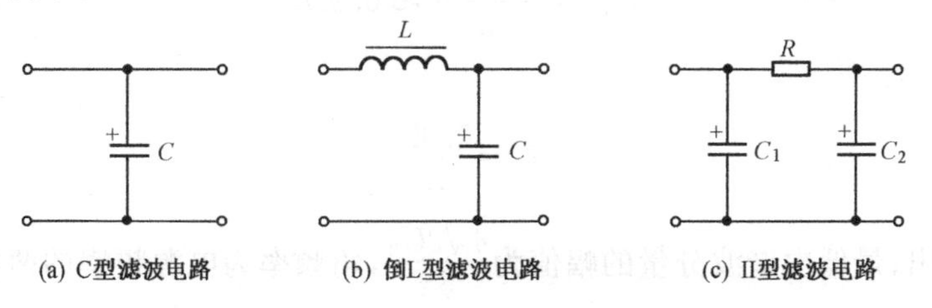

图 8.2.3 滤波电路的基本形式

由于电抗元件在电路中有储能作用，并联的电容器 C 在电源供给的电压升高时，能把部分能量存储起来，而当电源电压降低时，就把能量释放出来，使负载电压比较平滑，即电容 C 具有平波的作用；与负载串联的电感 L，当电源供给的电流增加(由电源电压增加引起)时，它把能量存储起来，而当电流减小时，又把能量释放出来，使负载电流比较平滑，即电感上也有平波作用。

滤波电路的形式很多，为了掌握它的分析规律，把它分为电容输入式(电容器 C 接在最前面)，如图 8.2.3 中的(a)图、(c)图和电感输入式(电感器连接在最前面)，如图 8.2.3 中的(b)。前一种滤波电路多用于小功率电源中，而后一种滤波电路多用于较大功率电源中(而且当电流很大时仅用一电感器与负载串联)。本节重点分析小功率整流电源中应用较多的电容滤波电路，然后再简要介绍其他形式的滤波电路。

1. 电容滤波电路

图 8.2.4 为单相桥式整流、电容滤波电路。在分析电容滤波电路时，要特别注意电容器两端电压 u_C 对整流元件导电的影响，整流元件只有受正向电压作用时才导通，否则便截止。

负载 R_L 未接入(开关 S 断开)时的情况：设电容器两端初始电压为零，接入交流电源后，当 u_2 为正半周时，u_2 通过 VD_1、VD_3 向电容器 C 充电；u_2 为负半周时，经 VD_2、VD_4 向电容器 C 充电，充电时间常数为

$$\tau_C = R_{int}C \tag{8.2.7}$$

其中 R_{int} 包括变压器副绕组的直流电阻和二极管 VD 的正向电阻。由于 R_{int} 一般很小，电容器很快就充电到交流电压 u_2 的最大值 $\sqrt{2}U_2$，极性如图 8.2.4 所示。

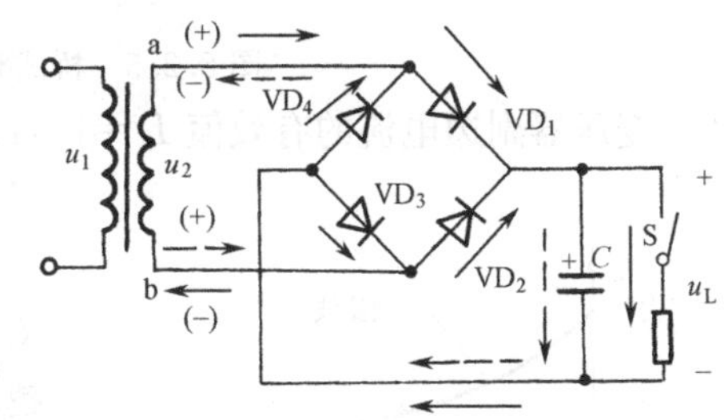

图 8.2.4　桥式整流、电容滤波电路

由于电容器无放电回路，故输出电压(即电容器 C 两端的电压 u_C)保持在 $\sqrt{2}U_2$，输出为一个恒定的直流，如图 8.2.5 中 $\omega t<0$(即纵坐标左边)部分所示。

接入负载 R_L(开关 S 合上)的情况：设变压器副边电压 u_2 从 0 开始上升(即正半周开始)时接入负载 R_L，由于电容器在负载未接入前充了电，故刚接入负载时 $u_2<u_C$，二极管受反向电压作用而截止，电容器 C 经 R_L 放电，放电的时间常数为

$$\tau_d = R_L C \tag{8.2.8}$$

因为 τ_d 一般较大，故电容两端的电压 u_C 按指数规律慢慢下降。其输出电压 $u_L=u_C$，如图 8.2.5中的 ab 段所示。与此同时，交流电压 u_2 按正弦规律上升。当 $u_2>u_C$ 时，二极管 VD_1、VD_3 受正向电压作用而导通，此时，u_2 经二极管 VD_1、VD_3 一方面向负载 R_L 提供电流，另一方面向电容器 C 充电(接入负载时的充电时间常数 $\tau_C=(R_L /\!/ R_{int})C\approx R_{int}C$ 很小)，u_C 将如图 8.2.5 中的 bc 段，图中 bc 段上的阴影部分为电路中的电流在整流电路内阻 R_{int} 上产生的压降。u_C 随着交流电压 u_2 升高到接近最大值 $\sqrt{2}U_2$。然后，u_2 又按正弦规律下降。当 $u_2<u_C$ 时，二极管受反向电压作用而截止，电容器 C 又经 R_L 放电，u_C 波形如图 8.2.5 中的 cd 段。电容器 C 如此周而复始地进行充、放电，负载上便得到如图 8.2.5所示的一个近似锯齿波的电压 $u_L=u_C$，使负载电压的波动大为减小。

由以上分析可知，电容滤波电路有如下特点：

① 二极管的导电角 $\theta<\pi$，流过二极管的瞬时电流很大，如图 8.2.5 所示。电流的有效值和平均值的关系与波形有关，在平均值相同的情况下，波形越尖，有效值越大。在纯电阻负载

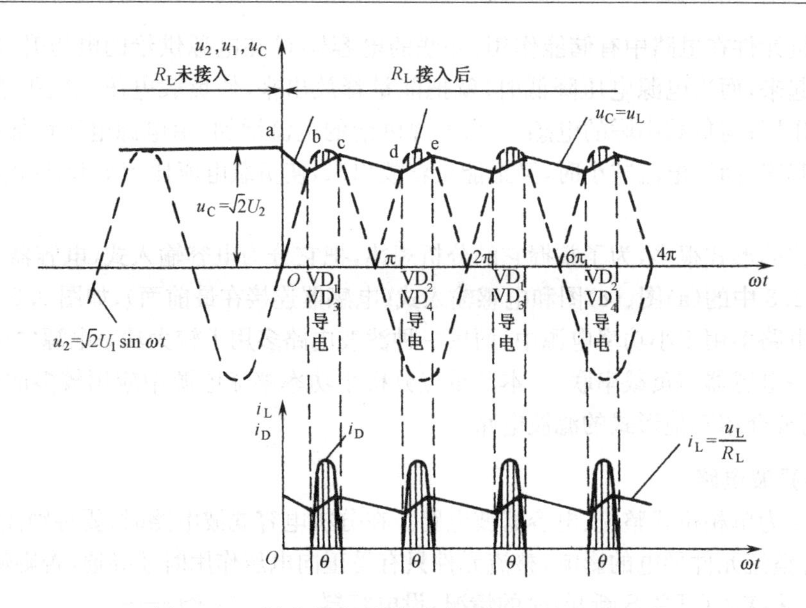

图 8.2.5 桥式整流、电容滤波时的电压，电流波形

时，变压器副边电流的有效值 $I_2=1.11I_L$，而有电容滤波时

$$I_2=(1.5\sim2)I_L \tag{8.2.9}$$

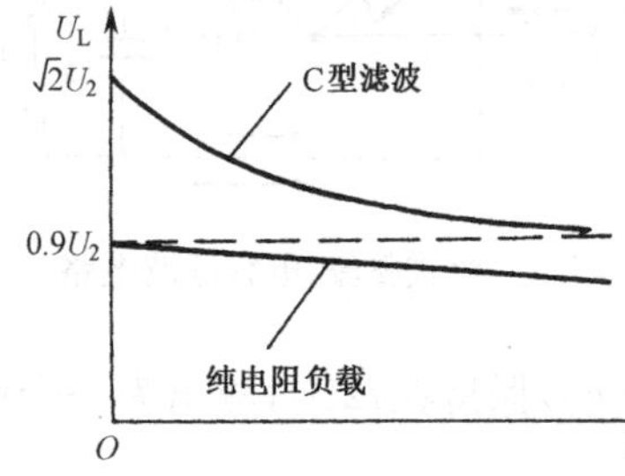

② 负载平均电压 U_L 升高，纹波(交流成分)减小，且 R_LC 越大，电容放电速率越慢，则负载电压中的纹波成分越小，负载平均电压越高。

为了得到平滑的负载电压，一般取

$$\tau_d=R_LC\geqslant(3\sim5)\frac{T}{2} \tag{8.2.10}$$

式中，T 为电源交流电压的周期。

图 8.2.6 纯电阻 R_L 和具有电容滤波的桥式整流电路的输出特性

③ 负载直流电压随负载电流增加而减小。U_L 随 I_L 的变化关系称为输出特性或外特性，如图 8.2.6 所示。

C 值一定，当 $R_L=\infty$时，即空载时

$$U_{Lo}=\sqrt{2}U_2=1.4U_2$$

当 $C=0$，即无电容时

$$U_{Lo}=0.9U_2 \tag{8.2.11}$$

在整流电路的内阻不太大(几欧)和放电时间常数满足式(8.2.10)的关系时，电容滤波电路的负载电压 U_L 与 U_2 的关系约为

$$U_L=(1.1\sim1.2)U_2 \tag{8.2.12}$$

总之，电容滤波电路简单，负载直流电压 U_L 较高，纹波也较小，它的缺点是输出特性较差，故适用于负载电压较高，负载变动不大的场合。

2. 电感滤波电路

在桥式整流电路和负载电阻 R_L 之间串入一个电感器 L，如图 8.2.7 所示。利用电感的储能作用可以减小输出电压的纹波，从而得到比较平滑的直流。当忽略电感器中的电阻时，负载上输出的平均电压和纯电阻(不加电感)负载相同，即 $U_L=0.9U_2$。

电感滤波的特点是，整流管的导电角较大(电感上的反电势使整流管导电角增大)，峰值电

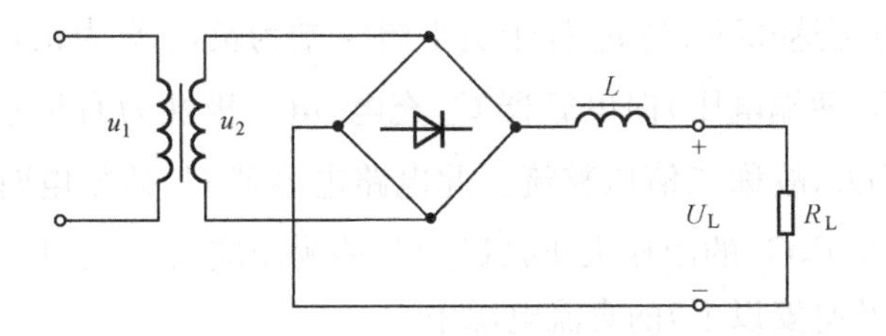

图 8.2.7　桥式整流、电感滤波电路

流很小，输出特性比较平坦。其缺点是由于铁心的存在，笨重、体积大，易引起电磁干扰。一般只适用于低电压、大电流场合。

此外，为了进一步减小负载电压中的纹波，电感后面可再接一电容而构成倒 L 型滤波电路或 π 形滤波电路，如图 8.2.3(b)、(c)所示。其性能和应用场合分别与电感滤波(称电感输入式)电路及电容滤波(又称电容输入式)电路相似。

【例 8.2.1】 单相桥式整流、电容滤波电路如图 8.2.4 所示。已知 220V 交流电源频率 $f=50\text{Hz}$，要求直流电压 $U_L=30\text{V}$，负载电流 $I_L=50\text{mA}$，试求电源变压器副边电压 u_2 的有效值，选择整流二极管及滤波电容器。

解： ① 求变压器副边电压有效值。由式(8.2.12)，取 $U_L=1.2U_2$，则

$$U_2=\frac{30}{1.2}=25\text{V}$$

② 选择整流二极管：流经二极管的平均电流

$$I_D=\frac{1}{2}I_L=\frac{1}{2}\times 50=25\text{mA}$$

二极管承受的最大反向电压

$$U_{RM}=\sqrt{2}U_2=35\text{V}$$

因此，可选用 2CZ51D 整流二极管(其允许最大电流 $I_F=50\text{mA}$，最大反向电压 $U_{RM}=100\text{V}$)，也可选用硅桥堆 QL—1 型($I_F=50\text{mA}$，$U_{RM}=100\text{V}$)。

③ 选择滤波电容器：负载电阻

$$R_L=\frac{U_L}{I_L}=\frac{30}{50}\text{k}\Omega=0.6\text{k}\Omega$$

由式(8.2.10)，取 $R_LC=4\times\frac{T}{2}=2T=2\times\frac{1}{50}\text{s}=0.04\text{s}$。由此得滤波电容

$$C=\frac{0.04\text{s}}{R_L}=\frac{0.04\text{s}}{600\Omega}=66.6\mu\text{F}$$

若考虑电网电压波动±10%，则电容器承受的最高电压为 $U_{RM}=\sqrt{2}U_2\times 1.1=(1.4\times 25\times 1.1)\text{V}=38.5\text{V}$。选用标称值为 68μF/50V 的电解电容器。

【例 8.2.2】 图 8.2.8 所示为一倍压整流电路，变压器副边电压 $u_2=\sqrt{2}U_2\sin\omega t$，试求出输出电压 U_o 与 U_2 的关系式，电容器 C_1、C_2 的耐压应为多少？并标出两电容的极性。

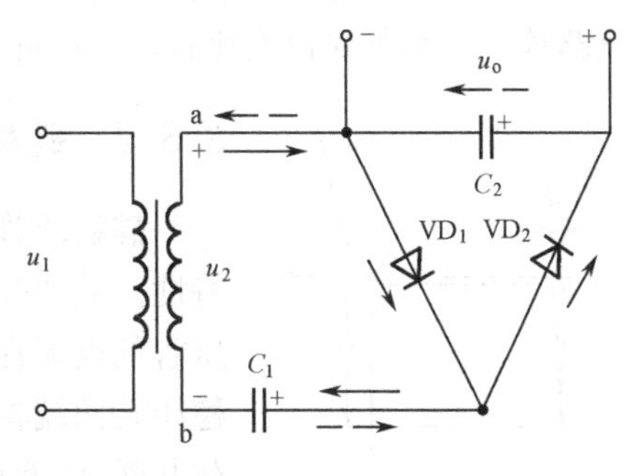

图 8.2.8　倍压整流电路

解： 当 u_2 处于正半周(a 端为正，b 端为负)时，VD_1 导通、VD_2 截止，u_2 向电容器 C_1 充电，电压极性

为右正左负,峰值电压可达$\sqrt{2}U_2$;当u_2处于负半周(a端为负,b端为正)时,VD_1截止,VD_2导通,u_2+U_{C1}(电容器C_1两端电压)向电容器C_2充电,电压极性为右正左负,峰值电压为$2\sqrt{2}U_2$,即$U_o=U_{C2}=2\sqrt{2}U_2$,故称二倍压整流。此电路电容器C_2的放电时间常数$\tau_{C2}(=R_LC_2$,R_L为外接负载电阻$)\gg T$,C_1的耐压大于$\sqrt{2}U_2$,C_2的耐压应大于$2\sqrt{2}U_2$。倍压整流电路一般用于高电压,小电流(几毫安以下)的直流电源中。

8.3 硅稳压管稳压电路

8.3.1 稳压电路的主要指标

在前几节中,主要讨论了如何通过整流电路把交流电变成单方向的脉动电压,以及如何利用储能元件组成各种滤波电路以减少脉动成分。但是,整流滤波电路的输出电压和理想的直流电源还有相当的距离,主要存在两方面的问题:第一,当负载电流变化时,由于整流滤波电路存在内阻,因此输出直流电压将随之发生变化;第二,当电网电压波动时,由式(8.2.1)可知,整流电路的输出电压直接与变压器副边电压U_2有关,因此也要相应地变化。为了能够提供更加稳定的直流电源,需要在整流滤波电路的后面再加上稳压电路。

通常用以下两个主要指标来衡量稳压电路的质量。

1. 内阻R_o

稳压电路内阻的定义为,经过整流滤波后输入到稳压电路的直流电压U_i不变时,稳压电路的输出电压变化量ΔU_o与输出电流变化量ΔI_o之比,即

$$R_o = \left.\frac{\Delta U_o}{\Delta I_o}\right|_{U_i=\text{常数}} \tag{8.3.1}$$

2. 稳压系数S_r

稳压系数的定义是当负载不变时,稳压电路输出电压的相对变化量与输入电压的相对变化量之比,即

$$S_r = \left.\frac{\Delta U_o/U_o}{\Delta U_i/U_i}\right|_{R_L=\text{常数}} = \left.\frac{\Delta U_o}{\Delta U_i}\frac{U_i}{U_o}\right|_{R_L=\text{常数}} \tag{8.3.2}$$

稳压电路的其他指标还有:电压调整率、电流调整率、最大纹波电压、温度系数以及噪声电压等。本章主要讨论内阻和稳压系数这两个主要指标。

常用的稳压电路有硅稳压管稳压电路、串联型直流稳压电路、集成稳压器以及开关型稳压电路等。下面首先讨论比较简单的硅稳压管稳压电路。

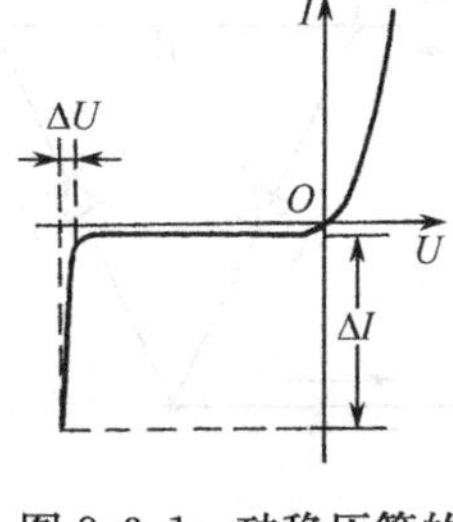

图8.3.1 硅稳压管的伏安特性

8.3.2 硅稳压管的伏安特性

硅稳压管所以能够起稳压作用,主要是由于其反向击穿时的伏安特性。从图8.3.1中的伏安特性可以看到,在反向击穿区,若流过稳压管的电流在一个较大的范围内变化,例如,变化量为图中的ΔI时,稳压管两端相应的电压变化量ΔU却很小。因此,如果将稳压管和负载并联,就能在一定条件下保持输出电压基本稳定。

前已介绍,不同型号的稳压管,其稳定电压的数值不同,允许流过

电流的大小也不同，应根据负载的要求来选择稳压管的型号。

稳压管工作在规定的电流范围内才能较好地起稳压作用。由伏安特性可见，若工作电流太小，如在零电流附近，则电压随电流的变化很大，即稳压性能不好；但工作电流也不能太大，以免超过管子的额定功耗，造成损坏。小功率稳压管的工作电流范围大致是几毫安至几十毫安，大功率稳压管可以允许通过几安培至十几安培的电流。

稳压管稳压性能的优劣主要取决于其动态内阻的大小，动态内阻越小，则稳压性能越好。对于同一个稳压管，动态内阻的大小随其工作电流的变化而略有不同，当工作电流大时，通常动态内阻比较小。一般稳压管的动态内阻大约为几欧至几十欧。

8.3.3 硅稳压管稳压电路

1. 电路组成和工作原理

如图 8.3.2 所示为硅稳压管稳压电路的原理图。整流滤波后所得的直流电压作为稳压电路的输入电压 U_i，稳压管 VD_Z 与负载电阻 R_L 并联。为了保证工作在反向击穿区，稳压管作为一个二极管，要处于反向接法（极性如图 8.3.2 所示）。限流电阻 R 也是稳压电路必不可少的组成元件，当电网电压波动或负载电流变化时，通过调节 R 上的压降来保持输出电压基本不变。

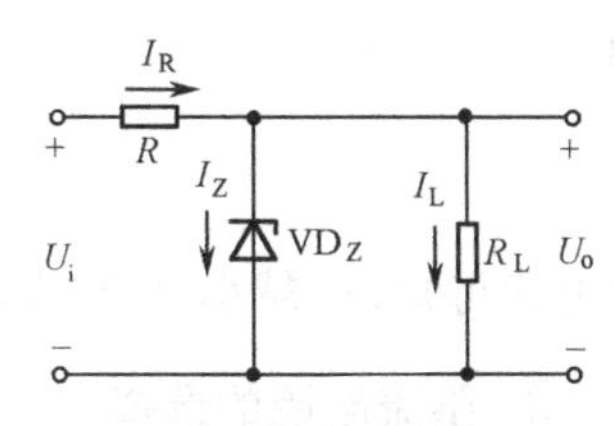

图 8.3.2 硅稳压管稳压电路的原理图

电路的稳压原理如下：

① 假设稳压电路的输入电压 U_i 保持不变，当负载电阻 R_L 减小，负载电流 I_L 增大时，由于电流在电阻 R 上的压降升高，输出电压 U_o 将下降。而稳压管并联在输出端，由其伏安特性可见，当稳压管两端的电压略有下降时，电流 I_Z 将急剧减小，由于 $I_R=I_Z+I_L$，因此 I_R 也有减小的趋势。实际上用 I_Z 的减小来补偿 I_L 的增大，最终使 I_R 基本保持不变，从而输出电压也维持基本稳定。

② 假设负载电阻 R_L 保持不变，由于电网电压升高而使 U_I 升高时，输出电压 U_o 也将随之上升，但此时稳压管的电流 I_Z 将急剧增加，则电阻 R 上的压降增大，以此来抵消 U_i 的升高，从而使输出电压基本保持不变。

2. 内阻和稳压系数的估算

(1) 内阻 R_o

稳压电路内阻的定义为直流输入电压 U_i 不变时，输出端的 ΔU_o 与 ΔI_o 之比。根据定义，估算电路的内阻时，应将负载电阻 R_L 开路。又因 U_i 不变，故其变化量 $\Delta U_i=0$。此时图 8.3.2 中硅稳压管稳压电路的交流等效电路如图 8.3.3 所示。

图中 r_Z 为稳压管的动态内阻。由图可得

$$R_o=\frac{\Delta U_o}{\Delta I_o}=r_Z // R$$

由于一般情况下能够满足 $r_Z \ll R$，故上式可简化为

$$R_o \approx r_Z \tag{8.3.3}$$

由此可知，稳压电路的内阻近似等于稳压管的动态内阻。r_Z 越小，则稳压电路的内阻 R_o 也越小，当负载变化时，稳压电路的稳压性能越好。

(2) 稳压系数 S_r

稳压系数的定义是 R_L 不变时，稳压电路的输出电压与输入电压的相对变化量之比。估

算稳压系数的等效电路如图 8.3.4 所示。

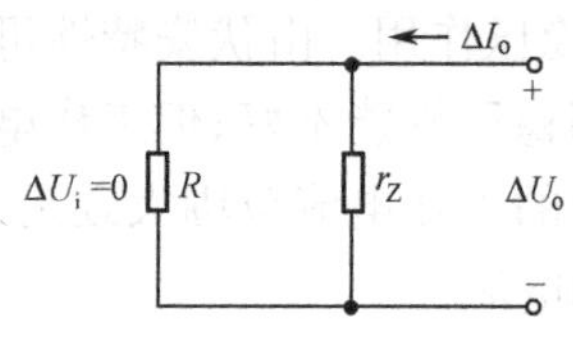

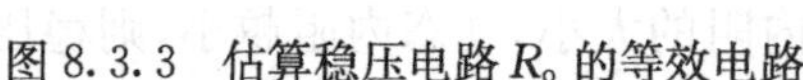

图 8.3.3 估算稳压电路 R_o 的等效电路

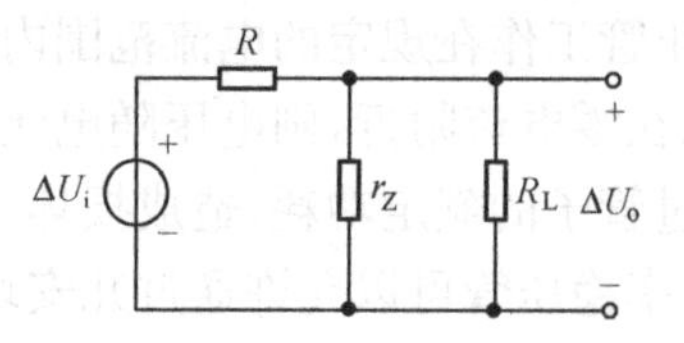

图 8.3.4 估算 S_r 的等效电路

由图可得

$$\Delta U_o=\frac{r_Z /\!/ R_L}{(r_Z /\!/ R_L)+R}\Delta U_i$$

当满足条件 $r_Z \ll R_L$，$r_Z \ll R$ 时，上式可简化为

$$\Delta U_o \approx \frac{r_Z}{R}\Delta U_i$$

则

$$S_r=\frac{\Delta U_o/U_o}{\Delta U_i/U_i}\approx\frac{r_Z}{R}\frac{U_i}{U_o} \tag{8.3.4}$$

由上式可知，r_Z 越小，R 越大，则 S_r 越小，即电网电压波动时，稳压电路的稳压性能越好。

3. 限流电阻的选择

硅稳压管稳压电路中的限流电阻是一个很重要的组成元件。限流电阻 R 的阻值必须选择适当，才能保证稳压电路在电网电压或负载变化时，很好地实现稳压作用。

在图 8.3.2 所示的硅稳压管稳压电路中，如限流电阻 R 的阻值太大，则流过 R 的电流 I_R 很小，当 I_L 增大时，稳压管的电流可能减小到临界值以下，失去稳压作用；如 R 的阻值太小，则 I_R 很大，当 R_L 很大或开路时，I_R 都流向稳压管，可能超过其允许定额而造成损坏。

设稳压管允许的最大工作电流为 I_{Zmax}，最小工作电流为 I_{Zmin}；电网电压最高时的整流输出电压为 U_{Imax}，最低时为 U_{Imin}；负载电流的最小值为 I_{Lmin}，最大值为 I_{Lmax}；则要使稳压管能正常工作，必须满足下列关系：

① 当电网电压最高和负载电流最小时，I_Z 的值最大，此时 I_Z 不应超过允许的最大值，即

$$\frac{U_{Imax}-U_Z}{R}-I_{Lmin}<I_{Zmax},\quad 或\quad R>\frac{U_{Imax}-U_Z}{I_{Zmax}+I_{Lmin}} \tag{8.3.5}$$

式中，U_Z 为稳压管的标称稳压值。

② 当电网电压最低和负载电流最大时，I_Z 的值最小，此时 I_Z 不应低于其允许的最小值。即

$$\frac{U_{Imin}-U_Z}{R}-I_{Lmax}>I_{Zmin},\quad 或\quad R<\frac{U_{Imin}-U_Z}{I_{Zmin}+I_{Lmax}} \tag{8.3.6}$$

如式(8.3.5)及式(8.3.6)不能同时满足，如既要求 $R>500\Omega$，又要求 $R<400\Omega$，则说明在给定条件下已超出稳压管的工作范围，需限制输入电压 U_i 或负载电流 I_L 的变化范围，或选用更大容量的稳压管。

【例 8.3.1】 在图 8.3.2 所示的硅稳压管稳压电路中，设稳压管的 $U_Z=6\text{V}$，$I_{Zmax}=40\text{mA}$，$I_{Zmin}=5\text{mA}$；$U_{Imax}=15\text{V}$，$U_{Imin}=12\text{V}$；$R_{Lmax}=600\Omega$，$R_{Lmin}=300\Omega$。给定当 I_Z 由 I_{Zmax} 变到 I_{Zmin} 时，U_Z 的变化量为 0.35V。

① 试选择限流电阻 R；

② 估算在上述条件下的输出电阻和稳压系数。

解: ① 由给定条件知

$$I_{\text{Lmin}} = \frac{U_Z}{R_{\text{Lmax}}} = \frac{6}{600} = 0.01\text{A} = 10(\text{mA})$$

$$I_{\text{Lmax}} = \frac{U_Z}{R_{\text{Lmin}}} = \frac{6}{300} = 0.02\text{A} = 20(\text{mA})$$

由式(8.3.5)可得

$$R > \frac{U_{\text{Imax}} - U_Z}{I_{\text{Zmax}} + I_{\text{Lmin}}} = \frac{15-6}{0.04+0.01} = 180(\Omega)$$

由式(8.3.6)可得

$$R < \frac{U_{\text{Imin}} - U_Z}{I_{\text{Zmin}} + I_{\text{Lmax}}} = \frac{12-6}{0.005+0.02} = 240(\Omega)$$

可取 R=200Ω。电阻上消耗的功率为可选 200Ω,1W 的碳膜电阻(RT—1W—200Ω)。

② 再由给定条件可求得

$$r_Z = \frac{\Delta U_Z}{\Delta I_Z} = \left(\frac{0.35}{0.04-0.005}\right)(\Omega) = 10(\Omega)$$

则输出电阻为

$$R_o \approx r_Z = 10(\Omega)$$

估算稳压系数时,取 $U_i=\frac{1}{2}(15+12)\text{V}=13.5\text{V}$,则

$$S_r \approx \frac{r_Z}{R}\frac{U_i}{U_o} = \frac{10}{200}\times\frac{13.5}{6} = 0.11 = 11\%$$

当输出电压不需调节,负载电流比较小的情况下,硅稳压管稳压电路的效果较好,所以在小型的电子设备中经常采用这种电路。但是,硅稳压管稳压电路还存在两个缺点:首先,输出电压由稳压管的型号决定,不可随意调节;其次,电网电压和负载电流的变化范围较大时,电路将不能适应。为了改进以上缺点,可以采用串联型直流稳压电路。

8.4　串联型直流稳压电路

所谓串联型直流稳压电路,就是在输入直流电压和负载之间串入一个三极管,当 U_i 或 R_L 波动引起输出电压 U_o 变化时,U_o 的变化将反映到三极管的输入电压 U_{BE},然后,U_{CE} 也随之改变,从而调整 U_o,以保持输出电压基本稳定。

8.4.1　电路组成和工作原理

串联型直流稳压电路的原理图如图 8.4.1 所示。电路包括四个组成部分。

1. 采样电阻

由电阻 R_1、R_2 和 R_3 组成。当输出电压发生变化时,采样电阻取其变化量的一部分送到放大电路的反相输入端。

2. 放大电路

放大电路 A 的作用是将稳压电路输出电压的变化量进行放大,然后再送到调整管的基极。如果放大电路的放大倍数比较大,则只要输出电压产生一点微小的变化,即能引起调整管的基极

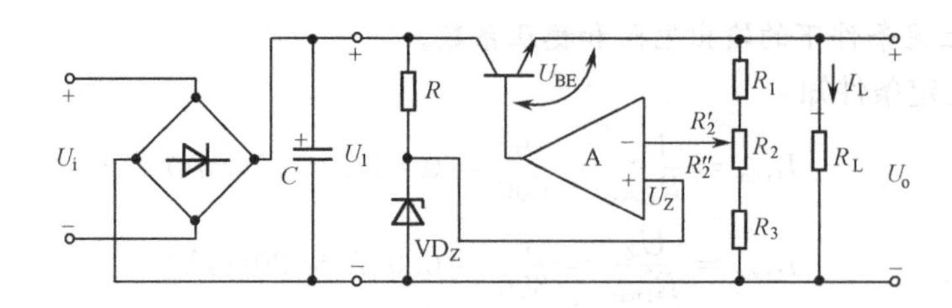

图 8.4.1 串联型直流稳压电路

电压发生较大的变化，提高了稳压效果。因此，放大倍数越大，则输出电压的稳定性越高。

3. 基准电压

基准电压由稳压管 VD_Z 提供，接到放大电路的同相输入端。采样电压与基准电压进行比较后，再将二者的差值进行放大。电阻 R 的作用是保证 VD_Z 有一个合适的工作电流。

4. 调整管

调整管 VT 接在输入直流电压 U_i 和输出端的负载电阻 R_L 之间，若输出电压 U_o 由于电网电压或负载电流等的变化而发生波动时，其变化量经采样、比较、放大后送到调整管的基极，使调整管的集—射电压也发生相应的变化，最终调整输出电压使之基本保持稳定。

现在分析串联型直流稳压电路的稳压原理。在图 8.4.1 中，假设由于 U_i 增大或 I_L 减小而导致输出电压 U_o 增大，则通过采样以后反馈到放大电路反相输入端的电压 U_F 也按比例地增大，但其同相输入端的电压即基准电压 U_Z 保持不变，故放大电路的差模输入电压 $U_{id}=U_Z-U_F$ 将减小，于是放大电路的输出电压减小，使调整管的基极输入电压 U_{BE} 减小，则调整管的集电极电流 I_C 随之减小，同时集电极电压 U_{CE} 增大，结果使输出电压 U_o 保持基本不变。

以上稳压过程可简明表示如下：

$$U_i\uparrow \text{或} I_L\downarrow \rightarrow U_o\uparrow \rightarrow U_F\uparrow \rightarrow U_{Id}\downarrow \rightarrow U_{BE}\downarrow \rightarrow I_C\downarrow \rightarrow U_{CE}\uparrow \rightarrow U_o\downarrow$$

由此看出，串联型直流稳压电路稳压的过程，实质上是采用电压串联负反馈使输出电压保持基本稳定的过程。

8.4.2 输出电压的调节范围

串联型直流稳压电路的一个优点是允许输出电压在一定范围内进行调节。这种调节可以通过改变采样电阻中电位器的滑动端位置来实现。

由上节的原理分析得知，串联型直流稳压电路属于直流电压串联负反馈组支电路。其反馈深度为

$$1+AF\approx 1+A\,\frac{R_2''+R_3}{R_1+R_2+R_3}$$

输出电压 U_o 为

$$U_o=\left(1+\frac{R_1+R_2'}{R_2''+R_3}\right)U_Z=\frac{R_1+R_2'+R_2''+R^3}{R_2''+R_3}U_Z=\frac{R_1+R_2+R_3}{R_2''+R_3}U_Z \tag{8.4.1}$$

当 R_2 的滑动端调至最上端时，$R_2'=0$，$R_2''=R_2$，U_o 达到最小值，此时

$$U_{omin}=\frac{R_1+R_2+R_3}{R_2+R_3}U_Z \tag{8.4.2}$$

而当 R_2 的滑动端调至最下端时，$R_2'=R_2$，$R_2''=0$，U_o 达到最大值可得

$$U_{omax}=\frac{R_1+R_2+R_3}{R_3}U_Z \tag{8.4.3}$$

【例 8.4.1】 设图 8.4.1 所示串联型直流稳压电路中，稳压管为 2CW14，其稳定电压为 $U_Z=7V$，采样电阻 $R_1=3k\Omega$，$R_2=2k\Omega$，$R_3=3k\Omega$，试估算输出电压的调节范围。

解： 根据式(8.4.2)和式(8.4.3)可得

$$U_{omin}=\frac{R_1+R_2+R_3}{R_2+R_3}U_Z=\frac{3+2+3}{2+3}\times 7=11.2(V)$$

$$U_{omax}=\frac{R_1+R_2+R_3}{R_3}U_Z=\frac{3+2+3}{3}\times 7=18.7(V)$$

因此，稳压电路输出电压的调节范围是 11.2～18.7V。

8.4.3 调整管的选择

调整管是串联型直流稳压电路的重要组成部分，担负着“调整”输出电压的重任。它不仅需要根据外界条件的变化，随时调整本身的管压降，以保持输出电压稳定，而且还要提供负载所要求的全部电流，因此调整管的功耗比较大，通常采用大功率的三极管。为了保证调整管的安全，在选择三极管的型号时，应对三极管的主要参数进行初步的估算。

1. 集电极最大允许电流 I_{CM}

由图 8.4.1 中的稳压电路可见，流过调整管集电极的电流，除负载电流 I_L 以外，还有流入采样电阻的电流。假设流过采样电阻的电流为 I_R，则选择调整管时，应使其集电极的最大允许电流为

$$I_{CM}\geqslant I_{Lmax}+I_R \tag{8.4.4}$$

式中，I_{Lmax}是负载电流的最大值。

2. 集电极和发射极之间的最大允许反向击穿电压 $U_{(BR)CEO}$

稳压电路正常工作时，调整管上的电压降约为几伏。若负载短路，则整流滤波电路的输出电压 U_i 将全部加在调整管两端。在电容滤波电路中，输出电压的最大值可能接近于变压器副边电压的峰值，即 $U_i\approx\sqrt{2}U_2$，再考虑电网可能有±10%的波动，因此，根据调整管可能承受的最大反向电压，应选择三极管的参数为

$$U_{(BR)CEO}\geqslant U'_{imax}=1.1\times\sqrt{2}U_2 \tag{8.4.5}$$

式中，U'_{imax}是空载时整流滤波电路的最大输出电压。

3. 集电极最大允许耗散功率 P_{CM}

调整管集电极消耗的功率等于管子集电极－发射极电压与流过管子的电流之乘积，而调整管两端的电压又等于 U_i 与 U_o 之差，即调整管的功耗为

$$P_C=U_{CE}I_C=(U_i-U_o)I_C$$

可见，当电网电压达到最大值，而输出电压达到最小值，同时负载电流也达到最大值时，调整管的功耗最大，所以，应根据下式来选择调整管的参数 P_{CM}，即

$$P_{CM}\geqslant(U_{imax}-U_{omin})\times I_{Cmax}\approx(1.1\times1.2U_2-U_{omin})\times I_{Emax} \tag{8.4.6}$$

式中，U_{imax}是满载时整流滤波电路的最大输出电压，在电容滤波电路中，如滤波电容的容值足够大，可以认为其输出电压近似为 $1.2U_2$。

调整管选定以后，为了保证调整管工作在放大状态，管子两端的电压降不宜过大，通常使

$U_{CE}=3\sim8V$。由于$U_{CE}=U_i-U_o$,因此,整流滤波电路的输出电压,即稳压电路的输入直流电压应为

$$U_i=U_{omax}+(3\sim8)(V) \tag{8.4.7}$$

如果采用桥式整流、电容滤波电路,则此电路的输出电压U_i与变压器副边电压U_2之间近似为以下关系

$$U_i\approx1.2U_2$$

考虑到电网电压可能有10%的波动,因此要求变压器副边电压为

$$U_2\approx1.1\times\frac{U_I}{1.2} \tag{8.4.8}$$

【例 8.4.2】 在图8.4.1所示的稳压电路中;要求输出电压$U_o=10\sim15V$,负载电流$I_L=0\sim100mA$,已选定基准电压的稳压管为2CW1,其稳定电压$U_Z=7V$,最小电流$I_{Zmin}=5mA$,最大电流$I_{Zmax}=33mA$。初步确定调整管选用3DD2C,其主要参数为:$I_{CM}=0.5A$,$U_{(BR)CEO}=45V$,$P_{CM}=3W$。

① 假设采样电阻总的阻值选定为2kΩ左右,则R_1、R_2和R_3三个电阻分别为多大?

② 估算电源变压器副边电压的有效值U_2;

③ 估算基准稳压管的限流电阻R的阻值;

④ 验算稳压电路中的调整管是否安全。

解: ① 由式(8.4.3)可知

$$U_{omax}\approx\frac{R_1+R_2+R_3}{R_3}U_Z$$

故

$$R_3\approx\frac{R_1+R_2+R_3}{U_{omax}}U_Z=\left(\frac{2}{15}\times7\right)(k\Omega)=0.93(k\Omega)$$

取$R_3=910\Omega$。由式(8.4.2)可知

$$U_{omin}\approx\frac{R_1+R_2+R_3}{R_2+R_3}U_Z$$

故

$$R_2+R_3\approx\frac{R_1+R_2+R_3}{U_{omin}}U_Z=\left(\frac{2}{10}\times7\right)=1.4(k\Omega)$$

则

$$R_2=(1.4-0.91)=0.49(k\Omega)$$

取$R_2=510\Omega$(电位器)。则

$$R_1=(2-0.91-0.51)=0.58(k\Omega)$$

取$R_1=560\Omega$。

在确定了采样电阻R_1、R_2和R_3的阻值以后,再来验算输出电压的变化范围是否符合要求,此时

$$U_{omax}\approx\frac{0.56+0.51+0.91}{0.91}\times7=15.23(V)$$

$$U_{omin}\approx\frac{0.56+0.51+0.91}{0.51+0.91}\times7=9.76(V)$$

输出电压的实际变化范围为$U_o=9.76\sim15.23V$,所以符合给定的要求。

② 稳压电路的直流输入电压应为

$$U_i=U_{omax}+(3\sim8)(V)=15+(3\sim8)=18\sim23(V)$$

取$U_i=23V$,则变压器副边电压的有效值为

$$U_2=1.1\times\frac{U_i}{1.2}=1.1\times\frac{23}{1.2}=21(V)$$

③ 基准电压支路中的电阻 R 的作用是保证稳压管 VD_Z 的工作电流比较合适，通常使稳压管中的电流略大于其最小参考电流值 I_{Zmin}。在图 8.4.1 中，可认为

$$I_Z = \frac{U_i - U_Z}{R}$$

故基准稳压管的限流电阻应为

$$R \leqslant \frac{U_{imin} - U_Z}{I_{Zmin}} = \frac{0.9 \times 23 - 7}{5} = 2.74(\text{k}\Omega)$$

④ 根据稳压电路的各项参数，可知调整管的主要技术指标应为

$$I_{CM} \geqslant I_{Lmax} + I_R = 100 + \frac{15.23}{0.56 + 0.51 + 0.91} = 108(\text{mA})$$

$$U_{(BR)CEO} \geqslant 1.1 \times \sqrt{2}U_2 = 1.1 \times \sqrt{2} \times 21 = 32.3(\text{V})$$

$$P_{CM} \geqslant (1.1 \times 1.2U_2 - U_{omin}) \times I_{Cmax} = (1.1 \times 1.2 \times 21 - 9.76) \times 0.108 = 1.94(\text{W})$$

已知低频大功率三极管 3DD2C 的 $I_{CM}=0.5\text{A}$，$U_{(BR)CEO}=45\text{V}$，$P_{CM}=3\text{W}$，可见调整管的参数符合安全的要求，而且留有一定余地。

8.4.4 稳压电路的过载保护

使用稳压电路时，如果输出端过载甚至短路，将使通过调整管的电流急剧增大，假如电路中没有适当的保护措施，可能使调整管造成损坏，所以在实用的稳压电路中通常加有必要的保护电路。下面介绍两种常用的保护电路。

1. 限流型保护电路

一个简单的限流型保护电路如图 8.4.2 所示。主要保护元件是串接在调整管发射极回路中的检测电阻 R_4 和保护三极管 VT_2。R_4 的限值很小，一般为 1Ω 左右。

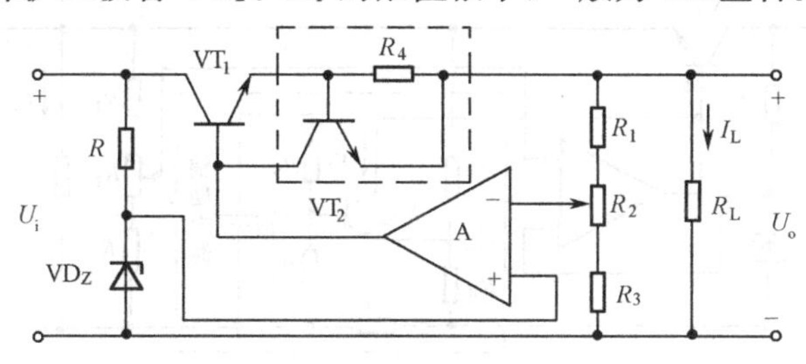

图 8.4.2 限流型保护电路

稳压电路正常工作时，负载电流不超过额定值，电流在 R_4 上的压降很小，故三极管 VT_2 截止，保护电路不起作用。当负载电流超过某一临界值后，R_4 上的压降使 VT_2 导通。由于 VT_2 中流过一个集电极电流，将使调整管 VT_1 的基极电流被分流掉一部分，于是限制了 VT_1 中电流的增长，保护了调整管。限流保护电路的输出特性如图 8.4.3 所示。

2. 截流型保护电路

限流型保护电路虽然能够限制过大的输出电流，但当负载短路时，整流滤波后的输出直流电压 U_I 将全部加在调整管的两端，而且，此时通过调整管的电流也相当大。由图 8.4.3可见，当 $U_o=0$ 时，I_L 较大，所以此时消耗在调整管上的功率仍很可观。如果按照这种情况来选择调整管，势必要求其容量的额定值比正常情况高出许多倍，很不经济。因此，在容量较大的稳压电路中，希望一旦发生过载，输出电压和输出电流同时下降到较低的数值，即要求保护电路

的输出特性如图 8.4.4 所示。这样的保护电路称为截流型保护电路。

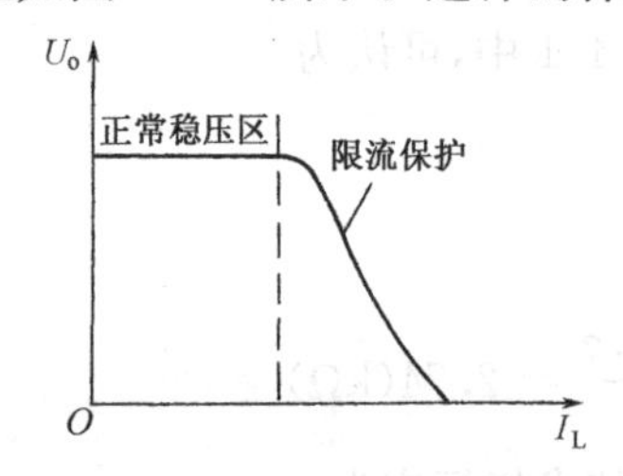

图 8.4.3 限流型保护电路的输出特性

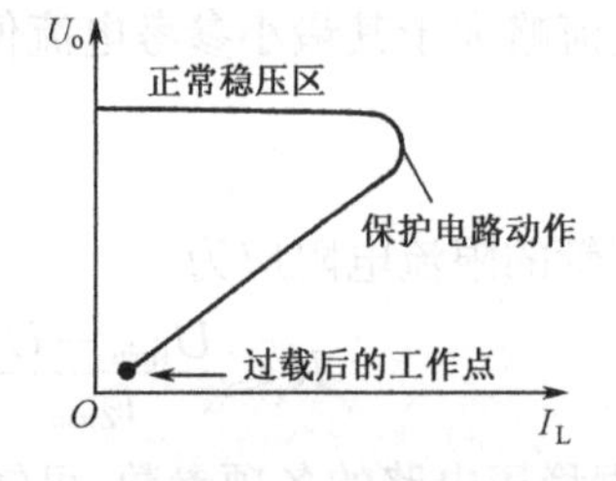

图 8.4.4 截流型保护电路的输出特性

实现截流型保护的具体电路如图 8.4.5 所示。电路中同样接入一个检测电阻 R_4 和一个保护三极管 VT_2。辅助电源经电阻 R_5、R_6 分压后接至 VT_2 的基极，而输出电压 U_o 经 R_7、R_8 分压后接至 VT_2 的发射极。正常工作时，电阻 R_4 两端的电压降较低，此时 R_6 两端电压与 R_4 两端电压之和小于 R_8 两端电压，即 VT_2 的 $U_{BE2}<0$，故 VT_2 截止。当负载电流 I_L 增大时，电阻 R_4 上的压降随之增大。若 U_{BE2} 增大至使 VT_2 进入放大区后，将产生集电极电流 I_{C2}。而 VT_2 的导通将使调整管的基流被分流，故 I_{B1} 减小，于是引起以下正反馈过程：

$$I_{C2}\uparrow\rightarrow I_{B1}\downarrow\rightarrow U_o\downarrow\rightarrow U_{E2}\downarrow\rightarrow U_{BE2}\uparrow\rightarrow I_{C2}\uparrow$$

上述正反馈使 I_{C2} 迅速增大，很快使 VT_2 达到饱和，最后，稳压电路的输出电压为

$$U_o=U_{CES2}+U_{R8}-I_LR_4-U_{BE1}$$

其中，U_{R8} 一般选定为 1V 左右，U_{CES2} 为 VT_2 的饱和管压降，约为 0.3V，U_{BE1} 为临界导电值，而此时 I_L 值很小，所以当保护电路动作以后，输出电压将很快下降到 1V 左右，因而调整管的功率损耗很小。但是，由于 U_o 很低，故 U_i 几乎都加在调整管两端，因此，所选调整管的 $U_{(BE)CEO}$ 值应大于整流滤波电路输出电压可能达到的最大值。

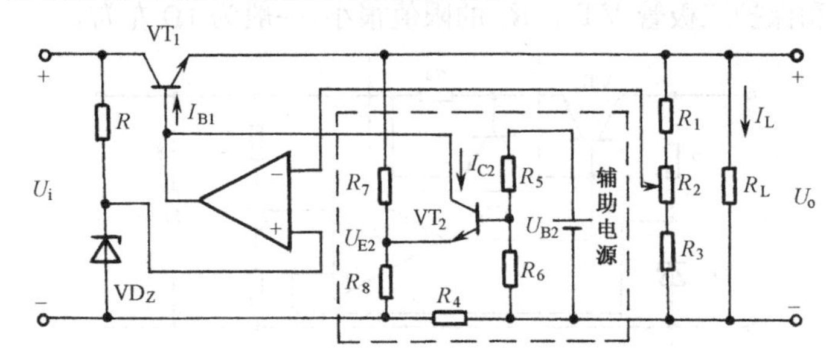

图 8.4.5 截流型保护电路

在这种截流型保护电路中，当负载端故障排除以后，由于 I_L 减小，使 R_4 上压降减小，只要三极管 VT_1 和 VT_2 能够进入放大区，则稳压电路的输出电压将由于以下正反馈过程而很快地恢复到原来的数值：

$$U_{R4}\downarrow\rightarrow U_{B2}\downarrow\rightarrow I_{C2}\downarrow\rightarrow I_{B1}\uparrow\rightarrow U_o\uparrow\rightarrow U_{E2}\uparrow\rightarrow U_{BE2}\downarrow\rightarrow I_{C2}\downarrow$$

稳压电路的保护电路类型很多，除了以上介绍的几种过流保护电路以外，还有过压保护、过热保护等。读者如有兴趣，可参阅有关文献。

8.5 集成稳压器

随着集成技术的发展，稳压电路也迅速实现集成化。从 20 世纪 60 年代末开始，集成稳压器已经成为模拟集成电路的一个重要组成部分。目前已能大量生产各种型号的单片集成稳压

电路。集成稳压器具有体积小、可靠性高以及温度特性好等优点，而且使用灵活、价格低廉，被广泛应用于仪器、仪表及其他各种电子设备中。特别是三端集成稳压器，芯片只引出三个端子，分别接输入端、输出端和公共端，基本上不需外接元件，而且内部有限流保护、过热保护和过压保护电路，使用更加安全、方便。

三端集成稳压器还有固定输出和可调输出两种不同的类型。前者的输出直流电压是固定不变的几个电压等级，后者则可以通过外接的电阻和电位器使输出电压在某一个范围内连续可调。固定输出集成稳压器又可分为正输出和负输出两大类。

本节将以 W7800 系列三端固定正输出集成稳压器为例，介绍电路的组成，并介绍三端集成稳压器的主要参数以及它们的外形和应用电路。

8.5.1 三端集成稳压器的组成

三端集成稳压器的组成如图 8.5.1 所示。由图可见，电路内部实际上包括了串联型直流稳压电路的各个组成部分，另外加上保护电路和启动电路。现对各部分扼要进行介绍。

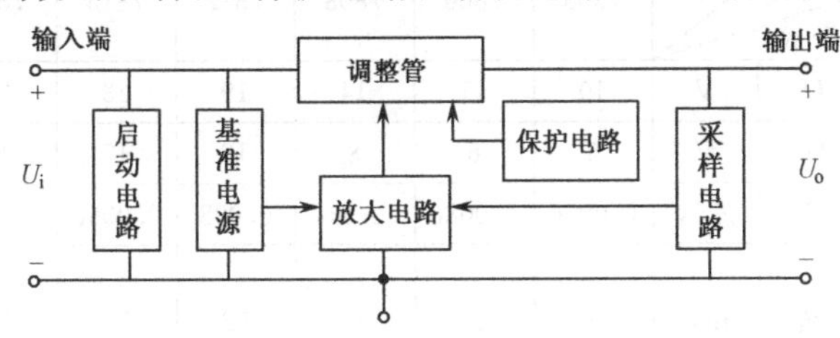

图 8.5.1　三端集成稳压器的组成

1. 调整管

调整管接在输入端与输出端之间，当电网电压或负载电流波动时，调整自身的集—射压降使输出电压基本保护不变。在 W7800 系列三端集成稳压电路中，调整管由两个三极管组成的复合管充当，这种结构只要求放大电路用较小的电流便可驱动调整管，而且提高了调整管的输入电阻。

2. 放大电路

放大电路将基准电压与从输出端得到的采样电压进行比较，然后再放大并送到调整管的基极。放大倍数越大，则稳定性能越好。在 W7800 系列三端集成稳压器中，放大管也是复合管，电路组态为共射接法，并采用有源负载，可以获得较高的电压放大倍数。

3. 基准电源

由式(8.4.1)可知，串联型直流稳压电路的输出电压 U_o 与基准电压 U_Z 成正比，因此，基准电压的稳定性将直接影响稳压电路输出电压的稳定性。在 W7800 系列三端集成稳压器中，采用一种能带间隙式基准源，这种基准源具有低噪声、低温漂的特点，在单片式大电流集成稳压器中被广泛应用。

4. 采样电路

采样电路由两个分压电阻组成，它将输出电压变化量的一部分送到放大电路的输入端。

5. 启动电路

启动电路的作用是在刚接通直流输入电压时，使调整管、放大电路和基准电源等建立起各自的工作电流，而当稳压电路正常工作时启动电路被断开，以免影响稳压电路的性能。

6. 保护电路

在W7800系列三端集成稳压器中,已将三种保护电路集成在芯片内部,它们是限流保护电路、过热保护电路和过压保护电路。

关于W7800系列三端集成稳压器具体电路的原理图,读者如有兴趣,请参阅有关文献。

8.5.2 三端集成稳压器的主要参数

无论固定正输出还是固定负输出的三端集成稳压器,它们的输出电压值通常可分为7个等级,即±5V、±6V、±8V、±12V、±15V、±18V以及±24V。输出电流则有三个等级:1.5A(W7800和W7900系列)、500mA(W78M00和W79M00系列)以及100mA(W78L00和W79L00系列)。现将W7800系列三端集成稳压器的主要参数列于表8.5.1中,以供参考。

表8.5.1 W7800系列三端集成稳压器的主要参数

参数名称	符号	单位	7805	7806	7808	7812	7815	7818	7824
输入电压	U_i	V	10	11	14	19	23	27	33
输出电压	U_o	V	5	6	8	12	15	18	24
电压调整率	S_u	%/V	0.0076	0.0086	0.01	0.008	0.0066	0.01	0.011
电流调整率 ($5mA \leqslant I_o \leqslant 1.5A$)	S_i	mV	40	43	45	52	52	55	60
最小压差	$U_i - U_o$	V	2	2	2	2	2	2	2
输出噪声	U_N	μV	10	10	10	10	10	10	10
输出电阻	R_o	mΩ	17	17	18	18	19	19	20
峰值电流	I_{OM}	A	2.2	2.2	2.2	2.2	2.2	2.2	2.2
输出温漂	S_T	mV/℃	1.0	1.0		1.2	1.5	1.8	2.4

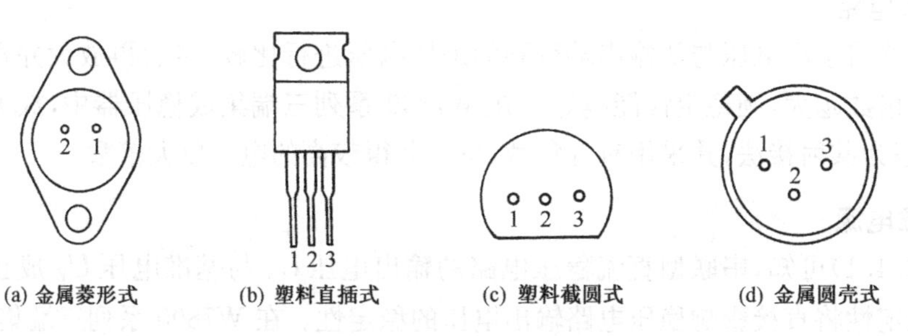

图8.5.2 三端集成稳压器的外形

8.5.3 三端集成稳压器的应用

1. 三端集成稳压器的外形及电路符号

W7800和W78M00系列固定正输出三端集成稳压器的外形有两种,一种是金属菱形式,另一种是塑料直插式,分别如图8.5.2(a)和(b)所示。而W7900和W79M00系列固定负输出三端集成稳压器的外形与前者相同,但是引脚有所不同。

输出电流较小的W78L00和W79L00系列三端集成稳压器的外形也有两种,一种为塑料截圆式，另一种为金属圆壳式，分别如图 8.5.2(c)和(d)所示。

W7800 系列和 W7900 系列三端集成稳压器的引脚列于表 8.5.2 中。

W7800 和 W7900 系列三端集成稳压器的电路符号分别如图 8.5.3(a)和(b)所示。

表 8.5.2　W7800、W7900 系列三端集成稳压器的引脚

系列 ＼ 封装形式 / 引脚	金属封装			塑料封装		
	IN	GND	OUT	IN	GND	OUT
W7800	1	3	2	1	2	3
W78M00	1	3	2	1	2	3
W78L00	1	3	2	3	2	1
W7900	3	1	2	2	1	3
W79M00	3	1	2	2	1	3
W79L00	3	1	2	2	1	3

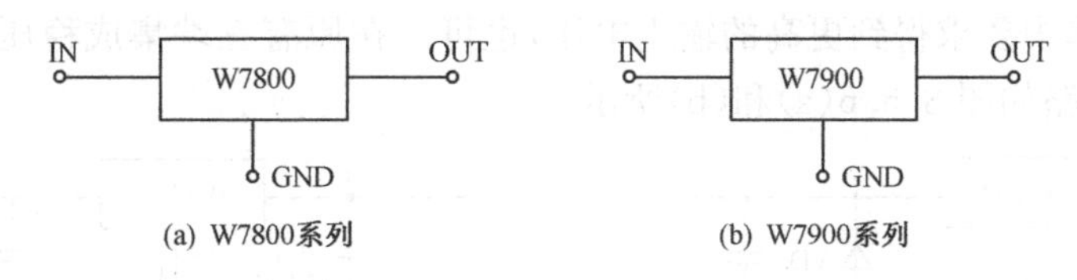

图 8.5.3　三端集成稳压器的电路符号

2. 三端集成稳压器应用电路

三端集成稳压器的使用十分方便。由于只有三个引出端：输入端、输出端和公共端，因此，在实际的应用电路中连接比较简单。

(1) 基本电路

三端集成稳压器最基本的应用电路如图 8.5.4 所示。整流滤波后得到的直流输入电压 U_i 接在输入端和公共端之间，在输出端即可得到稳定的输出电压 U_o。为了抵消输入线较长带来的电感效应，防止自激，常在输入端接入电容 C_i，一般 C_i 的容量为 0.33μF。同时，在输出端接上电容 C_o，以改善负载的瞬态响应和消除输出电压中的高频噪声，C_o 的容量一般为 1 至几十 μF。两个电容应直接接在集成稳压器的引脚处。

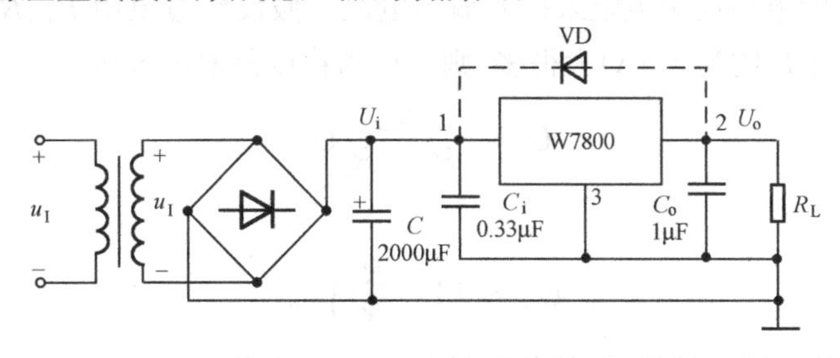

图 8.5.4　三端集成稳压器基本应用电路

若输出电压比较高，应在输入端与输出端之间跨接一个保护二极管 VD，如图 8.5.4 中的虚线所示。其作用是在输入端短路时，使 C_o 通过二极管放电，以便保护集成稳压器内部的调整管。

输入直流电压 U_i 的值应至少比 U_o 高 2V。

(2) 扩大输出电流

三端式集成稳压器的输出电流有一定限制，例如，1.5A、0.5A 或 0.1A 等，如果希望在此基础上进一步扩大输出电流则可以通过外接大功率三极管的方法实现,电路接法如图 8.5.5 所示。

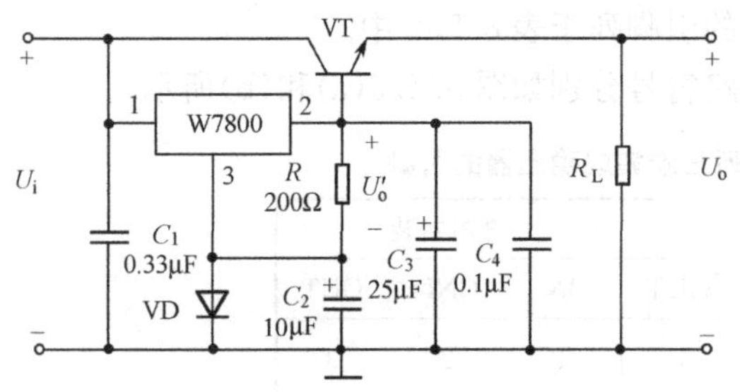

图 8.5.5　三端集成稳压器的输出电流

在图 8.5.5 中,负载所需的大电流由大功率三极管 VT 提供,而三极管的基极由三端集成稳压器驱动。电路中接入一个二极管 VD,用以补偿三极管的发射结电压 U_{BE},使电路的输出电压 U_o 基本上等于三端集成稳压器的输出电压 U_o'。只要适当选择二极管的型号,并通过调节电阻 R 的阻值以改变流过二极管的电流,即可得到 $U_D \approx U_{BE}$,此时由图可见

$$U_o = U_o' - U_{BE} + U_D \approx U_o'$$

同时,接入二极管 VD 也补偿了温度对三极管 U_{BE} 的影响,使输出电压比较稳定。

电容 C_2 的作用是滤掉二极管 VD 两端的脉动电压,以减小输出电压的脉动成分。

(3) 提高输出电压

如果实际工作中要求得到更高的输出电压,也可以在原有三端集成稳压器输出电压的基础上加以提高,电路如图 8.5.6(a)和(b)所示。

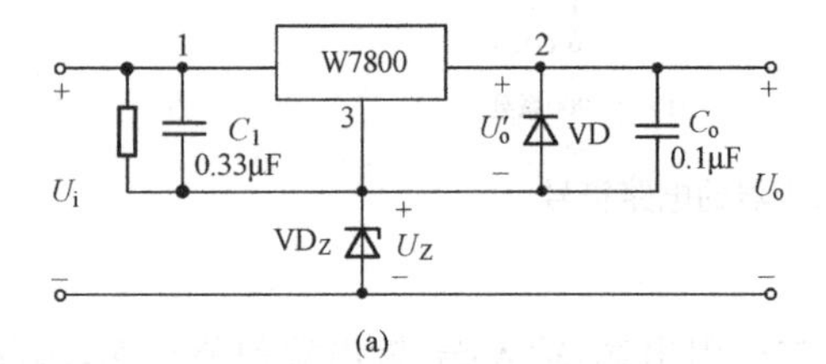

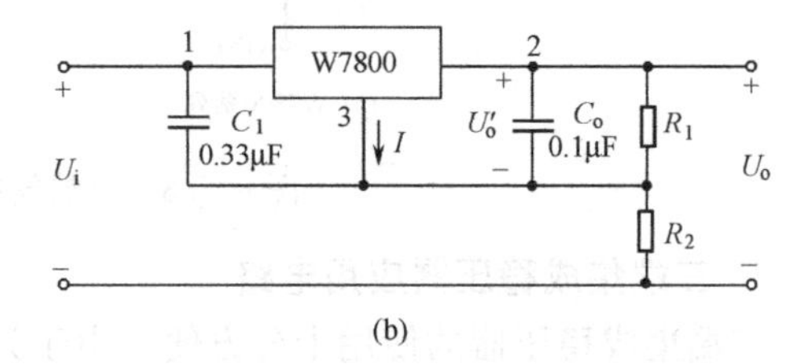

图 8.5.6　提高三端集成稳压器输出电压的电路

图 8.5.6(a)中的电路利用稳压管 VD_Z 来提高输出电压。由图可见,电路的输出电压为

$$U_o = U_o' + U_Z \tag{8.5.1}$$

电路中输出端的二极管 VD 是保护二极管。正常工作时,VD 处于截止状态,一旦输出电压低于 U_Z 或输出端短路,二极管 VD 将导通,于是输出电流被旁路,从而保护集成稳压器的输出级免受损坏。

图 8.5.6(b)中的电路利用电阻来提升输出电压。假设流过电阻 R_1、R_2 的电流比三端集成稳压器的静态电流 I(约为 5mA)大得多,则可认为稳压器输出电压

$$U_o' \approx \frac{R_1}{R_1 + R_2} U_o$$

即输出电压为

$$U_o \approx \left(1 + \frac{R_2}{R_1}\right) U_o' \tag{8.5.2}$$

此种提高输出电压的电路比较简单,但稳压性能将有所下降。

(4) 使输出电压可调

W7800 和 W7900 均为固定输出的三端集成稳压器,如果希望得到可调的输出电压,可以选用可调输出的集成稳压器,也可以将固定输出集成稳压器接成图 8.5.7 所示的电路。

电路中接入了一个集成运放 A 以及采样电阻 R_1、R_2 和 R_3,其中 R_2 为电位器。不难看出,集成运放接成电压跟随器形式,它的输出电压 U_A 等于某输入电压,即

$$U_{\mathrm{A}}=\frac{R_2''+R_3}{R_1+R_2+R_3}U_{\mathrm{o}}$$

由图可得

$$U_{\mathrm{o}}'+U_{\mathrm{A}}=U_{\mathrm{o}}$$

即 $$U_{\mathrm{o}}'+\frac{R_2''+R_3}{R_1+R_2+R_3}U_{\mathrm{o}}=U_{\mathrm{o}}$$

则电路的输出电压为

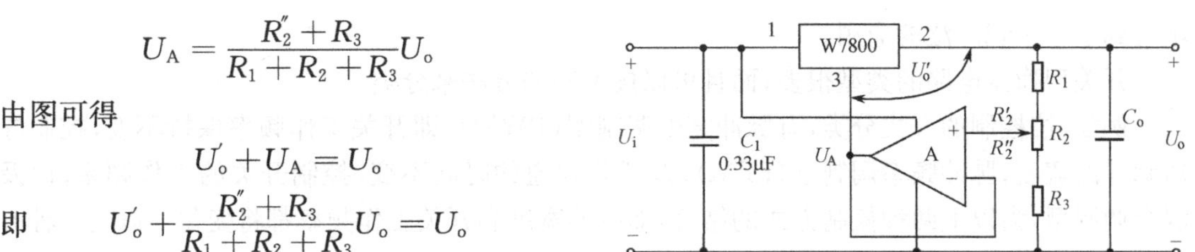

图 8.5.7　输出电压可调的稳压电路

$$U_{\mathrm{o}}=U_{\mathrm{o}}'\Big/\left(1-\frac{R_2''+R_3}{R_1+R_2+R_3}\right)=\left(1+\frac{R_2''+R_3}{R_1+R_2'}\right)U_{\mathrm{o}}' \tag{8.5.3}$$

由上式可知,只需移动电位器 R_2 的滑动端,即可调节输出电压的大小。但要注意,当输出电压 U_{o} 调得很低时,集成稳压器的 1、2 两端之间的电压($U_{\mathrm{I}}-U_{\mathrm{o}}$)很高,使内部调整管的管压降增大,同时调整管的功率损耗也随之增大,此时应防止其管压降和功耗超过额定值,以保证安全。

8.6　开关型稳压电路

前面两节介绍的稳压电路,包括分立元件组成的串联型直流稳压电路以及集成稳压器均属于线性稳压电路,这是由于其中的调整管总是工作在线性放大区。线性稳压电路的优点是结构简单,调整方便,输出电压脉动较小。但是这种稳压电路的主要缺点是效率低,一般只有(20～40)%。由于调整管消耗的功率较大,有时需要在调整管上安装散热器,致使电源的体积和重量增大,比较笨重。而开关型稳压电路克服了上述缺点,因而它的应用日益广泛。

8.6.1　开关型稳压电路的特点和分类

开关型稳压电路的特点主要有以下几方面:

① 效率高。开关型稳压电路中的调整管工作在开关状态,可以通过改变调整管导通与截止时间的比例来改变输出电压的大小。当调整管饱和导电时,虽然流过较大的电流,但饱和管压降很小;当调整管截止时,管子将承受较高的电压,但流过调整管的电流基本等于零。可见,工作在开关状态调整管的功耗很小,因此,开关型稳压电路的效率较高,一般可达 65%～90%。

② 体积小重量轻。因调整管的功耗小,故散热器也可随之减小。而且,许多开关型稳压电路还可省去 50Hz 工频变压器,而开关频率通常为几十千赫,故滤波电感、电容的容量均可大大减小,所以,开关型稳压电路与同样功率的线性稳压电路相比,体积和重量都将小得多。

③ 对电网电压的要求不高。由于开关型稳压电路的输出电压与调整管导通与截止时间的比例有关,而输入直流电压的幅度变化对其影响很小,因此,允许电网电压有较大的波动。一般线性稳压电路允许电网电压波动±10%,而开关型稳压电路在电网电压为 140～260V,电网频率变化±4%时仍可正常工作。

④ 调整管的控制电路比较复杂。为使调整管工作在开关状态,需要增加控制电路,调整管输出的脉冲波形还需经过 LC 滤波后再送到输出端,因此相对于线性稳压电路,其结构比较复杂,调试比较麻烦。

⑤ 输出电压中纹波和噪声成分较大。因调整管工作在开关状态,将产生尖峰干扰和谐波信号,虽经整流滤波,输出电压中的纹波和噪声成分仍较线性稳压电路为大。

总的来说,由于开关型稳压电路的突出优点,使其在计算机、电视机、通信及空间技术等领域得到了越来越广泛的应用。

开关型稳压电路的类型很多,而且可以按不同的方法来分类。

例如,按控制的方式分类,有脉冲宽度调制型(PWM),即开关工作频率保持不变,控制导通脉冲的宽度;脉冲频率调制型(PFM),即开关导通的时间不变,控制开关的工作频率;以及混合调制型,为以上两种控制方式的结合,即脉冲宽度和开关工作频率都将变化。以上三种方式中,脉冲宽度调制型用得较多。

按是否使用工频变压器来分类,有低压开关稳压电路,即50Hz电网电压先经工频变压器转换成较低电压后再进入开关型稳压电路,因这种电路需用笨重的工频变压器,且效率较低,目前已很少采用;高压开关稳压电路,即无工频变压器的开关稳压电路,由于高压大功率三极管的出现,有可能将220V交流电网电压直接进行整流滤波,然后再进行稳压,使开关稳压电路的体积和重量大大减小,而效率更高。目前,实际工作中大量使用的,主要是无工频变压器的开关稳压电路。

又如,按激励的方式分类,有自激式和他激式。按所用开关调整管的种类分,有双极型三极管、MOS场效应管和晶闸管开关电路等。此外还有其他许多分类方式,在此不一一列举。

8.6.2 开关型稳压电路的组成和工作原理

一个串联式开关型稳压电路的组成如图8.6.1所示。图中包括开关调整管、滤波电路、脉冲调制电路、比较放大器、基准电压和采样电路等各个组成部分。

如果由于输入直流电压或负载电流波动而引起输出电压发生变化时,采样电路将输出电压变化量的一部分送到比较放大电路,与基准电压进行比较并将二者的差值放大后送至脉冲调制电路,使脉冲波形的占空比发生变化。此脉冲信号作为开关调整管的输入信号,使调整管导通和截止时间的比例也随之发生变化,从而使滤波以后输出电压的平均值基本保持不变。

图8.6.2示出了一个最简单的开关型稳压电路的原理示意图。电路的控制方式采用脉冲宽度调制式。

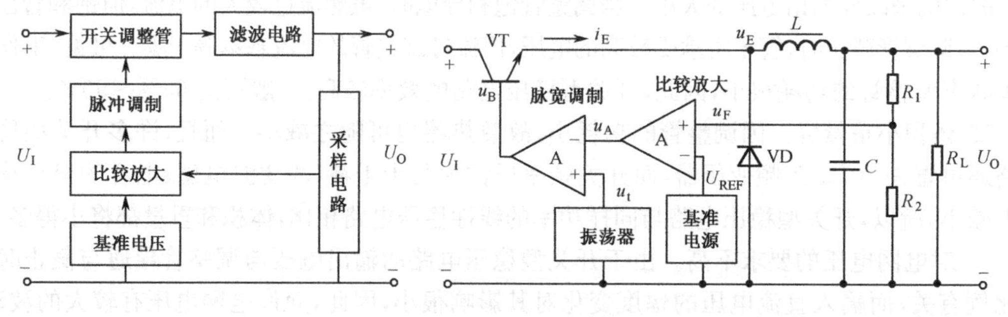

图8.6.1 开关型稳压电路的组成　　图8.6.2 脉冲调宽式开关型稳压电路示意图

图8.6.2中三极管VT为工作在开关状态的调整管。由电感L和电容C组成滤波电路,二极管VD称为续流二极管。脉冲宽度调制电路由一个比较器和一个产生三角波的振荡器组成。运算放大器A作为比较放大电路,基准电源产生一个基准电压U_{REF},电阻R_1、R_2组成采样电阻。

下面分析图8.6.2电路的工作原理。由采样电路得到的采样电压u_F与输出电压成正比,它与基准电压进行比较并放大以后得到u_A,被送到比较器的反相输入端。振荡器产生的三角波信号u_t,加在比较器的同相输入端。当$u_t > u_A$时,比较器输出高电平,即

$$u_B = +U_{OPP}$$

当 $u_t < u_A$ 时，比较器输出低电平，即

$$u_B = -U_{OPP}$$

故调整管 VT 的基极电压 u_B 成为高、低电平交替的脉冲波形，如图 8.6.3 所示。

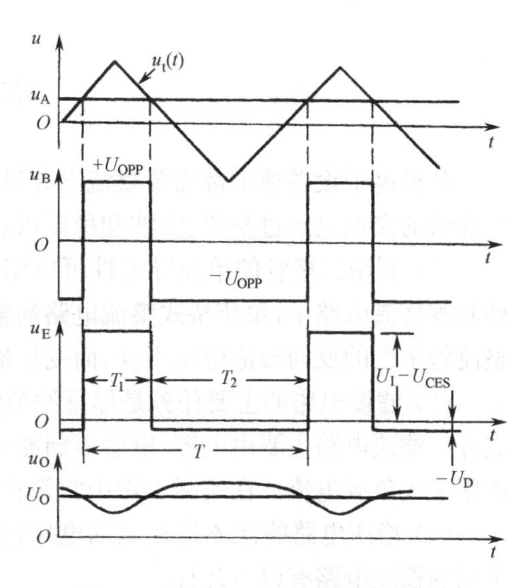

图 8.6.3 图 8.6.2 电路的波形图

当 u_B 为高电平时，调整管饱和导电，此时发射极电流 i_E 流过电感和负载电阻，一方面向负载提供输出电压，同时将能量储存在电感的磁场和电容的电场中。由于三极管 VT 饱和导通，因此其发射极电位 u_E 为

$$u_E = U_I - U_{CES}$$

式中，U_I 为直流输入电压，U_{CES} 为三极管的饱和管压降。u_E 的极性为上正下负，则二极管 VD 被反向偏置，不能导通，故此时二极管不起作用。

当 u_B 为低电平时，调整管截止，$i_E=0$。但电感具有维持流过电流不变的特性，此时将储存的能量释放出来，在电感上产生的反电势使电流通过负载和二极管继续流通，因此，二极管 VD 称为续流二极管。此时调整管发射极的电位为

$$u_E = -U_D$$

式中，U_D 为二极管的正向导通电压。

由图 8.6.3 可见，调整管处于开关工作状态，它的发射极电位 u_E 也是高、低电平交替的脉冲波形。但是，经过 LC 滤波电路以后，在负载上可以得到比较平滑的输出电压 u_O。在理想情况下，输出电压 u_O 的平均值 U_O 即是调整管发射极电压 u_E 的平均值。根据图 8.6.3中 u_E 的波形可求得

$$U_O = \frac{1}{T}\int_0^T u_E \mathrm{d}t = \frac{1}{T}\left[\int_0^{T_1} (U_I - U_{CES})\mathrm{d}t + \int_{T_1}^{T} (-U_D)\mathrm{d}t\right]$$

因三极管的饱和管压降 U_{CES} 以及二极管的正向导通电压 U_D 的值均很小，与直流输入电压 U_I 相比通常可以忽略，则上式可近似表示为

$$U_O \approx \frac{1}{T}\int_0^{T_1} U_I \mathrm{d}t = \frac{T_1}{T}U_I = DU_I \tag{8.6.1}$$

式中，D 为脉冲波形 u_E 的占空比。由上式可知，在一定的直流输入电压 U_I 之下，占空比 D 的值越大，则开关型稳压电路的输出电压 U_O 越高。

下面再来分析当电网电压波动或负载电流变化时，图 8.6.2 中的开关型稳压电路如何起稳压作用。假设由于电网电压或负载电流的变化使输出电压 U_O 升高，则经过采样电阻以后得到的采样电压 u_F 也随之升高，此电压与基准电压 U_{REF} 比较以后再放大得到的电压 u_A 也将升高，u_A 送到比较器的反相输入端，由图 8.6.3 的波形图可见，当 u_A 升高时，将使开关调整管基极电压 u_E 的波形中高电平的时间缩短，而低电平的时间增长，于是调整管在一个周期中饱和导电的时间减少，截止的时间增加，则其发射极电压 u_E 脉冲波形的占空比减小，从而使输出电压的平均值 U_O 减小，最终保持输出电压基本不变。

以上扼要地介绍了脉冲调宽式开关型稳压电路的组成和工作原理，至于其他类型的开关稳压电路，此处不再赘述，读者可参阅有关文献。

本章小结

各种电子设备通常都需要直流电源供电。比较经济实用的获得直流电源的方法是利用电网提供的交流电经过整流、滤波和稳压以后得到。

(1) 利用二极管的单向导电性可以组成整流电路。在单相半波、单相全波和单相桥式三种基本整流电路中,单相桥式整流电路的输出直流电压较高,输出波形的脉动成分相对较低,整流管承受的反向峰值电压不高,而变压器的利用率较高,因此应用比较广泛。

(2) 滤波电路的主要任务是尽量滤掉输出电压中的脉动成分,同时,尽量保留其中的直流成分。滤波电路主要由电容、电感等储能元件组成。电容滤波适用于小负载电流,而电感滤波适用于大负载电流。在实际工作中常常将二者结合起来,以便进一步降低脉动成分。

(3) 稳压电路的任务是在电网电压波动或负载电流变化时,使输出电压保持基本稳定。常用的稳压电路有以下几种:

① 硅稳压管稳压电路

电路结构最简单,适用于输出电压固定,且负载电流较小的场合。主要缺点是输出电压不可调节;当电网电压和负载电流变化范围较大时,电路无法适应。

② 串联型直流稳压电路

串联型直流稳压电路主要包括四部分:调整管、采样电阻、放大电路和基准电压。其稳压的原理实质上是引入电压串联负反馈来稳定输出电压。串联型稳压电路的输出电压可以在一定的范围内进行调节。

为了防止负载电流过大或输出短路造成元器件损坏,在实用的稳压电路中常常加上各种保护电路,如限流型和截流型保护电路等。

③ 集成稳压器

集成稳压器由于其体积小、可靠性高以及温度特性好等优点,得到了广泛的应用,特别是三端集成稳压器,只有三个引出端,使用更加方便。

三端集成稳压器的内部,实质上是将串联型直流稳压电路的各个组成部分,再加上保护电路和启动电路,全部集成在一个芯片上而做成的。

④ 开关型稳压电路

与线性稳压电路相比,开关型稳压电路的特点是调整管工作在开关状态,因而具有效率高、体积小、重量轻以及对电网电压要求不高等突出优点,被广泛用于计算机、电视机、通信及空间技术等领域。但也存在调整管的控制电路比较复杂、输出电压中纹波和噪声成分较大等缺点。

利用晶闸管组成的可控整流电路,这将在后续的“电力电子学”课程中讲授。

习 题 八

8.1 在图 P8.1 所示的单相桥式整流电路中,已知变压器副边电压 U_2=10V(有效值)。

(1) 工作时,直流输出电压 $U_{O(AV)}$=?

(2) 如果二极管 VD_1 虚焊,将会出现什么现象?

(3) 如果 VD_1 极性接反,又可能出现什么问题?

(4) 如果 4 个二极管全部接反，则直流输出电压 $U_{O(AV)}$ = ?

8.2　图 P8.2 是能输出两种整流电压的桥式整流电路。试分析各个二极管的导电情况，在图上标出直流输出电压 $U_{O(AV)1}$ 和 $U_{O(AV)2}$ 对地的极性，并计算当 $U_{21}=U_{22}=20\text{V}$（有效值）时，$U_{O(AV)1}$ 和 $U_{O(AV)2}$ 各为多少？如果 $U_{21}=22\text{V}$，$U_{22}=18\text{V}$，则 $U_{O(AV)1}$ 和 $U_{O(AV)2}$ 各为多少？在后一种情况下，画出 u_{O1} 和 u_{O2} 的波形并估算各个二极管的最大反向峰值电压各为多少？

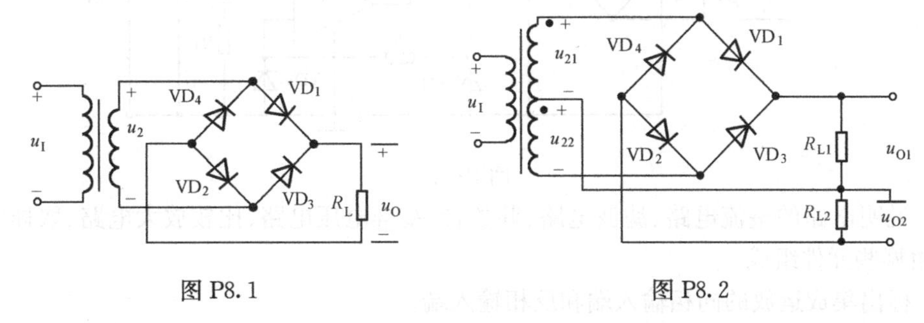

图 P8.1　　图 P8.2

8.3　试在图 P8.3 所示的电路中，标出各电容两端电压的极性和数值，并分析负载电阻上能够获得几倍压输出。

8.4　电路如图 P8.4 所示，已知稳压管的稳定电压为 6V，最小稳定电流为 5mA，允许耗散功率为 240mW；输入电压为 20～24V，$R_1=360\Omega$。试问：

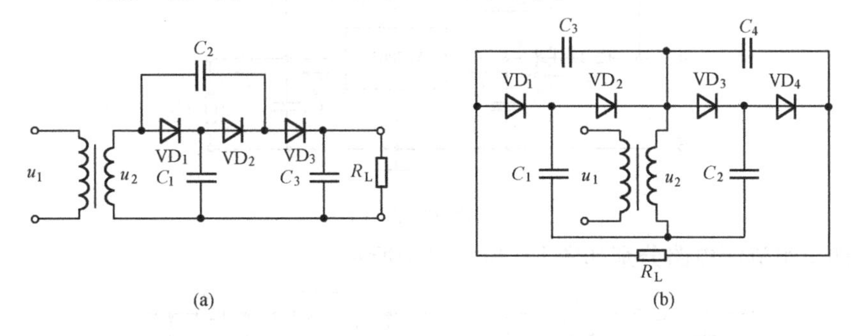

图 P8.3

(1) 为保证空载时稳压管能够安全工作，R_2 应选多大？

(2) 当 R_2 按上面原则选定后，负载电阻允许的变化范围是多少？

8.5　电路如图 P8.5 所示，已知稳压管的稳定电压 $U_Z=6\text{V}$，晶体管的 $U_{BE}=0.7\text{V}$，$R_1=R_2=R_3=300$，$U_1=24\text{V}$。判断出现下列现象时，分别因为电路产生什么故障（即哪个元件开路或短路）。

(1) $U_O\approx24\text{V}$；(2) $U_O\approx23.3\text{V}$；(3) $U_O\approx12\text{V}$ 且不可调；

(4) $U_O\approx6\text{V}$ 且不可调；(5) U_O 可调范围变为 6～12V。

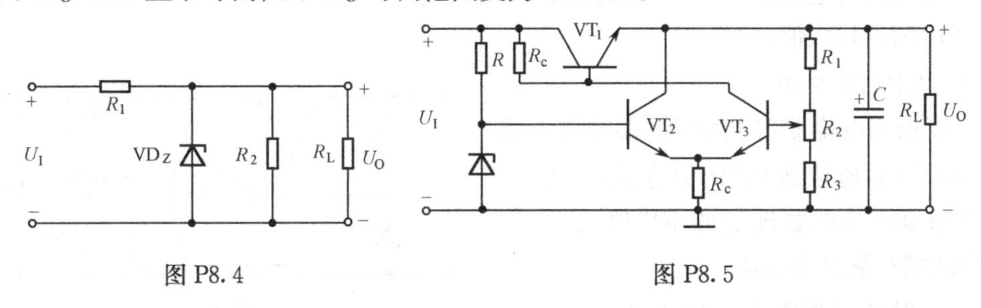

图 P8.4　　图 P8.5

8.6 直流稳压电源如图 P8.6 所示。

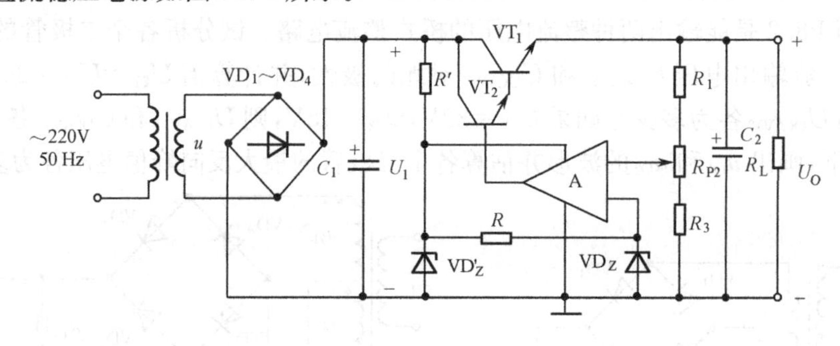

图 P8.6

(1) 说明电路的整流电路、滤波电路、调整管、基准电压电路、比较放大电路、取样电路等部分各由哪些元件组成。

(2) 标出集成运放的同相输入端和反相输入端。

(3) 写出输出电压的表达式。

8.7 电路如图 P8.7 所示,设 $I_I' \approx I_O' = 1.5\text{A}$,晶体管 VT 的 $U_{EB} \approx U_D$,$R_1 = 1\Omega$,$R_2 = 2\Omega$,$I_D \gg I_B$。求解负载电流 I_L 与 I_O' 的关系式。

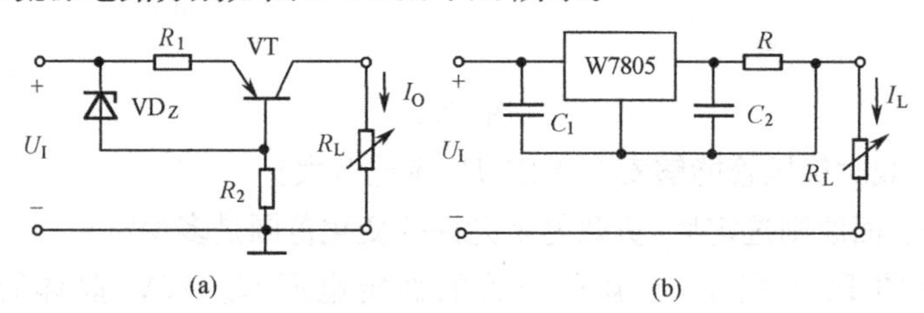

图 P8.7

8.8 两个恒流源电路分别如图 P8.8(a)、(b)所示。

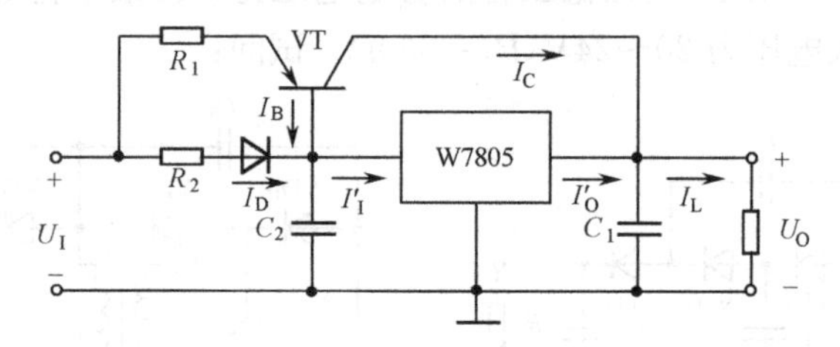

图 P8.8

(1) 求解各电路负载电流的表达式;

(2) 设输入电压为 20V,晶体管饱和压降为 3V,b-e 间电压数值 $|U_{BE}| = 0.7\text{V}$;W7805 输入端和输出端间的电压最小值为 3V;稳压管的稳定电压 $U_Z = 5\text{V}$;$R_1 = R = 50\Omega$。分别求出两电路负载电阻的最大值。

8.9 在图 P8.9 中:

(1) 要求当电位器 RP 的滑动端在最下端到 $U_O = 15\text{V}$ 时,电位器 RP 的值应是多少?

(2) 在第(1)小题选定的 RP 值之下,当 RP 的滑动端在最上端时,$U_O = ?$

(3) 为保证调整管很好地工作在放大状

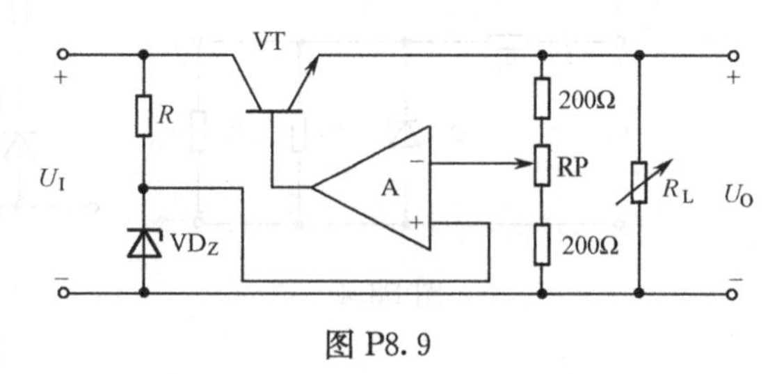

图 P8.9

态，要求其管压降U_{CE}任何时候不低于3V，则U_I应为多大？

(4) 稳压管VD_Z的最小电流为$I_Z=5mA$，试选择电阻R的阻值。

8.10　为了要得到±15V的直流稳压电源，某同学设计了一个方案，如图P8.10所示。经审查，至少有三处以上出现错误(包括结构与参数)，请你指出错误所在，将改正的措施填入下表：

序号	错误所在	改正措施
例	VD_4	将正负极颠倒
1		
2		
3		
4		
5		

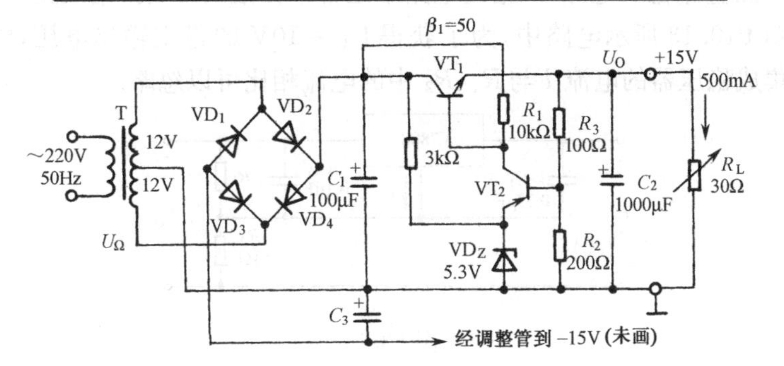

图 P8.10

8.11　在图P8.11所示电路中，试分析标出哪一个(或几个)管子是起过流保护作用的？并分析过流后是限流型、还是截流型(输出短路时，$I_L\approx0$)。

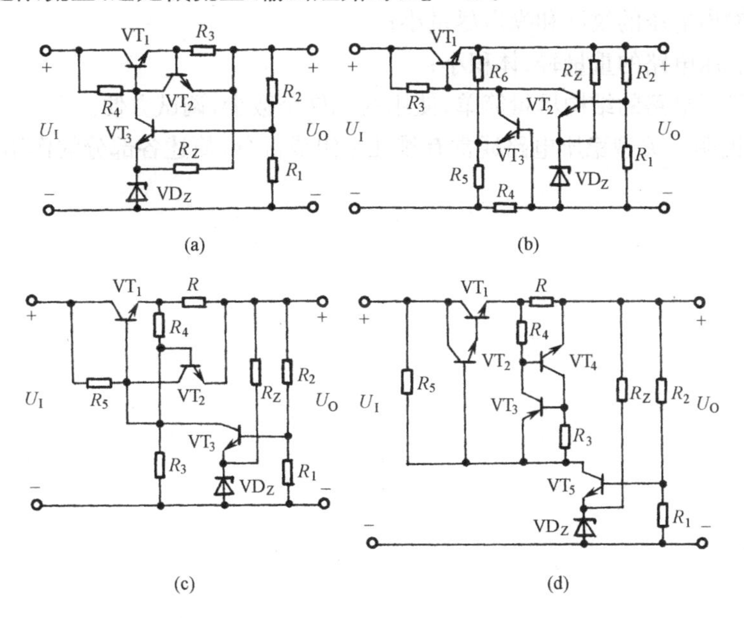

图 P8.11

8.12　要求得到下列直流稳压电源，试分别选用适当的三端式集成稳压器，画出电路原理图(包括整流、滤波电路)，并标明变压器副边电压U_2及各电容的值。

(1) +24V，1A；

(2) $-5\mathrm{V}$,100mA;

(3) $\pm 15\mathrm{V}$,500mA(每路)。

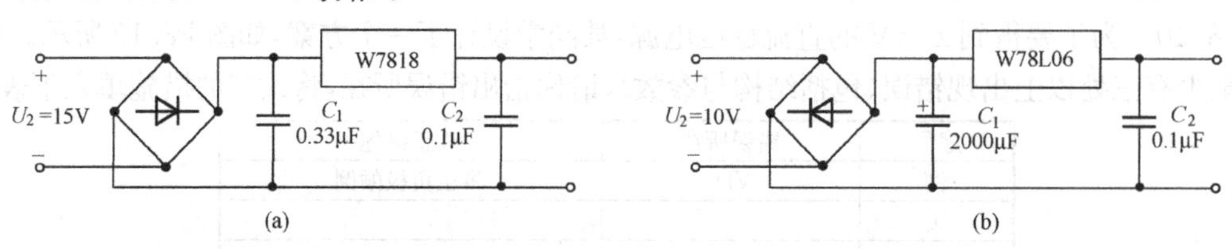

图 P8.12

8.13　某同学设计了如图 P8.12(a)和(b)所示的电路,旨在分别得到$+18\mathrm{V}$,1A 以及$-6\mathrm{V}$,500mA 两路直流稳压电源,试指出电路中是否存在错误,如有,请改正。

8.14　在图 P10.13 所示电路中,为了获得$U_{\mathrm{O}}=10\mathrm{V}$的稳定输出电压,电阻$R_1$应为多大?假设三端集成稳压器的电流$I$与$R_1$、$R_2$中的电流相比可以忽略。

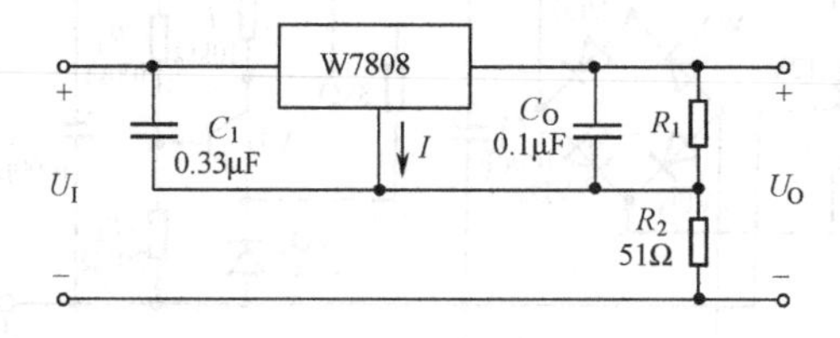

图 P8.13

8.15　试说明开关型稳压电路的特点。在下列各种情况下,试问应分别采用何种稳压电路(线性稳压电路还是开关型稳压电路)?

(1) 希望稳压电路的效率比较高;

(2) 希望输出电压的纹波和噪声尽量小;

(3) 希望稳压电路的重量轻、体积小;

(4) 希望稳压电路的结构尽量简单,使用的元件个数少,调试方便。

8.16　试说明开关型稳压电路通常有哪几个组成部分,简述各部分的作用。

附录A　习题参考答案

习　题　一

1.1　(1)b,a;(2)c,c;(3)a,b;(4)c;(5)b_1,a_2;(6)c_1,b_2;
(7)a,b,a,a 或 c;(8)b;(9)b_1,b_2,a_3;(10)b

1.2　$I_s(80℃)=80\mu A$,$I_s(20℃)=1.25\mu A$

1.3　(1) $I=0.8mA$,$U=0.7V$　(2) $I=2.1mA$,$U=0.85V$

1.4　大

1.6　I_Z 大一些,r_Z 小一些,α_U 小一些

1.7　(1)$U_Z=10.12V$,(2)$U_Z=10.274V$

1.8　(1)$I_Z=14mA$,(2)$I_Z=24mA$,(3)$I_Z=17mA$

1.10　$\bar{\beta}=145$,$\bar{\alpha}=0.993$,$\beta=145$,$\alpha=0.993$

1.12　$\bar{\alpha}_1=0.99$,$I_{C1}=0.99mA$,$I_{E1}=1mA$;(2)$\bar{\beta}_2=19$,$I_{B2}=50\mu A$,$I_{C2}=0.95mA$

1.13　(a)放大区;(b)截止区;(c)放大区;(d)饱和区;(e)截止区;(f)饱和区;
(g)放大区;(h)放大区

1.14　(a)$I_B=65\mu A$,$I_C=3.25mA$,$U_{CE}=3.5V$。判断:工作在放大区;
(b)$I_B=46.5\mu A$,$I_C=2.325mA$,$U_{CE}=5.35V$,判断:工作在放大区;
(c)$I_B=465\mu A$,$U_{CE}\leqslant 0.7V$,判断:工作在饱和区;
(d)$I_B=65\mu A$,$I_C=6.5mA$,$U_{CE}=7V$,判断:工作在放大区;
(e)$I_B=I_C=0$,$U_{CE}=10V$,判断:工作在截止区;
(f)$I_B=46.5\mu A$,$I_C=2.325mA$,$U_{CE}=10V$,判断:工作在放大区,但不能构成放大电路

1.15　(a)NPN 型锗管;(b)PNP 型硅管

1.16　$I_{CBO}(50℃)=8\mu A$,$I_{CEO}(50℃)=331.5\mu A$

1.17　$U_T\approx 2V$,$I_{DO}=2.5mA$,$g_m=2.8(ms)$

1.18　(a)N 沟道增强型;(b)P 沟道结型;(c)N 沟道耗尽型;(d)P 沟道增强型

习　题　二

2.1　(1)正向偏置,反向偏置,传得进去,传得出来;
(2)图解法,微变等效电路法;(3)动态,近似估算法,图解法;
(4)电流负反馈,u_{BE};(5)共源放大电路,共漏放大电路;
(6)高,小,高,小;(7)阻容耦合,直接耦合,变压器耦合,直接;
(8)乘积,第1级输入,末级输出

2.2　(a)无放大,电源极性接反了;(b)发射结零偏,可放大 $u_i>U_{BQ}$ 的正向信号;
(c)无放大,集电结不满足反偏条件,输入信号短路到地;
(d)无放大,发射结无偏置;
(e)有放大,满足放大条件;(f)有放大,满足放大条件;
(g)无放大,输出交流信号短路到地;(h)无交流放大,输入交流信号短路到地,有直流放大作用

2.3　(1)Q 点选得不合适;(2)减小 R_b 和 R_c 的值;
(3)应改变 R_b、R_c 的值;使 $R_c=4k\Omega$,$R_b=230k\Omega$

2.4 (1)$I_{BQ}=20\mu A, I_{CQ}=2mA, U_{CEQ}=-4V$;(2)$r_{be}=1513\Omega$;(3)$A_u=-99$

2.5 (1)$I_{CQ}=6.6mA, I_{BQ}=213\mu A, U_{CEQ}=6.8V$;

(2)当$\beta=60$时,静态工作点基本不变,能正常工作;

(3)当温度升高时,静态工作点基本不变;

(4)电源和电解电容的极性均反接,其他可以不变

2.6 (1)$u_{CE}=V_{CC}-i_C(R_c+R_e)$;(2)$Q(7.2V, 2.6mA)$;(3)$R_L'=1k\Omega$;(4)$U_o=1.27V$

2.7 (1)$I_{BQ}=10\mu A, I_{CQ}=0.6mA, U_{CEQ}=3V$;(2)$r_{be}=2943\Omega$

(3)画中频等效电路(略);(4)$\dot{A}_u=-51, R_i=2.943k\Omega, R_0=5k\Omega$

2.8 $\dot{A}_u=-81.2, R_i=581\Omega, R_o=2k\Omega(r_{be}=1583\Omega)$

2.9 $\dot{A}_{us}=-6.59$

2.10 (1)$I_{BQ}=20\mu A, I_{CQ}=1mA, U_{CEQ}=6.1V$;(2)画中频等效电路;

(3)$\dot{A}_u=-0.94, R_i=84.9k\Omega, R_o=3.9k\Omega$

2.11 (1)$I_{BQ}=10\mu A, I_{CQ}=1mA, U_{CEQ}=6.4V$;(2)画中频等效电路;

(3)当$R_L=\infty$时,$\dot{A}_u=0.995, R_i=281k\Omega$;

(4)当$R_L=1.2k\Omega$时,$\dot{A}_u=0.971, R_i=86.8k\Omega$; (5)$R_o=28.6\Omega$

2.12 $\dot{A}_{u01}=-\dfrac{\beta R_C}{r_{be}+(1+\beta)R_e}, \dot{A}_{u02}=\dfrac{(1+\beta)R_e}{r_{be}+(1+\beta)R_e}$

2.13 (1)$U_{GQ}=2V, U_{DSQ}=7V, I_{DQ}=2.2mA$;

(2)$g_m=2ms$;(3)$\dot{A}_u=-10.2, R_o=5.1k\Omega$

2.14 (1)$\dot{A}_u=-22.5, R_i=2.03M\Omega, R_o=15k\Omega$;(2)$\dot{A}_u=-9$

2.15 (1)$U_{GQ}=4V, U_{GSQ}=2.73V, I_{DQ}=0.266mA$;(2)$g_m=0.73ms$;

(3)$\dot{A}_u=0.774, R_o=1.06k\Omega$

2.16 (1)$I_{BQ1}=40\mu A, I_{CQ1}=2mA, U_{CEQ1}=3.8V, I_{BQ2}=137\mu A, I_{CQ2}=4.1mA$,
$U_{CEQ2}=3.725V$;

(2)$A_u=594, R_i=963\Omega, R_o=2k\Omega$

2.17 (1)$I_{CQ1}=I_{CQ2}=0.65mA, U_{CEQ1}=U_{CEQ2}=10.05V, I_{BQ1}=I_{BQ2}=22.4\mu A$;

(2)$\dot{A}_{u1}=-19.3$;(3)$\dot{A}_{u2}=-58$;(4)$\dot{A}_u=1119.4$

习 题 三

3.1 (1)C_1增大时,f_L下降,其他不变;(2)R_b增大时,$|\dot{A}_{um}|$下降,f_L减小,f_H增大

(3)R_c增大时,$|\dot{A}_{um}|$增大;(4)$|A_{um}|$增大;(5)$C_{b'e}$、$C_{b'c}$增加时,f_H下降

3.2 $|\dot{A}_u|=100 \leftrightarrow 40dB, 20\lg|\dot{A}_u|=80dB \leftrightarrow |\dot{A}_u|=10^4$

3.3 (1)画出波特图;(2)当$f=f_L$时,$|\dot{A}_u|$下降3dB,$\varphi=-135°$,当$f=f_H$时,$|\dot{A}_u|$下降3dB,$\varphi=-225°$

3.4 (1)图(a)$|\dot{A}_{um}|=100, f_L=20Hz, f_H=5\times10^5 Hz$。图(b)$|\dot{A}_{um}|=31.6$,直流放大,没有低端截止频率
$f_H=1.5\times10^6 Hz$;

(2)画出对数相频特性(略)

3.5 (1)$f=f_\beta=0.8MHz$;(2)$g_m=76.9ms$;(3)$C_{b'e}=153pF$

3.6 $f_L=10Hz, f_H=750kHz$

3.7 $f_L=110.5Hz, f_H=18.2kHz, 20\lg|\dot{A}_{um1}\ \dot{A}_{um2}|=66dB$

3.8 (1)$R_i=R_{b1}/\!/[r_{be1}+(1+\beta_1)R_{e1}]$;

(2)$R_{b2}=6.8k\Omega$;(3)$A_u=\frac{U_o}{U_i}=-46.9$;(4)$f_L=143Hz$

习 题 四

4.1 (1)直接,差动,恒流源;(2)偏置电路,输入级,中间级,输出级;
(3)共模抑制比,共模干扰;(4)$\beta_1\beta_2$,$r_{be1}+(1+\beta_2)r_{be2}$;
(5)"虚短","虚断";(6)$+V_{CC}$,$-V_{EE}$;(7)$\frac{R_1}{R_2}I_{REF}$;(8)共模信号

4.2 $R_2=11.9(k\Omega)$

4.3 $I_1=I_2=4.67mA$,$I_3=I_4=3.5mA$

4.4 (1)$\dot{A}_{ud}=-67.5$,$\dot{A}_{uc}=0$,$K_{CMR}=\infty$; (2)$r_{id}=7.32k\Omega$,$r_{od}=20k\Omega$; (3)$U_o=-4.65V$

4.5 (1)$A_{ud}=-\beta\frac{R_C+R_P/2}{R_B+r_{be}}$;(2)$A_{ud}=-\beta\frac{R_c+R_P/2}{R_B+r_{be}}$;(3)证明(略)

4.6 (1)$I_{C1}=I_{C2}=0.169mA$,$U_{C1}=3.31V$,$U_{C2}=15V$;
(2)$\dot{A}_{ud}=-31.1$,$r_{id}=16.1k\Omega$,$r_{od}=30k\Omega$;
(3)$U_i=0.081V$,(4)$U_o=5V$。

4.7 (1)u_{i1}是反相端,u_{i2}是同相端;(2)、(3)、(4)略

4.8 (a)合理的,NPN管;(b)合理的,NPN管;(c)、(d)、(e)不合理;(f)合理的,PNP管;(g)不合理

4.9 $R_C=8.64k\Omega$,$A_u=-643.8$

4.10 (1)$U_{imax}=77.8$;(2)当$U_i=100mV$时,$U_{omax}=14.1V$;若R_3开路时,$U_o=-11V$;若R_3短路时,$U_o=11.3V$

习 题 五

5.1 (1)瞬时极性判断;(2)电压串联、电压并联、电流串联、电流并联;(3)反馈深度;
(4)$1+\dot{A}\dot{F}$,$1+\dot{A}\dot{F}$;(5)$|1+\dot{A}\dot{F}|$;(6)$\frac{1}{\dot{F}}$;
(7)$1+\dot{A}\dot{F}=0$,1,$\pm(2n+1)\pi(n=0,1,2,\cdots)$;
(8)稳定静态工作点

5.2 (a)直流负反馈;(b)交流负反馈;(c)交直流正反馈;(d)交流正反馈;
(e)交直流正反馈;(f)交直流负反馈

5.3 (a)交直流负反馈;(b)交直流负反馈;(c)交直流负反馈;
(d)交直流负反馈;(e)交直流负反馈;(f)交流负反馈

5.4 (b)电压并联负反馈;(f)电压串联负反馈

5.5 (a)电压串联负反馈;(b)电压并联负反馈;(c)电压串联负反馈;
(d)电压并联负反馈;(e)电流串联负反馈;(f)电流并联负反馈

5.6 (b)$\dot{A}_{uf}=-\frac{R_4}{R_1}$; (f)$\dot{A}_u=1+\frac{R_6}{R_2}$

5.7 (a)$\dot{A}_{uf}=1+\frac{R_4}{R_1}$; (b)$\dot{A}_{uf}=-\frac{R_4}{R_1}$; (c)$\dot{A}_{uf}=1$;
(d)$\dot{A}_{uf}=-\frac{R_1}{R_s}$($R_s$为信号流内阻); (e)$\dot{A}_{uf}=-\frac{R_3/\!/R_L}{R_4}$; (f)$\dot{A}_{uf}=\frac{R_L}{R_s}\left(1+\frac{R_6}{R_5}\right)$($R_s$为信号流内阻)

5.8 (1)电压串联负反馈; (2)$A_{uf}=10$; (3)R_i大,R_o小,K_{CMR}大。

5.9 应引入电压串联负反馈,$R_F=19k\Omega$

5.10 方案2最优

5.11 f_o处,$\varphi=-180°$,$20\lg|\dot{A}\dot{F}|>0dB$,故满足自激条件。消除自激可在图(b)中加装$RC$网络(画图略)

习 题 六

6.1 (1)差动,相等; (2)"虚短"; (3)"虚地",输入; (4)代数和; (5)指数关系;
(6)选频作用,带负载能力; (7)非线性工作状态,单门限,滞回,窗口;
(8)变跨导,乘积; (9)RC,反比,串并联,移相网络,双 T 型网络;
(10)矩形波,三角波,锯齿波,非线性状态

6.2 (1)$R_3=5\text{k}\Omega, R_4=6.67\text{k}\Omega$; (2)$u_{o1}=-u_{i1}, u_{o2}=1.5u_{i2}, u_o=2u_{i1}+3u_{i2}$;
(3)$u_o=0.9\text{V}$

6.3 (a)$u_o=-(1.5u_{i1}+2u_{i2}+3u_{i3})$; (b)$u_o=11\times(0.5u_{i1}+0.5u_{i2})$;
(c)$u_o=11u_{i2}-10u_{i1}$; (d)$u_o=10u_{i3}-5u_{i1}-5u_{i2}$
图(a)对共模抑制比要求不高,因为 $u_N=u_P=0$

6.4

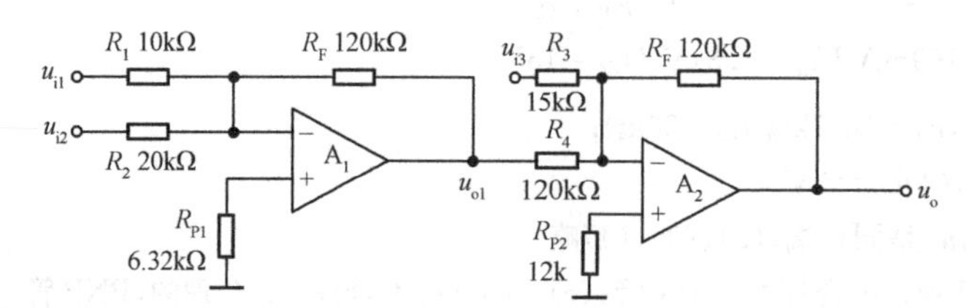

6.5 $u_o=-2u_{i1}-u_{i2}$,画波形图(略)

6.6 $I_L=\dfrac{U_z}{R_1}$ (分析略)

6.7 $R_i=5.45\text{k}\Omega$

6.8 $u_{op}=\pm 2.5\text{V}$,画图略

6.9 $u_o=R_4C_1\left(\dfrac{R_F}{R_1}\cdot\dfrac{du_{I1}}{dt}+\dfrac{R_F}{R_2}\cdot\dfrac{du_{I2}}{dt}\right)$

6.10 (1)图(a)中,第一级为对数运算电路,第二级为反相比例运算电路,第三级为指数运算电路;
图(b)中,第一级为对数运算电路,第二级为求和电路,第三级为指数运算电路;
(2)图(a):$u_o=-I_sR_4\left(\dfrac{u_i}{R_1I_s}\right)^{\frac{R_3}{R_2}}$;图(b):$u_o=-\dfrac{u_{i1}u_{i2}}{RI_s}$

6.11 $C_t=0.1\mu\text{F}$

6.12 图(a)为有源一阶高通滤波电路,图(b)为无源二阶低通滤波电路,图(c)为无源双 T 型带阻滤波电路,
图(d)为有源二阶带通滤波电路

6.13 (1)$f_o=159\text{Hz}, A_{up}=+2$; (2)画图略; (3)对幅频特性没有改善

6.14 $R=10\text{k}\Omega, C=7.96\text{nF}, R_1=17\text{k}\Omega, R_F=10\text{k}\Omega$

6.15 $U_{TH-}=-2\text{V}, U_{TH+}=2\text{V}$,画图略

6.16 画图略

6.17 画图略

6.18 画图略

6.19 (1)将 A 与 D 相连,B 与 C 相连就构成了正弦振荡电路(画图略);
(2)$f_0=1.062\text{kHz}$;(3)$R_2>20\text{k}\Omega$

6.20 $R=6\text{k}\Omega, R_p=82\text{k}\Omega$

6.21 (1)满足振荡条件; (2)不满足起振条件,可选取 $R_{e2}=2\text{k}\Omega$;
(3)$f_o=5.3\text{kHz}$; (4)$f_o\uparrow$,可 $RC\downarrow$; (5)应该减小 R_F/R_{e1}

6.22 (a)图不能,图(a)属负反馈;(b)图不能,不满足相位条件;
(c)图不能,与 e 极相连的不是同极性元件;(d)图能,满足相位起振条件;

(e)图能，属于电容三点式振荡器，(f)图能，满足相位起振条件

6.23 (a)图、(b)图均满足正弦振荡条件

6.24 (1)如下图所示：

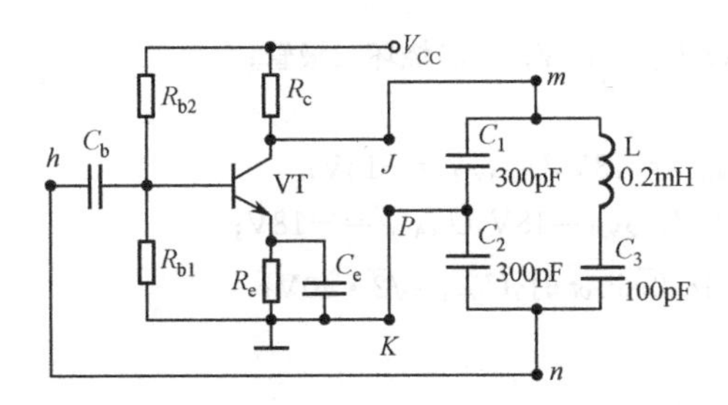

(2) $f_{o1}=1.454\text{kHz}$； (3) $f_{o2}=920\text{Hz}$

6.25 (1)将 j,m 两点连接起来就可以构成振荡器；

(2)串联型振荡器； (3)工作在 f_g 上，等效成纯电阻 r_q

6.26 (1)画 u_o 和 u_c 的波形(略)； (2) $T=1.147\text{ms}$

(3) $U_{om}=\pm 6\text{V}, U_{cm}=\pm 2.67\text{V}$

6.27 (1)当 R_p 滑至最上端时，$T_1=1.051\text{ms}, T_2=0.0955\text{ms}, T=1.147\text{ms}, D=0.916$；当 R_p 滑至最下端时，$T_1=0.095\text{ms}, T_2=1.095\text{ms}, T=1.147\text{ms}, D=0.0828$

(2)画波形(略)

6.28 (1) $R_1=15\text{k}\Omega$， $C=3333\text{pF}$

(2)画波形(略)

习 题 七

7.1 $\eta_{max}=50\%$，实际上大信号放大时约40%左右，小信号放大约20%～30%左右

7.2 $\eta_{max}=78.5\%$，实际上在60%～70%左右

7.3 设计一个典型的乙类推荐功率放大器，如图所示。

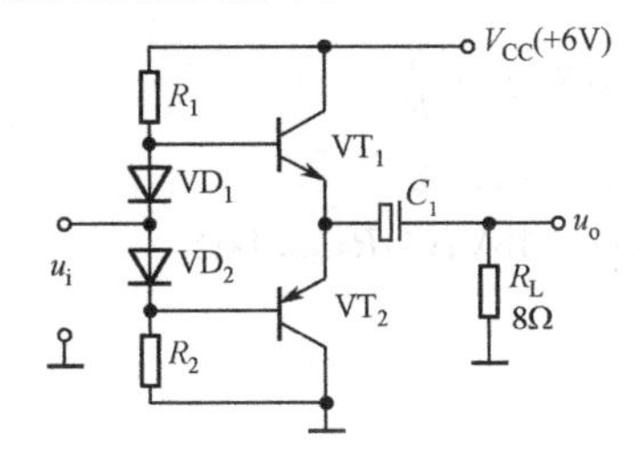

7.4 (1) $p_{max}=24.5\text{W}, \eta=68.7\%$；

(2) $P_{Tmax}=6.4\text{W}$； (3) $U_{Imax}\approx 9.9\text{V}$

7.5 (1) $U_{BQ1}=1.4\text{V}, U_{BQ3}=-0.7\text{V}, U_{BQ5}=-17.3\text{V}$；

(2) $I_{CQ5}=1.66\text{mA}, U_I=\dfrac{I_{CQ5}}{\beta_5}\cdot R_1-17.3$；

(3)若静态时，$I_{B1}>I_{B3}$，可增大 R_3 可使 $I_{B1}=I_{B3}$；

(4)二极管的个数可为1、2、3，但不能为4个。为2最好，调节 R_3 使 $U_{B1-B3}=2.1\text{V}$ 更方便些

7.6 $p_{0max}=4\text{W}, \eta=69.8\%$

7.7 $R_f=10\text{k}\Omega$

7.8 (1) $U=12\text{V}$，不合适调 R_Z；

(2) $P_{omax}=5.06\text{W}, \eta=58.9\%$；

(3) $I_{CM}=1.5\text{A}, U_{(BR)CEO}=24\text{V}, P_{Tmax}=1.8\text{W}$

7.9 (1) $U_A=0.7\text{V}, U_B=9.3\text{V}, U_C=11.4\text{V}, U_o=10\text{V}$；

(2)$P_{0max}=1.53W$,$\eta=55\%$

习 题 八

8.1 (1)$U_o=0.9U_2=9V$; (2)$U_o=4.5V$; (3)烧坏二极管;
(4)$U_o=-9V$

8.2 当 $u_{21}=u_{22}=20V$ 时,$U_{O(AV)1}=18V$,$U_{O(AV)2}=-18V$;
当 $u_{21}=22V$,$U_{22}=18V$ 时,$U_{o(AV)1}=18V$,$U_{o(AV)2}=-18V$;
当 $u_{21}=22\sqrt{2}\sin\omega t$,$u_{22}=18\sqrt{2}\sin\omega t$ 时,$U_{p-p}=\sqrt{2}\cdot 40V$;
画图略

8.3 如下图所示:

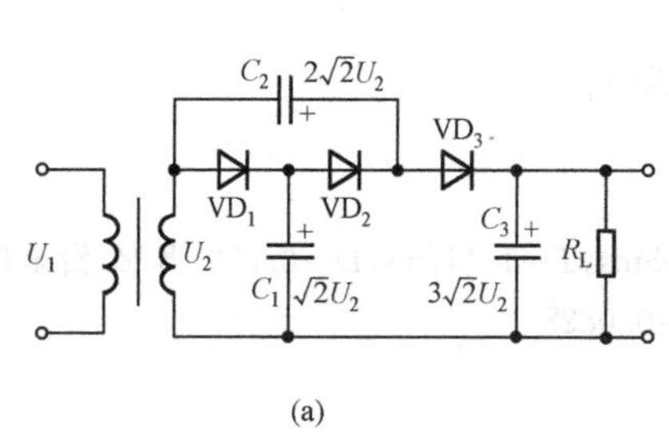

(a)

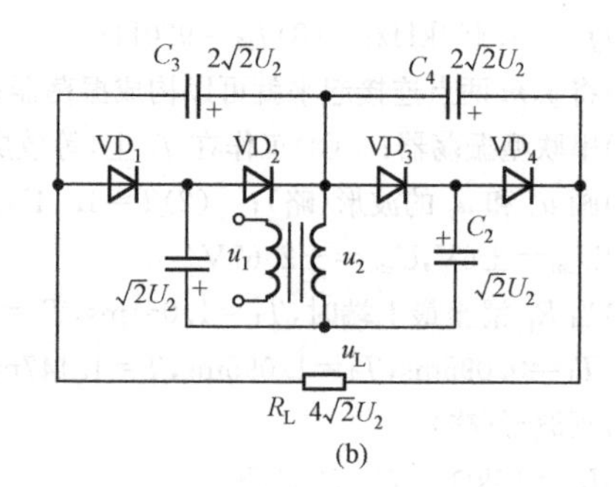

(b)

8.4 (1)$R_2=600\Omega$;
(2)$R_L\geqslant 251\Omega$

8.5 (1)说明 VT_1 的C与E极被击穿;(2)说明 TV_1 的集电结被击穿,或者 R_c 被烧坏(短路);(3)说明 R_2 被烧坏(短路);(4)说明 VT_2 的集电结被击穿,或者 R_1、R_L 均被短路;(5)说明 R_1 被短路

8.6 (1)、(2)略;(3)$U_O=\dfrac{R_1+R_{P2}+R_3}{R_3+R''_{P2}}U_z$

8.7 $I_L=3I'_O$

8.8 (1)(a)图:$I_L=(U_z-U_{EB})/R_1$,(b)图:$I_L=\dfrac{5}{R}$;
(2)(a)图:$R_{Lmax}=148\Omega$,(b)图:$R_{Lmax}=120\Omega$

8.9 (1)$R_p=100\Omega$;(2)$U_O=10V$;(3)$U_I=18V$;(4)$R\leqslant 2.4k\Omega$

8.10~8.13 略

8.14 $R_1=204\Omega$

8.15~8.16 略

附录B　常用文字符号说明

一、常用符号

1. 电流和电压

I_B、U_{BE}	大写字母、大写下标表示直流量
I_b、U_{be}	大写字母、小写下标表示交流有效值
$\dot{I}_b$、$\dot{U}_{be}$	大写字母上面加点、小写下标表示正弦相量
i_B、u_B	小写字母、大写下标表示总瞬时值
i_{be}、u_{be}	小写字母、小写下标表示交流分量瞬时值

2. 直流电源电压

V_{CC}	双极型三极管集电极直流电源电压
V_{BB}	双极型三极管基极直流电源电压
V_{EE}	双极型三极管发射极直流电源电压
V_{DD}	场效应管漏极直流电源电压
V_{GG}	场效应管栅极直流电源电压
V_{SS}	场效应管源极直流电源电压

3. 电阻

R	大写字母表示电路中外接的电阻或电路的等效电阻
r	小写字母表示器件的等效电阻

二、基本符号

1. 电流和电压

I_i、U_i	输入电流、输入电压
$\dot{I}_i$、$\dot{U}_i$（$\dot{I}_d$、$\dot{U}_d$）	净输入电流、净输入电压
I_o、U_o	输出电流、输出电压
$U_{o(AV)}$	输出电压平均值
U_{om}	最大输出电压
I_f、U_f	反馈电流、反馈电压
I_Q、U_Q	静态电流、静态电压
U_{REF}	参考电压
U_S	信号源电压
U_T	温度的电压当量
I_+、U_+	集成运放同相输入端的电流、电压
I_-、U_-	集成运放反相输入端的电流、电压

2. 功率

P	功率的通用符号
P_o	输出交变功率
P_{om}	输出交变功率最大值

P_V 电源提供的直流功率

3. 频率

BW 通频带

f_H 放大电路的上限(−3dB)频率

f_L 放大电路的下限(−3dB)频率

f_o 振荡频率、谐振频率

ω 角频率的通用符号

4. 电阻、电容、电感、阻抗

R_i、R_o 电路的输入电阻、输出电阻

R_{if}、R_{of} 有反馈时电路的输入电阻、输出电阻

R_L 负载电阻

R_S 信号源内阻

G 电导的通用符号

C 电容的通用符号

L 电感的通用符号

X 电抗的通用符号

Z 阻抗的通用符号

5. 增益或放大倍数，反馈系数

A 增益或放大倍数的通用符号

A_c 共模电压放大倍数

A_d 差模电压放大倍数

A_i 电流放大倍数

A_u 电压放大倍数

A_{uf} 有反馈时的电压放大倍数

A_{us} 考虑信号源内阻时的电压放大倍数

F 反馈系数的通用符号

三、器件符号

1. 器件及引脚名称

D 场效应管的漏极

G 场效应管的栅极

S 场效应管的源极

VD 二极管

VD_Z 稳压管

VT 双极型三极管，场效应管

b 双极型三极管的基极

c 双极型三极管的集电极

e 双极型三极管的发射极

2. 器件参数

A_{od} 集成运放的开环差模电压增益

$C_{b'c}$	集电结等效电容
$C_{b'e}$	发射结等效电容
I_{CBO}	集电极—基极之间的反向饱和电流
I_{CEO}	集电极—发射极之间的穿透电流
I_{CM}	集电极最大允许电流
$I_{C(AV)}$	整流二极管平均电流
I_S	二极管反向饱和电流
I_Z	稳压管稳定电流
I_{IB}	集成运放输入偏置电流
I_{IO}	集成运放输入失调电流
P_{CM}	集电极最大允许耗散功率
P_{DM}	漏极最大允许耗散功率
S_R	集成运放转换速率
U_Z	稳压管稳定电压
$U_{(BR)CBO}$	发射极开路时集电极—基极之间的反向击穿电压
$U_{(BR)CEO}$	基极开路时集电极—发射极之间的反向击穿电压
$U_{(BR)EBO}$	集电极开路时发射极—基极之间的反向击穿电压
U_{CES}	集电极—发射极之间的饱和管压降
U_{Icm}	集成运放最大共模输入电压
U_{Idm}	集成运放最大差模输入电压
U_{IO}	集成运放输入失调电压
U_P	场效应管的夹断电压
U_T	场效应管的开启电压、晶体管的温度电压当量
BW_G	集成运放的单位增益带宽
f_T	双极型三极管的特征频率
f_α	共基截止频率
f_β	共射截止频率
g_m	跨导
$r_{bb'}$	基区体电阻
$r_{b'e}$	发射结微变等效电阻
r_{be}	共射接法下基极—发射极之间的微变等效电阻
r_{ce}	共射接法下集电极—发射极之间的微变等效电阻
r_{DS}	场效应管漏极—源极之间的微变等效电阻
r_{GS}	场效应管栅极—源极之间的微变等效电阻
r_{id}	集成运放差模输入电阻
α	共基电流放大系数
$\bar{\alpha}$	共基直流电流放大系数
α_{TIO}	集成运放输入失调电流温漂
α_{UIO}	集成运放输入失调电压温漂
β	共射电流放大系数

$\bar{\beta}$	共射直流电流放大系数

四、其他符号

D	非线性失真系数
K	热力学温度
K_{CMR}	共模抑制比
M	互感系数
Q	品质因数
S	整流电路的脉动系数
S_r	稳压系数
T	周期,温度
η	效率
τ	时间常数
φ	相位角

五、部分电气图用图形符号(根据国家标准 GB4728)

名　称	符　号	名　称	符　号	名　称	符　号
导线		传声器		电阻器	
连接的导线		扬声器		可变电阻器	
接地		二极管		电容器	
接机壳		稳压二极管		线圈,绕组	
开关		隧道二极管		变压器	
熔断器		晶体管		铁芯变压器	
灯		运算放大器	▷ − +	直流电动机	G
电压表	V	电池		直流电动机	M

六、部分电路元件的图形符号

名　称	符　号	名　称	符　号	名　称	符　号
独立电流源		理想导线		电容	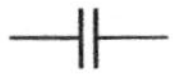
独立电压源		连接的导线		电感	
受控电流源		电位参考点		理想变压器 耦合电感	
受控电压源		理想开关		回转器	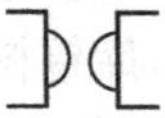
电阻		开路	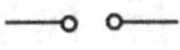	理想运放	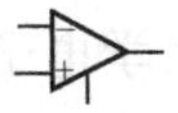
可变电阻		短路	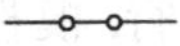	二端元件	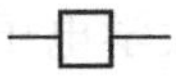
非线性电阻		理想二极管			

参考文献

[1] 高吉祥,刘安芝.模拟电子技术,第三版.北京:电子工业出版社,2011.

[2] 高吉祥.全国大学生电子设计竞赛培训系列教材——模拟电子线路设计.北京:高等教育出版社,2013.7.

[3] 高吉祥.模拟电子技术学习辅导及习题详解.北京:电子工业出版社,2006.

[4] 高吉祥,库锡树,丁文霞,陆珉,刘菊荣.电子技术基础实验及课程设计,第三版.北京:电子工业出版社,2011.6.

[5] 清华大学电子学教研组.童诗折.模拟电子技术基础,第2版,北京:高等教育出版社,1988.

[6] 清华大学电子学教研组.杨素行.模拟电子技术基础,第2版.北京:高等教育出版社,1999.

[7] 华中工学院电子学教研室,康华光.电子技术基础——模拟部分,第3版.北京:高等教育出版社,1988.

[8] 张肃文.低频电子线路.北京:高等教育出版社,1999.